U0189594

Illustrations of Fish Eggs in the South China Sea

南海鱼卵图鉴

（一）

侯 刚 张 辉 著

中国海洋大学出版社
·青岛·

图书在版编目（CIP）数据

南海鱼卵图鉴．一／侯刚，张辉著．—青岛：中国海洋大学出版社，2023.11

ISBN 978-7-5670-3256-9

Ⅰ．①南… Ⅱ．①侯… ②张… Ⅲ．①南海—鱼卵—图集 Ⅳ．①S961.1-64

中国版本图书馆CIP数据核字（2022）第165936号

出版发行 中国海洋大学出版社
社　　址 青岛市香港东路23号　　**邮政编码** 266071
网　　址 http：//pub.ouc.edu.cn
出 版 人 刘文菁
责任编辑 魏建功　丁玉霞　由元春　　**电　　话** 0532-85902121
电子信箱 375253401@qq.com
印　　制 青岛国彩印刷股份有限公司
版　　次 2023年11月第1版
印　　次 2023年11月第1次印刷
成品尺寸 185 mm × 260 mm
印　　张 18.75
字　　数 353千
印　　数 1 ~ 1000
定　　价 369.00元
订购电话 0532-82032573（传真）

前言 FOREWORD

鱼卵的准确鉴定是开展鱼类产卵场调查及渔业资源生态学研究的重要前提。海洋鱼类的鱼卵发育时间短，时相多变，各个阶段的形态特征变化显著，加之可参考的工具书和文献较少，因此，海洋鱼类鱼卵的分类鉴定一直是国际难题，在鱼类多样性高的南海海域更甚。

我国南海海域已记录硬骨鱼类超过2 300种，而鉴定到物种的鱼卵却不足150种，仅占已知硬骨鱼类的7%。除极少数经济种类有较早的产卵场调查和研究外，大部分鱼种的鱼卵相关研究极少乃至空白。鱼卵分类鉴定的束缚，不仅限制了南海鱼类资源早期补充机制等重要科学研究的开展，也导致鱼类产卵场数据的缺乏，严重限制了对南海作为鱼类“三场一通道”等功能和生态系统重要性的认知，不利于南海鱼类资源的保护与可持续利用。

随着DNA条形码技术的迅速发展与普遍应用，越来越多的鱼种DNA条形码数据得到共享。以生物条形码数据系统（Barcode of Life Data System，BOLD）为例，截至2022年3月，BOLD系统数据库共记录了25 118个鱼种，共享了407 681条DNA条形码序列。这些公开的DNA条形码数据库，为鱼卵的分类鉴定工作打开了一扇窗户。虽然DNA条形码技术被证明可以有效鉴定80%以上的鱼种，但仍存在一定的局限性，例如，不适当的形态学分类和错误鉴定，导致提交的物种序列存在错误，影响了物种鉴定的准确性。笔者研究发现，基于BOLD数据，仅能准确鉴定约40%的鱼卵和仔稚鱼，因此，构建可靠的南海鱼类DNA条形码标本数据库迫在眉睫。

在上述背景下，笔者2012年启动了“南海鱼类DNA条形码标本数据库”计划。截至2022年1月，共定点采集制作和保存了1 100多种，超过31 000尾南海鱼的凭证标本，获得了标本库内超过9 000条标准DNA条形码序列，有效推进了南海鱼卵、仔稚鱼的形态学分类和分子鉴定工作。2017年启动了“南海30 000鱼卵分子鉴定与形态学特征文库构建”计划，截至2022年年初，已经完成了20 000个鱼卵的测序分析，获得了6 000余个鱼卵的高质量DNA条形码序列和对应样品的形态学典范图鉴。

目前，笔者采集到的样品基本覆盖了我国南海常见的漂浮性鱼卵。在拍摄鱼卵原版图鉴、完成形态特征描述、获得DNA条形码序列后，我们先聚焦于北部湾、海南岛以东至珠江口外海等海域，整理了其中的10目50科103属147种鱼卵形成《南海鱼卵图鉴（一）》。本书填补南海区域鱼卵研究空白，对于南海鱼类资源的保护与利用具有重要意义。同时，本书是海洋生物学、鱼类学和渔业资源学等相关学科的专业书籍，亦是海洋鱼类生活史研究的重要工具书。

由于样品的野外采集和室内分析等任务异常艰巨，本项工作得到了诸多同仁、学生的大力帮助才得以顺利开展。感谢广东海洋大学海洋渔业系傅文聪、杨立祥、王锦润、周金龙、黄旺苏、李颖心、陈思洋、区廷哲、王思进、郑棵锐等同学参与鱼卵样品采集、分选、拍摄与DNA提取等工作。感谢广东海洋大学潘传豪老师，以及南海鱼类早期资源团队研究生陈妍颖、王锦润、林建斌、何思源等，和中国科学院海洋研究所贾慧等参与文稿校对工作。感谢广东海洋大学卢伙胜教授、王学锋教授和冯波副教授，以及中国水产科学研究院南海水产研究所陈作志研究员和黄洪辉研究员给予的支持与帮助。

相关工作得到国家自然科学基金（31702347；42090044）等项目的资助。

本书是研究计划第一阶段的部分工作总结。由于鱼卵的发育期相较多，分类工作过于复杂，相关材料匮乏等原因，同时限于笔者水平，书中难免有不当之处，敬请读者批评指正。

侯刚（hougang1982@163.com）就职于广东海洋大学水产学院海洋渔业系。

张辉（zhanghui@qdio.ac.cn）就职于中国科学院海洋研究所海洋生态与环境科学重点实验室。

侯刚　　张辉

2022年3月

目录 CONTENTS

总　论

各　论

总 论

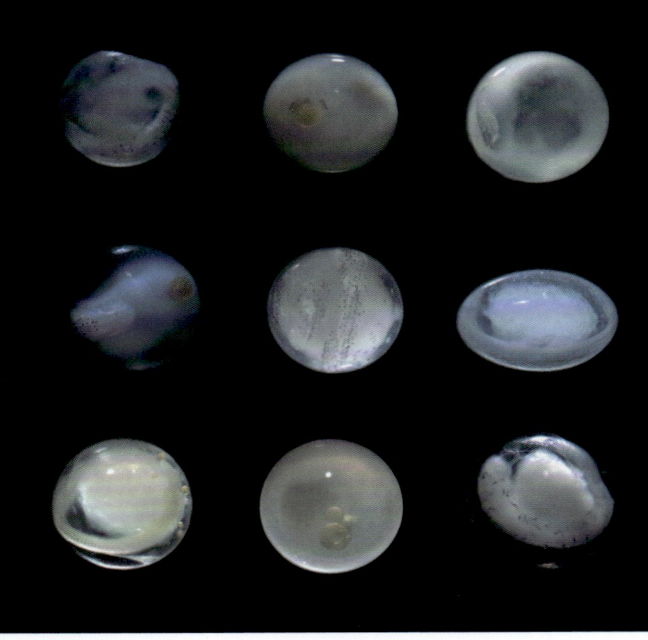

一 海洋鱼卵早期发育分类研究的意义

人类活动（尤其是捕捞活动）和全球气候变化影响了海洋鱼类的繁殖物候学节律和繁殖活动发生，导致鱼类产卵场变迁，渔业资源严重下降。为了更好地保护渔业资源，势必需要进行鱼类产卵场的调查与保护，以及在涉海工程中开展相关的环境影响评价。在海洋中，由于海流或者洋流对仔稚鱼的扩散和运输影响，仔稚鱼的采集区域并不能代表鱼类繁殖活动发生的准确位置。而调查采样中的鱼卵，所处的发育时相亦不尽相同，因而准确判断采集的鱼卵发育时相，进而更准确推断鱼类繁殖发生位置，显得愈发重要。

本书力求积累获得各鱼种的卵子不同发育时段的形态学图鉴，并进行了逐个分子确证，但是限于海洋调查采样耗资巨大，以及诸多海上调查工作中不易进行孵化观察拍照，因而诸多鱼卵各发育时段的形态学图鉴不够详尽。本书汇集了第一阶段的工作，主要包括酒精保存的鱼卵图鉴、鱼卵活体发育观察图鉴和甲醛转酒精的鱼卵图鉴；介绍了147种鱼的卵子的早期发育特征，附有原版图片532幅，以期为南海鱼类产卵场调查和相关生态学研究提供基础资料（表1）。

表1　南海鱼卵各发育阶段的图幅数量

序号	鱼种名称	拍摄状态	图数
1	异颌颌吻鳗	酒精	1
2	网纹裸胸鳝	酒精	1
3	四孔弯牙海鳝	酒精	1
4	短体鳗	酒精	1
5	斑纹蛇鳗	酒精	3
6	蛇鳗①	酒精	1
7	蛇鳗②	酒精	1
8	黑口鳓	酒精	2
9	尖吻半棱鳀	酒精	1
10	银灰半棱鳀	酒精	1
11	韦氏侧带小公鱼	酒精	1
12	康氏侧带小公鱼	活体	2

续表

序号	鱼种名称	拍摄状态	图数	序号	鱼种名称	拍摄状态	图数
13	汉氏棱鳀	活体	4	40	鳞烟管鱼	酒精	2
14	杜氏棱鳀	活体	1	41	日本鬼鲉	活体	20
15	黄吻棱鳀	活体	1	42	单指虎鲉	酒精	1
16	宝刀鱼	酒精	1	43	长棘拟鳞鲉	活体	1
17	黄带圆腹鲱	酒精	1	44	玫瑰毒鲉	酒精	2
18	叶鲱	活体	4	45	髭真裸皮鲉	活体	2
19	花点鲥	活体	2	46	瞻星粗头鲉	活体	18
20	斑鰶	活体	4	47	日本瞳鲬	活体	4
21	日本海鰶	活体	4	48	大鳞鳞鲬	酒精	1
22	黑尾小沙丁鱼	酒精	1	49	刀鲬	酒精	2
23	隆背小沙丁鱼	酒精	1	50	印度鲬	活体	6
24	斑海鲇	活体	4	51	鲬	酒精	1
25	龙头鱼	酒精	1	52	倒棘鲬	酒精	1
26	鳄蛇鲻	酒精	4	53	煤色苏纳鲬	活体	4
27	长蛇鲻	酒精	2	54	眶棘双边鱼	活体	24
28	大头狗母鱼	甲醛转酒精	2	55	日本发光鲷	酒精	2
29	绿背龟鲹	活体	1	56	宝石石斑鱼	酒精	1
30	龟鲹①	活体	2	57	橙点石斑鱼	酒精	1
31	龟鲹②	活体	1	58	棕点石斑鱼	酒精	6
32	黄鲻	活体	1	59	横纹九棘鲈	酒精	2
33	盾副鲻	活体	2	60	短尾大眼鲷	酒精	2
34	佩氏莫鲻	酒精	1	61	日本锯大眼鲷	酒精	1
35	阿氏须唇飞鱼	酒精	4	62	横带银口天竺鲷	酒精	1
36	背斑须唇飞鱼	酒精	2	63	杂色鱚	酒精	2
37	黑鳍飞鱵	酒精	3	64	亚洲鱚	酒精	4
38	白鳍飞鱵	酒精	2	65	鱚	酒精	4
39	长颌拟飞鱼	酒精	4	66	黑带鱚	活体	6

续表

序号	鱼种名称	拍摄状态	图数	序号	鱼种名称	拍摄状态	图数
67	多鳞鱚	活体	4	94	黄鳍棘鲷	酒精	2
68	白方头鱼	酒精	2	95	太平洋棘鲷	活体	4
69	银方头鱼	酒精	1	96	黑棘鲷	活体	24
70	乳香鱼	酒精	2	97	二长棘犁齿鲷	酒精	2
71	鲯鳅	酒精	6	98	尖头黄鳍牙鰔	酒精	4
72	沟鲹	酒精	2	99	斑鳍白姑鱼	酒精	4
73	褐背若鲹	活体	3	100	白姑鱼	酒精	1
74	马拉巴若鲹	酒精	2	101	大头白姑鱼	酒精	2
75	蓝圆鲹	酒精	2	102	皮氏叫姑鱼	酒精	1
76	长体圆鲹	酒精	2	103	屈氏叫姑鱼	酒精	4
77	革似鲹	酒精	2	104	黑斑绯鲤	活体	4
78	脂眼凹肩鲹	酒精	2	105	细鳞鯻	酒精	4
79	黑纹小条鰤	酒精	2	106	牙鯻	活体	2
80	眼镜鱼	酒精	4	107	邵氏猪齿鱼	活体	14
81	项斑项鲾	酒精	1	108	云斑海猪鱼	活体	20
82	鹿斑仰口鲾	活体	2	109	断纹紫胸鱼	活体	24
83	紫红笛鲷	酒精	2	110	弓背鳄齿鱼	酒精	5
84	胸斑笛鲷	酒精	1	111	黄斑拟鲈	酒精	1
85	勒氏笛鲷	酒精	1	112	拟鲈	酒精	2
86	长棘银鲈	活体	12	113	似玉筋鱼	活体	1
87	缘边银鲈	活体	2	114	土佐騰	酒精	2
88	三线矶鲈	活体	4	115	弯角鰤	活体	20
89	花尾胡椒鲷	活体	4	116	鰤	活体	14
90	大斑石鲈	酒精	1	117	箭鰤	活体/酒精	4
91	深水金线鱼	酒精	4	118	大眼鲟	酒精	1
92	缘金线鱼	酒精	2	119	倒牙鲟	酒精	1
93	金线鱼	酒精	1	120	沙带鱼	活体	4

续表

序号	鱼种名称	拍摄状态	图数	序号	鱼种名称	拍摄状态	图数
121	短带鱼	酒精	2	135	日本钩嘴鳎	活体	4
122	日本带鱼	酒精	6	136	黑斑圆鳞鳎	活体	4
123	南海带鱼	酒精	2	137	眼斑豹鳎	酒精	1
124	狭颅带鱼	酒精	2	138	卵鳎	活体	20
125	鲣	酒精	2	139	峨眉条鳎	活体	8
126	鲔	酒精	2	140	印度舌鳎	酒精	2
127	圆舵鲣	酒精	4	141	双线舌鳎	酒精	1
128	扁舵鲣	酒精	4	142	大鳞舌鳎	酒精	2
129	康氏马鲛	酒精	1	143	少鳞舌鳎	活体	4
130	印度枪鱼	酒精	4	144	斑头舌鳎	活体	4
131	刺鲳	酒精	1	145	舌鳎①	活体	4
132	少牙斑鲆	活体	2	146	舌鳎②	活体/酒精	2
133	多斑羊舌鲆	酒精	1	147	布氏须鳎	酒精	2
134	冠鲽	酒精	2				

二 鱼卵形态结构及其发育阶段划分

鱼卵的形态结构，外部特征主要包括形状、卵膜结构、卵径；内部特征包括卵周隙宽窄、胚体形态及色素出现早晚、色素形状及分布区域、胚体的肌节情况、胚体各主要器官的出现时间和形状、油球数量、油球直径及油球上的色素形态、卵黄构造及卵黄大小等（图1）。

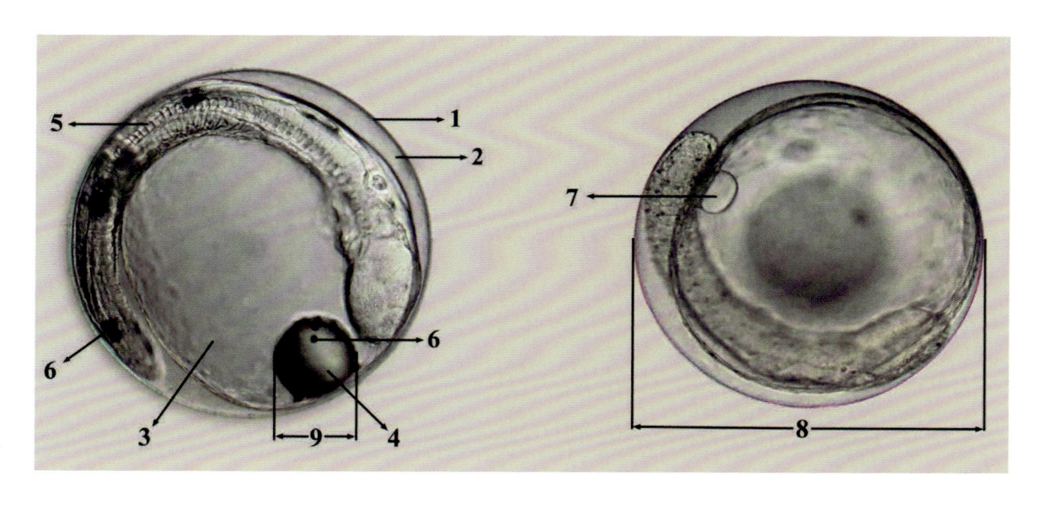

1.卵膜；2.卵周隙；3.卵黄囊；4.油球；5.肌节；6.色素；7.柯氏泡；8.卵径；9.油球直径

图1　鱼卵的形态结构及其测定名称

鱼卵的发育阶段划分，从受精卵开始，共分为5个时期28个时相。卵裂期包括从受精卵开始到桑葚期的10个时相；囊胚期包括高囊胚期、低囊胚期2个时相；原肠胚期包括从原肠早期到原肠晚期的3个时相；神经胚期包括胚体形成期、胚孔封闭期2个时相；器官形成期包括视囊形成期到初孵仔鱼期的11个时相（表2）。

表2 南海鱼卵各发育阶段及形态特征

序号	发育时期	发育时相	形态特征
1	卵裂期（Cleavage stage）	受精卵（Fertilized egg）	
2		胚盘隆起期（Blastodisc formation）	动物极出现胚盘突起
3		2 细胞期（2−cell stage）	第1次卵裂，分裂为2个细胞
4		4 细胞期（4−cell stage）	第2次卵裂，分裂为4个细胞
5		8 细胞期（8−cell stage）	第3次卵裂，分裂为8个细胞
6		16 细胞期（16−cell stage）	第4次卵裂，分裂为16个细胞
7		32 细胞期（32−cell stage）	第5次卵裂，分裂为32个细胞
8		64 细胞期（64−cell stage）	第6次卵裂，分裂为64个细胞，分裂面开始紊乱
9		多细胞期（Multi−cell stage）	细胞变小，开始重叠
10		桑葚期（Morula stage）	细胞分裂似桑葚球状
11	囊胚期（Blastula stage）	高囊胚期（High blastula stage）	囊胚呈高帽状
12		低囊胚期（Low blastula stage）	囊胚变低
13	原肠胚期（Gastrula stage）	原肠早期（Early gastrula stage）	胚层下包卵黄1/3，背面观可见胚环，侧面可见胚盾
14		原肠中期（Middle gastrula stage）	胚层下包卵黄1/2
15		原肠晚期（Late gastrula stage）	胚层下包卵黄3/4
16	神经胚期（Neuraula stage）	胚体形成期（Embryo body stage）	胚体已轮廓清晰
17		胚孔封闭期（Closure of blastopore stage）	胚层下包，胚孔即将封闭
18	器官形成期（Organogenesis stage）	视囊形成期（Optic capsule stage）	胚体头部出现1对视囊
19		肌节出现期（Muscle burl stage）	胚体出现肌节
20		听囊形成期（Otocyst stage）	听囊出现
21		脑泡形成期（Brain vesicle stage）	两视囊中间位置出现脑泡
22		心脏形成期（Heart stage）	心脏、脊索轮廓清晰
23		尾芽期（Tail−bud stage）	尾芽开始与卵黄囊分离
24		晶体形成期（Crystal stage）	晶体轮廓清晰
25		心脏跳动期（Heart−beating stage）	心脏跳动
26		将孵期（Pre−hatching stage）	胚体的抽动频繁、有力
27		孵化期（Hatching stage）	破膜孵出
28		初孵仔鱼期（Newly hatched larvae）	刚出膜不久的卵黄囊期仔鱼

三 材料与方法

在海洋鱼类早期资源调查中，根据近、远海的实际水深情况利用相应规格的浮游生物网进行水平和垂直采集。采样时，按照《海洋调查规范》（GB/T12763.6—2007），利用大型浮游生物网（网口内径80 cm，长270 cm，孔径0.505 mm）水平拖曳研究区域站位的鱼卵、仔稚鱼，拖时10 min，拖速1.0～2.0 kn。近海调查时，每个站位同时水平拖曳2～4网，其中1网留作鱼卵活体观察与暂养，另外1～3网为75%酒精溶液保存或4%中性甲醛溶液保存。

调查船大小和浮游生物网悬挂位置会对水平拖曳取样产生较大影响。当将浮游生物网系于船体尾侧水平拖曳时，船体行进的波浪特别是船尾螺旋桨旋转涡流的严重影响，会使得鱼卵、仔稚鱼特别是具有一定运动能力的仔稚鱼采集效果很差，丰度数据失真，进而导致丰度数据严重偏离实际值。因而，野外作业时在调查船两侧安装一个支架伸出船体，在船侧约5 m外采样以避免船体行进产生的波浪以及船尾螺旋桨的影响（图2，图3）。

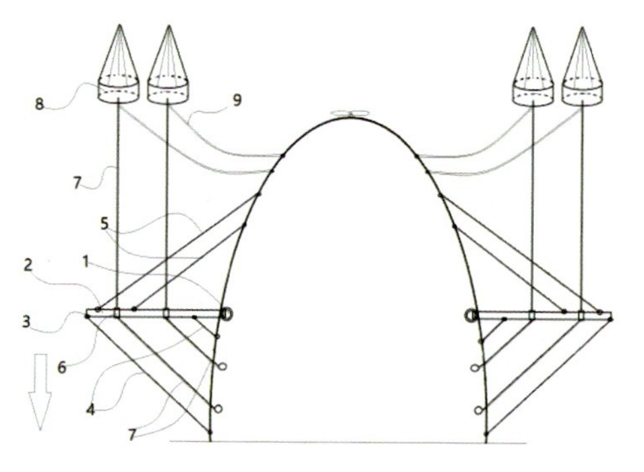

1. 桅杆；2. 横杆；3. 固定孔；4. 船头侧水平拉绳；5. 船尾侧水平拉绳；6. 滑轮；7. 采集拉绳；8. 浮游生物网；9. 回收绳

图2 船载浮游生物网固定装置支架示意图

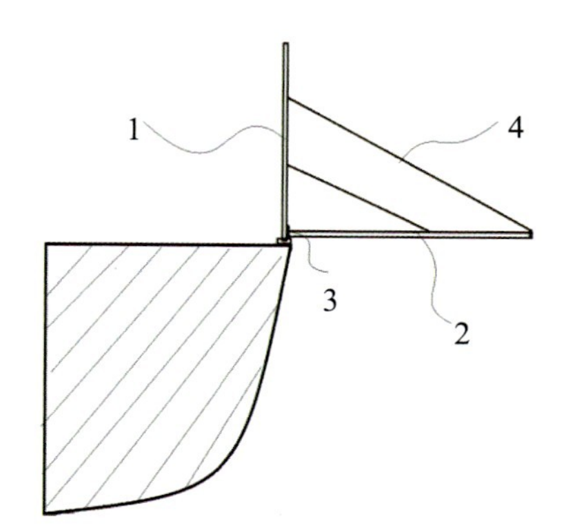

1. 桅杆；2. 横杆；3. 绞链；4. 拉绳

图3 固定装置透视图

在南海北部海域，经采样实践发现，拖速在船侧1.5 kn以内水平拖曳10 min，靠岸分选时，鱼卵成活率为95%～100%，分选后各类群的鱼卵发育到初孵仔鱼期的成功率为80%～100%。当船速超过1.5 kn，随着拖曳速度增加或者拖曳时间延长，鱼卵成活率和孵化成苗率显著下降，鱼卵内部形态容易弥散。因而，为了获得活体鱼卵的连续发育图鉴，或者获得较好的甲醛、酒精固定的鱼卵形态图鉴，在采样中，拖速多控制在1.5 kn以内，水平拖曳10 min，然后迅速固定保存。

南海北部地处亚热带、热带海域，水温较高，全年均有鱼产卵。根据已采样的鱼卵时相判别，鱼在一日内各时辰均有产卵，但是以11：00～14：50居多。漂浮性鱼卵发生后，眶棘双边鱼 *Ambassis gymnocephalus*（Lacepède，1802）发育时长最短，历时12 h左右出膜；带鱼科鱼卵发育时间较长，为70～80 h；大多数鱼的卵子发育时长为20～30 h。因而，针对各类群的鱼卵，为了获得较为全面的发育图鉴，需要按研究海域的鱼类繁殖习性调整采样时间。

鱼卵、仔稚鱼采集后，野外采样条件适宜时，迅速用吸管从样品中吸出鱼卵，进行孵化工作，并在显微镜下观察拍照，记录时相发生时间及其形态特征。采样不适宜时，根据研究需要，将样品保存于4%中性甲醛溶液或75%酒精溶液中。

四 海洋鱼卵的分类鉴定方法

鱼卵的分类鉴定，传统方法一般使用显微镜观察形态学特征来鉴定，形态学特征主要包括：① 性质；② 形状；③ 卵径；④ 卵膜结构，主要包括卵膜的厚薄、是否具有特殊构造及其他修饰物等；⑤ 卵周隙的宽窄；⑥ 油球的有无、个数、位置、大小、色素等；⑦ 卵黄囊的大小及其是否具有泡状龟裂；⑧ 鱼卵在器官形成期时胚体的肌节数量，胚体上色素斑的位置、形状和色泽等；⑨ 其他参考信息，如成鱼的时空分布特征、繁殖期等。

1 鱼卵的性质

鱼卵的性质主要包括三类。

（1）沉性卵：代表性为海鲇科鱼卵，有斑海鲇 *Arius maculatus* 1种。

（2）黏性卵：代表性为天竺鲷科鱼卵，有横带银口天竺鲷 *Jaydia striata* 1种。

（3）浮性卵：代表性为鳗鲡目、鲱形目、鲈形目等大多数海洋鱼类的卵，有异颌颌吻鳗 *Gnathophis heterognathos*等145种。

2 鱼卵的形状

鱼卵的形状主要包括两种。

（1）椭球卵：代表性为鳀科鱼类的卵，有尖吻半棱鳀 *Encrasicholina heteroloba*等4种。

（2）圆球卵：代表性为鳗鲡目等多数海洋鱼类的卵，有异颌颌吻鳗 *Gnathophis heterognathos*等143种。

3 卵周隙

卵周隙宽窄是鱼卵分类的重要形态特征之一。由于鱼卵拍摄角度及个别发育期相时卵黄囊分布不均，所以卵周隙宽度计算有所不同：当卵周隙左右对称时，取一侧卵膜至卵黄囊的距离；当两侧不对称时，取（卵径−卵黄囊直径）$\times\frac{1}{2}$。

圆球卵按照卵周隙宽窄，分为：

（1）狭窄：卵周隙宽度为卵径的5.00%及以下，以及卵黄囊和胚体充满卵内不易测量的情况。

（2）窄：卵周隙宽度为卵径的5.01%～10.00%。

（3）中等宽：卵周隙宽度为卵径的10.01%～15.00%。

（4）宽：卵周隙宽度为卵径的15.01%以上。

4 卵径

卵径是鱼卵分类的重要形态特征之一。单种鱼的同一种群或者分布于同一水团中同一种鱼的卵径变化范围不大，具有重要的分类参考意义（图4）。圆球卵按照卵径大小，分为：

（1）特小卵：卵径0.50～0.80 mm，有䲗 *Callionymus* sp.等43种。

（2）小卵：卵径0.81～1.00 mm，有斑鳍白姑鱼 *Pennahia pawak*等38种。

（3）中卵：卵径1.01～1.50 mm，有眼镜鱼 *Mene maculata*等33种。

（4）较大卵：卵径1.51～2.00 mm，有印度枪鱼 *Istiompax indica*等18种。

（5）大卵：卵径2.01～5.00 mm，有黑鳍飞鱵 *Oxyporhamphus convexus*等9种。

（6）特大卵：卵径11.00～12.00 mm，有斑海鲇 *Arius maculatus*1种。

由于鱼的学名和分类地位是一个在不断修正与调整的过程，为了统一，本书的鱼种学名和分类位置主要参照伍汉霖等的《拉汉世界鱼类系统名典》（2017）、成庆泰及郑葆珊的《中国鱼类分类检索》（1987）、孙典荣和陈铮的《南海鱼类检索》（2013）。同时，依据本书147种鱼卵形态学特征（表3），编纂了鱼卵的科属等分类检索简图，如图5所示。

物种

鰤 *Callionymus* sp.
多斑羊舌鲆 *Arnoglossus polyspilus*
缘边银鲈 *Gerres limbatus*
断纹紫胸鱼 *Stethojulis terina*
鹿斑仰口鲾 *Secutor ruconius*
长棘银鲈 *Gerres filamentosus*
云斑海猪鱼 *Halichoeres nigrescens*
眶棘双边鱼 *Ambassis gymnocephalus*
脂眼凹肩鲹 *Selar crumenophthalmus*
项斑项鲾 *Nuchequula nuchalis*
箭鰤 *Callionymus sagitta*
沟鲹 *Atropus atropos*
染色鱚 *Sillago aeolus*
多鳞鱚 *Sillago cf sihama*
黑斑绯鲤 *Upeneus tragula*
短尾大眼鲷 *Priacanthus macracanthus*
金线鱼 *Nemipterus virgatus*
褐背若鲹 *Carangoides praeustus*
亚洲鱚 *Sillago asiatica*
泥鱚 *Sillago lutea*
白姑鱼 *Pennahia argentata*
绿背龟鲛 *Planiliza subviridis*
舌鳎① *Cynoglossus* sp.①
深水金线鱼 *Nemipterus bathybius*
盾副鲻 *Paramugil parmatus*
细鳞鯻 *Terapon jarbua*
横纹九棘鲈 *Cephalopholis boenak*
宝石石斑鱼 *Epinephelus areolatus*
蓝圆鲹 *Decapterus maruadsi*
布氏须鳎 *Paraplagusia blochii*
乳香鱼 *Lactarius lactarius*
斑头舌鳎 *Cynoglossus puncticeps*
屈氏叫姑鱼 *Johnius trewavasae*
缘金线鱼 *Nemipterus marginatus*
黑带鱚 *Sillago nigrofasciata*
皮氏叫姑鱼 *Johnius belangerii*
龟鲛① *Chelon* sp.①
长体圆鲹 *Decapterus macrosoma*
太平洋棘鲷 *Acanthopagrus pacificus*
弯角鰤 *Callionymus curvicornis*
马拉巴若鲹 *Carangoides malabaricus*
横带银口天竺鲷 *Jaydia striata*
大眼魣 *Sphyraena forsteri*
双线舌鳎 *Cynoglossus bilineatus*
斑鳍白姑鱼 *Pennahia pawak*
胸斑笛鲷 *Lutjanus carponotatus*
叶鲱 *Escualosa thoracata*
大鳞舌鳎 *Cynoglossus macrolepidotus*
尖头黄鳍牙鰔 *Chrysochir aureus*
少鳞舌鳎 *Cynoglossus oligolepis*
日本瞳鲬 *Inegocia japonica*
黑鳍棘鲷 *Acanthopagrus schlegelii*
牙鯻 *Pelates* sp.
日本鬼鲉 *Inimicus japonicus*
龟鲛② *Chelon* sp.②
革似鲹 *Scomberoides tol*
大头白姑鱼 *Pennahia macrocephalus*
棕点石斑鱼 *Epinephelus fuscoguttatus*
橙点石斑鱼 *Epinephelus bleekeri*
黄鳍棘鲷 *Acanthopagrus latus*
鲬 *Platycephalus sov* sp.
勒氏笛鲷 *Lutjanus russellii*
印度鲬 *Platycephalus indicus*
卵鳎 *Solea ovata*
大斑石鲈 *Pomadasys maculatus*
印度舌鳎 *Cynoglossus arel*
扁舵鲣 *Auxis thazard thazard*
三线矶鲈 *Parapristipoma trilineatum*
紫红笛鲷 *Lutjanus argentimaculatus*

科名

鲆科 Bothidae
银鲈科 Gerreidae
鲾科 Leiognathidae
双边鱼科 Ambassidae
鰤科 Callionymidae
羊鱼科 Mullidae
鱚科 Sillaginidae
金线鱼科 Nemipteridae
大眼鲷科 Priacanthidae
鯻科 Terapontidae
乳香鱼科 Lactariidae
石首鱼科 Sciaenidae
鲹科 Carangidae
天竺鲷科 Apogonidae
鲻科 Mugilidae
鮨科 Serranidae
魣科 Sphyraenidae
舌鳎科 Cynoglossidae
隆头鱼科 Labridae
鲷科 Sparidae
笛鲷科 Lutjanidae
仿石鲈科 Haemulidae
鲬科 Platycephalidae
鲭科 Scombridae
发光鲷科 Acropomatidae
拟鲈科 Pinguipedidae
鳎科 Soleidae
牙鲆科 Paralichthyidae
鳀科 Engraulidae
眼睛鱼科 Menidae
长鲳科 Centrolophidae
弱棘鱼科 Malacanthidae
狗母鱼科 Synodontidae
鳄齿鱼科 Champsodontidae
玉筋鱼科 Ammodytidae
锯腹鳓科 Pristigasteridae
鲉科 Scorpaenidae
冠鲽科 Samaridae
旗鱼科 Istiophoridae
鲱科 Clupeidae
鲯鳅科 Coryphaenidae
宝刀鱼科 Chirocentridae

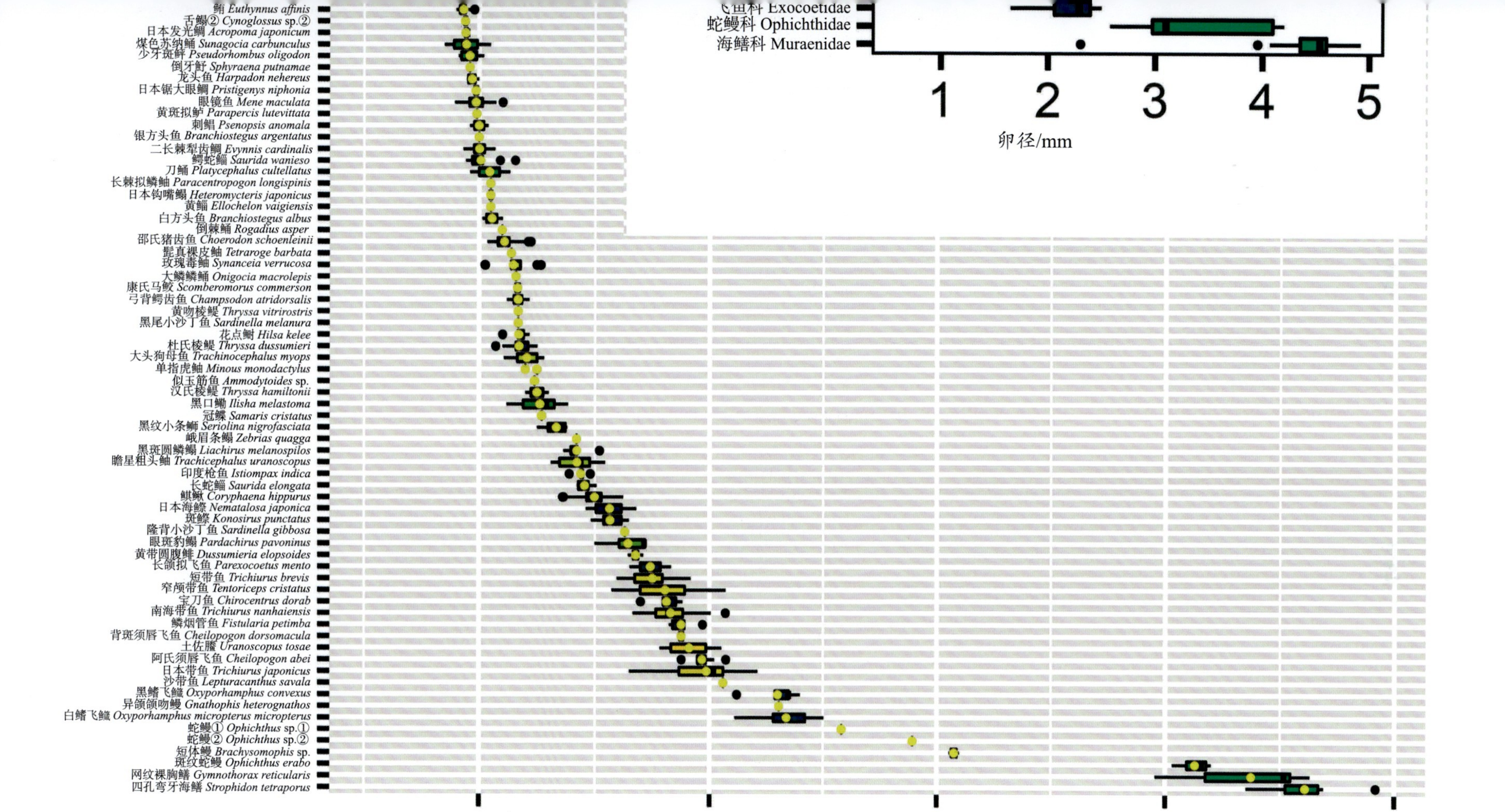

图4　南海漂浮性圆球鱼卵卵径分布

表3　南海鱼卵主要形态特征

分类地位	中文名	学名	性质	形状	卵膜结构	卵周隙	油球数	油球位置	卵径/mm	油球直径/mm	产卵期
鳗鲡目 Anguilliformes											
康吉鳗科 Congridae	异颌颌吻鳗	*Gnathophis heterognathos*	C	圆球形	平滑	宽	多油球		2.27	—	10月（本研究）
海鳝科 Muraenidae	网纹裸胸鳝	*Gymnothorax reticularis*	C	圆球形	平滑	宽	无油球		3.96 ~ 4.63		9月（本研究）
	四孔弯牙海鳝	*Strophidon tetraporus*	C	圆球形	平滑	宽	无油球		4.35 ~ 4.69		4月（本研究）
蛇鳗科 Ophichthidae	短体鳗	*Brachysomophis* sp.	C	圆球形	平滑	宽	无油球	—	3.05 ~ 3.10		4月（本研究）
	斑纹蛇鳗	*Ophichthus erabo*	C	圆球形	平滑	宽	多油球		4.03 ~ 4.20	—	4月（本研究）
	蛇鳗①	*Ophichthus* sp.①	C	圆球形	平滑	宽	多油球		2.58	—	4月（本研究）
	蛇鳗②	*Ophichthus* sp. ②	C	圆球形	平滑	宽	无油球		2.89		4月（本研究）
鲱形目 Clupeiformes											
锯腹鳓科 Pristigasteridae	黑口鳓	*Ilisha melastoma*	C	圆球形	平滑	狭窄	单油球	后位	1.12 ~ 1.50	0.39 ~ 0.47	4—5月（本研究）

续表

分类地位	中文名	学名	性质	形状	卵膜结构	卵周隙	油球数	油球位置	卵径/mm	油球直径/mm	产卵期
鳀科 Engraulidae	尖吻半棱鳀	*Encrasicholina heteroloba*	C	椭球形	平滑	狭窄	无油球		1.18 × 0.81		3—12月（本研究）
	银灰半棱鳀	*Encrasicholina punctifer*	C	椭球形	平滑	狭窄	无油球		（1.05～1.33）×（0.60～0.93）		2—12月（本研究）
	韦氏侧带小公鱼	*Stolephorus waitei*	C	椭球形	平滑	狭窄	无油球		（1.73～2.16）×（0.77～1.05）		3—5月，12月（本研究）
	康氏侧带小公鱼	*Stolephorus commersonnii*	C	椭球形	平滑	狭窄	单油球	后位	1.03 × 0.61	0.08 ~ 0.11	1—3月，6—12月（本研究）
	汉氏棱鳀	*Thryssa hamiltonii*	C	圆球形	平滑	狭窄	无油球		1.20 ~ 1.30		3—7月（本研究）
	杜氏棱鳀	*Thryssa dussumieri*	C	圆球形	平滑	狭窄	无油球		1.07 ~ 1.25		3—8月（本研究）
	黄吻棱鳀	*Thryssa vitrirostris*	C	圆球形	平滑	狭窄	无油球		1.17		5—8月（本研究）
宝刀鱼科 Chirocentridae	宝刀鱼	*Chirocentrus dorab*	C	圆球形	平滑	窄	单油球	后位	1.66 ~ 2.04	0.15	（4—7月）（张仁斋等，1985）

续表

分类地位	中文名	学名	性质	形状	卵膜结构	卵周隙	油球数	油球位置	卵径/mm	油球直径/mm	产卵期
鲱科 Clupeidae	黄带圆腹鲱	*Dussumieria elopsoides*	C	圆球形	平滑	狭窄	无油球		1.64 ~ 1.71		4—6月（本研究）
	叶鲱	*Escualosa thoracata*	C	圆球形	平滑	窄	多油球		0.74 ~ 0.90	—	6—10月（本研究）
	花点鲥	*Hilsa kelee*	C	圆球形	平滑	狭窄	多油球		1.10 ~ 1.22	0.04 ~ 0.12	3—6月（本研究）
	斑鰶	*Konosirus punctatus*	C	圆球形	平滑	中等宽	单油球	中位	1.48 ~ 1.65	0.07 ~ 0.08	4—6月（本研究）
	日本海鰶	*Nematalosa japonica*	C	圆球形	平滑	宽	单油球	中位	1.43 ~ 1.67	0.15 ~ 0.17	2—4月，10月（本研究）
	黑尾小沙丁鱼	*Sardinella melanura*	C	圆球形	平滑	宽	单油球	后位	1.17	0.11	3—5月（本研究）
	隆背小沙丁鱼	*Sardinella gibbosa*	C	圆球形	平滑	宽	单油球	后位	1.63	0.10	3—5月（本研究）
鲇形目 Siluriformes											
海鲇科 Ariidae	斑海鲇	*Arius maculatus*	D	圆球形	平滑	—	无油球		11.44 ~ 11.64		4—6月（本研究）
仙女鱼目 Aulopiformes											
狗母鱼科 Synodontidae	龙头鱼	*Harpadon nehereus*	C	圆球形	平滑	窄	无油球		0.95 ~ 1.00		8—10月（本研究）
	鳄蛇鲻	*Saurida wanieso*	C	圆球形	平滑	中等宽	无油球		0.94 ~ 1.16		8—10月（本研究）
	长蛇鲻	*Saurida elongata*	C	圆球形	网状	窄	无油球		1.42 ~ 1.51		2—8月（南海水产所，1966）
	大头狗母鱼	*Trachinocephalus myops*	C	圆球形	网状	窄	无油球		1.11 ~ 1.28		1—10月（张仁斋等，1985）

续表

分类地位	中文名	学名	性质	形状	卵膜结构	卵周隙	油球数	油球位置	卵径/mm	油球直径/mm	产卵期
鲻形目 Mugiliformes											
鲻科 Mugilidae	绿背龟鲛	*Planiliza subviridis*	C	圆球形	平滑	狭窄	单油球	中位	0.73	0.23	4—9月（本研究）
	龟鲛①	*Chelon* sp.①	C	圆球形	平滑	狭窄	单油球	中位	0.77	0.33	4月（本研究）
	龟鲛②	*Chelon* sp.②	C	圆球形	平滑	狭窄	单油球	中位	0.85	0.38	4月（本研究）
	黄鲻	*Ellochelon vaigiensis*	C	圆球形	平滑	狭窄	单油球	中位	1.05	0.37	4—10月（本研究）
	盾副鲻	*Paramugil parmatus*	C	圆球形	平滑	狭窄	单油球	中位	0.72～0.83	0.32	3—4月，9月（本研究）
	佩氏莫鲻	*Moolgarda perusii*	C	圆球形	平滑	狭窄	单油球	中位	0.92	—	8—11月（本研究）
颌针鱼目 Beloniformes											4—9月（本研究）
飞鱼科 Exocoetidae	阿氏须唇飞鱼	*Cheilopogon abei*	C	圆球形	胶质丝	窄	无油球		1.88～2.07		8—9月（本研究）
	背斑须唇飞鱼	*Cheilopogon dorsomacula*	C	圆球形	胶质丝	窄	无油球		1.86～1.89		8—9月（本研究）
	黑鳍飞鱵	*Oxyporhamphus convexus*	C	圆球形	小棘	窄	无油球		2.12～2.40		3—4月，8—9月（本研究）
	白鳍飞鱵	*Oxyporhamphus micropterus micropterus*	C	圆球形	小棘	窄	无油球		2.11～2.50		3—4月，8—10月（本研究）
	长颌拟飞鱼	*Parexocoetus mento*	C	圆球形	小棘	窄	无油球		1.65～1.83		3—4月（本研究）

续表

分类地位	中文名	学名	性质	形状	卵膜结构	卵周隙	油球数	油球位置	卵径/mm	油球直径/mm	产卵期
刺鱼目 Gasterosteiformes											
烟管鱼科 Fistulariidae	鳞烟管鱼	*Fistularia petimba*	C	圆球形	平滑	窄	无油球		1.82～1.97		4—8月（本研究）
鲉形目 Scorpaeniformes											
鲉科 Scorpaenidae	日本鬼鲉	*Inimicus japonicus*	C	圆球形	平滑	狭窄	无油球		0.85		2—4月（本研究）
	单指虎鲉	*Minous monodactylus*	C	圆球形	平滑	窄	?	?	1.20～1.25	?	4月（本研究）
	长棘拟鳞鲉	*Paracentropogon longispinis*	C	圆球形	平滑	狭窄	单油球	后位	1.05	0.17	2—3月（本研究）
	玫瑰毒鲉	*Synanceia verrucosa*	C	圆球形	平滑	窄	单油球	后位	1.03～1.27	0.21	1—4月，8—9月（本研究）
	髭真裸皮鲉	*Tetraroge barbata*	C	圆球形	平滑	狭窄	无油球		1.14		3—5月，8—9月（本研究）
	瞻星粗头鲉	*Trachicephalus uranoscopus*	C	圆球形	平滑	狭窄	无油球		1.31～1.55		3—5月，8—11月（本研究）

续表

分类地位	中文名	学名	性质	形状	卵膜结构	卵周隙	油球数	油球位置	卵径/mm	油球直径/mm	产卵期
鲬科 Platycephalidae	日本瞳鲬	*Inegocia japonica*	C	圆球形	平滑	狭窄	单油球	后位	0.76 ~ 0.77	0.15 ~ 0.16	8—11月（本研究）
	大鳞鳞鲬	*Onigocia macrolepis*	C	圆球形	平滑	窄	多油球		1.16	0.10 ~ 0.11	4月（本研究）
	刀鲬	*Platycephalus cultellatus*	C	圆球形	平滑	窄	单油球	后位	0.96 ~ 1.04	0.19 ~ 0.21	4—5月，11月（本研究）
	印度鲬	*Platycephalus indicus*	C	圆球形	平滑	狭窄	单油球	后位	0.88 ~ 0.99	0.18 ~ 0.21	2—6月，12月（本研究）
	鲬	*Platycephalus* sov.sp.	C	圆球形	平滑	狭窄	单油球	后位	0.88	0.22	4—5月，12月（本研究）
	倒棘鲬	*Rogadius asper*	C	圆球形	平滑	窄	?	?	1.10	?	4月（本研究）
	煤色苏纳鲬	*Sunagocia carbunculus*	C	圆球形	平滑	狭窄	多油球		0.85 ~ 1.05	0.05 ~ 0.07	3月，6—11月（本研究）
鲈形目 Perciformes											
双边鱼科 Ambassidae	眶棘双边鱼	*Ambassis gymnocephalus*	C	圆球形	平滑	狭窄	单油球	前位	0.58 ~ 0.77	0.14 ~ 0.16	3—8月，12月（本研究）
发光鲷科 Acropomatidae	日本发光鲷	*Acropoma japonicum*	C	圆球形	平滑	中等宽	多油球		0.92 ~ 0.95	0.10 ~ 0.20	12月（本研究）

续表

分类地位	中文名	学名	性质	形状	卵膜结构	卵周隙	油球数	油球位置	卵径/mm	油球直径/mm	产卵期
鮨科 Serranidae	宝石石斑鱼	*Epinephelus areolatus*	C	圆球形	平滑	狭窄	单油球	后位	0.75	0.16	8月（本研究）
	橙点石斑鱼	*Epinephelus bleekeri*	C	圆球形	平滑	狭窄	单油球	后位	0.87 ~ 0.88	0.20	2—5月（本研究）
	棕点石斑鱼	*Epinephelus fuscoguttatus*	C	圆球形	平滑	窄	单油球	后位	0.89 ~ 0.92	0.21 ~ 0.22	4—5月（本研究）
	横纹九棘鲈	*Cephalopholis boenak*	C	圆球形	平滑	窄	单油球	后位	0.73 ~ 0.76	0.14 ~ 0.17	5—9月（本研究）
大眼鲷科 Priacanthidae	短尾大眼鲷	*Priacanthus macracanthus*	C	圆球形	平滑	窄	单油球	后位	0.67 ~ 0.75	0.17	4—7月（张仁斋等，1985）
	日本锯大眼鲷	*Pristigenys niphonia*	C	圆球形	平滑	狭窄	单油球	后位	0.97 ~ 1.00	0.20	8—10月（本研究）
天竺鲷科 Apogonidae	横带银口天竺鲷	*Jaydia striata*	V	圆球形	平滑	中等宽	单油球	后位	0.80	0.09	4月（本研究）
鱚科 Sillaginidae	杂色鱚	*Sillago aeolus*	C	圆球形	平滑	狭窄	单油球	后位	0.67 ~ 0.70	0.20	2—8月（本研究）
	亚洲鱚	*Sillago asiatica*	C	圆球形	平滑	狭窄	单油球	后位	0.68 ~ 0.76	0.19 ~ 0.21	2—11月（本研究）
	鱚	*Sillago* sp.	C	圆球形	平滑	狭窄	单油球	后位	0.71 ~ 0.73	0.20 ~ 0.24	8月（本研究）
	黑带鱚	*Sillago nigrofasciata*	C	圆球形	平滑	狭窄	单油球	后位	0.70 ~ 0.82	0.18 ~ 0.19	4月（本研究）
	多鳞鱚	*Sillago* cf. *sihama*	C	圆球形	平滑	狭窄	单油球	后位	0.62 ~ 0.79	0.14 ~ 0.16	3—10月（本研究）
弱棘鱼科 Malacanthidae	白方头鱼	*Branchiostegus albus*	C	圆球形	平滑	狭窄	单油球	后位	1.01 ~ 1.10	0.19	11—12月（本研究）
	银方头鱼	*Branchiostegus argentatus*	C	圆球形	平滑	狭窄	单油球	后位	1.00	0.18	8月（本研究）

续表

分类地位	中文名	学名	性质	形状	卵膜结构	卵周隙	油球数	油球位置	卵径/mm	油球直径/mm	产卵期
乳香鱼科 Lactariidae	乳香鱼	*Lactarius lactarius*	C	圆球形	平滑	窄	单油球	后位	0.76	0.17	9月（本研究）
鲯鳅科 Coryphaenidae	鲯鳅	*Coryphaena hippurus*	C	圆球形	平滑	窄	单油球	后位	1.36 ~ 1.62	0.21 ~ 0.23	5—8月（本研究）
鲹科 Carangidae	沟鲹	*Atropus atropos*	C	圆球形	平滑	狭窄	单油球	后位	0.68	0.18	4—5月（本研究）
	褐背若鲹	*Carangoides praeustus*	C	圆球形	平滑	狭窄	单油球	后位	0.71	0.20	5—8月（本研究）
	马拉巴若鲹	*Carangoides malabaricus*	C	圆球形	平滑	狭窄	单油球	前位	0.74 ~ 0.86	—	3—7月（张仁斋等，1985）
	蓝圆鲹	*Decapterus maruadsi*	C	圆球形	平滑	窄	单油球	后位	0.63 ~ 0.85	0.11 ~ 0.12	12—月，4—7月（张仁斋等，1985）
	长体圆鲹	*Decapterus macrosoma*	C	圆球形	平滑	窄	单油球	后位	0.71 ~ 0.86	0.18	3—6月（张仁斋等，1985）
	革似鲹	*Scomberoides tol*	C	圆球形	平滑	狭窄	?	?	0.79 ~ 0.93	?	4月，9—10月（本研究）
	脂眼凹肩鲹	*Selar crumenophthalmus*	C	圆球形	平滑	宽	单油球	后位	0.64 ~ 0.70	0.17	5—6月（本研究）
	黑纹小条鰤	*Seriolina nigrofasciata*	C	圆球形	平滑	窄	单油球	后位	1.25 ~ 1.38	0.29 ~ 0.34	4月（本研究）
眼镜鱼科 Menidae	眼镜鱼	*Mene maculata*	C	圆球形	平滑	窄	单油球	后位	0.89 ~ 1.10	0.16 ~ 0.32	8—10月（杜时强等，2012）

续表

分类地位	中文名	学名	性质	形状	卵膜结构	卵周隙	油球数	油球位置	卵径/mm	油球直径/mm	产卵期
鲾科 Leiognathidae	项斑项鲾	*Nuchequula nuchalis*	C	圆球形	平滑	窄	单油球	后位	0.60 ~ 0.67	0.15	4月（本研究）
	鹿斑仰口鲾	*Secutor ruconius*	C	圆球形	平滑	狭窄	单油球	后位	0.67	0.16	3—8月（本研究）
笛鲷科 Lutjanidae	紫红笛鲷	*Lutjanus argentimaculatus*	C	圆球形	平滑	狭窄	单油球	后位	0.90	0.14	4—9月（本研究）
	胸斑笛鲷	*Lutjanus carponotatus*	C	圆球形	平滑	狭窄	单油球	后位	0.81	0.17	9月（本研究）
	勒氏笛鲷	*Lutjanus russellii*	C	圆球形	平滑	宽	单油球	后位	0.88	0.17	4月，10月（本研究）
银鲈科 Gerreidae	长棘银鲈	*Gerres filamentosus*	C	圆球形	平滑	狭窄	单油球	前位	0.59 ~ 0.66	0.13 ~ 0.15	4—10月（本研究）
	缘边银鲈	*Gerres limbatus*	C	圆球形	平滑	狭窄	单油球	前位	0.61 ~ 0.62	0.18	3—4月（本研究）
仿石鲈科 Haemulidae	三线矶鲈	*Parapristipoma trilineatum*	C	圆球形	平滑	狭窄	单油球	后位	0.88 ~ 0.91	0.23	2—3月（本研究）
	花尾胡椒鲷	*Plectorhinchus cinctus*	C	圆球形	平滑	狭窄	单油球	前位	0.89 ~ 0.93	0.25 ~ 0.27	3—10月（本研究）
	大斑石鲈	*Pomadasys maculatus*	C	圆球形	平滑	狭窄	单油球	前位	0.86 ~ 0.91	0.10	4月（本研究）
金线鱼科 Nemipteridae	深水金线鱼	*Nemipterus bathybius*	C	圆球形	平滑	狭窄	单油球	后位	0.66 ~ 0.81	0.12 ~ 0.15	3—7月，（南海水产所，1966）
	缘金线鱼	*Nemipterus marginatus*	C	圆球形	平滑	狭窄	单油球	后位	0.73 ~ 0.80	0.18	4月（本研究）
	金线鱼	*Nemipterus virgatus*	C	圆球形	平滑	中等宽	单油球	后位	0.71	0.16	3—8月（南海水产所，1966）

续表

分类地位	中文名	学名	性质	形状	卵膜结构	卵周隙	油球数	油球位置	卵径/mm	油球直径/mm	产卵期
鲷科 Sparidae	黄鳍棘鲷	*Acanthopagrus latus*	C	圆球形	平滑	狭窄	单油球	后位	0.83 ~ 0.93	0.20 ~ 0.27	11月（本研究）
	太平洋棘鲷	*Acanthopagrus pacificus*	C	圆球形	平滑	狭窄	单油球	后位	0.76 ~ 0.83	0.17 ~ 0.19	12—3月（南海水产所，1966）
	黑棘鲷	*Acanthopagrus schlegelii*	C	圆球形	平滑	狭窄	单油球	后位	0.78 ~ 0.95	0.16 ~ 0.17	9—2月（南海水产所，1966）
	二长棘犁齿鲷	*Evynnis cardinalis*	C	圆球形	平滑	狭窄	单油球	后位	0.93 ~ 1.07	0.17 ~ 0.19	12—1月（侯刚等，2008）
石首鱼科 Sciaenidae	尖头黄鳍牙鰔	*Chrysochir aureus*	C	圆球形	平滑	狭窄	单油球	后位	0.78 ~ 0.87	0.14 ~ 0.17	8—11月（本研究）
	斑鳍白姑鱼	*Pennahia pawak*	C	圆球形	平滑	狭窄	单油球	后位	0.77 ~ 0.83	0.19 ~ 0.20	3—11月（本研究）
	白姑鱼	*Pennahia argentata*	C	圆球形	平滑	狭窄	单油球	后位	0.72	0.18	4月（本研究）
	大头白姑鱼	*Pennahia macrocephalus*	C	圆球形	平滑	狭窄	单油球	后位	0.87	0.25	7—11月（本研究）
	皮氏叫姑鱼	*Johnius belangerii*	C	圆球形	平滑	窄	单油球	后位	0.77	0.19	2—10月（本研究）
	屈氏叫姑鱼	*Johnius trewavasae*	C	圆球形	平滑	狭窄	单油球	后位	0.71 ~ 0.81	0.21 ~ 0.27	7—9月（本研究）
羊鱼科 Mullidae	黑斑绯鲤	*Upeneus tragula*	C	圆球形	平滑	狭窄	单油球	前位	0.65 ~ 0.84	0.17	3—8月（本研究）

续表

分类地位	中文名	学名	性质	形状	卵膜结构	卵周隙	油球数	油球位置	卵径/mm	油球直径/mm	产卵期
鯻科 Terapontidae	细鳞鯻	*Terapon jarbua*	C	圆球形	平滑	窄	单油球	后位	0.72 ~ 0.79	0.20 ~ 0.22	3—10月（本研究）
	牙鯻	*Pelates* sp.	C	圆球形	平滑	狭窄	单油球	后位	0.85	0.23	2月（本研究）
隆头鱼科 Labridae	邵氏猪齿鱼	*Choerodon schoenleinii*	C	圆球形	平滑	狭窄	单油球	前位	1.04 ~ 1.22	0.17 ~ 0.18	2—5月（本研究）
	云斑海猪鱼	*Halichoeres nigrescens*	C	圆球形	平滑	狭窄	单油球	前位	0.57 ~ 0.75	0.13 ~ 0.15	3—6月，12月（本研究）
	断纹紫胸鱼	*Stethojulis terina*	C	圆球形	平滑	狭窄	单油球	前位	0.60 ~ 0.64	0.12	1月（本研究）
鳄齿鱼科 Champsodontidae	弓背鳄齿鱼	*Champsodon atridorsalis*	C	圆球形	平滑	狭窄	多油球		1.12 ~ 1.22	0.06 ~ 0.30	4月，8—10月（本研究）
拟鲈科 Pinguipedidae	黄斑拟鲈	*Parapercis lutevittata*	C	圆球形	平滑	狭窄	单油球	后位	0.99	0.20	12月（本研究）
	拟鲈	*Parapercis* sp.	C	圆球形	平滑	狭窄	单油球	后位	0.92	0.17	9月（本研究）
玉筋鱼科 Ammodytidae	似玉筋鱼	*Ammodytoides* sp.	C	圆球形	三叉棱	狭窄	单油球	后位	1.24	0.20	4月，8月（本研究）
䲢科 Uranoscopidae	土佐䲢	*Uranoscopus tosae*	C	圆球形	平滑	窄	无油球		1.78 ~ 2.05		4月，10月（本研究）
鲔科 Callionymidae	弯角鲔	*Callionymus curvicornis*	C	圆球形	网纹状	狭窄	无油球		0.76 ~ 0.81		6—7月，11—2月（本研究）
	鲔	*Callionymus* sp.	C	圆球形	网纹状	窄	无油球		0.58 ~ 0.59		1月（本研究）
	箭鲔	*Callionymus sagitta*	C	圆球形	网纹状	狭窄	无油球		0.67 ~ 0.69		2—8月（本研究）

续表

分类地位	中文名	学名	性质	形状	卵膜结构	卵周隙	油球数	油球位置	卵径/mm	油球直径/mm	产卵期
魣科 Sphyraenidae	大眼魣	*Sphyraena forsteri*	C	圆球形	平滑	窄	单油球	前位	0.80	0.23	4月（本研究）
	倒牙魣	*Sphyraena putnamae*	C	圆球形	平滑	狭窄	单油球	前位	0.96	0.19	4月（本研究）
带鱼科 Trichiuridae	沙带鱼	*Lepturacanthus savala*	C	圆球形	平滑	狭窄	单油球	后位	2.06	0.37	1—11月（本研究）
	短带鱼	*Trichiurus brevis*	C	圆球形	平滑	窄	单油球	后位	1.59 ~ 1.92	0.29 ~ 0.30	4—10月（本研究）
	日本带鱼	*Trichiurus japonicus*	C	圆球形	平滑	窄	单油球	后位	1.65 ~ 2.21	0.34 ~ 0.43	1—11月（张仁斋等，1985）
	南海带鱼	*Trichiurus nanhaiensis*	C	圆球形	平滑	窄	单油球	后位	1.66 ~ 2.07	0.28 ~ 0.39	4—10月（本研究）
	狭颅带鱼	*Tentoriceps cristatus*	C	圆球形	平滑	狭窄	单油球	后位	1.57 ~ 2.07	0.36	4—10月（本研究）
鲭科 Scombridae	鲣	*Katsuwonus pelamis*	C	圆球形	平滑	狭窄	单油球	后位	0.90	—	5—8月（张仁斋等，1985）
	鲔	*Euthynnus affinis*	C	圆球形	平滑	窄	单油球	后位	0.90 ~ 0.98	0.25	4—7月（张仁斋等，1985）
	圆舵鲣	*Auxis rochei rochei*	C	圆球形	平滑	狭窄	单油球	后位	0.87 ~ 0.96	0.18 ~ 0.20	2—7月（张仁斋等，1985）
	扁舵鲣	*Auxis thazard thazard*	C	圆球形	平滑	窄	单油球	前位	0.88 ~ 0.91	0.17 ~ 0.22	7—8月（张仁斋等，1985）
	康氏马鲛	*Scomberomorus commerson*	C	圆球形	平滑	窄	单油球	后位	1.15 ~ 1.18	0.36	1—3月（张仁斋等，1985）

续表

分类地位	中文名	学名	性质	形状	卵膜结构	卵周隙	油球数	油球位置	卵径/mm	油球直径/mm	产卵期
旗鱼科 Istiophoridae	印度枪鱼	*Istiompax indica*	C	圆球形	平滑	狭窄	单油球	后位	1.39 ~ 1.48	0.41 ~ 0.51	4月（本研究）
长鲳科 Centrolophidae	刺鲳	*Psenopsis anomala*	C	圆球形	平滑	中等宽	单油球	后位	0.96 ~ 1.04	0.82	12—8月，（南海水产所，1966）
鲽形目 Pleuronectiformes											
牙鲆科 Paralichthyidae	少牙斑鲆	*Pseudorhombus oligodon*	C	圆球形	绒毛状凸起	狭窄	单油球	后位	0.91 ~ 1.02	0.14 ~ 0.14	2月（本研究）
鲆科 Bothidae	多斑羊舌鲆	*Arnoglossus polyspilus*	C	圆球形	平滑	狭窄	单油球	后位	0.60	0.11	11月（本研究）
冠鲽科 Samaridae	冠鲽	*Samaris cristatus*	C	圆球形	瘤状凸起	狭窄	单油球	后位	1.27	0.13	4月，11月（本研究）
鳎科 Soleidae	日本钩嘴鳎	*Heteromycteris japonicus*	C	圆球形	平滑	狭窄	多油球		1.04 ~ 1.06	0.03 ~ 0.05	3—12月（本研究）
	黑斑圆鳞鳎	*Liachirus melanospilos*	C	圆球形	网纹状	狭窄	多油球		1.36 ~ 1.52	0.07 ~ 0.12	12—5月（本研究）
	眼斑豹鳎	*Pardachirus pavoninus*	C	圆球形	平滑	狭窄	多油球		1.50 ~ 1.72	0.05 ~ 0.07	12—5月（本研究）
	卵鳎	*Solea ovata*	C	圆球形	平滑	狭窄	多油球		0.79 ~ 0.99	0.02 ~ 0.07	1—2月，10—11月（本研究）
	峨眉条鳎	*Zebrias quagga*	C	圆球形	栅状凸起	狭窄	多油球		1.42	0.02 ~ 0.08	3月（本研究）
	印度舌鳎	*Cynoglossus arel*	C	圆球形	平滑	狭窄	多油球		0.84 ~ 0.94	0.03 ~ 0.08	9月—12月（本研究）
	双线舌鳎	*Cynoglossus bilineatus*	C	圆球形	平滑	狭窄	多油球		0.80	0.06 ~ 0.09	3月—5月（本研究）
	大鳞舌鳎	*Cynoglossus macrolepidotus*	C	圆球形	平滑	狭窄	多油球		0.76 ~ 0.91	0.06 ~ 0.10	5月—10月（本研究）

续表

分类地位	中文名	学名	性质	形状	卵膜结构	卵周隙	油球数	油球位置	卵径/mm	油球直径/mm	产卵期
舌鳎科 Cynoglossidae	少鳞舌鳎	*Cynoglossus oligolepis*	C	圆球形	平滑	狭窄	多油球		0.80 ~ 0.87	0.05 ~ 0.07	5月—9月（本研究）
	斑头舌鳎	*Cynoglossus puncticeps*	C	圆球形	平滑	狭窄	多油球		0.74 ~ 0.78	0.03 ~ 0.05	3月—8月（本研究）
	舌鳎①	*Cynoglossus* sp.①	C	圆球形	平滑	狭窄	多油球		0.72 ~ 0.74	0.03 ~ 0.06	7—9月，12—1月（本研究）
	舌鳎②	*Cynoglossus* sp.②	C	圆球形	平滑	狭窄	多油球		0.93 ~ 0.95	0.02 ~ 0.06	7—9月，12—1月（本研究）
	布氏须鳎	*Paraplagusia blochii*	C	圆球形	平滑	窄	多油球		0.72 ~ 0.76	0.03 ~ 0.09	3月—4月（本研究）

注：C. 浮性卵；D. 沉性卵；V. 黏性卵；“–”表示未能获得测量值；“？”表示不能确定。

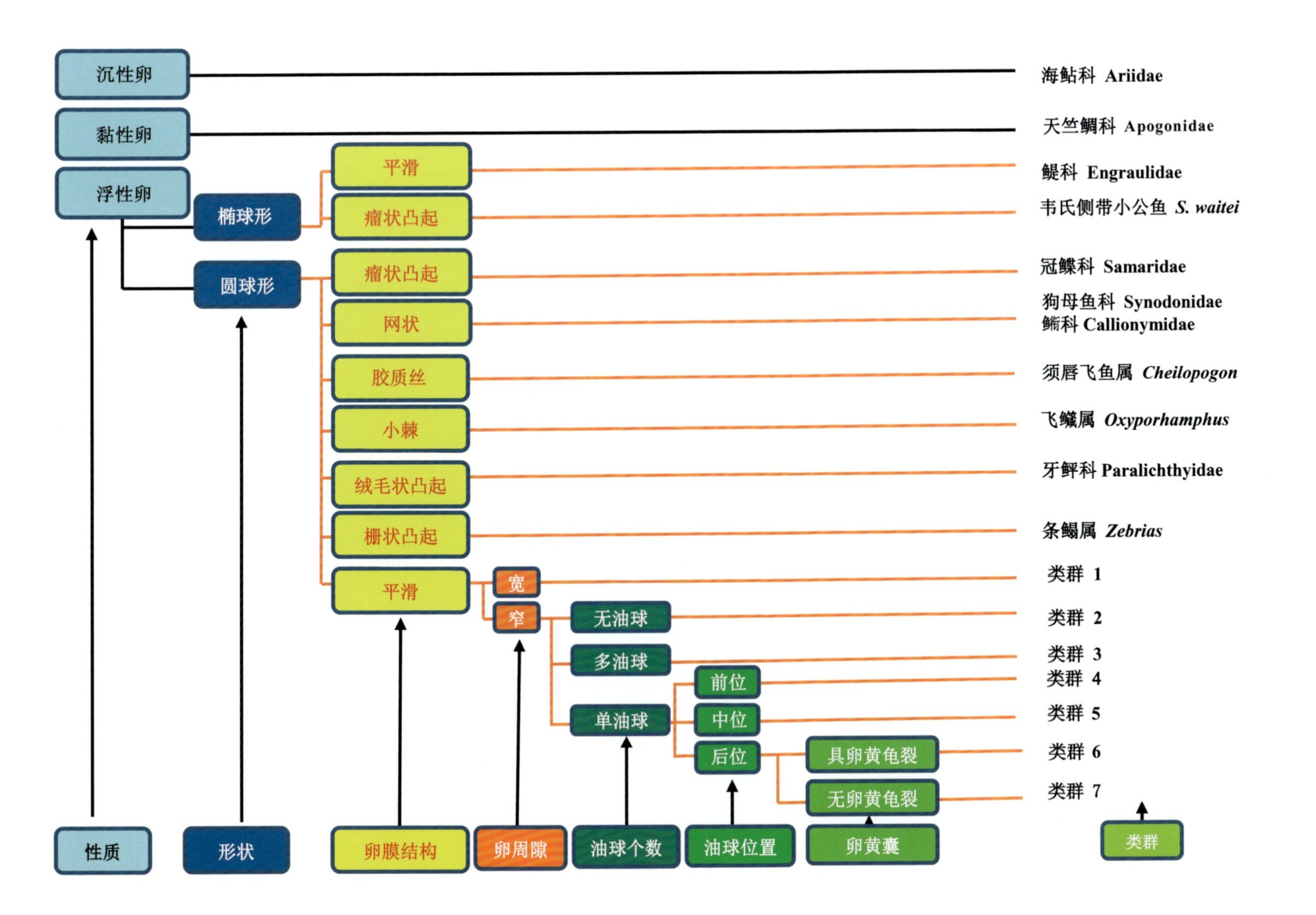
沉性卵
黏性卵
浮性卵
椭球形
圆球形
平滑
瘤状凸起
瘤状凸起
网状
胶质丝
小棘
绒毛状凸起
栅状凸起
平滑
宽
窄
无油球
多油球
单油球
前位
中位
后位
具卵黄龟裂
无卵黄龟裂
海鲇科 Ariidae
天竺鲷科 Apogonidae
鳀科 Engraulidae
韦氏侧带小公鱼 S. waitei
冠鲽科 Samaridae
狗母鱼科 Synodonidae
䲗科 Callionymidae
须唇飞鱼属 Cheilopogon
飞鱵属 Oxyporhamphus
牙鲆科 Paralichthyidae
条鳎属 Zebrias
类群 1
类群 2
类群 3
类群 4
类群 5
类群 6
类群 7
性质
形状
卵膜结构
卵周隙
油球个数
油球位置
卵黄囊
类群

类群1：康吉鳗科 Congridae、海鳝科 Muraenidae、蛇鳗科 Ophichthidae、小沙丁鱼属 *Sardinella*。

类群2：棱鳀属 *Thryssa*、烟管鱼属 *Fistularia*、鬼鲉属 *Inimicus*、虎鲉属 *Minous*、真裸皮鲉属 *Tetraroge*、粗头鲉属 *Trachicephalus*、䲢科 Uranoscopidae、鲔科Callionyrnidae。

类群3：鲱科 Clupeidae、鲬科 Platycephalidae、鳄鲭科 Champsodontidae、鳎科 Soleidae、舌鳎科 Cynoglossidae。

类群4：双边鱼科 Ambassidae、银鲈科 Gerreidae、胡椒鲷属 *Plectorhinchus*、羊鱼科 Mullidae、隆头鱼科 Labridae。

类群5：鲻科 Mugilidae、斑鰶属 *Konosirus*、海鰶属 *Nematalosa*。

类群6：鱚科 Sillaginidae、鲯鳅科 Coryphaenidae、仿石鲈科 Haemulidae。

类群7：鳓属 *Ilisha*、宝刀鱼科 Chirocentridae、拟鳞鲉属 *Paracentropogon*、毒鲉属 *Synanceia*、鲬科 Platycephalidae、乳香鱼科 Lactariidae、鮨科 Serranidae、大眼鲷科 Priacanthidae、鱚科 Sillaginidae、弱棘鱼科 Malacanthidae、鲹科 Carangidae、眼镜鱼科 Menidae、鲾科 Leiognathidae、笛鲷科 Lutjanidae、金线鱼科 Nemipteridae、鲷科 Sparidae、石首鱼科 Sciaenidae、鯻科 Terapontidae、玉筋鱼科 Ammodytidae、带鱼科 Trichiuridae。

图5　南海鱼卵科属等分类检索（仿邵广昭等，2001）

各论

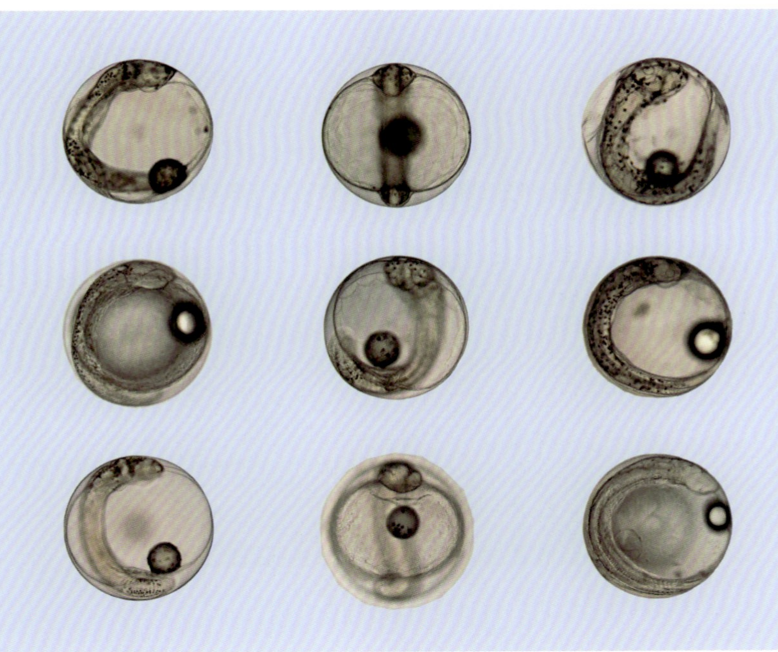

鳗鲡目 Anguilliformes

康吉鳗科 Congridae

颌吻鳗属 *Gnathophis* Kaup，1960

>>> 异颌颌吻鳗 *Gnathophis heterognathos*（Bleeker，1858—1859）

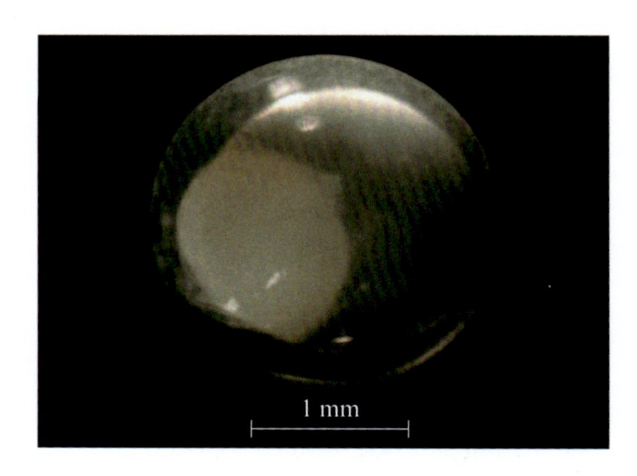

标本号：GDYH8457；采集时间：2019-10-11；
采集位置：珠江口外海，427渔区，20.250° N，114.250° E

中文别名：海鳗、沙鳗、臭腥鳗

英文名：Conger

形态特征：

该标本为异颌颌吻鳗的卵子。卵子圆球形，彼此分离，浮性卵；卵膜光滑，薄而透明；卵径约为2.27 mm，多油球。卵黄均匀，无龟裂。卵周隙宽，宽度约为0.43 mm，约是卵径的18.95%。卵黄直径约为1.42 mm，约是卵径的62.56%。

保存方式：酒精

DNA条形码序列：

CTATATCTAGTATTCGGTGCCTGAGCTGGCATGATTGGAACTGCTTTAAGCCT
TCTAATTCGAGCCGAACTCAGTCAACCAGGAGCTCTACTTGGAGACGACCAGAT
TTACAATGTTATCGTCACGGCACACGCCTTCGTAATAATCTTCTTTATAGTAATGCC
AGTAATAATCGGAGGATTCGGTAATTGACTAGTACCACTAATAATCGGAGCCCCT
GATATAGCATTTCCACGAATAAACAACATAAGCTTTTGACTACTCCCTCCCTCCTT
TCTCCTTCTACTAGCCTCCTCCGGAGTTGAGGCCGGGGCAGGGACAGGATGAAC
TGTCTACCCCCCACTCGCCGGAAACCTAGCCCACGCCGGAGCCTCAGTAGATTTA
ACAATCTTCTCACTTCATCTCGCAGGTATTTCATCTATTTTAGGGGCCATTAACTTC
ATCACCACAATTATTAATATGAAACCACCAGCCATCACGCAATACCAAACCCCATT
ATTTGTTTGAGCCGTACTAATTACAGCCGTACTCCTACTACTATCTTTACCAGTCCT
AGCAGCAGGTATTACAATACTCCTTACAGACCGAAATTTAAACACCACATTCTTC
GACCCAGCAGGGGGAGGGGACCCAATTCTTTATCAACACCTGTTC

海鳝科 Muraenidae

裸胸鳝属 *Gymnothorax* Bloch，1795

>>> 网纹裸胸鳝 *Gymnothorax reticularis* Bloch，1795

标本号：GDYH8049；采集时间：2019-09-08；

采集位置：文昌外海，470渔区，19.250° N，111.750° E

中文别名：花鳝、花头蛇、钱鳗

英文名：Spooted moray

形态特征：

该标本为网纹裸胸鳝的卵子，处于器官形成期的尾芽期。卵子圆球形，彼此分离，浮性卵；卵膜光滑，薄而透明；卵径约为4.63 mm，未见油球。卵黄均匀，无龟裂。卵周隙宽，宽度约为1.11 mm，约是卵径的23.97%。卵黄直径约为2.42 mm，约是卵径的52.27%。

保存方式：酒精

DNA条形码序列：

CCTCTACCTAGTCTTTGGTGCCTGAGCCGGTATGGTTGGCACTGCATTAAGCCTTCTTATCCGAGCTGAGCTTAGCCAACCTGGTGCTCTCCTAGGTGACGACCAAATTTACAATGTCATCGTAACAGCCCATGCTTTTGTAATAATCTTCTTTATAGTAATACCCATTATGATCGGAGGCTTCGGAAACTGACTGATTCCTCTCATAATTGGGGCCCCAGATATGGCATTCCCACGAATAAATAACATAAGCTTCTGACTACTCCCTCCTTCTTTCCTTTTATTGCTAGCCTCGTCAGGGGTCGAAGCAGGAGCAGGAACTGGTTGAACAGTTTACCCCCCTCTTGCGGGCAACTTAGCTCACGCTGGTGCATCTGTTGATCTAACCATCTTCTCTCTTCACTTAGCGGGTGTATCCTCAATCTTAGGAGCAATTAATTTTATCACAACCATTATTAACATGAAGCCCCCAGCCATTACACAATACCAGACACCTTTATTTGTCTGAGCAGTACTAGTTACAGCAGTACTACTTCTACTCTCTCTCCCAGTACTAGCAGCTGGCATTACGATGCTCCTAACTGATCGAAACCTTAATACTACTTTCTTTGACCCTGCTGGGGGAGGTGACCCGATCCTTTATCAACACCTATTC

弯牙海鳝属 *Strophidon* McClelland，1844

>>> 四孔弯牙海鳝 *Strophidon tetraporus* Huang, Mohapatra, Thu, Chen & Liao, 2020

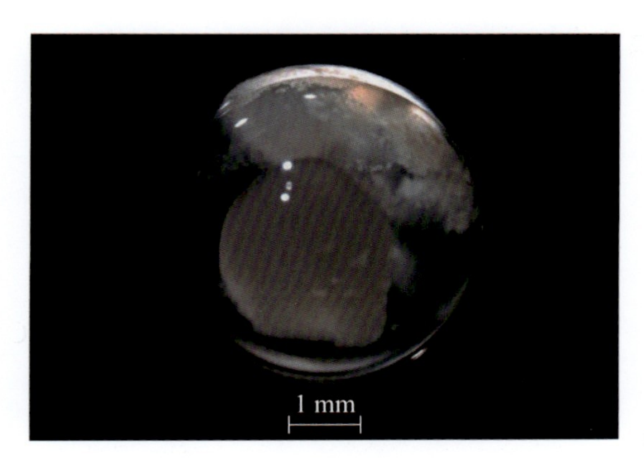

标本号：GDYH12827；采集时间：2020-04-09；
采集位置：北部湾海域，511渔区，18.406° N，107.919° E

中文别名：长体鳝、竹竿鳗、长鲄

英文名：无

形态特征：

该标本为四孔弯牙海鳝的卵子，期相未能识别。卵子圆球形，彼此分离，浮性卵；卵膜光滑，薄而透明；卵径约为4.69 mm，未见油球。卵黄均匀，无龟裂。卵周隙宽，宽度约为0.91 mm，约是卵径的19.40%。卵黄直径为2.88 mm，约是卵径的61.41%。

保存方式：酒精

DNA条形码序列：

CCTATATCTTGTATTTGGTGCCTGAGCCGGAATGGTTGGCACCGCATTGAGCCTTTTAATCCGAGCCGAGCTTAGCCAGCCCGGGGCTCTACTAGGTGATGACCAAATTTATAATGTAATTGTAACAGCCCATGCGTTCGTAATAATTTTCTTTATAGTAATACCCATTATGATCGGAGGGTTTGGAAACTGACTTGTCCCATTAATAATTGGGGCCCCTGATATAGCATTTCCGCGAATAAATAACATAAGCTTCTGGCTTCTGCCCCCTTCATT

CCTCCTACTTTTAGCCTCCTCTGGGGTTGAAGCAGGGGCAGGTACCGGTTGAACT
GTTTATCCCCCTCTTTCGGGAAACTTAGCCCATGCCGGAGCCTCCGTTGATTTAAC
CATTTTCTCCCTTCACCTAGCAGGGGTATCATCTATTCTAGGGGCAATTAACTTTAT
TACAACTATTATCAATATGAAACCCCCTGCCATCACACAATATCAGACACCTCTGT
TCGTGTGATCAGTACTAGTGACAGCAGTACTCCTTCTATTATCTCTGCCAGTATTA
GCAGCCGGAATTACAATACTCCTGACCGATCGAAACCTAAATACAACCTTTTTTG
ACCCCGCTGGAGGAGGAGACCCCATCCTTTATCAGCACCTATTC

蛇鳗科 Ophichthidae

短体鳗属 *Brachysomophis* Kaup，1856

>>> 短体鳗 *Brachysomophis* sp.

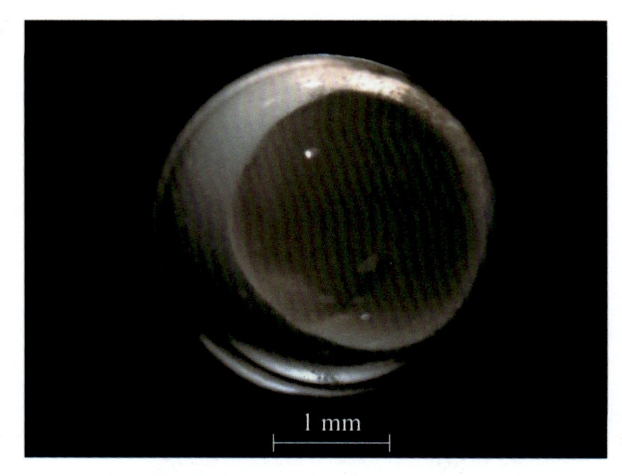

标本号：GDYH12977；采集时间：2020-04-06；
采集位置：北部湾海域，444渔区，19.750° N，108.884° E

中文别名：麻鱼

英文名：无

形态特征：

该标本为短体鳗的卵子，期相未能识别。卵子圆球形，彼此分离，浮性卵；卵膜光滑，薄而透明；卵径约为3.10 mm，未见油球。卵黄均匀，无龟裂。卵周隙中等宽，宽度约为0.35 mm，约是卵径的11.29%。卵黄直径约为2.41 mm，约是卵径的77.74%。

保存方式：酒精

DNA条形码序列：

CCTATACTTAGTATTTGGTGCCTGAGCTGGAATAGTAGGCACTGCCCTAAGC CTATTAATTCGAGCCGAACTAAGTCAACCTGGAGCCCTTCTGGGAGACGACCAA ATTTACAATGTTATCGTTACGGCACATGCCTTCGTAATAATTTTCTTTATAGTAATG CCAGTAATAATTGGGGGATTCGGCAACTGACTAGTACCTCTTATGATTGGAGCCC CCGATATGGCATTTCCACGAATAAATAACATAAGCTTTTGACTTCTACCCCCATCA TTTTTACTTTTACTGGCCTCTTCTGGAGTCGAGGCCGGAGCGGGAACAGGATGA ACTGTGTACCCACCCCTAGCTGGAAACCTTGCCCACGCTGGAGCTTCTGTTGAC CTAACAATCTTTTCTCTCCACCTTGCTGGGGTCTCATCAATCCTGGGGGCAATCA ACTTTATTACTACAATCATTAACATAAAACCCCCGGCAATTACACAATACCAAACC CCACTATTTGTCTGATCCGTCCTAGTGACAGCTGTTCTTCTGCTCTTATCCCTTCC AGTGCTCGCCGCAGGAATTACAATACTACTCACAGACCGAAACCTAAATACAAC ATTCTTCGACCCAGCAGGAGGAGGAGACCCTATCCTTTACCAACACCTATTT

蛇鳗属 *Ophichthus* Ahl，1789

>>> 斑纹蛇鳗 *Ophichthus erabo*（Jordan & Snyder，1901）

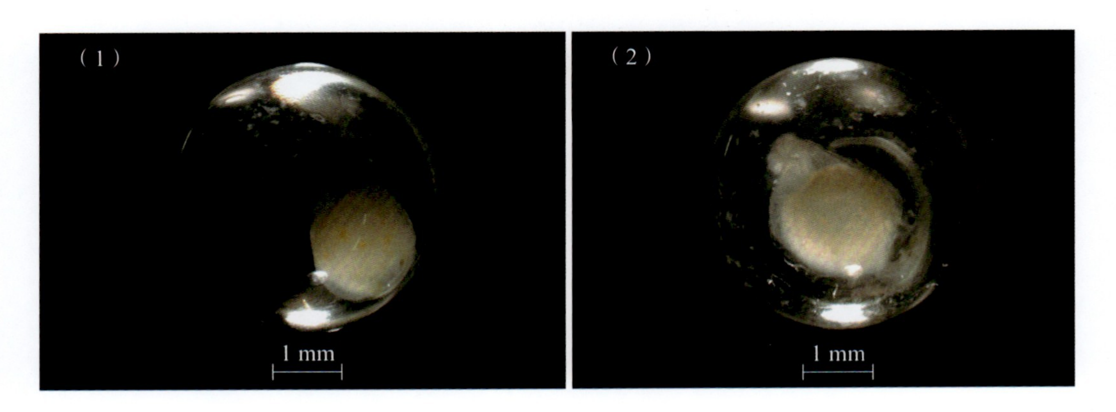

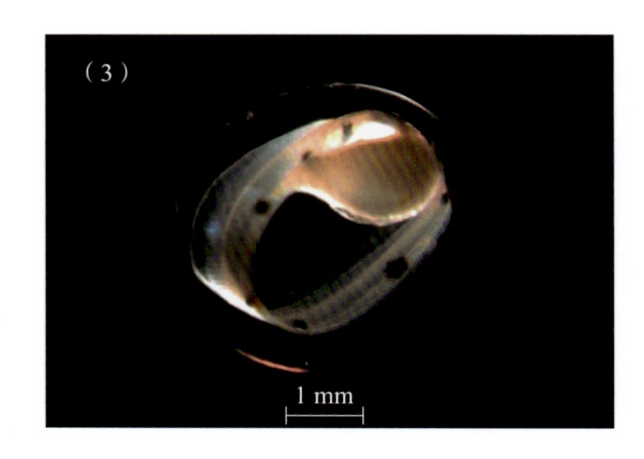

标本号：图（1）GDYH6105，图（2）GDYH6106，图（3）GDYH4502；采集时间：2019-04-13；采集位置：珠江口外海。图（1）、图（2）369渔区，21.250°N，112.750°E；图（3）370渔区，21.250°N，113.250°E

中文别名：蛇鳗

英文名：Blotched snake-eel

形态特征：

3个标本均为斑纹蛇鳗的卵子，分别处于器官形成期的初期、尾芽期和将孵期。卵子圆球形，彼此分离，浮性卵；卵膜光滑，薄而透明；卵径为4.03～4.20 mm。卵黄均匀，未见龟裂；具多个小油球。卵周隙由窄至宽，宽度为0.28～1.03 mm，是卵径的6.67%～25.59%。卵黄直径为1.98～3.64 mm，是卵径的49.13%～86.67%。

处于器官形成期初期的卵子（酒精保存，未能分期到具体时相），卵黄囊上具数个淡黄色小油球，见图（1）。

处于尾芽期的卵子，胚体围绕卵黄超过2/3，卵黄上油球吸收变少；脑部已发育，尾部与卵黄囊分离，见图（2）。

处于将孵期的卵子，胚体围绕卵黄超过一周，胚体从头部至尾部有7个大块状的黑色色素斑，头部具7～10个浅黄色色素斑，胚体颈部至肛门的腹部具5个浅黄色色素斑，见图（3）。

保存方式：酒精

DNA条形码序列：

CTTATACCTGGTGTTTGGTGCCTGAGCCGGGATGGTAGGCACCGCCCTAAGC

CTACTAATTCGAGCTGAATTAAGTCAACCCGGGGCTCTCCTAGGGGATGACCAGA
TTTACAATGTTATTGTTACGGCACATGCCTTTGTAATAATCTTCTTTATAGTAATGC
CAGTGATAATTGGAGGGTTTGGTAACTGACTCATTCCATTAATAATCGGAGCCCC
TGACATGGCATTCCCCCGAATAAACAACATAAGCTTCTGACTCCTTCCCCCCTCA
TTCCTCCTCTTACTAGCCTCCTCCGGGGTTGAAGCCGGGGCCGGAACAGGATGA
ACAGTTTATCCACCTCTGTCTGGCAACCTTGCCCACGCTGGAGCCTCTGTAGACC
TAACAATCTTTTCCCTTCACCTCGCAGGGGTCTCATCAATCCTAGGGGCAATCAA
CTTTATTACTACAATTATTAATATAAAACCTCCAGCAATTACACAATATCAAACCCC
CCTATTTGTGTGATCAGTTCTAGTAACAGCAGTTCTTTTACTCCTGTCCCTGCCAG
TGCTTGCCGCAGGAATCACAATACTACTTACGGACCGCAACCTGAATACCACGT
TCTTCGACCCAGCCGGAGGAGGGGACCCTATTCTCTACCAGCACCTGTTC（标本号：GDYH4502）

>>> 蛇鳗① *Ophichthus* sp.①

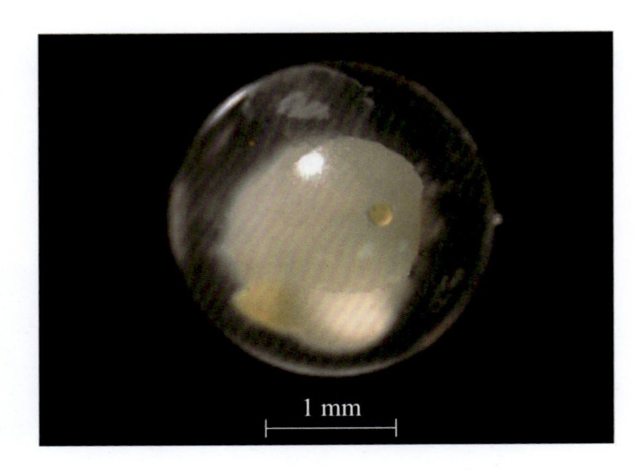

标本号：GDYH12782；采集时间：2020-04-09；
采集位置：北部湾海域，465渔区，19.250° N，107.250° E

中文别名：蛇鳗

英文名：Blotched snake-eel

形态特征：

该标本为蛇鳗①的卵子。卵子圆球形，彼此分离，浮性卵；卵膜光滑，薄而透明；卵径约为2.58 mm。卵黄囊上具油球。卵黄均匀，未见龟裂。卵周隙宽，宽度约为0.39 mm，约是卵径的15.17%。卵黄直径约为1.80 mm，约是卵径的69.76%。

保存方式：酒精

DNA条形码序列：

CTTATATTTAGTATTTGGCGCCTGAGCTGGAATAGTAGGCACCGCCCTAAGCCTACTAATCCGAGCCGAACTAAGTCAGCCCGGGGCCCTTCTGGGGGATGACCAAATTTATAATGTTATCGTAACAGCACATGCCTTCGTTATAATTTTCTTTATAGTAATGCCAGTAATGATTGGGGGATTCGGCAACTGACTAGTACCCCTAATAATTGGAGCCCCTGATATAGCATTTCCACGAATAAATAACATAAGCTTCTGACTTCTCCCACCATCATTTTTACTCTTGCTGGCCTCTTCCGGAGTTGAAGCCGGAGCAGGGACAGGATGAACCGTATATCCACCCCTAGCCGGAAATCTCGCTCACGCCGGAGCCTCCGTTGACTTAACAATCTTTTCCCTCCATCTTGCTGGAGTCTCATCTATCTTAGGGGCAATTAACTTTATTACTACAATTATTAACATAAAACCCCCAGCAGTTACACAATACCAAACCCCATTATTTGTTTGATCTGTTCTGGTGACAGCAATTCTTCTGCTTCTATCCCTGCCAGTTCTCGCTGCAGGAATCACAATACTGCTTACAGATCGAAACCTAAATACAACATTCTTTGACCCGGCCGGAGGAGGAGACCCCATCCTTTATCAACACCTATTT

>>> 蛇鳗② *Ophichthus* sp.②

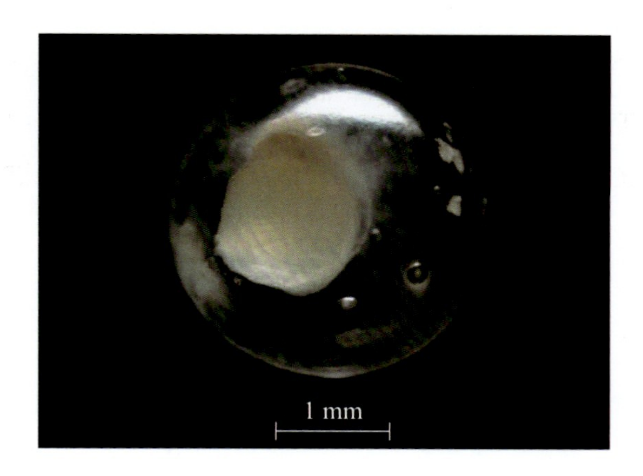

标本号：GDYH5936；采集时间：2019-04-13；
采集位置：珠江口外海，369渔区，21.250° N，112.750° E

中文别名：蛇鳗、麻鱼

英文名：无

形态特征：

该标本为蛇鳗②的卵子，处于器官形成期的心脏形成期。卵子圆球形，彼此分离，浮性卵；卵膜光滑，薄而透明；卵径约为2.89 mm，未见油球。卵黄均匀，无龟裂。卵周隙宽，宽度约为0.69 mm，约是卵径的23.88%。卵黄直径约为1.52 mm，约是卵径的52.60%。

保存方式：酒精

DNA条形码序列：

CCTGTACTTAGTATTTGGTGCTTGAGCCGGAATAGTAGGTACTGCCCTGAGCCTACTAATTCGAGCCGAACTAAGTCAGCCCGGAGCTCTTCTAGGGGATGATCAAATTTACAATGTTATTGTTACGGCGCATGCCTTTGTAATAATTTTCTTTATAGTAATACCAGTAATAATTGGTGGATTCGGCAACTGACTCGTGCCACTAATAATTGGGGCCCCTGATATAGCATTCCCACGAATAAACAACATAAGCTTCTGACTTCTCCCTCCCTCATTTCTGCTCCTACTAGTTTCCTCCGGAGTTGAAGCTGGAGCAGGTACAGGATGAACAGTATATCCACCTCTAGCTGGAAACCTCGCCCACGCTGGAGCCTCAGTAGACCTGACAATTTTCTCTCTCCACCTTGCTGGTATTTCATCAATTCTTGGGGCAATCAACTTTATTACTACAATTATTAACATGAAACCCCCAGCAATCACACAGTATCAAACCCCACTATTTGTTTGATCCGTATTAGTAACAGCTGTCCTTCTGCTTCTATCCCTTCCAGTCCTAGCTGCAGGAATTACAATACTCCTTACAGACCGAAATTTAAATACAACATTCTTTGACCCGGCAGGAGGGGGGGACCCTATCCTCTACCAACACCTATTC

二 鲱形目 Clupeiformes

锯腹鳓科 Pristigasteridae

鳓属 *Ilisha* Richardson，1846

>>> 黑口鳓 *Ilisha melastoma*（Bloch & Schneider，1801）

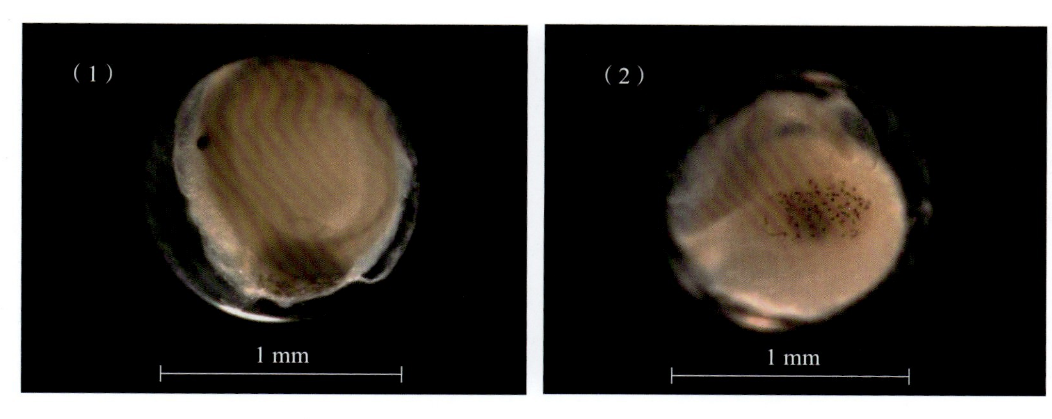

标本号：GDYH17171；采集时间：2021-11-09；

采集位置：企沙外海，362渔区，21.480° N，108.671° E

中文别名：圆眼仔、力鱼、白力

英文名：Indian ilisha

形态特征：

该标本为黑口鳓的卵子，处于器官形成期的将孵期。卵子圆球形，彼此分离，浮性卵，卵膜光滑；卵径约为1.18 mm。卵周隙狭窄，宽度约为0.05 mm，约是卵径的4.24%。卵黄直径为1.08 mm，约是卵径的91.53%。油球1个，后位，直径约为0.47 mm。侧面观胚体围绕卵黄约4/5周；俯面观可见胚体弯绕，头部分布数个点状黑色素斑，见图（1）、图（2）。

保存方式：酒精

DNA条形码序列：

CCTTTATTTAGTATTTGGGGCCTGAGCAGGAATAGCGGGCACAGCTTTAAGTTTATTAATTCGGGCAGAACTTAGCCAACCCGGAGCTCTCCTTGGTGACGATCAAATTTATAATGTAATCGTTACCGCGCATGCTTTCGTAATAATCTTCTTTATAGTAATACCAATGTTAATTGGAGGCTTTGGAAACTGATTGGTGCCACTCATACTTGGTGCACCAGACATAGCATTCCCTCGAATAAATAATATAAGCTTCTGACTTCTCCCCCCCTCATTCCTCCTTCTCTTAGCCTCTTCTGGAGTAGAGGCTGGAGTAGGGACAGGATGGACAGTATATCCCCCTTTAGCAGGAAACCTTGCCCATGCAGGAGCATCTGTAGATTTAGCTATCTTTTCACTTCACTTAGCAGGAATCTCATCAATCCTCGGGGCTATTAACTTCATCACTACTATTATCAATATGAAACCCCCTGCGATCTCACAATATCAAACACCTTTATTCGTCTGAGCTGTATTAGTTACAGCAGTACTTCTCCTACTCTCCCTCCCAGTTCTAGCTGCTGGGATCACAATACTCCTTACAGACCGAAACTTAAATACTACGTTCTTTGACCCGGCAGGAGGGGGAGATCCTATCTTATATCAACATCTATTT

鳀科 Engraulidae

半棱鳀属 *Encrasicholina* Fowler，1938

>>> 尖吻半棱鳀 *Encrasicholina heteroloba*（Rüppell，1837）

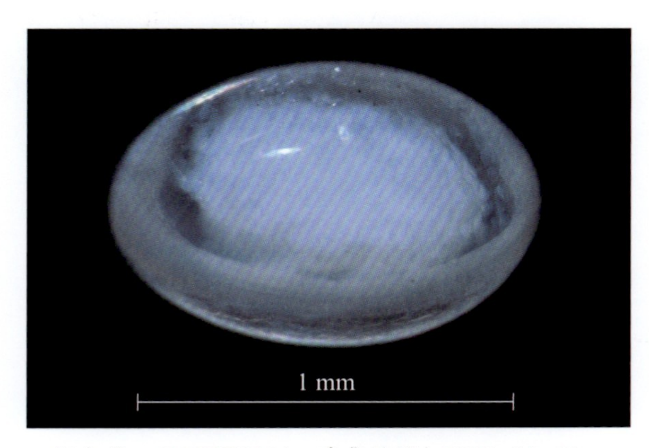

标本号：GDYH12984；采集时间：2020-04-06；

采集位置：北部湾海域，444渔区，19.757° N，108.884° E

中文别名：异叶公鳀、鰯仔、白鱙

英文名：Shorthead anchovy

形态特征：

该标本为尖吻半棱鳀的卵子，处于器官形成期的尾芽期。卵子椭球形，彼此分离，浮性卵，卵膜光滑；卵长径约为1.18 mm，短径约为0.81 mm。卵周隙狭窄，卵黄囊和胚体已充满卵内；卵黄呈细龟裂状。酒精保存状态未见油球。尾芽与卵黄囊部分分离，胚体围绕卵黄超过3/4周，肌节可见，不易计数。

保存方式：酒精

DNA条形码序列：

CCTCTATCTTATCTTTGGTGCCTGAGCAGGAATGGTAGGAACAGCACTTAGCTTACTAATTCGAGCAGAATTAAGCCAACCAGGAGCGCTGCTAGGAGACGACCAAATTTACAATGTAATCGTTACCGCACATGCATTCGTAATAATTTTCTTTATAGTAATGCCAATCCTTATTGGGGGGTTTGGTAACTGATTAGTGCCCCTAATACTAGGGGCTCCAGACATGGCATTCCCCCGAATAAATAATATGAGCTTCTGACTTCTACCCCCATCTTTTCTTCTTCTTCTTGCCTCTTCTGGCGTTGAAGCAGGTGCGGGAACAGGGTGGACAGTGTACCCCCCATTAGCCGGTAATTTAGCTCACGCGGGAGCATCCGTAGATTTAACAATCTTTTCACTCCACTTGGCCGGAATCTCTTCAATTCTAGGGGCCATCAATTTTATTACTACTATTATTAACATAAAACCACCTGCCATTTCGCAATATCAAACACCCCTGTTTGTCTGAGCTGTATTGATTACGGCAGTACTTTTACTCCTCTCTCTACCAGTGTTAGCTGCTGGAATTACTATGCTTCTTACAGACCGTAACCTAAACACTACTTTCTTTGACCCAGCAGGAGGGGGAGACCCCATCCTTTATCAACACCTATTC

>>> 银灰半棱鳀 *Encrasicholina punctifer* Fowler，1938

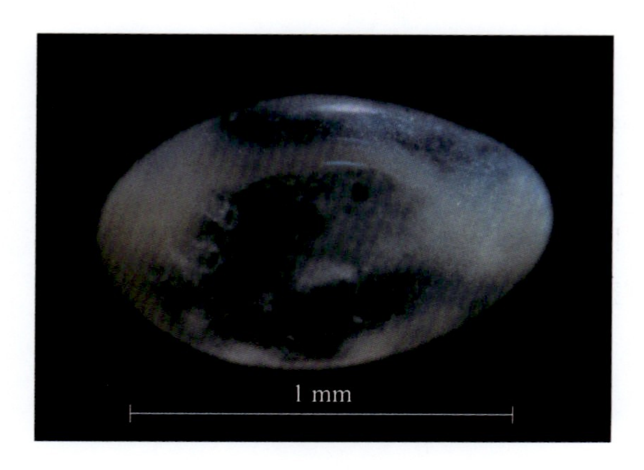

标本号：GDYH15754；采集时间：2020-04-10；
采集位置：北部湾海域，442渔区，19.608° N，107.845° E

中文别名：异叶公鳀、鰗仔、白鱙

英文名：Buccaneer anchovy

形态特征：

该标本为银灰半棱鳀的卵子，处于器官形成期，由于卵黄弥散未能检视时相。卵子椭球形，彼此分离，浮性卵，卵膜光滑；卵长径约为1.21 mm，短径约为0.75 mm，未见油球。卵周隙狭窄，卵黄囊和胚体已充满卵内。胚体围绕卵黄约1/2周，肌节可见，不易计数。

保存方式：酒精

DNA条形码序列：

CCTTTACCTTATCTTCGGTGCCTGAGCAGGAATAGTGGGAACTGCACTAAGCTTGTTAATTCGAGCAGAACTAAGCCAACCAGGGGCACTCCTAGGGGACGATCAGATTTACAATGTGATTGTCACCGCCCATGCGTTCGTAATAATTTTTTTATGGTTATACCAATTTTGATCGGAGGCTTTGGCAACTGATTAGTGCCCCTTATACTAGGGGCCCCAGACATGGCATTCCCTCGGATAAATAACATGAGCTTTTGACTTCTCCCCCCTTCTTTCCTTCTTCTGCTTGCATCATCTGGTGTTGAAGCAGGGGCTGGTACAGGATGGACAGTGTACCCACCATTAGCGGGTAATCTGGCCCATGCAGGGGCGTCAGTAGACTTAACCATCTTCTCTCTTCATTTAGCAGGTATTTCATCAATTCTGGGGGCTATTAATTT

TATTACCACCATTATTAACATGAAACCGCCAGCCATCTCACAATACCAGACACCTC
TATTTGTCTGAGCTGTATTAATTACAGCAGTACTTTTACTACTCTCTCTCCCAGTTC
TGGCTGCAGGAATTACTATGCTTCTTACAGACCGAAACCTAAATACCACCTTCTTT
GACCCAGCAGGTGGAGGTGATCCTATTCTTTATCAGCACCTATTC

侧带小公鱼属 *Stolephorus* Lacepède，1803

>>> 韦氏侧带小公鱼 *Stolephorus waitei* Jordan & Seale，1926

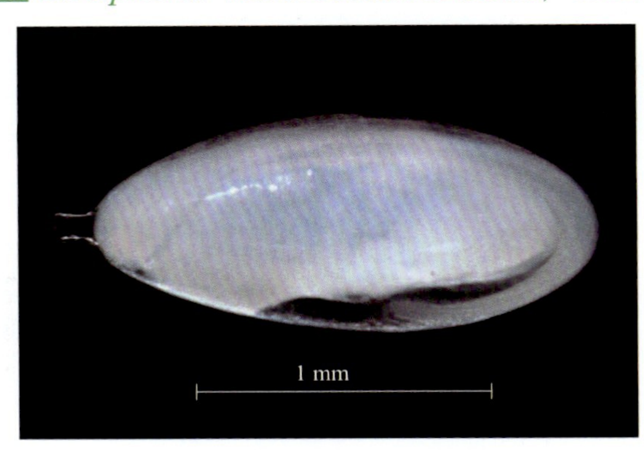

标本号：GDYH12853；采集时间：2020-04-05；
采集位置：北部湾海域，417渔区，20.087° N，109.230° E

中文别名：小公鱼

英文名：Spotty-face anchovy

形态特征：

该标本为韦氏侧带小公鱼的卵子，处于器官形成期的将孵期。卵子椭球形，彼此分离，浮性卵，卵膜光滑；卵长径约为1.71 mm，短径约为0.76 mm，未见油球。卵子靠近胚体头部具一瘤状凸起，凸起长约0.17 mm。卵周隙狭窄，卵黄囊和胚体已充满卵内。胚体围绕卵黄约3/4周；肌节已发育到尾部，不易计数。

保存方式：酒精

DNA条形码序列：

CCTCTATCTAATTTTTGGTGCCTGAGCAGGAATGGTGGGGACAGCACTCAGC
CTTCTTATTCGAGCGGAACTGAGCCAACCCGGAGCACTTCTGGGGGACGATCAA

ATTTATAATGTAATCGTAACCGCCCATGCATTTGTAATAATTTTCTTCATGGTTATG
CCAATCCTGATCGGAGGATTTGGAAACTGACTGGTCCCCCTTATGTTGGGGGCAC
CTGATATGGCCTTCCCCCGAATGAACAACATGAGCTTTTGGCTCTTGCCCCCTTC
CTTCCTTCTTCTCCTAGCATCCTCAGGTGTTGAAGCTGGTGCAGGGACAGGATGA
ACTGTCTACCCGCCCCTGGCAGGCAATCTAGCCCACGCAGGAGCATCAGTAGAC
TTAACCATCTTTTCTCTTCACTTGGCGGGTATTTCGTCTATTCTAGGGGCTATCAAC
TTCATTACTACAATTATTAATATGAAACCCCCTGCTATTTCACAATATCAAACCCCA
TTATTTGTCTGAGCCGTATTAATTACAGCAGTACTGTTACTCCTATCATTACCAGTC
TTAGCTGCCGGAATTACAATGCTTCTTACGGATCGAAATCTAAACACTACTTTCTT
CGATCCCGCTGGAGGAGGAGACCCGATTCTCTACCAACACCTATTC

>>> 康氏侧带小公鱼 *Stolephorus commersonnii* Lacepède，1803

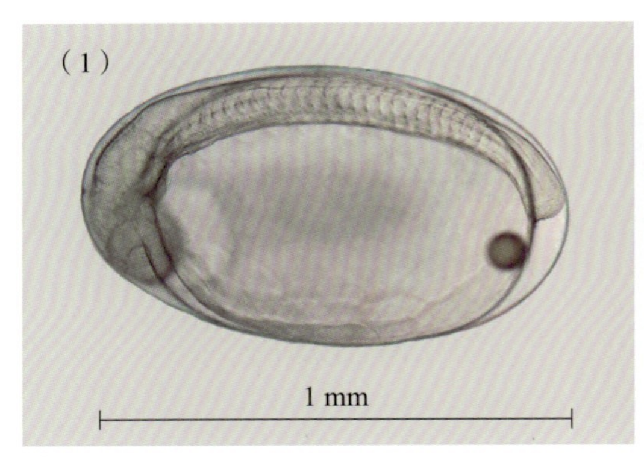

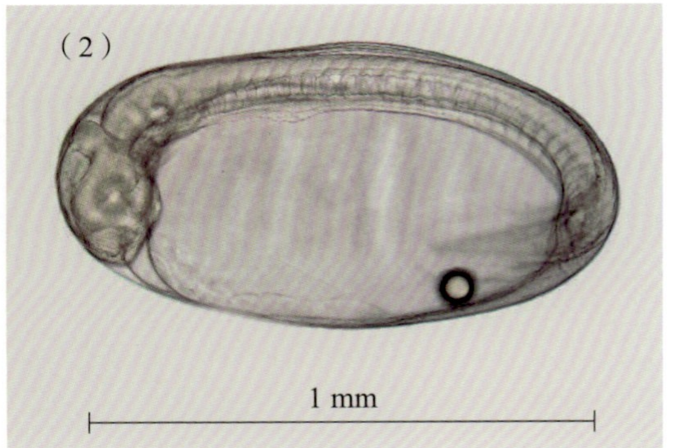

标本号：GDYH12027；采集时间：2020-03-06；
采集位置：东海岛东南海域，393渔区，20.920° N，110.509° E

中文别名：小公鱼

英文名：Commerson’s anchovy

形态特征：

该标本为康氏侧带小公鱼的卵子，分别处于器官形成期的心脏跳动期和将孵期。卵子椭球形，彼此分离，浮性卵；卵膜光滑；卵长径约为1.03 mm，短径约为0.61 mm。卵周隙狭窄，卵黄囊和胚体已充满卵内；卵黄呈龟裂状。油球1个，直径约为0.08 mm，油球后位。

处于心脏跳动期的卵子，心脏跳动可见；胚体围绕卵黄超过1/2周，胚体和卵黄囊均未见色素斑；肌节可数，28对；视囊和晶体清晰，耳石清晰可见，心脏可见，尾芽已与卵黄囊分离，见图（1）。

处于将孵期的卵子，胚体进一步发育，肌节有35对，胚体围绕卵黄超过3/4周，未见色素斑，见图（2）。

保存方式：活体

DNA条形码序列：

CCTCTATTTAATTTTTGGTGCCTGAGCAGGAATAGTGGGAACAGCACTCAGCCTTCTTATCCGGGCAGAACTAAGCCAGCCTGGCGCACTTCTAGGGGATGACCAGATTTATAACGTAATCGTTACTGCCCATGCATTCGTTATGATTTTCTTTATAGTGATGCCTATTCTGATTGGCGGGTTTGGAAACTGGTTAGTACCTCTTATACTAGGAGCGCCTGACATGGCATTTCCACGTATGAACAACATAAGCTTTTGGCTCCTACCCCCCTCTTTTCTTCTTCTTCTCGCCTCCTCAGGCGTTGAGGCTGGAGCAGGGACCGGGTGAACAGTTTACCCCCCTTTGGCGGGCAACCTAGCCCATGCAGGAGCATCAGTTGACCTCACTATTTTTTCACTTCACCTGGCAGGGATCTCGTCTATCTTGGGGGCTATTAATTTTATTACCACAATTATTAACATGAAACCACCTGCTATTTCTCAATATCAAACACCTCTGTTCGTCTGAGCTGTATTAATTACAGCAGTACTTTTACTCCTTTCTCTTCCAGTTCTGGCTGCTGGAATTACAATACTTCTCACCGATCGGAATCTCAATACTACTTTTTTTGATCCCGCAGGAGGGGGAGACCCAATCTTATATCAGCATCTATTC

棱鳀属 *Thryssa* Cuvier，1829

>>> 汉氏棱鳀 *Thryssa hamiltonii* Gray，1835

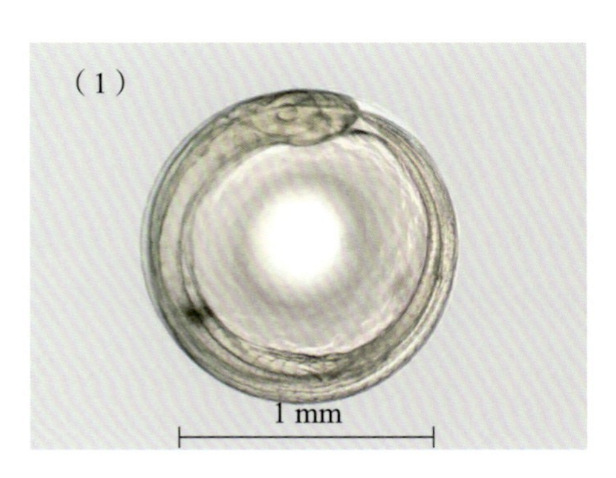

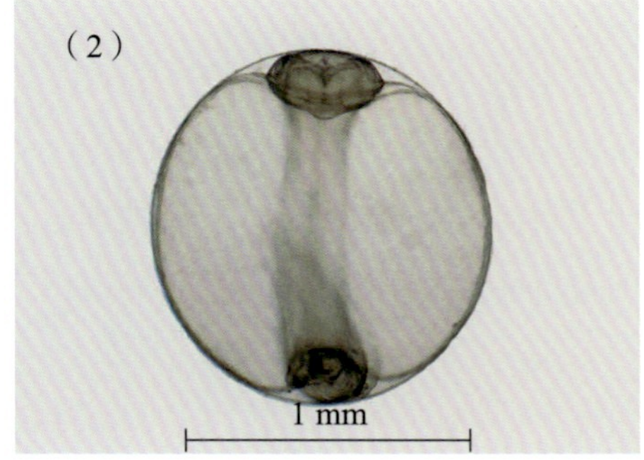

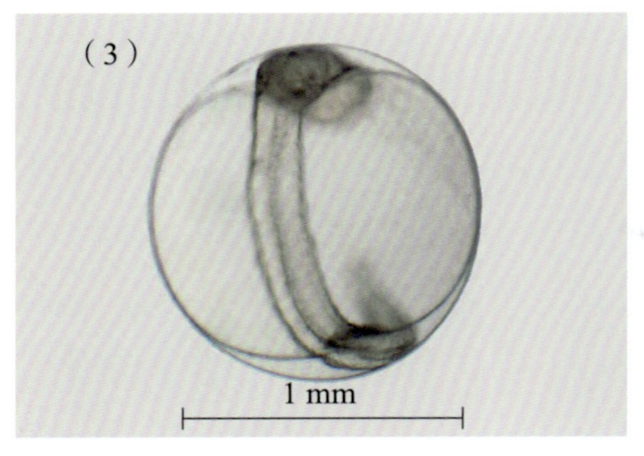

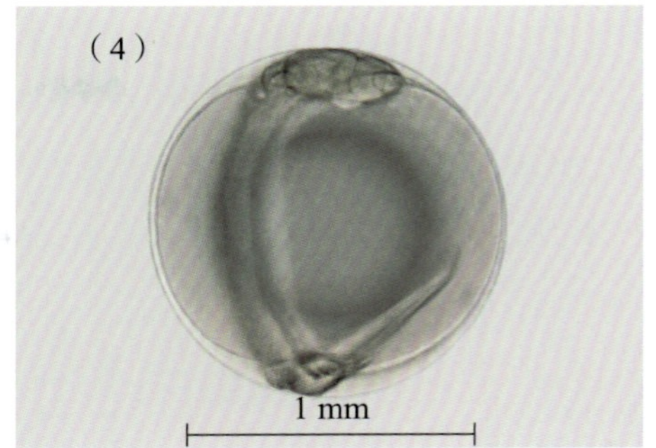

标本号：图（1）、图（2）GDYH12111，图（3）GDYH12125，图（4）GDYH12124；
采集时间：2020-03-16；采集位置：东海岛东南海域，393渔区，20.920° N，110.509° E

中文别名：含梳、须多、含茜

英文名：Hamilton’s thryssa

形态特征：

3个标本均为汉氏棱鳀的卵子，分别处于器官形成期的晶体形成期、心脏跳动期和将孵期。卵子圆球形，彼此分离，浮性卵，卵膜薄而透明，卵膜平滑。卵周隙狭窄，卵黄囊和胚体几乎充满卵内。卵黄具网状裂纹。卵径为1.20～1.30 mm，无油球。

处于晶体形成期的卵子，晶体轮廓清晰，胚体围绕卵黄3/4周，胚体开始颤动；卵黄囊隐约可见网状裂纹；侧面观和腹面观，胚体和卵黄囊均未见色素斑；肌节可计数，有42对，见图（1）、图（2）。

处于心脏跳动期的卵子，心脏开始跳动，胚体围绕卵黄约1周，心脏、脊索轮廓清晰；听囊内可见耳石1对；卵内未见色素或不明显；透明肌节可计数，有46对，见图（3）。

处于将孵期的卵子，胚体扭动频繁、有力，可见卵黄囊上具网状裂纹，呈六边形，见图（4）。

保存方式：活体

DNA条形码序列：

CCTTTATTTAGTATTTGGTGCCTGAGCAGGCATAGTGGGAACGGCACTAAGCCTCTTAATTCGGGCAGAACTAAGCCAACCTGGAGCACTTTTGGGGGACGATCAGATCTATAACGTCATTGTAACCGCCCATGCTTTTGTAATAATTTTTTTATAGTGATACCTATTCTAATCGGAGGTTTTGGAAATTGACTGGTGCCACTTATGCTAGGAGCAC

CCGATATGGCATTTCCACGAATAAATAATATAAGCTTTTGACTTTTACCCCCCTCA
TTCCTCCTATTGTTGGCCTCATCTGGGGTTGAAGCGGAGCAGGAACCGGATGG
ACGGTGTACCCTCCCCTAGCAGGAAACTTAGCCCACGCGGGGGCATCCGTAGAC
CTTACTATCTTTTCACTCCACCTGGCAGGAATTTCATCCATTCTGGGGGCTATCAA
CTTTATTACTACAATTATTAACATAAAACCACCTGCAATTTCGCAATATCAAACAC
CCCTGTTCGTCTGAGCCGTGCTGATTACAGCAGTACTTTTACTTCTTTCTCTGCCA
GTACTAGCTGCTGGTATTACAATACTTCTTACAGACCGGAACCTTAACACCACCT
TTTTTGACCCAGCAGGAGGAGGTGACCCAATCCTTTATCAACACCTATTC（标本号：GDYH12124）

>>> 杜氏棱鳀 *Thryssa dussumieri*（Valenciennes，1848）

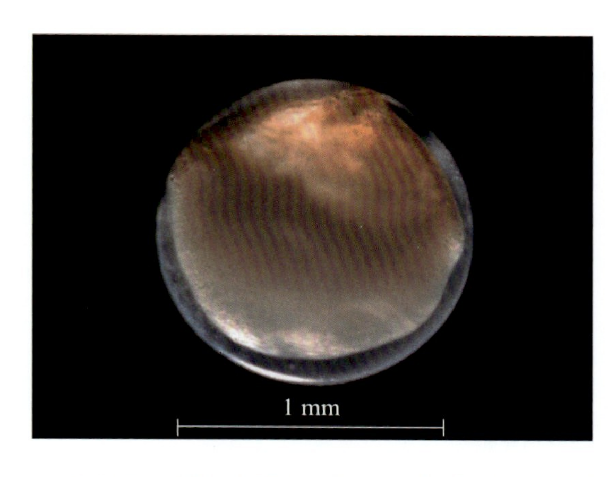

标本号：GDYH12793；采集时间：2020-04-13；
采集位置：北部湾海域，391渔区，20.630° N，109.547° E

中文别名：突鼻仔、含西、西姑鱼

英文名：Dussumier's thryssa

形态特征：

该标本为杜氏棱鳀的卵子，处于器官形成期的将孵期。卵子圆球形，彼此分离，浮性卵；卵膜光滑，薄而透明；卵径约为1.19 mm，未见油球。卵周隙狭窄，宽度约为0.04 mm，约为卵径的3.36%。卵黄具网状裂纹，卵黄直径约为1.12 mm，约是卵径的94.11%。胚体围绕卵黄超过1周，肌节在酒精保存状态下不易计数。

保存方式：酒精

DNA条形码序列：

CCTTTACTTAGTGTTCGGGCCCTGGGCAGGGATAGTAGGAACAGCATTAAGC
CTCTTGATCCGAGCGGAATTAAGCCAACCAGGAGCACTTCTAGGGGACGATCAA
ATTTATAATGTAATCGTGACTGCTCATGCCTTCGTAATGATTTTCTTCATAGTAATG
CCAATTCTAATTGGCGGCTTTGGAAACTGACTAGTGCCGCTTATATTAGGGGCAC
CTGACATAGCATTCCCACGAATAAACAACATAAGTTTCTGACTCCTTCCCCCCTCA
TTCCTTTTACTACTTGCCTCATCAGGGGTTGAAGCAGGGGCAGGAACCGGATGG
ACAGTGTACCCGCCCTTAGCAGGAAATTTAGCCCACGCAGGAGCATCAGTGGAC
CTTACCATTTTTTCATTACACTTGGCAGGAATCTCGTCCATTCTAGGGGCTATTAAT
TTTATTACTACAATTATTAACATGAAACCGCCTGCAATCTCACAATATCAGACACC
CCTATTCGTCTGAGCCGTGCTAATCACAGCAGTACTCTTACTCCTATCCCTCCCAG
TGCTAGCTGCCGGAATTACAATACTTCTTACAGATCGGAACCTTAACACCACCTT
CTTTGACCCGGCAGGGGGGGGTGACCCAATCCTTTACCAGCACTTGTTC

>>> 黄吻棱鳀 *Thryssa vitrirostris*（Gilchrist & Thompson，1908）

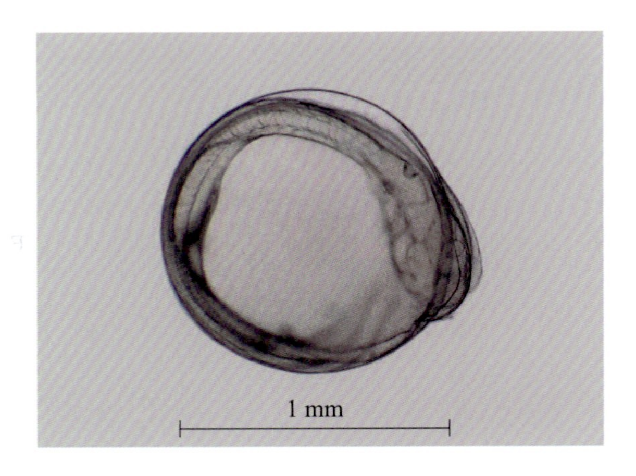

标本号：GDYH12123；采集时间：2020-03-26；
采集位置：东海岛东南海域，393渔区，20.920° N，110.509° E

中文别名：含西

英文名：Orangemouth anchovy

形态特征：

该标本为黄吻棱鳀的卵子，处于器官形成期的孵化期。卵子圆球形，彼此分离，浮性卵；卵膜平滑，薄而透明；卵径约为1.17 mm，无油球。卵周隙狭窄。卵黄囊和胚体充满卵内；卵黄呈细裂纹状。晶体轮廓清晰，胚体围绕卵黄超过1周，胚体扭动频繁、有力。听囊内可见耳石1对。肌节发育明显，肌节可计数，为50对。胚体和卵黄囊上未见色素。

保存方式：活体

DNA条形码序列：

CCTTTATTTAGTATTTGGTGCCTGGGCAGGAATGGTGGGAACAGCATTAAGCCTTTTAATCCGAGCTGAATTAAGTCAGCCAGGGGCACTTCTAGGGGATGATCAAATTTATAATGTGATCGTAACCGCCCATGCTTTCGTCATAATCTTCTTCATAGTTATACCAATCCTAATTGGTGGCTTTGGAAATTGATTAGTGCCACTTATACTAGGGGCACCTGACATAGCATTCCCACGAATAAATAACATAAGCTTCTGACTTCTGCCCCCCTCATTTCTCTTATTGCTCGCCTCTTCTGGAGTTGAAGCCGGAGCAGGAACAGGGTGAACAGTTTATCCCCCCCTGGCAGGAAATCTAGCCCATGCAGGAGCGTCAGTAGACCTTACGATCTTTTCTCTCCACCTAGCAGGCATCTCCTCCATCCTGGGAGCAATTAATTTCATTACCACAATTATTAATATAAAACCCCCTGCAATTTCACAATACCAAACACCTTTGTTTGTCTGAGCTGTACTAATTACAGCAGTACTTTTACTTCTATCTCTTCCAGTTCTAGCCGCCGGGATTACAATGCTCCTTACGGACCGCAACCTAAACACTACTTTCTTCGACCCGGCAGGGGGAGGTGACCCCATTCTTTACCAACACCTCTTC

宝刀鱼科 Chirocentridae

宝刀鱼属 *Chirocentrus* Cuvier，1816

>>> 宝刀鱼 *Chirocentrus dorab*（Forsskål，1775）

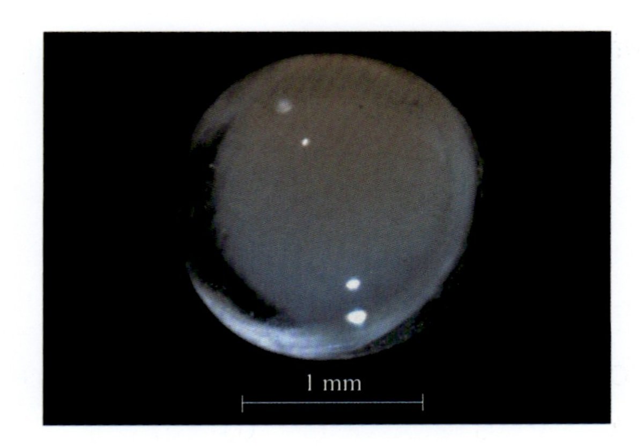

标本号：GDYH13103；采集时间：2020-04-08；
采集位置：北部湾海域，535渔区，17.901° N，108.334° E

中文别名：刀鱼、西刀

英文名：Dorab wolf-herring

形态特征：

该标本为宝刀鱼的卵子，处于器官形成期的心脏形成期。卵子圆球形，彼此分离；卵膜光滑，薄而透明；卵径约为1.79 mm。油球1个，后位。卵周隙狭窄，长度约0.07 mm，约为卵径的3.91%。卵黄略呈细龟裂状。胚体围绕卵黄约3/4周，肌节形成，不易计数；胚体和卵黄囊均未见色素出现。

保存方式：酒精

DNA条形码序列：

CCTGTACATAATCTTCGGTGCCTGGGCCGGAATGGTGGGCACAGCCTTGAGCCTACTCATCCGGGCCGAATTAAGCCAACCGGGGGCCCTCCTTGGAGACGATCAGATCTATAACGTCATTGTTACTGCCCATGCATTCGTAATAATCTTCTTTATGGTCATGCCCATTCTCATCGGGGGGTTCGGCAACTGACTAGTGCCCCTCATGATCGGGGCAC

CTGATATGGCATTCCCCCGTATGAATAACATGAGCTTTTGGCTACTACCTCCTTCAT
TCCTTTTACTGCTTGCCTCATCCGCGGTTGAGGCGGGGGCAGGCACTGGGTGAA
CGGTCTACCCCCCCCTGGCTGGTAATCTTGCCCATGCAGGTGCCTCAGTCGACCT
GACCATTTTCTCACTCCACCTGGCGGGTGTATCATCTATTCTCGGGGCCATTAATT
TCATTACCACAATTATTAACATGAAACCTCCCGCTATTTCACAGTACCAGACACCC
CTATTTGTCTGGGCGGTGCTGGTCACTGCAGTACTCCTCCTCCTTTCTTTACCCGT
ACTCGCGGCAGGAATTACCATGCTGCTCACGGACCGGAACTTAAACACAACATT
CTTTGACCCCGCTGGTGGAGGGGACCCCATCCTTTATCAACACTTGTTC

鲱科 Clupeidae

圆腹鲱属 *Dussumieria* Valenciennes, 1847

>>> 黄带圆腹鲱 *Dussumieria elopsoides* Bleeker, 1849

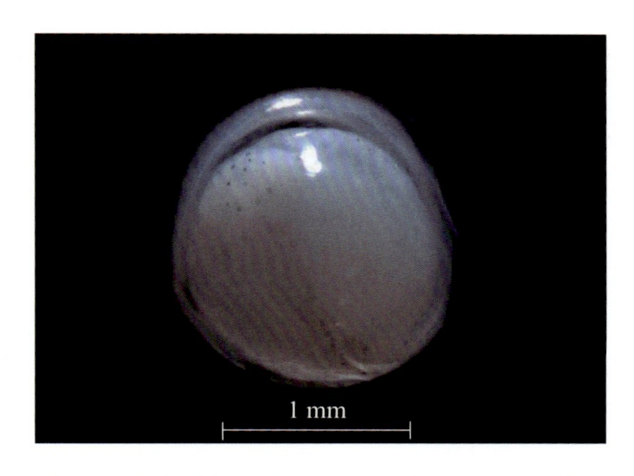

标本号：GDYH14167；采集时间：2020-04-10；

采集位置：北部湾海域，466渔区，19.316° N，107.716° E

中文别名：圆腹鲱

英文名：Slender rainbow sardine

形态特征：

该标本为黄带圆腹鲱的卵子，处于器官形成期的将孵期。卵子圆球形，彼此分离；卵膜光滑，薄而透明；卵径约为1.71 mm。酒精保存状态下未能观察到油球。卵周隙狭窄，卵黄囊和胚体充满卵内；卵黄具小泡状龟裂。胚体围绕卵黄超过1周，胚体从头部至尾部散布小点状黑色素，肌节不易计数。

保存方式：酒精

DNA条形码序列：

CCTTTACATAGTATTCGGTGCTTGAGCAGGAATAATTGGCACTGCCCTGAGCCTTTTGATTCGGGCAGAGCTGAGCCAACCAGGAGCACTCCTGGGAGATGACCAAATCTATAATGTCATCGTCACCGCACATGCTTTCGTAATAATTTTCTTCATAGTAATGCCTATCCTGATCGGGGGCTTTGGAAACTGGCTTGTGCCTCTTATAATCGGGGCCCCAGATATGGCATTCCCACGAATGAATAACATGAGCTTCTGGCTTCTGCCTCCCTCCTTTCTTCTTTTATTGGCTTCCTCCGGAGTCGAAGCAGGGGCAGGAACTGGCTGAACAGTATACCCCCCTCTAGCAGGAAATCTTGCACATGCTGGAGCTTCAGTTGACCTGGCCATCTTTTCTCTTCACTTAGCGGGTATTTCCTCAATTTTAGGGGCTATCAACTTTATTACTACAATTATTAATATGAAACCCCCAGCAATTTCACAGTATCAGACACCTTTATTTGTATGGGCCGTACTCGTGACAGCCGTACTTCTTCTGCTTTCACTTCCTGTTTTAGCTGCTGGAATTACGATACTACTGACAGATCGTAACCTAAACACCACTTTCTTCGACCCAGCAGGGAGGAGGAGACCCGATCCTTTACCAACACCTATTC

叶鲱属 *Escualosa* Whitley，1940

>>> 叶鲱 *Escualosa thoracata*（Valenciennes，1847）

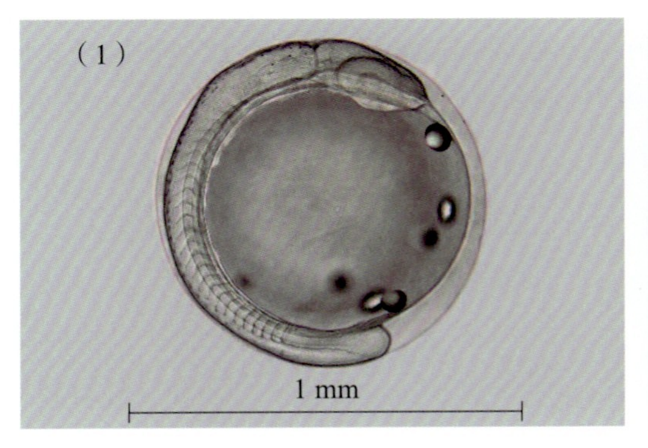

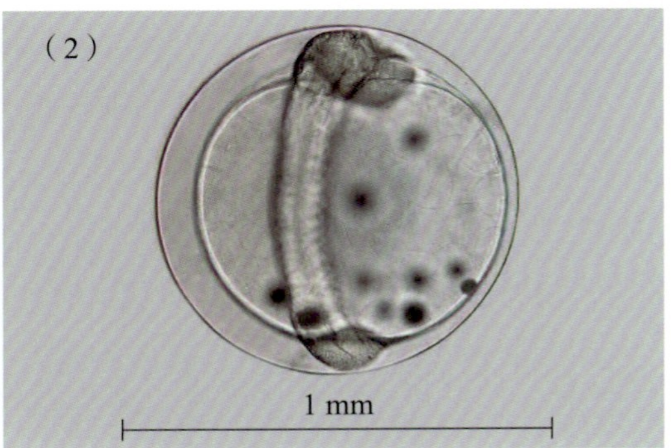

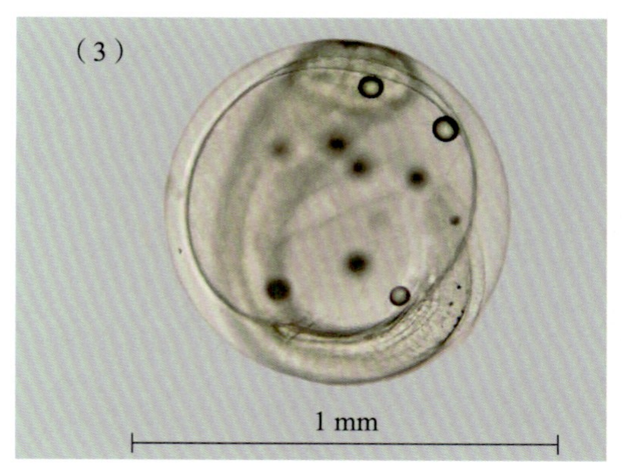

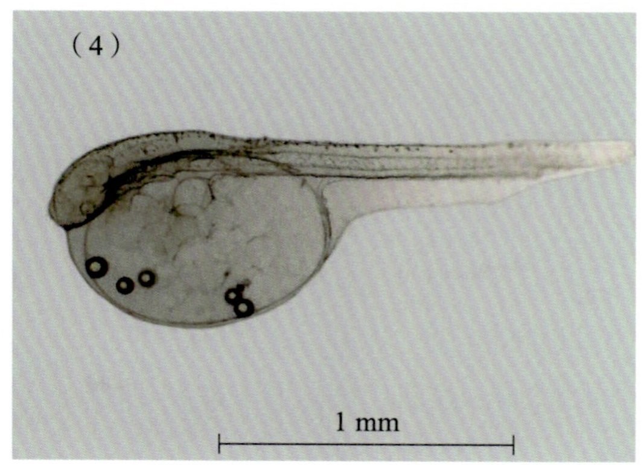

标本号：图（1）GDYH12492，图（2）GDYH 12491，图（3）GDYH12164，图（4）GDYH12168；
采集时间：图（1）、图（2）2020-04-15，图（3）、图（4）2020-03-21；
采集位置：东海岛东南海域，393渔区，20.920° N，110.509° E

中文别名：玉鳞鱼、白沙丁

英文名：White sardine

形态特征：

4个标本为叶鲱的卵子和仔鱼，分别处于器官形成期的心脏形成期、尾芽期、将孵期和初孵仔鱼期。卵子圆球形，彼此分离，浮性卵；卵膜光滑，薄而透明；卵径为0.85～0.90 mm。卵周隙窄，宽度约为0.06 mm，约是卵径的6.98%。卵黄具较大的网状裂纹。油球5～10个，直径为0.04～0.08 mm。

处于心脏形成期的卵子，心脏和脊索轮廓清晰，卵黄上可见浅色的网状裂纹；胚体围绕卵黄3/4周；从颈部到尾部背面有点状黑色素分布；肌节可计数，26对；可见9个大小不一的油球，无色，见图（1）。

处于尾芽期的卵子，尾芽开始与卵黄囊分离，卵黄上的裂纹轮廓进一步加深，见图（2）。

处于将孵期的卵子，胚体扭动频繁、有力；侧面观胚体围绕卵黄近4/5周，腹面观可见尾鳍褶发育；尾部背面黑色素聚集成线状，靠近脊索具2个点状黑色素斑；油球无色透明（酒精保存时有些卵子标本呈淡黄色或黄色），见图（3）。

处于初孵仔鱼期的仔鱼，脊索长为2.04 mm；卵黄囊椭球形，长径约为0.85 mm，短径约为0.63 mm；卵黄囊上裂纹发育为近圆形；油球分布于卵黄囊前部至中后部，无色透明；肛门紧依卵黄囊，开口于脊索长约46.81%处，见图（4）。

保存方式：活体

DNA条形码序列：

CCTGTATTTAGTATTTGGTGCCTGAGCAGGGATGGTAGGAACCGCCCTAAGC
CTTCTTATCCGAGCAGAGCTCAGCCAACCCGGAGCACTCCTTGGAGATGATCAA
ATCTATAATGTCATTGTTACTGCACACGCATTCGTTATAATCTTCTTCATGGTTATG
CCGATCCTAATTGGAGGTTTCGGTAATTGACTGGTTCCTCTGATGATTGGGGCGC
CTGATATAGCATTCCCACGGATGAACAATATGAGCTTCTGACTTCTGCCCCCTTCC
TTCCTTCTTCTACTTGCCTCTTCTGGTGTTGAGGCCGGAGCAGGGACCGGGTGAA
CAGTGTATCCTCCCCTGTCGGGCAACCTGGCCCACGCCGGGGCATCAGTTGACC
TGACAATCTTCTCCCTCCACCTAGCAGGGATTTCATCAATTCTTGGAGCAATCAA
CTTCATCACAACGATCATTAACATGAAGCCCCCCGCAATTTCCCAGTATCAAACA
CCCCTGTTCGTTTGATCAGTTCTCGTGACGGCCGTGCTCCTTCTCCTCTCTCTCCC
TGTCCTAGCCGCAGGGATTACTATGCTTCTTACAGATCGAAATCTAAATACAACCT
TCTTCGACCCAGCAGGAGGAGGGGATCCTATTCTGTACCAGCATCTATTC

花点鲥属 *Hilsa* Regan，1917

>>> 花点鲥 *Hilsa kelee*（Cuvier，1829）

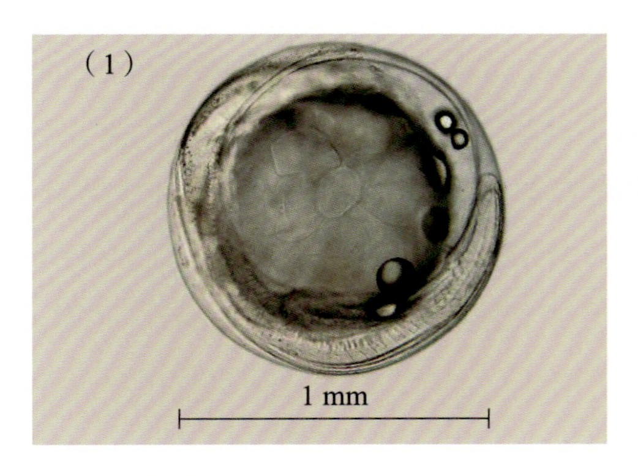

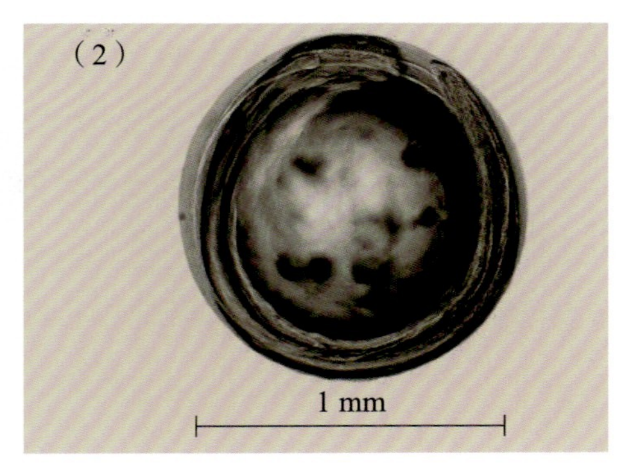

标本号：图（1）GDYH12271，图（2）GDYH12289；采集时间：2020-03-27；
采集位置：徐闻西连海域，418渔区，20.383° N，109.867° E

中文别名：无

英文名：Kelee shad

形态特征：

2个标本均为花点鲥的卵子，分别处于器官形成期的心脏跳动期和将孵期。卵子圆球形，彼此分离，浮性卵；卵膜薄而透明，卵膜平滑；卵径为1.14～1.15 mm。卵周隙狭窄，胚体充满卵内。卵黄具较大的网状裂纹。油球6～8个，油球直径为0.06～0.10 mm。

处于心脏跳动期的卵子，心脏开始跳动，胚体围绕卵黄近3/4周，脊索轮廓清晰，背部零星散布小点状黑色素斑；尾芽与卵黄囊分离，尾鳍褶发育；卵黄上可见较大的似椭圆形网状裂纹；油球6个，无色透明，见图（1）。

处于将孵期的卵子，胚体扭动频繁、有力，侧视观胚体围绕卵黄近1周；视囊轮廓明显，听囊内可见1对耳石，见图（2）。

保存方式：活体

DNA条形码序列：

CCTCTATCTAGTATTCGGTGCCTGAGCAGGAATAGTAGGAACTGCCCTAAGCCTTCTTATTCGGGCTGAGCTAAGCCAACCCGGAGCGCTTCTTGGGGACGACCAGATCTACAATGTTATCGTTACGGCACATGCCTTCGTAATGATTTTCTTCATAGTAATGCCCATCCTGATCGGAGGGTTCGGAAACTGACTAGTCCCCCTAATGATCGGGGCACCAGACATGGCGTTCCCACGAATGAATAATATGAGCTTCTGGCTCCTACCACCCTCTTTCCTTCTCCTCTTGGCCTCTTCGGGGGTAGAAGCCGGGGCAGGGACTGGGTGAACAGTGTACCCGCCTCTAGCAGGCAACCTGGCCCACGCGGGGGCATCTGTTGACCTCACTATCTTCTCACTCCACCTCGCAGGGATCTCATCAATTCTTGGGGCAATCAATTTTATTACCACAATCATTAACATGAAACCCCCTGCAATTTCACAGTACCAGACACCCCTATTCGTGTGAGCTGTTTTCGTAACAGCTGTCCTCCTCCTTCTATCGCTCCCAGTACTAGCCGCCGGCATTACTATGCTTCTCACGGATCGAAATCTGAACACGACCTTCTTCGACCCCGCAGGGGGAGGAGACCCCATTCTATACCAACATTTATTC（标本号：GDYH12271）

斑鰶属 *Konosirus* Jordan & Snyder，1900

>>> 斑鰶 *Konosirus punctatus*（Temminck & Schlegel，1846）

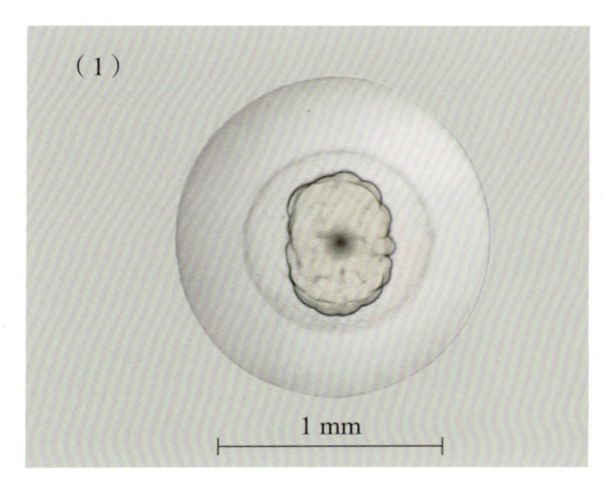

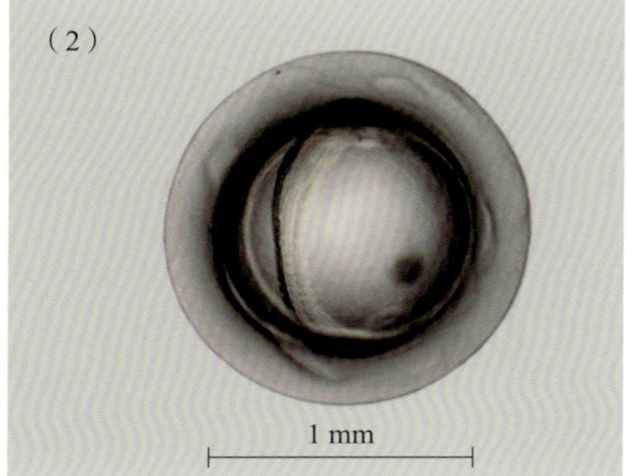

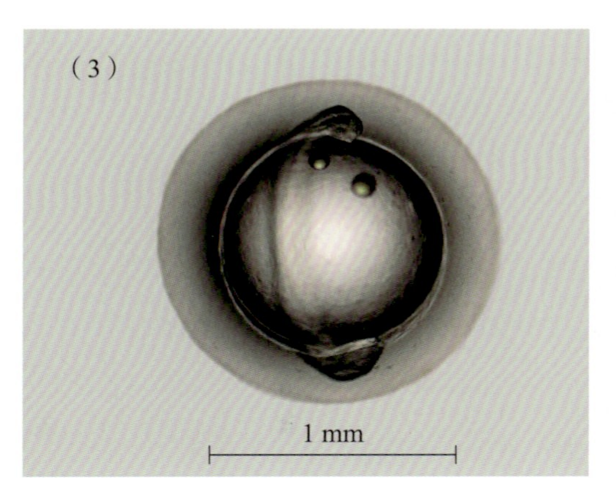

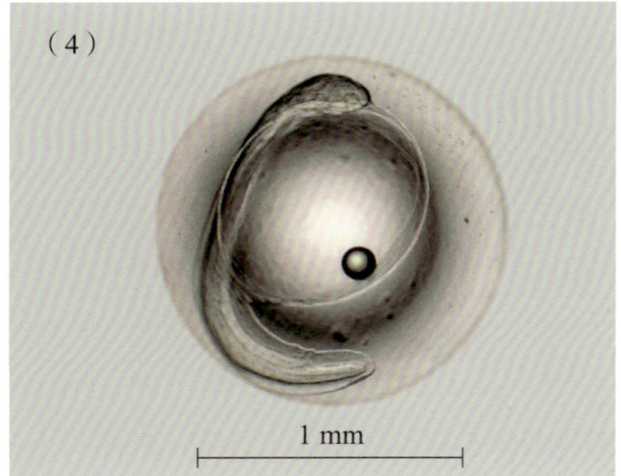

标本号：图（1）GDYH11938，图（2）GDYH11946，图（3）GDYH11954，
图（4）GDYH11962；

采集时间：图（1）、图（2）2020-03-02；图（3）、图（4）2020-03-03；

采集位置：东海岛东南海域，393渔区，20.920° N，110.509° E

中文别名：黄鱼

英文名：Kelee shad

形态特征：

4个标本均为斑鰶的卵子，分别处于卵裂期的64细胞期及器官形成期的心脏跳动期、尾芽期和将孵期。卵子圆球形，彼此分离，浮性卵；卵膜平滑，薄而透明；卵径为1.45～1.55 mm。卵周隙中等宽，宽度为0.18～0.25 mm，是卵径的12.17%～16.13%。卵黄具不规则的网状龟裂。油球1个或2个，无色或者略带浅黄色，直径为0.07～0.08 mm。

处于64细胞期的卵子，细胞分裂开始不规则，细胞在胚盘层出现重叠，见图（1）。

处于心脏跳动期的卵子，心脏开始跳动，胚体围绕卵黄3/4周，脊索轮廓清晰，见图（2）。

处于尾芽期的卵子，尾芽开始与卵黄囊分离；腹面观油球位于头部下方，见图（3）。

处于将孵期的卵子，胚体扭动频繁、有力，侧面观胚体围绕卵黄约4/5周；视囊轮廓明显，油球移动至胚体中后部；尾鳍褶发育明显，见图（4）。

保存方式：活体

DNA条形码序列：

CCTTTATTTGGTATTTGGTGCCTGAGCGGGATAGTAGGAACCGCCCTAAGCCTTCTTATCCGAGCAGAGCTCAGCCAGCCTGGCGCACTTCTAGGAGACGATCAAATTTACAATGTTATTGTTACGGCACATGCCTTCGTAATGATTTTCTTCATAGTAATGCCAATCCTGATTGGAGGCTTTGGTAACTGACTAGTGCCCCTCATGATCGGAGCACCCGATATGGCGTTCCCTCGAATAAATAACATGAGCTTCTGACTTCTTCCACCCTCATTCCTTCTCCTTCTGGCTTCTTCAGGGGTAGAAGCCGGGGCAGGAACAGGATGAACGGTCTACCCGCCCCTGTCAGGCAACCTAGCCCACGCAGGAGCATCAGTTGATCTGACAATTTTCTCGCTTCACCTTGCAGGTATCTCGTCAATTCTTGGAGCAATCAACTTCATTACTACGATTATCAACATGAAACCCCCCGCAATCTCACAGTATCAAACACCACTATTTGTGTGAGCAGTGCTTGTCACTGCCGTGCTGCTACTCCTATCCCTCCCAGTTCTAGCCGCAGGCATTACCATGCTTCTTACCGACCGAAATCTAAACACGACATTCTTCGATCCTGCGGGAGGGGGAGACCCAATTCTTTATCAACACCTCTTC（标本号：GDYH11946）

海鰶属 *Nematalosa* Regan，1917

>>> 日本海鰶 *Nematalosa japonica* Regan，1917

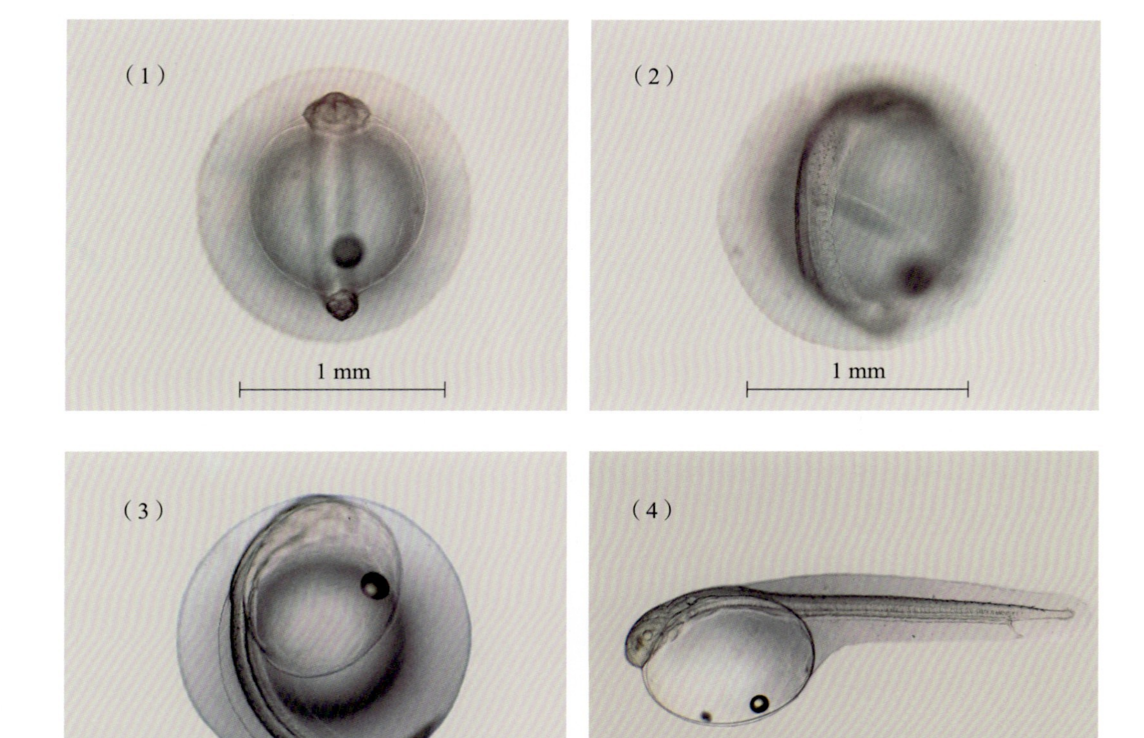

标本号：图（1）、图（2）GDYH11039，图（3）GDYH12759，图（4）P708；

采集时间：2020-03-06；

采集位置：东海岛东南海域，393渔区，20.920° N，110.509° E

中文别名：黄鱼

英文名：Japanese gizzard shad

形态特征：

3个标本均为日本海鰶的卵子和仔鱼，分别处于器官形成期的尾芽期、将孵期和初孵仔鱼期。卵子圆球形，彼此分离，浮性卵；卵膜平滑，薄而透明。卵径为1.46 ~ 1.68 mm。卵周隙宽，宽度约为0.26 mm，约是卵径的17.80%。卵黄具不规则的网状龟裂。油球1个，中位靠后，无色或者略带浅黄色，直径为0.15 ~ 0.17 mm。

处于尾芽期的卵子，尾芽开始与卵黄囊分离，腹面观油球靠近尾部；背面观肌节明显，胚体头部至背侧中部散布点状黑色素斑，见图（1）、图（2）。

处于将孵期的卵子，胚体扭动频繁、有力，侧面观胚体围绕卵黄近4/5周；胚体背部点状黑色素斑分布至体后部，油球移动至卵黄囊中后部，见图（3）。

处于初孵仔鱼期的仔鱼，体细长、透明，脊索长约为3.32 mm；卵黄囊椭球形，长径约为1.28 mm，短径约为0.99 mm；卵黄囊位于头部及腹下，微向前伸至吻端，表面裂纹尚可见；油球位于卵黄囊的中下方。侧面观可见颅顶至尾索具小点状黑色素斑；肛门偏后，位于脊索长的约86.58%处，见图（4）。

保存方式：活体

DNA条形码序列：

CCTTTACTTAGTATTTGGTGCCTGAGCGGGGATAGTAGGAACTGCCCTAAGCCTTCTTATCCGAGCAGAGCTCAGCCAACCCGGTGCACTTCTAGGGGACGATCAAATTTATAATGTCATTGTTACGGCACATGCCTTCGTAATGATTTTCTTCATAGTAATGCCAATCCTAATTGGGGGTTTTGGAAACTGGCTGGTACCCTTAATGATCGGGGCACCCGACATGGCATTCCCACGAATGAATAACATGAGCTTCTGGCTCCTTCCACCCTCCTTTCTTCTCCTACTAGCTTCTTCAGGAGTAGAGGCCGGGGCAGGGACAGGGTGAACGGTATATCCACCCCTGTCAGGCAACCTAGCCCACGCAGGAGCATCAGTTGACCTAACCATTTTCTCCCTTCACCTAGCAGGTATCTCGTCAATCCTAGGAGCAATTAACTTCATTACTACAATTATTAATATGAAACCGCCCGCAATCTCGCAGTACCAGACACCTCTGTTTGTGTGAGCGGTCCTTGTCACTGCTGTCTTACTGCTTCTATCTCTTCCGGTTCTAGCCGCTGGTATTACCATGCTTCTTACCGACCGAAACCTAAATACAACATTCTTCGACCCTGCAGGAGGGGGAGACCCAATCCTTTATCAACACCTCTTC

小沙丁鱼属 *Sardinella* Valenciennes，1847

>>>黑尾小沙丁鱼 *Sardinella melanura*（Cuvier，1829）

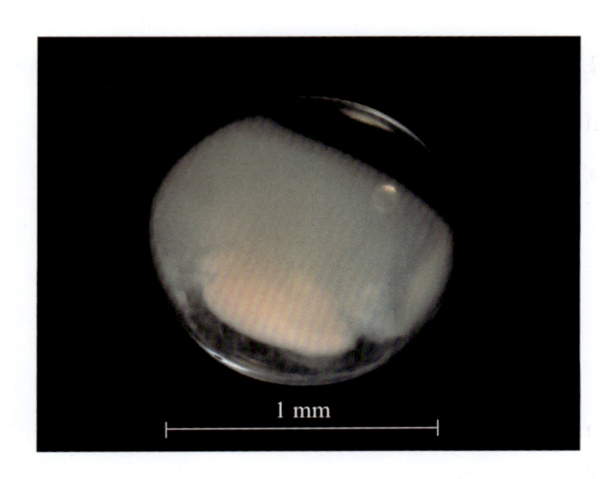

标本号：GDYH16852；采集时间：2020-11-27；
采集位置：北部湾海域，534渔区，17.925° N，107.879° E

中文别名：小沙丁

英文名：Blacktip sardinella

形态特征：

该标本为黑尾小沙丁鱼的卵子，处于器官形成期的心脏形成期。卵子圆球形，彼此分离，浮性卵；卵膜光滑，薄而透明；卵径为1.17 mm。卵周隙宽，卵黄呈粗的龟裂状。油球1个，后位，直径约为0.11 mm。胚体围绕卵黄约3/4周，肌节形成，不可计数；胚体和卵黄囊均未见色素斑出现。

保存方式：酒精

DNA条形码序列：

CCTTTATCTAGTATTTGGTGCTTGAGCTGGAATAGTCGGAACCGCCCTAAGC
CTTCTAATTCGAGCTGAGCTGAGCCAACCCGGGGCCCTCCTTGGGGACGACCAG
ATTTACAACGTCATCGTCACTGCACATGCCTTCGTAATGATTTTCTTCATGGTTATG
CCAATCCTGATTGGGGGATTCGGAAACTGACTTGTCCCTCTAATAATTGGGGCTC

CAGACATGGCATTCCCACGAATGAATAACATGAGCTTTTGACTTCTTCCCCCTTCT
TTTCTTCTTCTCCTGGCCTCTTCAGGGGTAGAAGCCGGGGCAGGAACAGGGTGA
ACAGTTTATCCTCCACTGGCAGGAAACCTAGCCCATGCCGGAGCCTCTGTTGACC
TGACTATTTTCTCTCTTCACTTGGCAGGTATCTCGTCAATCCTAGGAGCAATTAAC
TTTATTACTACGATTATCAACATGAAGCCTCCTGCAATCTCGCAGTACCAGACACC
GCTATTCGTCTGAGCTGTCCTTGTAACTGCCGTTTTACTCCTTCTCTCCCTTCCCG
TATTAGCCGCTGGGATCACTATGCTGCTAACAGACCGAAACCTAAATACAACATT
CTTCGACCCTGCAGGTGGGGGAGACCCAATTCTATATCAACACCTATTC

>>> 隆背小沙丁鱼 *Sardinella gibbosa*（Bleeker，1849）

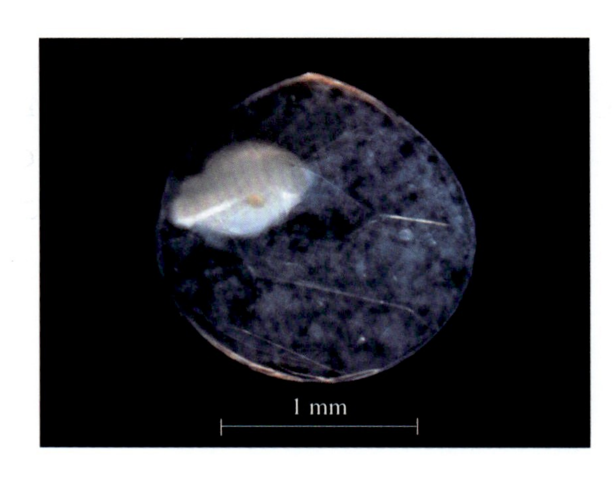

标本号：GDYH14158；采集时间：2020-04-10；
采集位置：北部湾海域，442渔区，19.601° N，107.845° E

中文别名：小沙丁

英文名：Goldstripe sardinella

形态特征：

该标本为隆背小沙丁鱼的卵子，处于器官形成期的将孵期。卵子圆球形，彼此分离，浮性卵；卵膜光滑，薄而透明；卵径约为1.63 mm。卵周隙宽，宽度约为0.44 mm，约是卵径的27.16%。卵黄呈粗的龟裂状。油球1个，后位，直径约为0.10 mm。胚体围绕卵黄约3/4周，肌节形成，不可计数；尾部背面具1列小点状黑色素斑。

保存方式：酒精

DNA条形码序列：

CCTATATCTAGTATTCGGTGCTTGAGCAGGAATAGTAGGAACTGCCCTAAGTCTCCTTATTCGAGCGGAGCTGAGCCAACCTGGGGCACTCCTTGGAGACGATCAAATCTACAATGTTATCGTTACGGCGCATGCCTTCGTAATGATTTTCTTCATAGTAATGCCAATCCTAATCGGAGGATTCGGAAACTGACTCGTCCCCCTAATGATCGGGGCACCAGACATGGCATTCCCACGAATGAATAACATGAGCTTCTGACTTCTTCCCCCTTCCTTCCTGCTTCTCCTGGCCTCCTCAGGGGTAGAAGCTGGGGCCGGAACCGGGTGAACGGTTTACCCTCCCCTGGCAGGCAACTTAGCTCACGCAGGGGCATCCGTAGACCTTACTATTTTCTCCCTCCACCTGGCAGGTATTTCATCAATTCTTGGGGCAATTAATTTCATTACCACAATTATTAACATGAAACCTCCAGCAATCTCACAGTACCAGACACCTCTATTCGTTTGAGCTGTTCTTGTAACTGCTGTTCTTCTCCTTCTTTCCCTACCAGTCCTGGCTGCCGGAATTACTATGCTACTCACAGATCGAAATCTAAACACGACCTTCTTCGACCCAGCAGGGGGAGGAGACCCCATCCTTTACCAACACCTATTC

三 鲇形目 Siluriformes

海鲇科 Ariidae

海鲇属 *Arius* Valenciennes，1840

>>> 斑海鲇 *Arius maculatus*（Thunberg，1792）

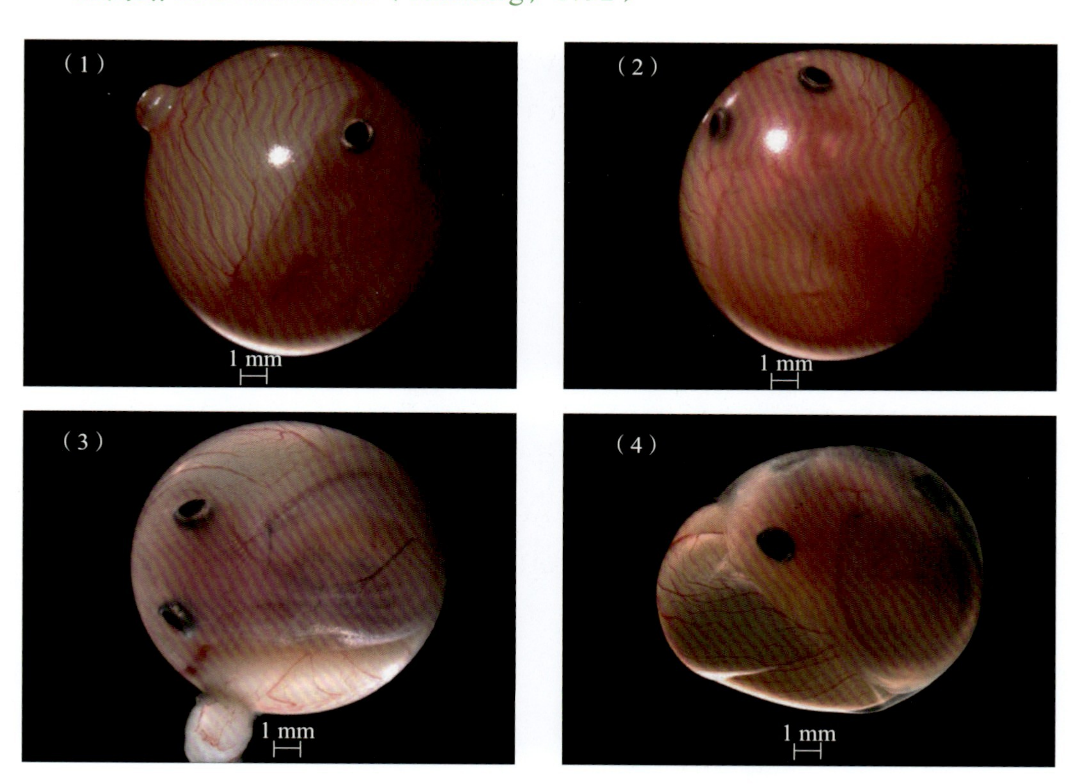

标本号：图（1）GDYH13223，图（2）GDYH13224，图（3）GDYH13230，图（4）GDYH13229；

采集时间：2020-06-04；

采集位置：东海岛东南海域，393渔区，20.920° N，110.509° E

中文别名：海鲇

英文名：Spotted catfish

形态特征：

4个标本均为斑海鲇的卵子，分别处于器官形成期的心脏跳动期和将孵期。体内受精，产出即胚胎。卵子近圆球形，为沉性卵。卵膜偶尔具一瘤状凸起，凸起长度为1.25 ~ 1.30 mm。卵径为11.44 ~ 11.64 mm。

心脏跳动期时，胚体匍匐于卵黄囊上，卵黄囊呈蛋黄色，其上血管发育显著，见图（1）、图（2）。

将孵期时，胚体剧烈扭动，头部先出膜，见图（3）、图（4）。

保存方式：活体

DNA条形码序列：

CCTCTACCTAGTGTTTGGTGCCTGGGCCGGAATAGTTGGAACCGCCCTTAGCCTGCTAATTCGGGCAGAGTTAGCCCAACCCGGCGCCCTTCTAGGCGATGACCAGATTTATAATGTTATCGTTACCGCCCACGCTTTCGTAATAATTTTCTTTATAGTGATACCAATCATGATCGGAGGCTTTGGGAATTGACTTGTTCCCCTAATAATCGGAGCCCCAGACATGGCATTCCCCCGAATAAATAATATGAGCTTCTGACTCCTTCCCCCATCCTTCCTACTTCTCCTTGCTTCATCAGGAGTTGAGGCAGGGGCAGGAACAGGATGAACTGTGTACCCACCCCTTGCTGGAAACCTCGCACACGCAGGAGCTTCTGTGGACCTTACTATTTTTTCCCTCCACCTAGCAGGGGTCTCATCAATCCTGGGGGCCATCAACTTCATCACAACTATCATTAACATGAAACCTCCAGCTATCTCACAATATCAAACACCTTTATTTGTTTGAGCCATTCTAATTACTGCTGTACTCTTACTTCTTTCCCTCCCAGTTCTTGCTGCCGGTATCACTATGCTATTAACAGACCGAAACCTTAATACCACTTTCTTTGACCCCGCAGGAGGGGGAGACCCAATCCTTTACCAACATCTCTTC（标本号：GDYH13223）

四 仙女鱼目 Aulopiformes

狗母鱼科 Synodontidae

龙头鱼属 *Harpadon* Lesueur，1825

>>> 龙头鱼 *Harpadon nehereus*（Hamilton，1822）

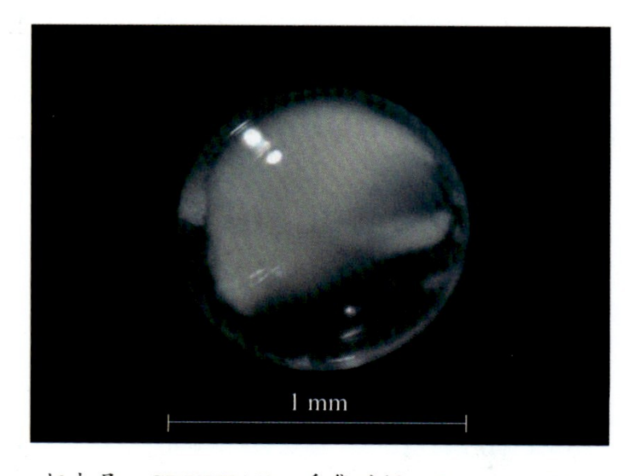

标本号：GDYH7462；采集时间：2019-08-28；

采集位置：徐闻外海，418渔区，20.250° N，109.750° E

中文别名：水狗母

英文名：Bombay-duck

形态特征：

该标本为龙头鱼的卵子，处于器官形成期的尾芽期。卵子圆球形，彼此分离，浮性卵；卵膜光滑，薄而透明；卵径约为1.00 mm，无油球。卵周隙窄，宽度约为0.07 mm，约是卵径的7.00%。卵黄均匀，无龟裂。尾芽开始与卵黄囊分离，胚体上未见色素斑。

保存方式：酒精

DNA条形码序列：

CCTCTACCTCGTATTTGGTGCATGAGCTGGGATAGTGGGAACCGCCCTGAGCCTTTTGATCCGTGCTGAGCTGAGCCAGCCGGGGGCCCTGCTCGGTGACGATCAAATTTATAACGTAATCGTTACTGCCCACGCCTTCGTAATAATTTTCTTTATAGTAATGCCAATTATGATCGGGGGCTTTGGAAATTGACTCATTCCCCTGATGATCGGTGCCCCCGATATGGCGTTTCCCCGAATGAATAACATAAGCTTTTGACTCCTCCCACCCTCTTTCCTTCTTCTCTTGGCATCATCGGGAGTCGAAGCAGGGGCTGGAACCGGCTGAACAGTCTATCCTCCGTTAGCGGGAAACCTTGCTCACGCCGGGGCCTCTGTAGATCTAACCATCTTCTCGCTACACTTGGCTGGGATTTCCTCTATTTTGGGAGCCATTAATTTTATTACGACAATTATCAATATAAAACCTCCCGCCATTTCACAATACCAGACACCCCTCTTTGTTTGGGCTGTACTGATTACGGCTGTCCTTCTCCTCCTCTCCTTACCCGTTCTTGCAGCCGGAATCACAATGCTCTTAACTGATCGAAATCTTAATACCACCTTCTTTGACCCTGCAGGGGGCGGCGATCCCATCCTCTATCAGCACTTATTC

蛇鲻属 *Saurida* Valenciennes，1850

>>> 鳄蛇鲻 *Saurida wanieso* Shindo & Yamada，1972

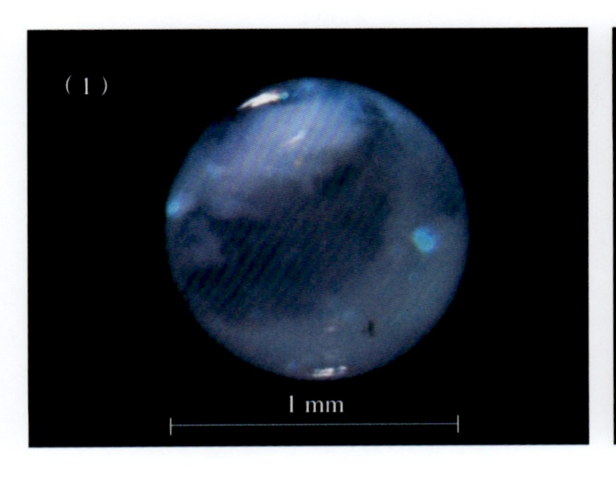

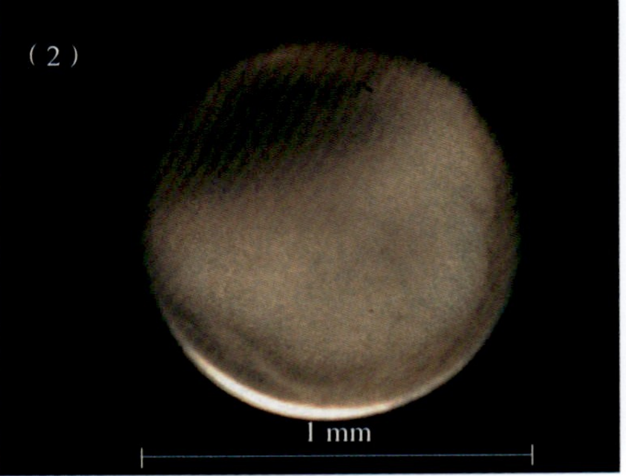

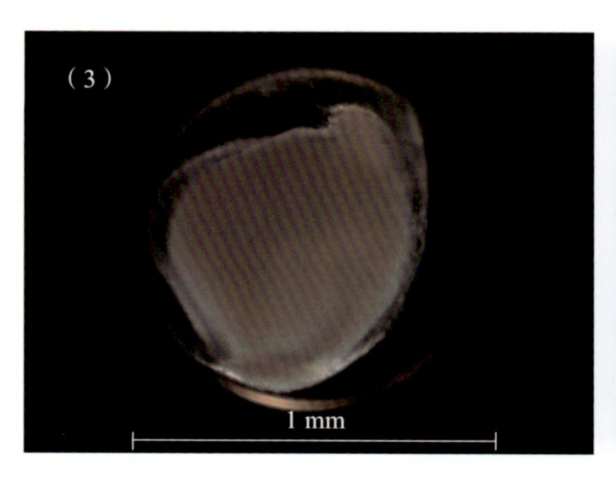

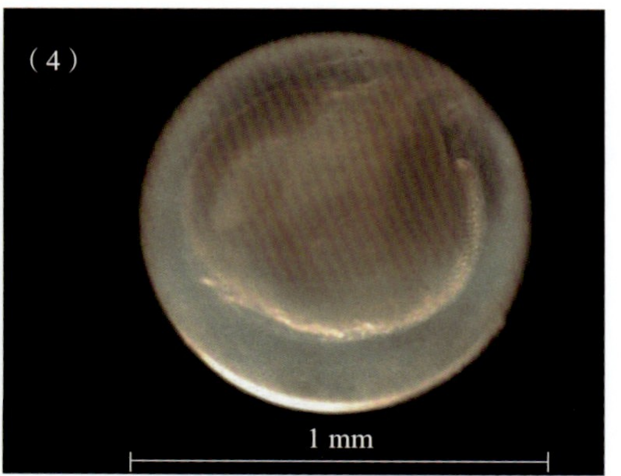

标本号：图（1）GDYH4670，图（2）GDYH5665，图（3）GDYH5946，图（4）GDYH5666；
采集时间：图（1）2019-08-29，图（2）、图（4）2019-10-10，图（3）2019-10-12；
采集位置：北部湾海域，图（1）415渔区，20.250° N，108.250° E。珠江口外海，图（2）、图（4）400渔区，20.750° N，114.250° E；图（3）369渔区，21.250° N，112.750° E

中文别名：狗棍

英文名：Wanieso lizardfish

形态特征：

4个标本均为鳄蛇鲻的卵子，分别处于原肠胚期的原肠晚期、神经胚期的胚体形成期、器官形成期的心脏形成期和尾芽期。卵子圆球形，彼此分离，浮性卵；卵膜表面具不规则的小六边形网纹；卵径为0.94～1.08 mm，无油球。卵周隙中等宽，宽度为0.10～0.11 mm，是卵径的10.64%～11.22%。卵黄均匀，无龟裂。

处于原肠晚期的卵子，胚盾下包卵黄3/4周，胚盾细长，见图（1）。

处于胚体形成期的卵子，可见胚体轮廓清晰，见图（2）。

处于心脏形成期的卵子，可见胚体的心脏、脊索轮廓清晰；胚体上未见色素，见图（3）。

处于尾芽期的卵子，尾芽开始与卵黄囊分离；胚体上未见色素斑，见图（4）。

保存方式：酒精

DNA条形码序列：

CCTTTACCTTGTATTTGGTGCATGGGCCGGCATGGTGGGCACTGCCCTGAGCCTTTTAATTCGTGCCGAACTTAGTCAACCGGGGGCCCTTCTCGGGGATGATCAAATCTACAACGTGATCGTCACCGCCCACGCCTTCGTTATAATTTTCTTTATAGTAATACCAATC

ATGATTGGTGGATTTGGAAACTGACTAATTCCCCTAATGATCGGCGCCCCTGACATG
GCATTTCCTCGTATGAACAATATGAGCTTCTGGCTCCTTCCTCCCTCTTTCCTCCTTT
TACTGGCTTCCTCTGGTGTAGAAGCCGGGGCTGGGACCGGGTGGACAGTCTACCCG
CCCCTGGCGGGCAATCTCGCCCATGCTGGTGCATCCGTTGACCTAACCATTTTTTCT
CTACATCTAGCAGGAATTTCCTCCATTCTAGGGGCTATTAATTTTATTACTACGATTAT
CAACATAAAGCCCCCTGCCATCTCACAGTACCAGACCCCCTTATTTGTATGGGCGGT
TCTGATTACCGCCGTCCTTCTTCTGCTCTCCCTCCCCGTTCTCGCGGCCGGAATTACC
ATACTCCTCACAGATCGAAACCTCAATACCACCTTCTTCGACCCCGCGGGAGGAGG
GGACCCAATTCTTTATCAACACCTATTC（标本号：GDYH5946）

>>> 长蛇鲻 *Saurida elongata*（Temminck & Schlegel，1846）

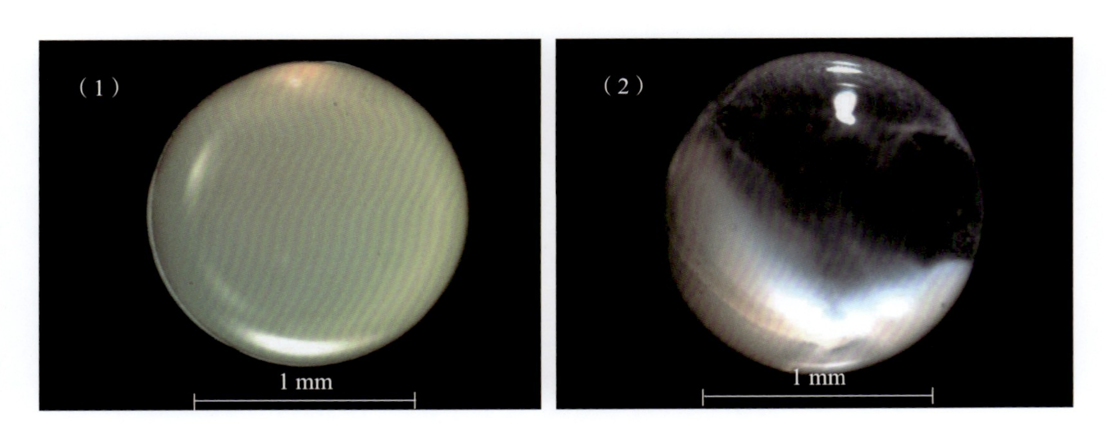

标本号：图（1）GDYH12958，图（2）GDYH15780；采集时间：图（1）2020-04-05，图（2）2020-11-24；采集位置：北部湾海域；图（1）418 渔区，20.212° N，109.575° E；图（2）444渔区，19.907° N，108.887° E

中文别名： 狗棍

英文名： Slender lizardfish

形态特征：

2个标本均为长蛇鲻的卵子，分别处于原肠胚期的原肠早期和器官形成期的晶体形成期。卵子圆球形，彼此分离，浮性卵；卵膜表面较厚，无色透明；卵径为1.43 ~ 1.46 mm，无油球。卵周隙窄，卵黄均匀，无龟裂。

处于原肠早期的卵子，隐约可见胚层下包卵黄约1/2周，见图（1）。

处于晶体形成期的卵子，晶体轮廓清晰，胚体围绕卵黄约4/5周，胚体细长，可见胚体背部两侧具小点状黑色素斑，见图（2）。

保存方式：酒精

DNA条形码序列：

CCTTTACATAGTATTTGGTGCATGGGCCGGCATGGTAGGTACTGCCCTTAGCCTTCTAATCCGTGCTGAACTGAGCCAACCAGGCGCCCTTCTGGGGGACGACCAGATCTATAACGTAATTGTTACCGCACACGCCTTTGTAATAATTTTCTTTATAGTAATACCAATCATGATTGGCGGATTTGGAAACTGGCTTATTCCCCTCATAATTGGTGCCCCCGACATGGCGTTTCCCCGTATGAACAACATGAGCTTTTGACTCCTTCCCCCTTCCTTCCTACTACTTCTTGCCTCCTCCGGTGTTGAGGCCGGGGCTGGGACCGGATGAACGGTCTACCCACCCCTAGCAGGCAATCTCGCCCATGCCGGGGCATCCGTTGATCTAACTATCTTTTCGCTTCACTTGGCAGGGATCTCCTCTATCCTGGGGGCCATTAACTTTATTACCACAATTGTTAACATGAAACCCCCCGCTATTTCGCAGTACCAAACCCCACTGTTTGTCTGAGCAGTCCTAATTACCGCCGTTCTCCTTCTCCTCTCCCTCCCTGTTCTCGCAGCTGGAATTACAATACTTCTTACAGACCGGAACCTCAACACTACCTTCTTCGACCCTGCAGGAGGGGGAGATCCAATTCTTTATCAACACTTGTTT（标本号：GDYH15780）

大头狗母鱼属 *Trachinocephalus* Gill，1861

>>> 大头狗母鱼 *Trachinocephalus myops*（Forster，1801）

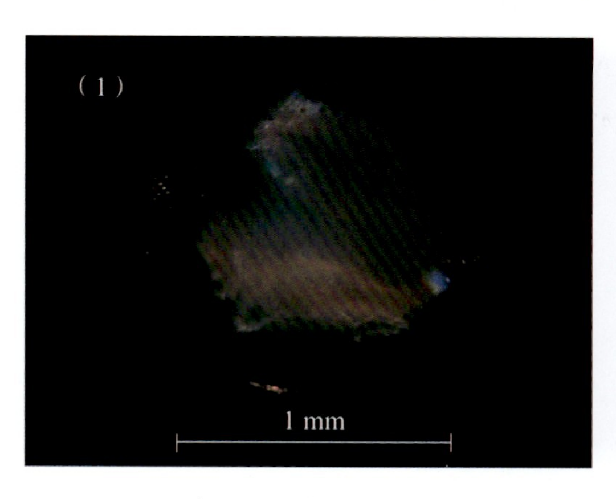

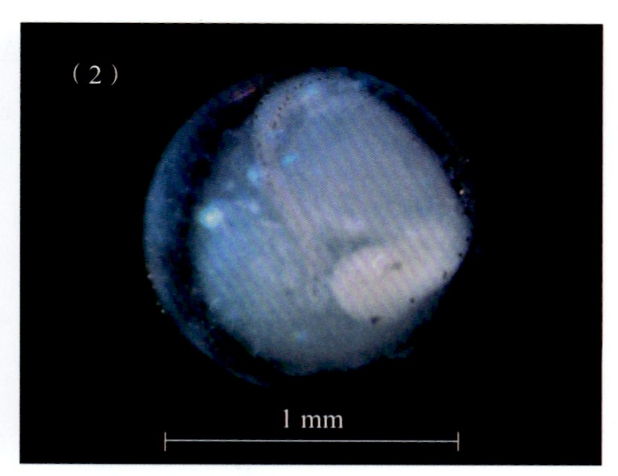

标本号：图（1）GDYH4477，图（2）GDYH4559；采集时间：2019-04-13；

采集位置：珠江口外海，370 渔区，21.250° N，113.250° E

中文别名：公奎龙、沙头棍

英文名：Snakefish

形态特征：

2个标本均为大头狗母鱼的卵子，处于器官形成期的将孵期。卵子圆球形，彼此分离，浮性卵；卵膜表面具不规则的小六边形网纹；卵径为1.17～1.28 mm，未见油球。卵周隙窄，宽度为0.10～0.13 mm，为卵径的8.47%～10.24%。卵黄均匀，无龟裂。胚体围绕卵黄约1周，盘旋于卵黄之上；胚体自头至尾的背部两侧各具1列点状黑色素斑，见图（1）、图（2）。

保存方式：甲醛转酒精

DNA条形码序列：

CCTTTACATAATTTTCGGTGCCTGAGCCGGAATAGTCGGCACGGCTTTAAGCCTTTTGATTCGAGCTGAGCTGAGCCAGCCCGGGGCCCTTCTAGGAGACGACCAGATTTACAATGTAATCGTCACGGCCCATGCCTTCGTAATAATCTTTTTTATAGTAATACCAATCATGATCGGGGGCTTCGGCAACTGACTTATTCCTTTAATGATCGGTGCCCCGGACATGGCTTTTCCCCGAATGAACAACATAAGCTTTTGACTTCTGCCTCCATCTTTTCTTCTTCTCCTGGCTTCGTCTGGCGTAGAAGCTGGCGCAGGCACCGGGTGAACAGTTTACCCGCCCTTGGCGGGTAACCTAGCCCATGCAGGTGCTTCCGTAGATCTAACTATTTTTTCCCTCCATCTAGCCGGGATCTCATCTATTCTTGGCGCCATCAACTTTATCACAACCATCATTAACATAAAACCCCCTTCGATTACTCAGTATCAGACTCCTTTGTTTGTCTGAGCCGTCTTGATTACTGCCGTACTTCTTTTGCTTTCTCTTCCCGTCCTGGCGGCAGGAATCACTATGCTTCTAACCGACCGCAACTTGAACACCACATTTTTTGACCCCGCAGGCGGGGGAGACCCTATCTTATACCAGCATTTGTTT（标本号：GDYH4477）

五 鲻形目 Mugiliformes

鲻科 Mugilidae

龟鲮属 *Chelon* Artedi，1793

>>> 绿背龟鲮 *Chelon subviridis*（Valenciennes，1836）

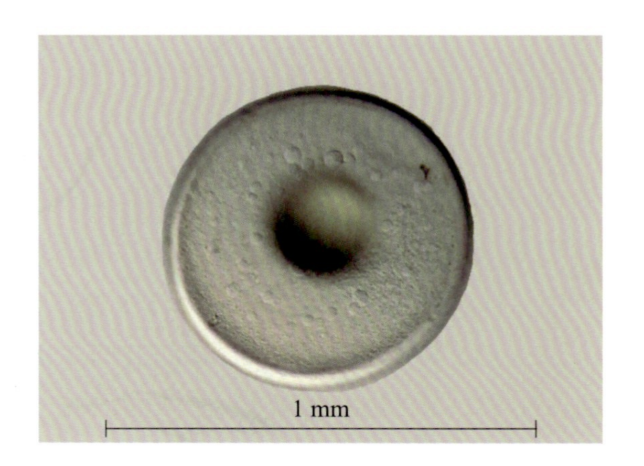

标本号：GDYH14703；采集时间：2020-09-28；

采集位置：徐闻角尾海域，419渔区，20.212° N，110.012° E

中文别名：豆仔鱼、乌仔、乌仔鱼、乌鱼

英文名：Greenback mullet

形态特征：

该标本为绿背龟鲮的卵子，处于卵裂期的胚盘隆起期。卵子圆球形，浮性卵；卵膜平滑，薄而透明；卵径约为0.73 mm。卵周隙狭窄。卵内具大油球1个，油球直径约为0.23 mm，约是卵径的31.51%。

保存方式：活体

DNA条形码序列：

CTTTATCTAGTATTCGGTGCCTGAGCAGGAATAGTAGGAACTGCTTTGAGCC
TACTAATCCGAGCAGAACTAAGCCAACCTGGCGCTCTCTTAGGAGATGACCAAA
TTTATAATGTAATTGTTACGGCGCACGCTTTCGTAATAATTTTCTTTATAGTAATGC
CAATCATGATCGGAGGATTTGGGAACTGACTAGTCCCTCTAATGATCGGTGCCCC
CGATATGGCCTTCCCTCGAATGAACAACATAAGCTTCTGACTCCTCCCTCCTTCCT
TCCTTCTTCTCCTGGCATCCTCTGGCGTAGAAGCTGGGGCCGGTACTGGGTGAAC
CGTCTACCCCCCTCTGGCCAGCAACTTAGCACATGCCGGAGCATCTGTTGACCTA
ACAATTTTCTCCCTCCATCTGGCGGGGGTTTCCTCAATTCTAGGCGCAATTAACTT
CATTACAACCATCATCAATATGAAACCTCCAGCTATCTCCCAATACCAGACCCCTC
TCTTCGTATGGGCCGTCCTTATCACTGCTGTCCTCCTTCTCCTATCCCTACCAGTTC
TTGCTGCTGGAATTACCATGCTCCTGACAGACCGAAACTTAAACACCTCTTTCTT
CGACCCGGCAGGAGGAGGAGATCCTATCTTGTATCAACACTTGTT

>>> 龟鲅① *Chelon* sp.①

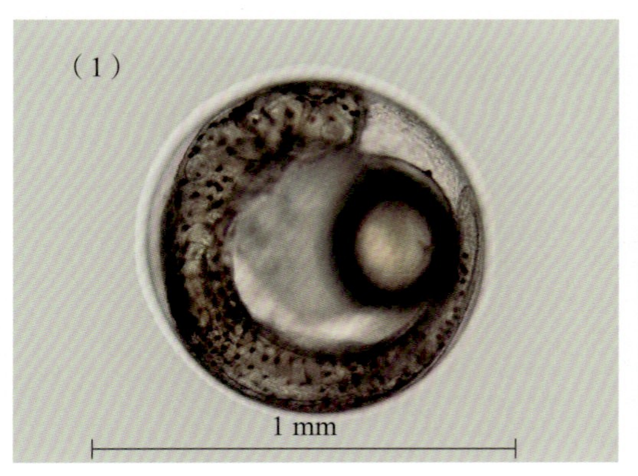

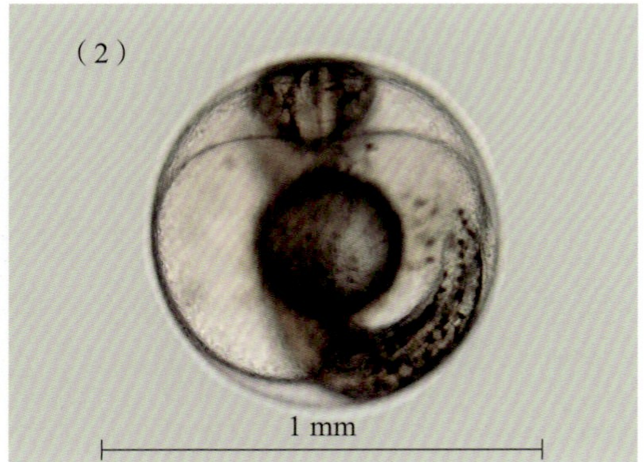

标本号：图（1）、图（2）GDYH12392；采集时间：2020-04-05；

采集位置：东海岛东南海域，393渔区，20.920° N，110.509° E

中文别名：乌鱼、鲻鱼

英文名：无

形态特征：

该标本为龟鲮①的卵子，处于器官形成期的将孵期。卵子圆球形，彼此分离，浮性卵；卵膜光滑，薄而透明；卵径约为0.77 mm。油球直径约为0.33 mm，约为卵径的42.86%。卵周隙狭窄，胚体充满卵内。卵黄囊大，卵黄均匀，无龟裂。卵内具大油球1个，油球偏中位。侧面观胚体围绕卵黄超过3/4周，胚体从视囊上缘至尾芽布满黑色素斑，见图（1）；腹面观可见油球背离腹缘一侧具数个星芒状黑色素斑，见图（2）。听囊内1对耳石。胚体脊索清晰，肌节可见，可计数，24对；油球位于靠近尾端位置，见图（1）。视野内卵黄囊上未见黑色素斑。

保存方式：活体

DNA条形码序列：

GCTGTACCTGATCTTTCAACCAAACCCCAAAGACATTGGCACCCTTTATCTGATCTTCGGTGCCTGAGCAGGGATAGTAGGAACTGCCCTAAGCCTACTTATCCGGGCAGAACTTAGCCAGCCTGGCGCTCTCCTGGGAGACGACCAGATCTATAATGTAATCGTTACAGCGCACGCTTTCGTAATAATTTTCTTTATAGTAATACCAATCATGATTGGAGGGTTTGGAAACTGACTAATCCCCCTAATGATCGGCGCCCCTGATATGGCCTTCCCTCGAATAAATAACATAAGCTTTTGACTCCTCCCCCCTTCGTTCCTTCTTCTCTTAGCATCCTCTGGCGTAGAAGCAGGGGCCGGAACTGGGTGAACCGTCTATCCTCCCCTAGCCAGCAACCTGGCACATGCCGGAGCGTCAGTTGACTTAACAATTTTCTCCCTCCACTTAGCAGGTGTCTCCTCAATTTTAGGTGCTATTAACTTCATTACTACTATTATTAATATGAAACCTCCCGCAATCTCCCAGTATCAGACCCCCCTCTTCGTATGGGCCGTTCTTATTACTGCCGTCCTCCTTCTCCTGTCTCTGCCAGTTCTCGCTGCCGGAATTACCATACTCTTAACAGATCGAAACCTAAACACTTCTTTCTTCGACCCAGCCGGAGGTGGGGATCCTATCCTATACCAACATCTATTCTGATTCTTTGGCCCCCAAGAAATTCAAAGCCCAGCATCTGTTC

>>> 龟鲅② *Chelon* sp.②

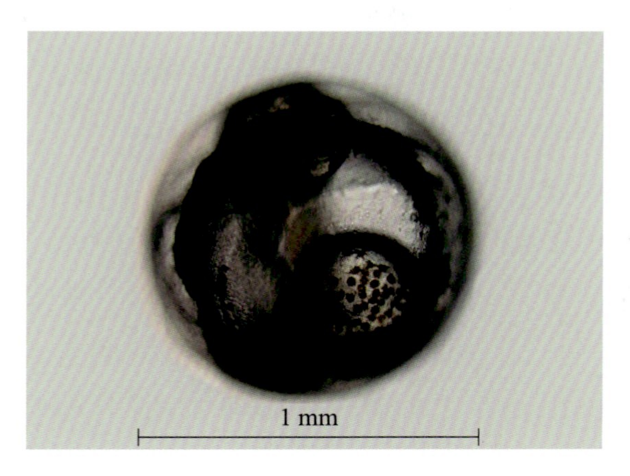

标本号：GDYH12649；采集时间：2020-04-30；
采集位置：徐闻放坡海域，418渔区，20.267° N，109.918° E

中文别名：乌鱼、鲻鱼

英文名：无

形态特征：

该标本为龟鲅②的卵子，处于器官形成期的将孵期。卵子圆球形，彼此分离，浮性卵；卵膜光滑，薄而透明；卵径约为0.85 mm。卵内具大油球1个，油球偏中位，直径约为0.38 mm，约是卵径的44.71%。卵周隙狭窄，卵黄囊和胚体充满卵内。卵黄囊大，卵黄均匀，无龟裂。油球上密布淡土黄色色素斑，大而显著，色素斑直径约为0.02 mm。胚体围绕卵黄超过3/4周；视囊清晰，其上缘可见较大的点状黑色素斑，黑色素斑直径为0.01～0.02 mm。卵黄囊上未见色素斑，胚体尾部两侧各分布10余个较大的点状黑色素斑。

保存方式：活体

DNA条形码序列：

CCTCTATCTAGTCTTCGGTGCCTGAGCGGGTATAGTAGGAACTGCTTTAAGC
CTACTTATCCGAGCAGAACTAAGTCAACCTGGCGCTCTCCTGGGGGATGACCAG
ATCTATAATGTCATTGTTACAGCTCACGCTTTCGTAATAATTTTCTTTATAGTAATG
CCAATCATGATTGGGGGATTTGGAAACTGACTAGTCCCTCTAATGATCGGCGCCC
CTGATATGGCCTTCCCTCGAATGAATAATATAAGCTTTTGACTCCTTCCCCCCTCA

TTCCTTCTCCTCTTAGCATCCTCTGGCGTAGAAGCGGGGGCTGGGACTGGCTGAA
CTGTTTATCCCCCTCTGGCCAGCAACTTGGCACATGCTGGAGCATCCGTTGACCT
AACAATTTTCTCCCTCCATCTAGCAGGTGTCTCCTCAATTCTAGGTGCTATTAATT
TTATTACAACCATCATCAACATGAAACCTCCCGCAATTTCCCAATACCAGACCCC
ACTCTTCGTATGGGCCGTTCTTATTACTGCCGTCCTTCTTCTCCTGTCCCTACCAG
TTCTCGCTGCTGGAATTACTATGCTCCTAACAGACCGAAACTTAAACACCTCCTT
CTTCGACCCGGCAGGAGGGGGAGATCCTATTTTATATCAACACTTATTC

黄鲻属 *Ellochelon* Whitley，1930

>>> 黄鲻 *Ellochelon vaigiensis*（Quoy & Gaimard，1825）

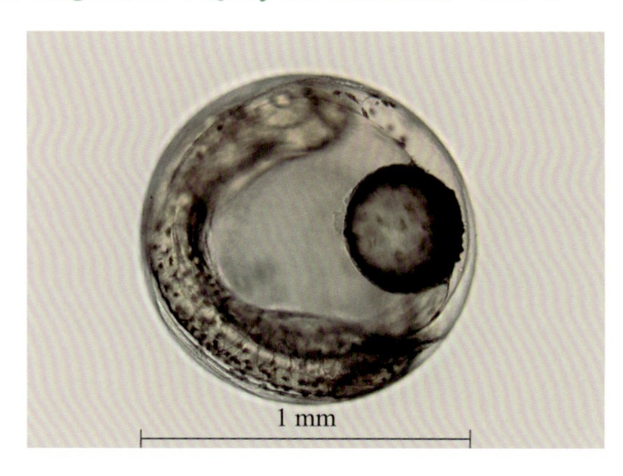

标本号：GDYH12641；采集时间：2020-04-30；
采集位置：徐闻西连海域，418渔区，20.383° N，109.867° E

中文别名：乌鱼

英文名：Broad-mouthed mullet

形态特征：

该标本为黄鲻的卵子，处于器官形成期的将孵期。卵子圆球形，彼此分离，浮性卵；卵膜较薄，无色透明；卵径约为1.05 mm。卵周隙狭窄，卵黄囊和胚体充满卵内。卵黄囊大，卵黄均匀，无龟裂。卵内具1个大油球，偏中位，直径约为0.37 mm，约是卵径的35.24%。胚体扭动频繁、有力，胚体围绕卵黄约3/4周，胚体从视囊上缘至尾芽布满赭黄色色素斑。晶体轮廓清晰，听囊可见耳石1对。卵黄囊上零星散布点状黑色素斑。油球上具数个辐射状黑色素斑。

保存方式：活体

DNA条形码序列：

CCTCTATCTAGTATTTGGTGCCTGAGCTGGTATAGTAGGCACTGCCTTAAGCCTACTAATCCGAGCAGAATTAAGCCAACCTGGCGCACTTCTAGGTGATGATCAGATTTATAACGTAATTGTTACAGCTCACGCCTTCGTAATAATTTTCTTTATAGTAATACCAATCATAATTGGAGGATTCGGAAATTGACTGGTCCCTCTAATAATTGGCGCGCCTGATATAGCATTCCCTCGAATAAATAACATAAGCTTCTGACTTCTTCCCCCTTCATTTTTACTTCTCCTGGCTTCCTCTGGAGTAGAAGCAGGGGCCGGAACGGGATGAACCGTATACCCGCCTCTCGCCAGCAATCTAGCACATGCCGGAGCATCCGTTGACCTCACCATCTTCTCCCTTCACTTGGCAGGTGTCTCCTCAATTTTAGGCGCTATTAATTTCATTACTACTATTATTAACATAAAACCTCCTGCAATCTCTCAATACCAAACACCTCTCTTTGTTTGAGCTGTTCTCATTACGGCCGTCCTCCTTCTCTTATCCCTGCCAGTTCTTGCTGCTGGGATTACCATGCTTCTTACAGATCGAAACTTAAACACCTCTTTCTTCGACCCTGCGGGAGGAGGAGATCCAATTCTTTATCAACACCTCTTC

副鲻属 *Paramugil* Ghasemzadeh，Ivantsoff & Aarn，2004

>>> 盾副鲻 *Paramugil parmatus*（Cantor，1849）

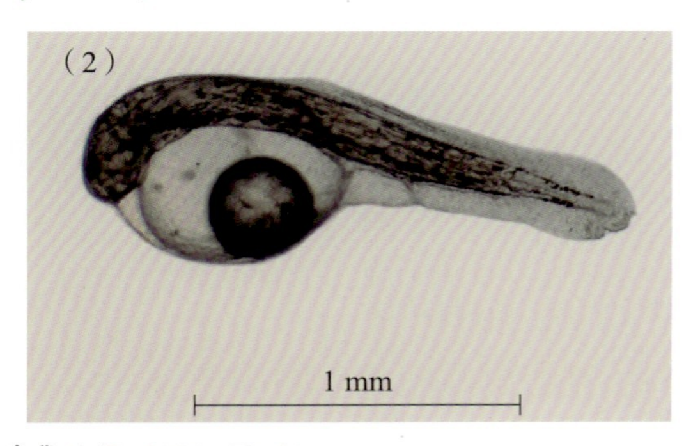

标本号：GDYH12169；采集时间：2020-03-21；

采集位置：东海岛东南海域，393渔区，20.920° N，110.509° E

中文别名：乌鱼

英文名：Broad-mouthed mullet

形态特征：

该标本号的2个图分别为盾副鲻的卵子和仔鱼，分别处于器官形成期的将孵期和初孵仔鱼期。卵子圆球形，彼此分离，浮性卵；卵膜较薄，无色透明；卵径约为0.73 mm。卵周隙狭窄，卵黄囊和胚体充满卵内。具1个显著的大油球，偏中位，直径约为0.32 mm，约是卵径的43.84%。

处于将孵期的卵子，胚体扭动频繁、有力，晶体轮廓清晰，听囊可见耳石1对；胚体围绕卵黄约3/4周，胚体从吻部到尾部布满赭黄色色素斑；侧面观油球上具13或14个辐射状土黄色色素斑，以及数个淡灰色辐射色素胞，见图（1）。

处于初孵仔鱼期的初孵仔鱼，脊索长约为1.69 mm，肛门开口于脊索长的约48.88%处，卵黄囊约是脊索长的37.72%，见图（2）。

保存方式：活体

DNA条形码序列：

CCTTTACCTAATCTTCGGTGCCTGAGCGGGTATAGTAGGAACTGCTTTAAGCCTACTTATCCGAGCAGAACTAAGTCAGCCTGGCGCTCTCCTGGGGGACGACCAGATTTATAATGTAATTGTTACAGCTCACGCTTTCGTAATAATTTTCTTTATAGTAATGCCAATCATGATTGGCGGGTTCGGAAACTGACTAATCCCCCTAATGATCGGCGCCCCCGATATGGCTTTCCCTCGAATGAATAATATAAGTTTTTGACTCCTTCCTCCCTCATTCCTTCTCCTCCTAGCGTCTTCTGGCGTAGAAGCGGGGGCCGGAACTGGCTGAACTGTCTACCCTCCTCTAGCCAGCAACTTAGCACATGCTGGAGCATCCGTTGACCTAACAATTTTCTCCCTTCATCTAGCAGGTGTCTCCTCAATTCTAGGGGCTATTAATTTTATCACAACTATCATCAACATGAAACCTCCCGCAATTTCCCAGTACCAAACCCCACTCTTCGTCTGGGCCGTTCTTATTACTGCCGTTCTCCTTCTCCTGTCCCTACCAGTTCTTGCCGCCGGGATTACCATGCTCCTAACAGACCGAAACTTAAATACCTCTTTCTTCGACCCAGCAGGAGGAGGAGATCCAATTTTATATCAACACTTATTC

莫鲻属 *Moolgarda* Whitley，1945

>>> 佩氏莫鲻 *Moolgarda perusii*（Valenciennes，1836）

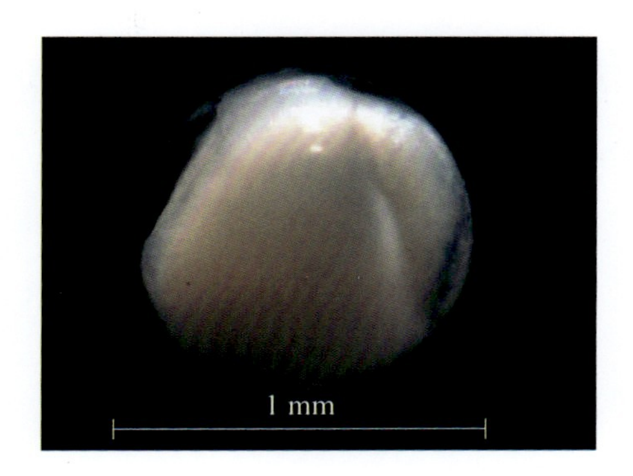

标本号：GDYH15817；采集时间：2020-11-25；

采集位置：北部湾海域，467渔区，19.367° N，108.443° E

中文别名：乌鱼

英文名：Longfinned mullet

形态特征：

该标本为佩氏莫鲻的卵子，处于器官形成期的尾芽期。卵子圆球形，彼此分离，浮性卵；卵膜较薄，无色透明；卵径约为0.92 mm。卵周隙狭窄，卵黄囊和胚体充满卵内。卵黄囊大，卵黄均匀，无龟裂；卵黄上未见色素斑。

保存方式：酒精

DNA条形码序列：

TCTCTATCTAGTATTTGGTGCCTGAGCTGGAATGGTCGGAACTGCCCTAAGC
CTTCTTATCCGAGCAGAACTCAGTCAGCCTGGGGCTCTTCTAGGGGACGATCAGA
TTTACAATGTAATTGTTACGGCACACGCTTTCGTAATAATTTTCTTTATAGTGATGC
CAATTATAATTGGTGGGTTTGGAAATTGACTAATCCCATTAATGATCGGGGCACCA
GATATAGCATTCCCACGAATAAATAATATAAGCTTCTGGCTTCTCCCTCCTTCATTT
CTTCTCCTTCTAGCATCCTCTGCAGTAGAAGCAGGAGCTGGCACAGGATGAACT
GTTTACCCGCCTCTTGCCAGCAACCTGGCACATGCTGGGGCATCTGTCGACCTTA

CTATCTTTTCTCTTCATCTGGCTGGGGTCTCCTCGATTTTAGGTGCTATTAACTTCA
TTACAACCATTATCAACATGAAACCCCCTGCCATTTCTCAATACCAGACCCCTCTG
TTTGTATGAGCAGTTCTTATTACAGCTGTACTTCTTCTTCTATCTTTACCAGTTCTT
GCTGCTGGCATCACTATACTCCTGACAGACCGAAACTTAAACACCTCTTTCTTCG
ACCCTGCAGGAGGGGGTGATCCAATTCTGTACCAACATCTCTTC

六 颌针鱼目 Beloniformes

飞鱼科 Exocoetidae

须唇飞鱼属 *Cheilopogon* Lowe，1841

>>> 阿氏须唇飞鱼 *Cheilopogon abei* Parin，1996

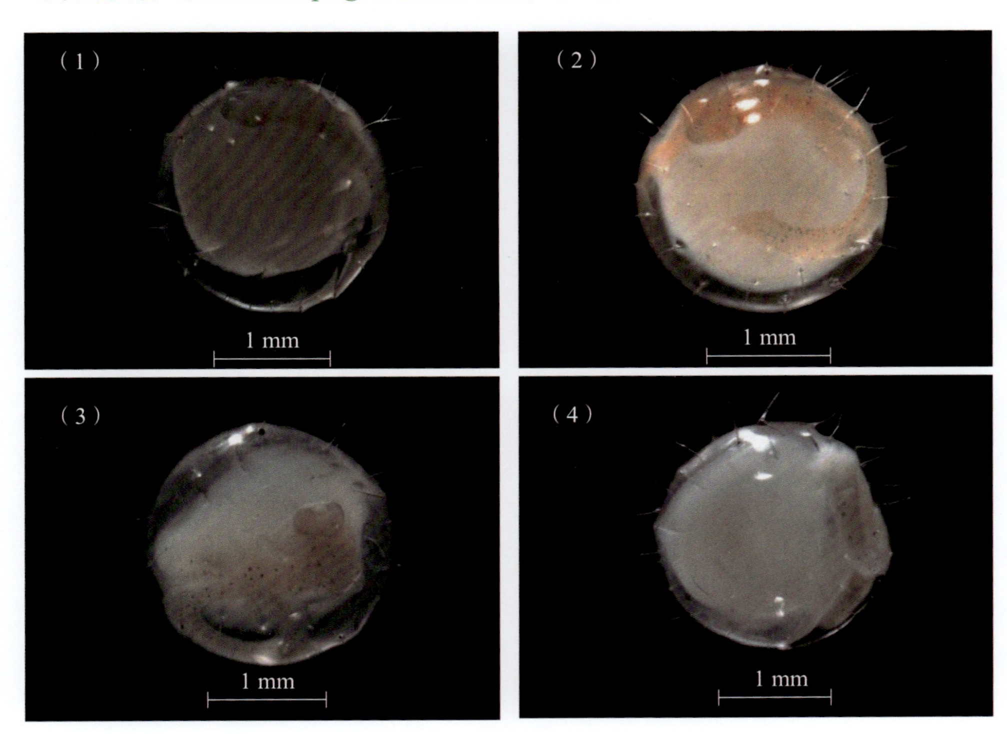

标本号：图（1）GDYH7107，图（2）GDYH8033，图（3）、图（4）GDYH7170；

采集时间：图（1）、图（3）、图（4）2019-09-08，图（2）2019-09-06；

采集位置：文昌外海；图（1）449渔区，19.750° N，112.750° E；图（2）423渔区，20.250° N，112.250° E；图（3）、图（4）448渔区，19.750° N，112.250° E

中文别名：阿氏飞鱼、飞鱼

英文名：Abe’s flyingfish

形态特征：

3个标本均为阿氏须唇飞鱼的卵子，分别处于器官形成期的晶体形成期和将孵期。卵子圆球形，彼此分离，浮性卵；卵膜较透明，卵膜上具胶质丝，长度为0.28～0.51 mm；卵径为2.03～2.14 mm。无油球。卵周隙窄，宽度为0.10～0.13 mm，为卵径的4.90%～6.31%。

处于晶体形成期的卵子，晶体轮廓清晰，胚体盘旋于卵黄之上；胚体从头部到尾部背面分布有2行点状黑色素斑，见图（1）、图（2）。

处于将孵期的卵子，胚体盘于卵黄之上，可见胚体扭曲状；胚体从头部到尾部背面有2行点状黑色素斑，色素斑显著，见图（3）、图（4）。

保存方式：酒精

DNA条形码序列：

CCTTTATTTAGTATTTGGTGCCTGAGCAGGAATAGTAGGGACAGCCCTAAGCCTTCTTATTCGAGCAGAACTAAGCCAACCAGGCTCTCTCCTTGGAGACGACCAAATTTATAACGTAATTGTTACAGCACATGCCTTTGTAATAATTTTCTTTATAGTAATGCCAATCATGATTGGTGGCTTTGGAAACTGACTCATCCCCCTTATGATCGGAGCCCCCGACATGGCATTCCCTCGAATGAACAATATGAGCTTTTGACTTCTTCCACCCTCTTTCCTTCTACTCCTAGCCTCTTCAGGAGTTGAAGCTGGAGCTGGAACAGGATGAACGGTGTATCCCCCTCTATCAGGAAACTTAGCCCACGCCGGAGCATCCGTTGACCTAACAATTTTTTCACTCCACCTAGCAGGGGTTTCATCAATTCTAGGGGCAATTAACTTTATTACAACAATCATTAATATAAAACCTCCTGCAATCTCACAGTACCAAACCCCACTTTTCGTATGAGCAGTCCTTATTACAGCAGTTCTTCTACTTCTCTCTCTACCCGTTCTTGCAGCAGGTATTACTATGCTTCTGACGGACCGAAATTTAAACACAACATTCTTCGATCCTGCAGGGGGAGGTGACCCAATCTTTACCAACACTTATTT（标本号：GDYH7107）

>>> 背斑须唇飞鱼 *Cheilopogon dorsomacula*（Fowler，1944）

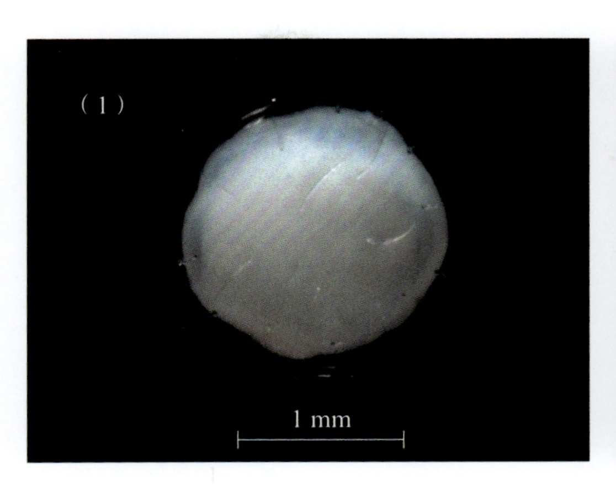

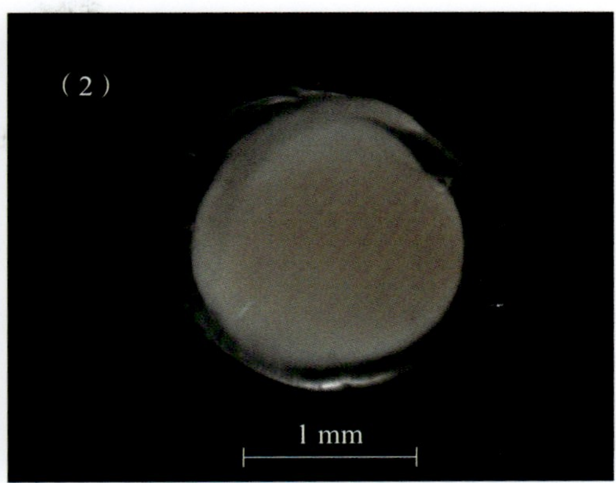

标本号：图（1）GDYH5166，图（2）GDYH8003；采集时间：2019-09-08；
采集位置：文昌外海海域；图（1）471渔区，19.250° N，112.250° E；
图（2）449渔区，19.750° N，112.750° E

中文别名：阿氏飞鱼、飞鱼

英文名：Backspot flyingfish

形态特征：

2个标本均为背斑须唇飞鱼的卵子，分别处于器官形成期的心脏形成期和尾芽期。卵子圆球形，彼此分离，浮性卵；卵膜薄而透明，卵膜上具胶质丝，长度为0.47 ~ 0.53 mm；卵径为1.86 ~ 1.89 mm。无油球。卵周隙窄，宽度为0.14 ~ 0.17 mm，是卵径的7.41% ~ 9.14%。

处于心脏形成期的卵子，心脏和脊索轮廓清晰，胚体上未见色素斑，见图（1）。

处于尾芽期的卵子，尾芽开始与卵黄分离，胚体未见色素斑，见图（2）。

保存方式：酒精

DNA条形码序列：

CCTTTATTTAGTATTTGGTGCCTGAGCAGGAATAGTAGGGACAGCCCTAAGCCTTCTTATTCGAGCAGAACTAAGCCAACCAGGCTCTCTCCTTGGAGACGACCAAATTTATAACGTAATTGTTACAGCACATGCCTTTGTAATAATTTTCTTTATAGTAATGCCAATCATGATTGGTGGCTTTGGAAACTGACTCATCCCCCTCATGATCGGAGCCCCCGACATGGCATTCCCTCGAATGAACAATATGAGCTTTTGACTTCTTCCACCCTC

TTTCCTTCTACTCCTAGCCTCTTCAGGAGTTGAAGCTGGAGCTGGAACAGGATGAACGGTGTATCCCCCTCTATCAGGAAACTTAGCCCACGCCGGAGCATCCGTTGACCTAACAATTTTTTCACTCCACCTAGCAGGGGTTTCATCAATTCTAGGGGCAATTAACTTTATTACAACAATCATTAATATAAAACCTCCTGCAATCTCACAGTACCAAACCCCACTTTTCGTATGAGCAGTCCTTATTACAGCAGTTCTTCTGCTTCTCTCTCTACCCGTTCTTGCAGCAGGTATTACTATGCTTCTGACGGACCGAAATTTAAACACGACATTCTTCGATCCTGCAGGGGGAGGTGACCCAATTCTTTACCAACACTTATTT（标本号：GDYH8003）

飞鱵属 *Oxyporhamphus* Gill，1864

>>> 黑鳍飞鱵 *Oxyporhamphus convexus*（Weber & de Beaufort，1922）

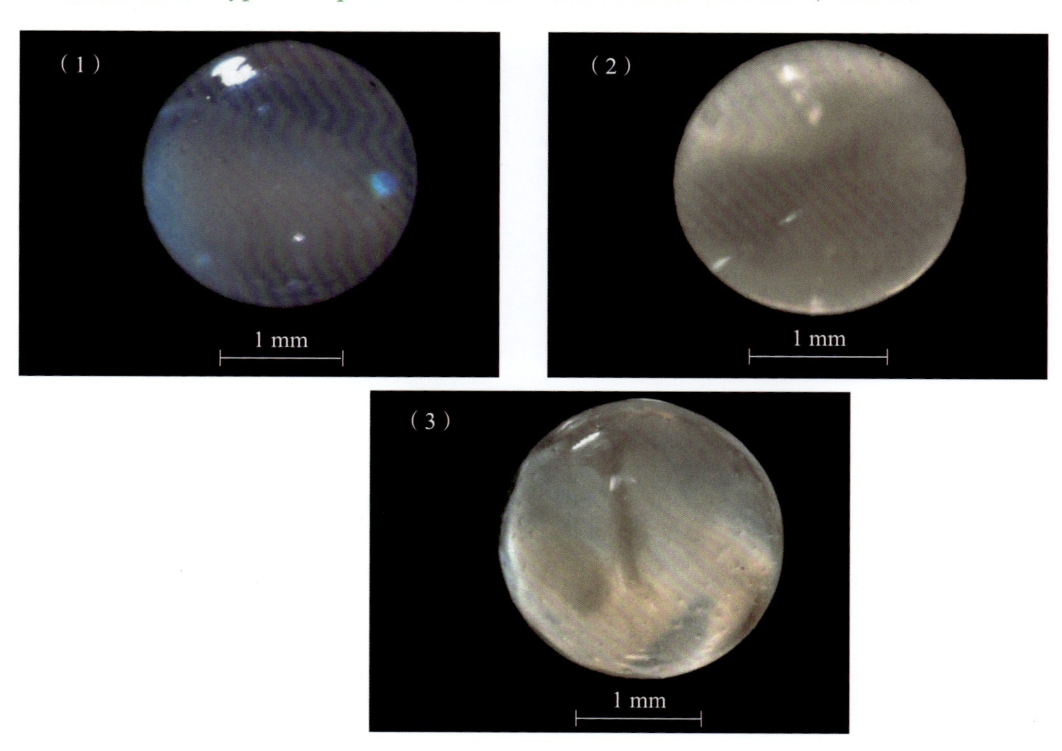

标本号：图（1）GDYH4630，图（2）GDYH7092，图（3）GDYH5129；

采集时间：图（1）2019-04-27，图（2）、图（3）2019-04-18；

采集位置：图（1）北部湾海域，445渔区，19.990° N，109.020° E；图（2）、图（3）万宁近海，492渔区，18.680° N，110.640° E

中文别名：飞鱼

英文名：Halfbeak

形态特征：

3个标本均为黑鳍飞鱵的卵子，分别处于原肠胚期的原肠早期及器官形成期的胚体形成期、尾芽期。卵子圆球形，彼此分离，浮性卵；卵径为2.12～2.40 mm。卵膜上具小棘，长度为0.05～0.07 mm。卵周隙窄。无油球。

处于原肠早期的卵子，无色素斑，隐约可见胚环形成，见图（1）。

处于胚体形成期的卵子，胚体轮廓开始清晰，卵子上未见色素斑，见图（2）。

处于尾芽期的卵子，尾芽开始与卵黄分离，见图（3）。

保存方式：酒精

DNA条形码序列：

CCTATATTTAGTATTTGGTGCCTGAGCCGGAATAGTAGGCACTGCTTTAAGTCTTCTCATTCGAGCGGAACTGAGCCAACCAGGCTCTCTCTTAGGAGATGACCAAATTTACAATGTAATTGTTACAGCACATGCCTTTGTAATAATTTTCTTTATAGTAATACCAATTATAATTGGTGGTTTTGGTAACTGACTAATTCCTCTTATGATTGGAGCTCCTGATATAGCATTCCCTCGAATGAACAACATAAGCTTCTGACTTCTCCCACCTTCTTTCCTTCTCCTATTAGCCTCTTCAGGAGTTGAAGCCGGGGCTGGAACAGGATGAACAGTTTACCCCCCTTTAGCTGGCAACTTAGCCCACGCCGGAGCATCAGTTGACCTAACAATTTTCTCTCTGCATCTAGCAGGAGTTTCATCAATTCTAGGAGCAATTAATTTTATTACAACAATTATTAACATGAAACCTCCTGCAATTTCACAATATCAAACACCCCTATTCGTCTGAGCAGTACTAATTACAGCAGTCCTTCTTCTTCTTTCTTTACCTGTCCTTGCTGCGGGCATTACTATGCTTCTCACAGATCGAAACCTAAATACTACCTTCTTTGACCCCGCAGGAGGTGGAGACCCAATTCTTTATCAACACCTATTC（标本号：GDYH4630）

>>> 白鲭飞鱵 *Oxyporhamphus micropterus micropterus*（Valenciennes，1847）

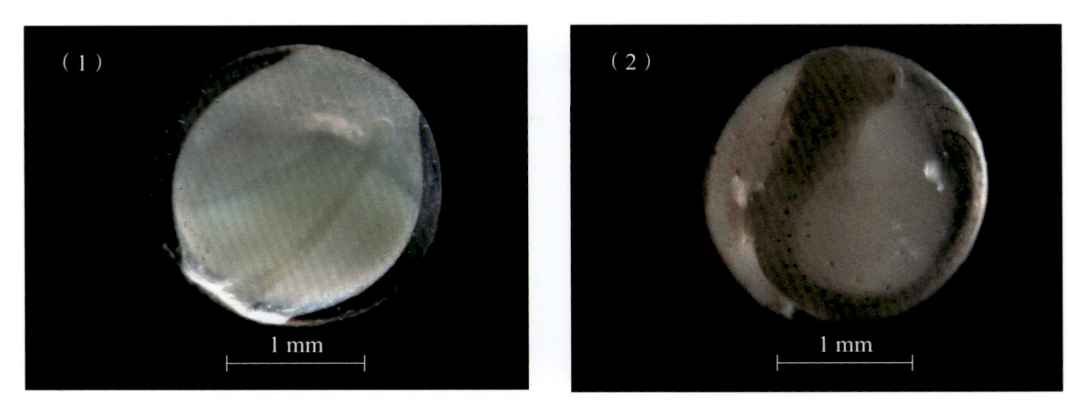

标本号：图（1）GDYH13048，图（2）GDYH7117；采集时间：图（1）2020-04-10，图（2）2019-09-06；
采集位置：图（1）北部湾海域，442渔区，19.601° N，107.845° E；
图（2）文昌外海，424渔区，20.250° N，112.750° E

中文别名：飞鱼

英文名：Bigwing halfbeak

形态特征

2个标本均为白鲭飞鱵的卵子，均处于器官形成期的将孵期。卵子圆球形，彼此分离，浮性卵；卵膜上具小棘，长度为0.03～0.08 mm；卵径为2.28～2.49 mm。无油球。卵周隙窄，宽度为0.11～0.19 mm，是卵径的4.42%～8.33%。

处于将孵期的卵子，胚体盘于卵黄之上，占卵黄约4/5周；胚体头部散布点状黑色素斑，颈部到尾部背面分布2行点状黑色素斑，见图（1）、图（2）。

保存方式：酒精

DNA条形码序列：

CCTATATTTAGTATTTGGTGCCTGAGCCGGAATAGTAGGCACTGCTTTAAGTCTTCTCATTCGAGCGGAACTGAGCCAACCAGGCTCTCTCTTAGGAGATGACCAAATTTACAATGTAATTGTTACAGCACATGCCTTTGTAATAATTTTCTTTATAGTAATACCAATTATAATTGGTGGTTTTGGTAACTGACTAATTCCTCTTATGATTGGAGCTCCTGATATAGCATTCCCTCGAATGAACAACATAAGCTTCTGACTTCTCCCGCCTTCTTTCCTTCTCCTATTAGCCTCTTCAGGAGTTGAAGCCGGGGCTGGGACAGGATGAACAGTTTACCCCCCTTTAGCTGGCAACTTAGCCCACGCCGGAGCATCAGTTGACCTA

ACAATTTTCTCTCTGCATCTAGCAGGAGTTTCATCAATTCTAGGAGCAATTAATTTTATTACAACAATTATTAACATGAAACCTCCTGCAATTTCACAATATCAAACACCCCTATTCGTCTGAGCAGTACTAATTACAGCAGTCCTTCTTCTTCTTTCTTTACCTGTCCTTGCTGCGGGCATTACTATGCTTCTCACAGATCGAAACCTAAATACTACCTTCTTTGACCCCGCAGGAGGTGGAGACCCAATTCTTTATCAACACCTATTC（标本号：GDYH7117）

拟飞鱼属 *Parexocoetus* Bleeker，1865

>>> 长颌拟飞鱼 *Parexocoetus mento*（Valenciennes，1847）

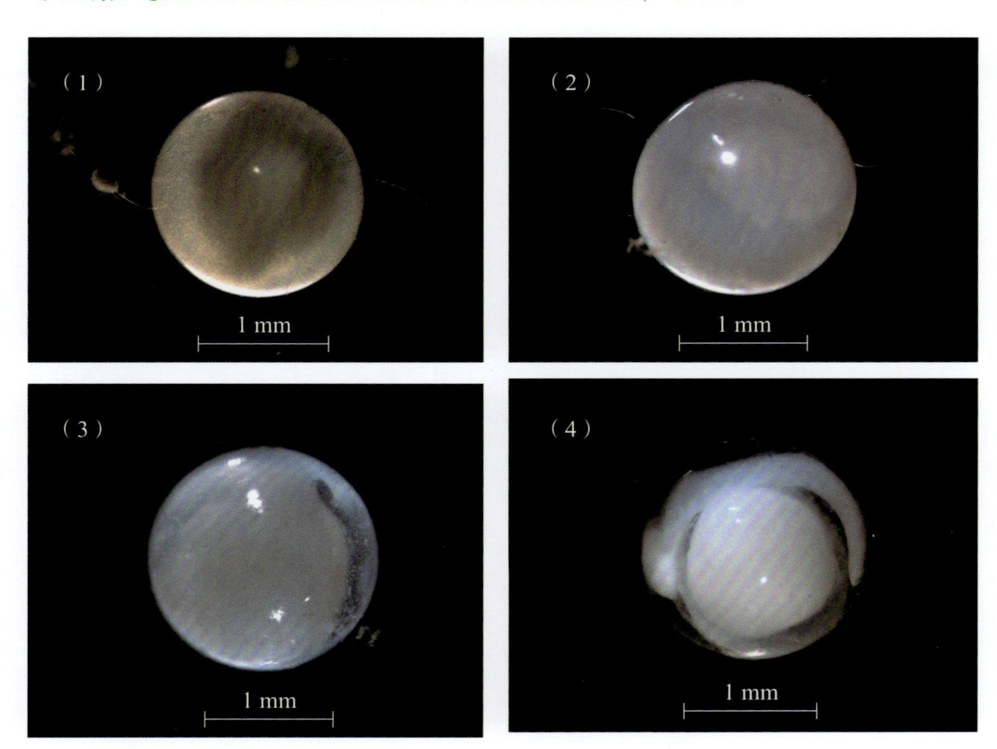

标本号：图（1）GDYH12783，图（2）GDYH12807，图（3）GDYH14175，图（4）GDYH13132；
采集时间：图（1）、图（3）2020-04-09，图（2）、图（4）2020-04-11；
采集位置：北部湾海域；图（1）465渔区，19.324° N，107.446° E；图（2）361渔区，21.235° N，108.392° E；图（3）489渔区，18.669° N，107.729° E；图（4）443渔区，19.581° N，108.104° E

中文别名：飞鱼

英文名：African sailfin flyingfish

形态特征：

4个标本均为长颌拟飞鱼的卵子，分别处于器官形成期的胚体形成期、心脏形成期、心脏形成期至尾芽期过渡期和尾芽期。卵子圆球形，彼此分离，浮性卵；卵膜薄而透明，卵膜上具稀疏且显著较长的胶质丝，长度为0.68 ~ 1.73 mm；卵径为1.65 ~ 1.83 mm。无油球。卵周隙窄，宽度为0.09 ~ 0.13 mm，为卵径的5.29% ~ 7.18%。

处于胚体形成期的卵子，胚体轮廓开始清晰，卵子上未见色素斑，见图（1）。

处于心脏形成期的卵子，可见视囊与脊索轮廓出现，尚未见尾芽与卵黄囊分离，见图（2）。

处于心脏形成期至尾芽期过渡期的卵子，胚体肌节隐约可见，不易计数（酒精保存）；脊索轮廓清晰，胚体围绕卵黄约3/4周，见图（3）。

处于尾芽期的卵子，尾芽开始与卵黄分离，胚体未见色素斑，见图（4）。

保存方式：酒精

DNA条形码序列：

CCTGTATTTAGTATTTGGTGCTTGAGCCGGAATAGTAGGCACTGCCTTAAGTCTTCTTATTCGAGCAGAATTAAGCCAGCCAGGCTCTCTTCTGGGAGACGACCAGATTTATAACGTCATTGTTACAGCACATGCCTTTGTAATAATTTTCTTTATAGTAATGCCAATTATGATCGGTGGCTTTGGCAACTGACTAATTCCCCTCATGATCGGCGCCCCTGATATAGCATTTCCTCGAATAAACAACATGAGCTTTTGACTTCTTCCCCCATCTTTCCTTCTACTCCTAGCCTCCTCAGGTGTCGAAGCCGGAGCTGGAACAGGATGAACAGTCTACCCCCCTCTAGCAGGCAACTTAGCTCACGCAGGAGCATCCGTTGACCTAACGATTTTCTCGCTTCATTTAGCAGGGGTCTCATCAATCCTTGGAGCAATCAACTTTATTACAACAATTATTAATATGAAACCTCCTGCAATCTCACAATATCAGACACCCCTGTTTGTCTGAGCCGTTCTTATTACAGCTGTACTTCTCCTTCTTTCACTACCCGTTCTTGCAGCAGGCATTACAATGCTTCTAACAGACCGAAACCTCAACACAACGTTCTTTGACCCTGCAGGAGGAGGAGATCCAATCCTTTACCAACACCTTTTC（标本号：GDYH12783）

七 刺鱼目 Gasterosteiformes

烟管鱼科 Fistulariidae

烟管鱼属 *Fistularia* Linnaeus，1758

>>> 鳞烟管鱼 *Fistularia petimba* Lacepède，1803

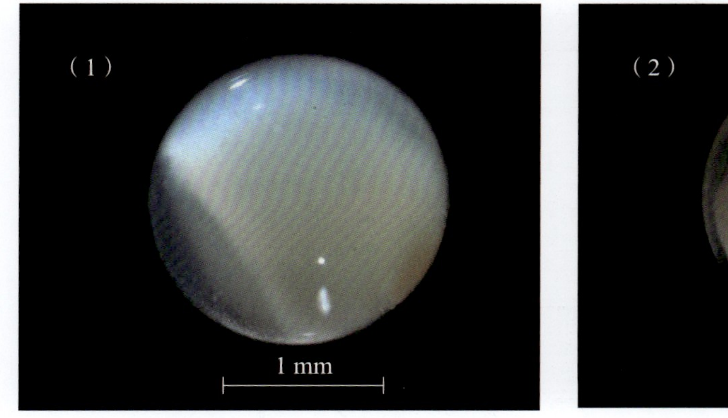

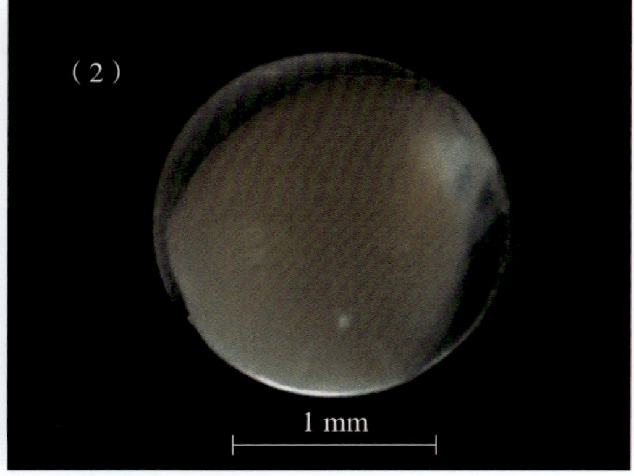

标本号：图(1) GDYH13060，图(2) GDYH5979；采集时间：图(1) 2020-04-10，图(2) 2019-04-12；采集位置：图(1) 北部湾海域，442渔区，19.608° N，107.845° E；图(2) 珠江口外海海域，425渔区，20.250° N，113.250° E

中文别名：红烟管鱼、马鞭鱼

英文名：Red cornetfish

形态特征：

2个标本均为鳞烟管鱼的卵子，分别处于器官形成期的胚体形成期和尾芽期。卵子圆球形，彼此分离，浮性卵；卵膜平滑，薄而透明；卵径为1.82～1.97 mm。卵周隙窄，宽度为0.10～0.12 mm，是卵径的5.08%～6.59%。卵黄均匀，无色透明。无油球。

处于胚体形成期的卵子，胚体已轮廓清晰，见图（1）。

处于尾芽期的卵子，尾芽开始与卵黄囊分离，见图（2）。

保存方式：酒精

DNA条形码序列：

CCTCTATCTAATCTTCGGTGCCTGAGCCGGCATAGTCGGAACTGCCTTAAGTCTTCTCATCCGAGCAGAGCTTAGCCAGCCCGGCGCACTACTGGGCGACGACCAAATCTATAATGTAATCGTTACAGCCCATGCCTTTGTAATAATTTTCTTTATAGTAATACCAATCATGATTGGAGGCTTCGGAAACTGATTAATCCCTCTTATGATCGGCGCTCCAGACATGGCCTTTCCCCGAATAAATAACATAAGCTTCTGACTTCTTCCCCCATCCTTCCTGCTCCTCCTAGCATCCTCCGGAGTCGAAGCTGGTGCTGGGACAGGATGAACAGTCTACCCCCCTCTTGCAGGAAACCTGGCTCATGCCGGAGCTTCCGTAGACCTAACAATCTTCTCCCTACACCTGGCAGGTATCTCATCAATCCTAGGAGCCATCAACTTCATCACAACCATTATTAACATAAAACCTCCAGCCATTTCACAATACCAGACACCCCTTTTCGTATGAGCCGTTCTCATTACCGCCGTGCTCTTACTACTCTCACTACCCGTTCTTGCCGCCGGCATCACCATGCTCTTGACGGACCGAAATCTAAACACTACATTTTTCGACCCAGCAGGAGGAGGCGACCCAATCCTGTACCAACACCTATTC（标本号：GDYH13060）

八 鲉形目 Scorpaeniformes

鲉科 Scorpaenidae

鬼鲉属 *Inimicus* Jordan & Starks，1904

>>> 日本鬼鲉 *Inimicus japonicus*（Cuvier，1829）

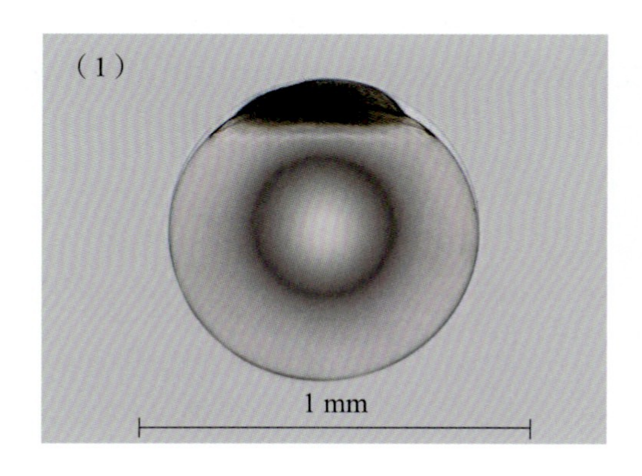

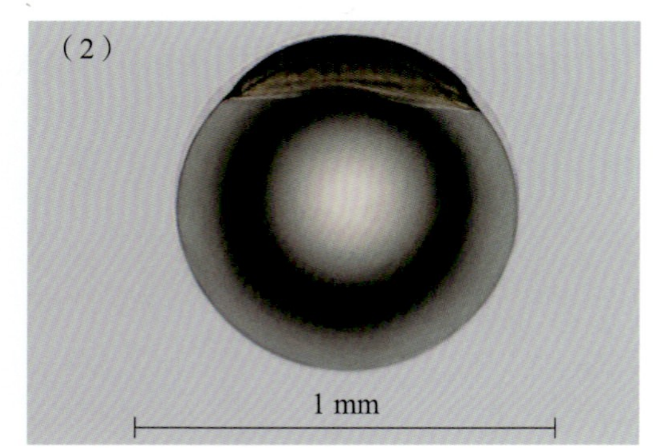

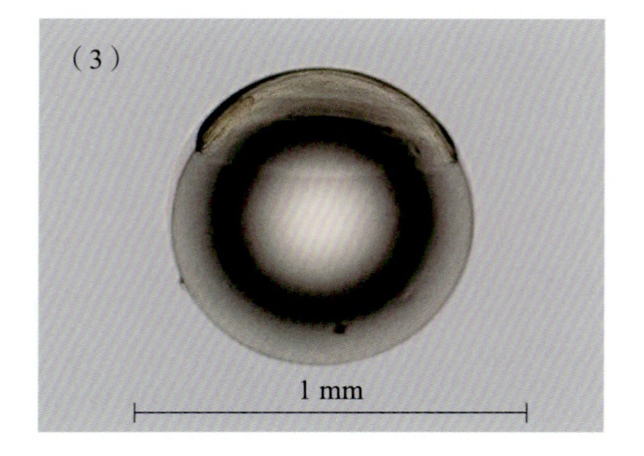

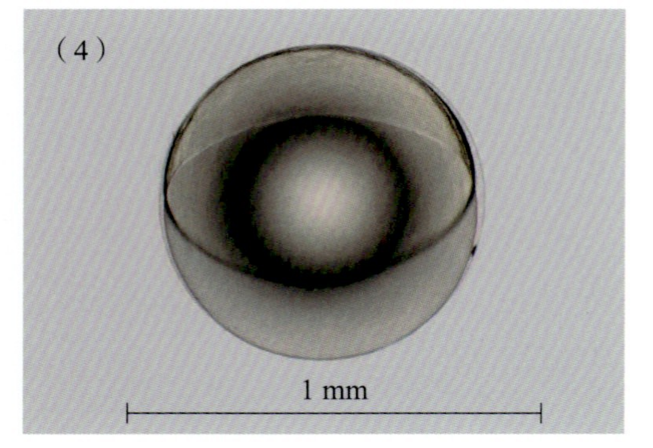

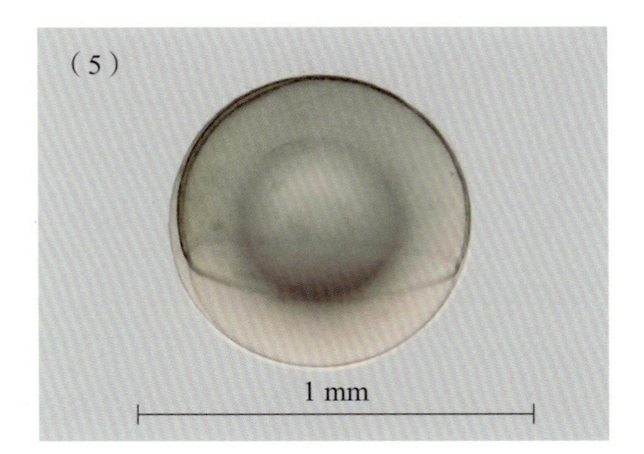
（5）
1 mm

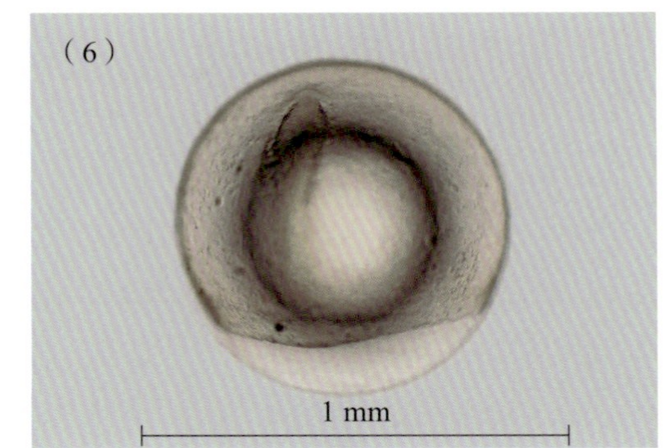
（6）
1 mm

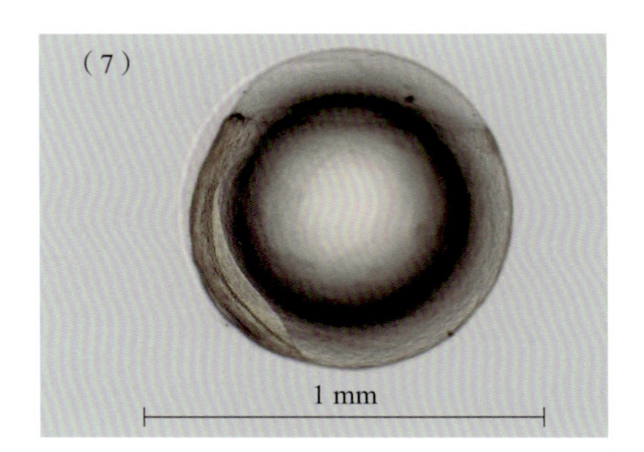
（7）
1 mm

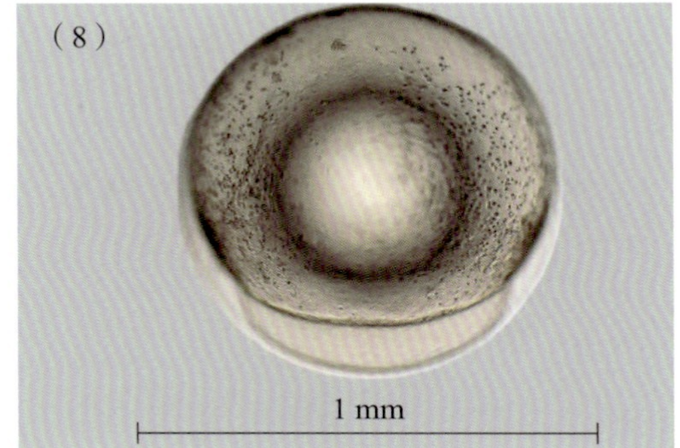
（8）
1 mm

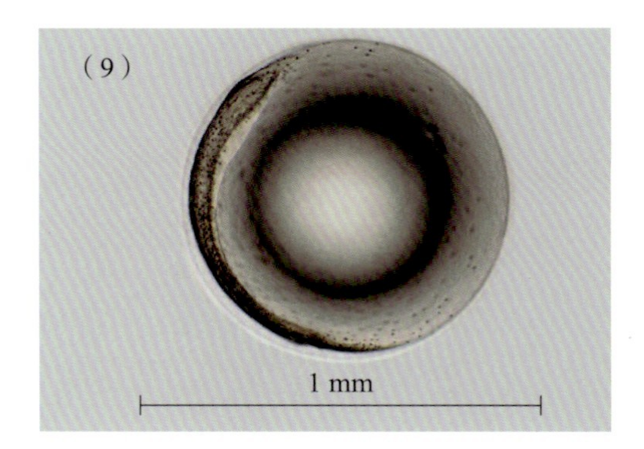
（9）
1 mm

（10）
1 mm

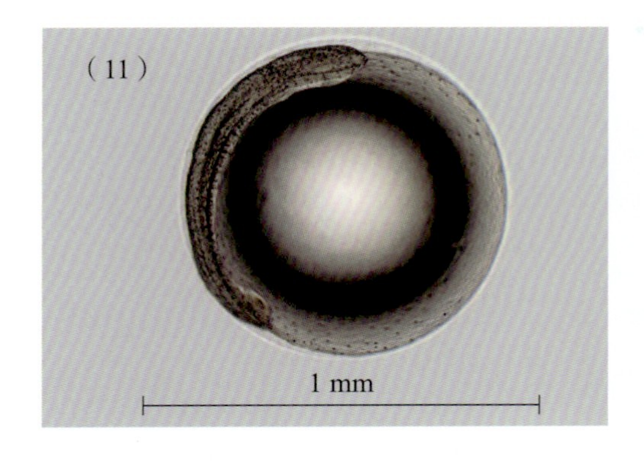
(11)
1 mm

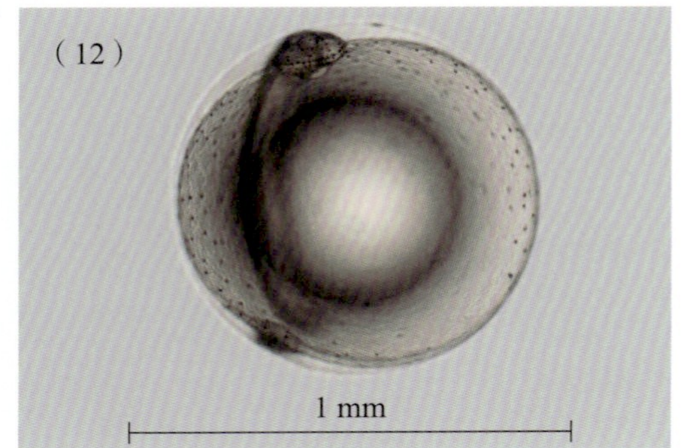
(12)
1 mm

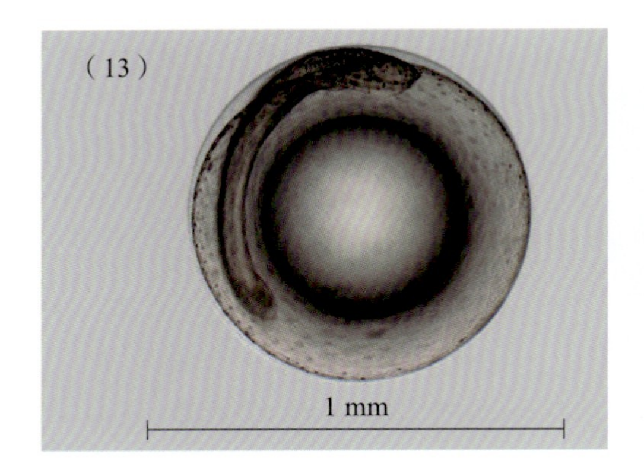
(13)
1 mm

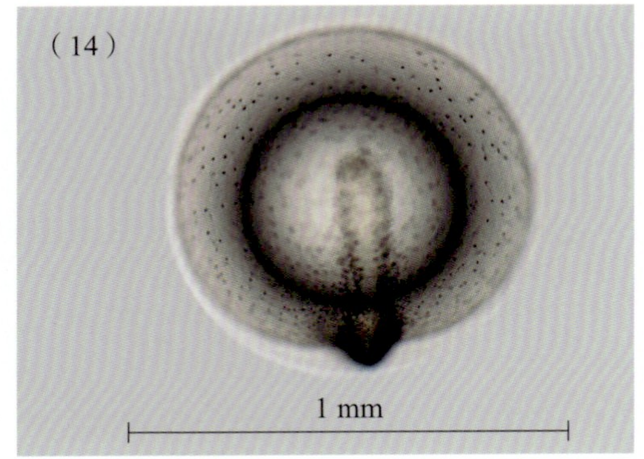
(14)
1 mm

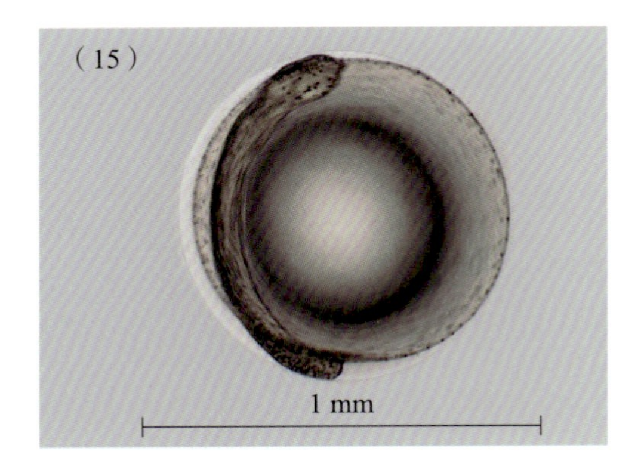
(15)
1 mm

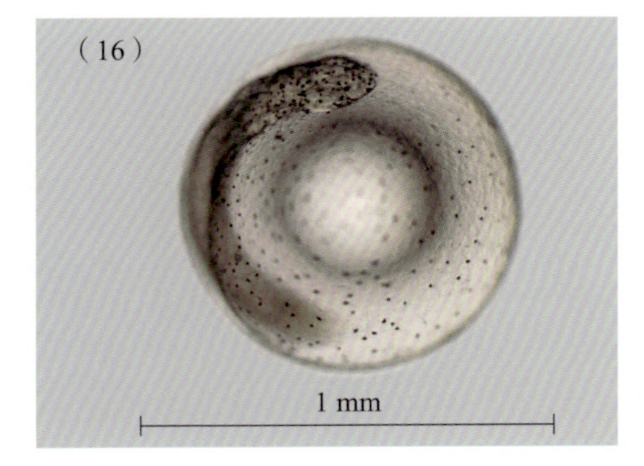
(16)
1 mm

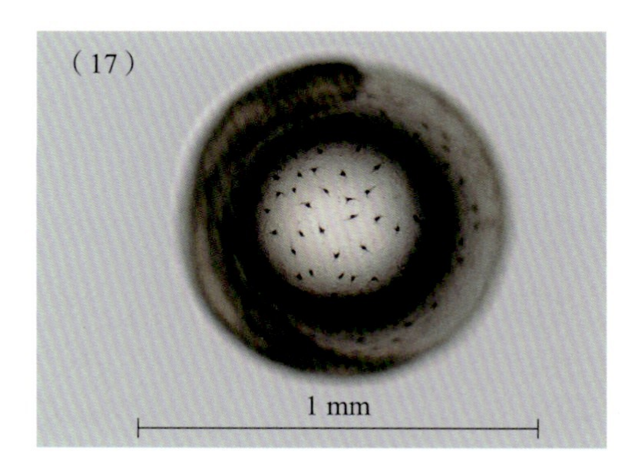

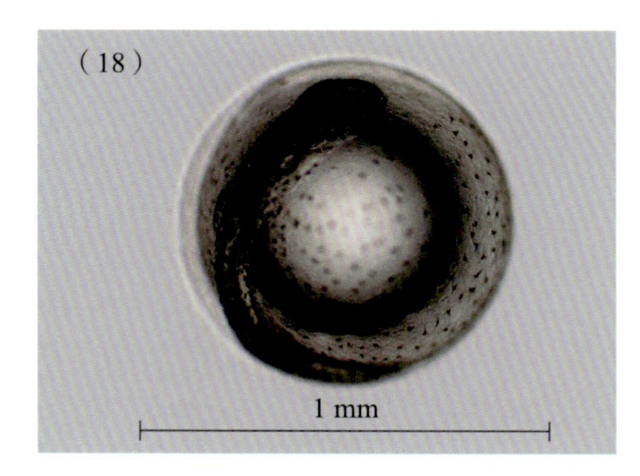

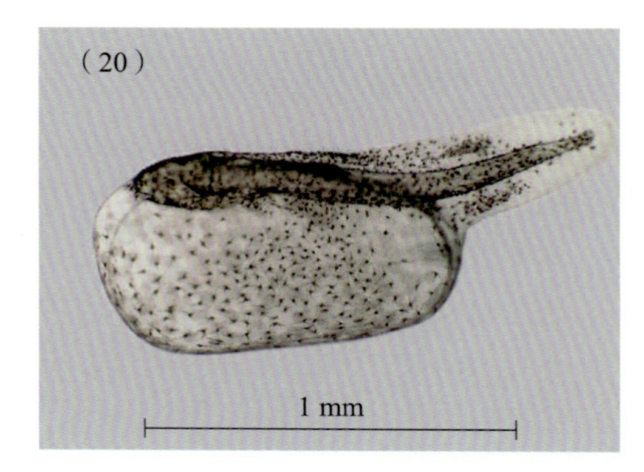

标本号：图（1）、图（9）GDYH11605，图（2）~图（7）、图（11）~图（20）GDYH12319，图（8）GDYH11616，图（10）GDYH11618；

采集时间：图（1）、图（8）~图（10）2020-02-15，图（2）~图（7）、图（11）~图（20）2020-03-30；

采集位置：东海岛东南海域，393渔区，20.920° N，110.509° E

中文别名：鬼虎鱼、猫鱼、虎鱼、石狗公、石头鱼

英文名：无

形态特征：

4个标本分别为日本鬼鲉的卵子和仔鱼，分别处于囊胚期的高囊胚期至器官形成期的初孵仔鱼期。卵子圆球形，彼此分离，浮性卵；卵膜光滑，略薄而透明；卵径为0.85~0.90 mm，无油球。卵黄均匀，无泡状龟裂。卵周隙狭窄，宽度为0.01~0.02 mm，是卵径的1.16%~2.33%。胚体形成期及其之前的卵子未见色素斑；胚孔封闭期开始在卵膜和卵黄囊上出现色素斑；听囊形成期时，胚体绕卵黄

未到1/2时，胚体已经布满点状黑色素斑。

日本鬼鲉野外采集到的卵子最早分裂时相为高囊胚期，此时卵子上均无色素斑。胚盘与卵黄之间形成囊胚腔，囊胚中部向上隆起，呈帽状，动物极的细胞团高高隆起，见图（1）。

低囊胚期，囊胚隆起逐渐降低，胚盘向扁平方向发展，细胞变小且变多，见图（2）。

原肠早期，胚层已下包卵黄约1/4，此时从植物极观察可见胚环，侧面可见胚层顶端形成胚盾，内胚层开始形成，见图（3）。

原肠中期，胚层下包卵黄尚未超过1/2，此时卵细胞表面无任何可见色素斑，见图（4）。

原肠晚期，胚层下包卵黄超过2/3，此时卵细胞表面亦无任何可见的色素斑，见图（5）。

胚体形成期，胚体背面增厚，形成神经板，中央出现1条圆柱形脊索，胚体雏形已现。卵细胞表面可以观察到色素斑开始形成，见图（6）、图（7）。

胚孔封闭期，胚体头部两侧有2个不太明显的突出，视囊也开始形成雏形；胚体上色素斑开始密集，见图（8）。

视囊形成期，视囊非常明显，胚体中后段可看到明显的脊索；胚体中部隐约出现肌节，尚不能计数；胚体从头部到胚体后段均遍布点状黑色素斑；卵黄囊上黑色素斑明显，呈圆点状，见图（9）。

肌节出现期，俯视观察脊索明显，胚体中部出现6～7对明显的肌节；胚体和卵黄囊遍布点状黑色素斑，见图（10）。

听囊形成期，听囊开始成形，肌节16对；柯氏泡隐约可见，见图（11）。

脑泡形成期，脑泡形成但尚未分室，头部视囊至吻前遍布点状黑色素斑，与胚胎其他部分相比较，头部的色素斑着色相对较深，见图（12）。

心脏形成期，脑泡已经形成并且分室，侧面观肌节、卵黄囊上点状黑色素斑更加密集，黑色素斑着色加深，心脏开始形成，柯氏泡在尾部显著可见，肌节可计数，肌节为18对；腹面观可见卵膜及卵黄囊上散布点状黑色素斑，见图（13）、图（14）。

尾芽期，此时尾芽脱开卵膜，见图（15）。

晶体形成期，可观察到胚胎的眼部晶体形成，见图（16）。

心脏跳动期，心脏开始跳动，由于胚胎上密布色素斑，胚胎心跳速度较难计数；黑色素斑开始分叉，可见二枝或三枝叉状黑色素斑，见图（17）。

将孵期，胚体经常在卵内大幅度转动，随着时间的推进，胚胎心跳频率加快，胚胎即将破膜孵化，此期的持续时间为20～26 h，见图（18）。

孵化期，胚胎从卵膜内开始孵出，可见头部先出膜，此过程持续5～30min；黑色素斑开始分叉，为三枝或四枝且较长，见图（19）。

初孵仔鱼期，仔鱼出膜后，很不活跃，仔鱼全长约为2.99 mm，卵黄囊长约1.59 mm，卵黄囊每侧表面有明显的130～150个枝状分叉的色素斑，见图（20）。

保存方式：活体

DNA条形码

CCTTTATTTAGTATTCGGTGCCTGAGCCGGTATAGTAGGCACAGCCCTGAGCCTTCTTATCCGAGCAGAACTTAGCCAACCTGGGGCTCTCTTAGGAGACGACCAGATTTATAATGTTATTGTTACCGCACATGCCTTTGTAATAATCTTCTTCATAGTAATACCAATTATGATTGGGGGCTTTGGAAATTGACTAATTCCTTTAATAATTGGAGCACCAGATATAGCATTCCCCCGAATAAACAACATGAGCTTTTGACTTCTACCTCCCTCTTTTCTACTTCTGCTTGCATCTTCAGGAGTCGAGGCTGGAGCAGGGACTGGATGAACAGTTTACCCCCCATTGGCCGGTAATCTCGCCCATGCAGGGGCATCCGTAGATTTAACAATTTTCTCCCTACATCTAGCAGGTATCTCATCAATTTTAGGTGCTATTAATTTCATTACAACAATTATTAACATAAAACCTCCTGCTATTTCACAATACCAAACCCCTCTATTCGTATGAGCTGTATTAATTACAGCCGTACTACTTCTTCTTTCTCTCCCTGTTCTTGCTGCTGGCATTACAATACTTCTTACAGACCGTAACTTAAACACCACCTTCTTTGACCCAGCAGGGGGAGGAGATCCAATTCTCTACCAACATCTATTT（标本号：GDYH11605）

虎鲉属 *Minous* Cuvier，1829

>>> 单指虎鲉 *Minous monodactylus*（Bloch & Schneider，1801）

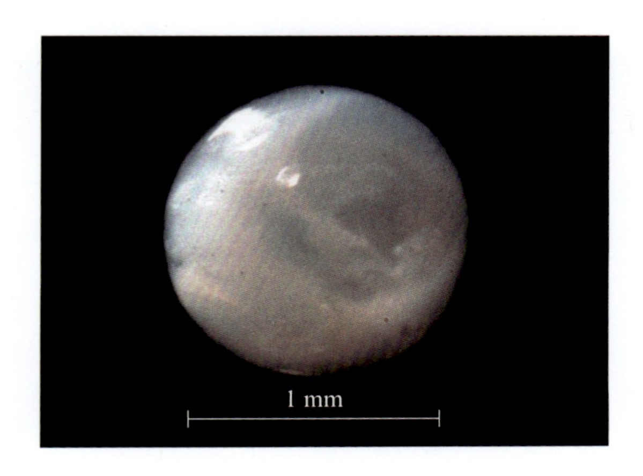

标本号：GDYH5110；采集时间：2019-04-11；

采集位置：北部湾海域，417渔区，20.250° N，109.250° E

中文别名：虎鱼、软虎、虎仔

英文名：Grey stingfish

形态特征：

该标本为单指虎鲉的卵子，卵子圆球形，彼此分离，浮性卵；卵膜平滑，略厚，透明。卵径约为1.25 mm，卵周隙狭窄。因鱼卵内弥散未能判别期相，内部形态不易观察。

保存方式：酒精

DNA条形码序列：

CCTTTATTTAGTATTCGGTGCTTGAGCCGGTATAGTAGGCACAGCCCTAAGCCTATTAATCCGGGCAGAACTAAGTCAACCAGGGGCCCTATTAGGGGATGATCAAATCTATAACGTCATCGTTACTGCACATGCCTTCGTTATAATTTTCTTTATAGTAATACCAATTATGATTGGGGGTTTCGGAAACTGACTTATCCCTTTAATGATCGGGGCCCCAGACATGGCATTTCCCCGAATAAACAACATAAGCTTTTGACTCCTGCCCCCTTCTTTTTTACTCTTGTTAGCATCCTCAGGGGTAGAAGCTGGAGCTGGAACAGGTTGAAC

CGTTTACCCGCCCCTAGCGGGCAACTTAGCACATGCCGGAGCATCCGTAGACCTT
ACTATCTTTTCTCTTCACTTAGCAGGGATTTCATCAATCCTTGGCGCAATTAATTTT
ATTACAACAATTATTAATATGAAACCTCCTGCCATTTCACAATATCAAACTCCCCTA
TTTGTGTGGGCAGTCCTTATTACTGCCGTCCTACTTCTTCTCTCTTTACCGGTCCT
AGCTGCTGGAATTACCATGCTCTTAACAGACCGTAATTTAAATACCACTTTCTTTG
ACCCTGCAGGAGGAGGGGATCCTATTCTGTACCAACACTTATTC

拟鳞鲉属 *Paracentropogon* Bleeker，1876

>>> 长棘拟鳞鲉 *Paracentropogon longispinis*（Cuvier，1829）

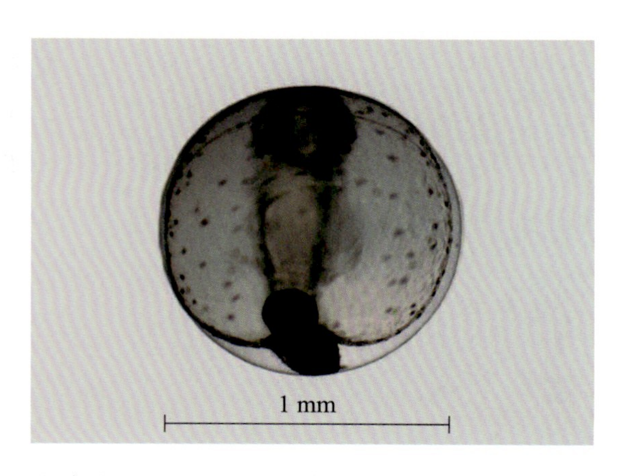

标本号：GDYH11121；采集时间：2020-02-28；
采集位置：徐闻放坡海域，418渔区，20.267° N，109.902° E

中文别名：长棘赤鲉、印度拟棘须鲉

英文名：Wispy waspfish

形态特征：

该标本为长棘拟鳞鲉的卵子，处于器官形成期的心脏跳动期。卵子圆球形，彼此分离，浮性卵；卵膜平滑，薄而透明；卵径为1.05 mm。具油球1个，后位，直径为0.17 mm。卵周隙狭窄，宽度为0.03 mm，是卵径的2.86%。卵黄囊大，卵黄均匀，无龟裂，长径为0.99 mm，是卵径的94.29%。胚体围绕卵黄超过1/2周；视囊清晰，晶体已形成。胚体脊索清晰，肌节可见，可计数，为8对。视野内卵黄囊上可见50余个散布的点状黑色素斑，部分黑色素斑有枝状延伸，且随着受精卵发育至出膜枝状延伸会延长。视囊和脑泡上黑色素斑显著，胚体上黑色素斑从胚体颈部延伸至胚体后段。

保存方式：活体

DNA条形码：

CTTTATTTAGTATTTGGTGCTTGAGCCGGTATAGTAGGCACAGCCCTAAGCCTTCTGATCCGAGCAGAACTGAGTCAACCTGGGGCCCTTTTAGGGGACGACCAGATTTACAATGTAATTGTTACCGCGCATGCCTTCGTTATAATTTTCTTTATAGTAATGCCAATTATGATTGGAGGCTTTGGAAACTGGCTCATCCCCTTAATGATCGGAGCACCCGATATAGCATTCCCTCGAATAAACAACATGAGCTTTTGGCTCTTACCTCCTTCTTTCCTGCTGCTACTTGCATCCTCGGGTGTAGAAGCAGGGGCAGGTACTGGTTGAACTGTTTATCCCCCACTAGCAGGCAACCTAGCCCACGCAGGAGCATCAGTAGATTTAACAATTTTTCTCTACATCTAGCAGGAATCTCATCAATCCTAGGTGCAATTAATTTTATCACAACAATTATTAATATGAAACCCCCTGCCATTTCGCAGTATCAAACACCCCTCTTCGTGTGAGCTGTTCTCATCACAGCCGTTCTACTCCTTCTCTCCCTACCAGTCCTCGCAGCTGGTATTACAATGCTCCTAACAGACCGTAATCTAAACACCACTTTCTTTGATCCTGCGGGAGGAGGGGACCCCATCCTCTACCAACATCTATT

毒鲉属 *Synanceia* Bloch & Schneider，1801

>>> 玫瑰毒鲉 *Synanceia verrucosa* Bloch & Schneider，1801

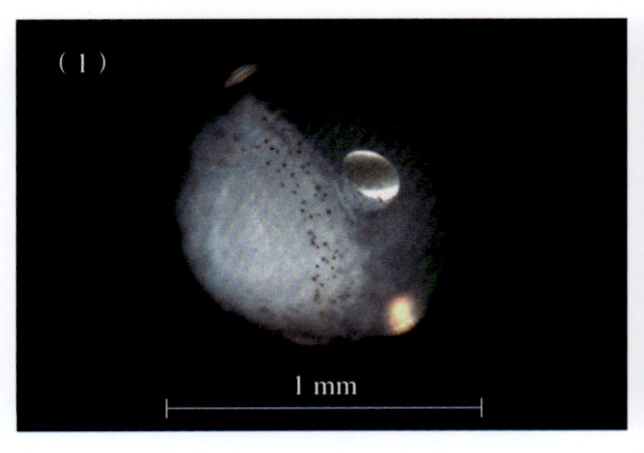

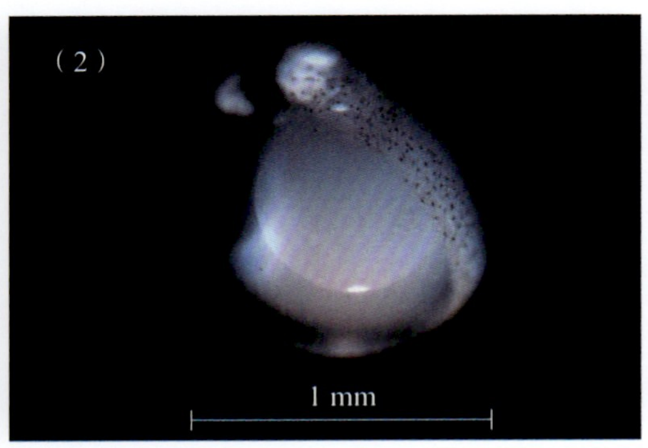

标本号：图（1）GDYH7715，图（2）GDYH12087；采集时间：图（1）2019-09-14，图（2）2020-03-11；采集位置：图（1）徐闻放坡海域，418渔区，20.267° N，109.902° E；图（2）东海岛东南海域，393渔区，20.920° N，110.509° E

中文别名：石头公

英文名：Stonefish

形态特征：

2个标本均为玫瑰毒鲉的卵子，分别处于器官形成期的尾芽期之后和将孵期。卵子圆球形，彼此分离，浮性卵；卵膜厚而透明，卵膜平滑；卵径为1.04 mm。卵周隙窄，卵黄上未见色素。油球1个，淡黄色或无色，后位，直径为0.21 mm。

处于尾芽期之后的卵子，胚体围绕卵黄1/2周，胚体背部散布点状黑色素斑（图1）。

处于将孵期的卵子，卵黄未见色素斑，胚体围绕卵黄3/4周，胚体背部的黑色素斑由点状发育为2个或4个枝叉状，见图（2）。

保存方式：酒精

DNA条形码序列：

CCTTTATTTAGTATTTGGTGCTTGAGCCGGTATAGTAGGTACAGCCCTAAGCCTTCTGATCCGAGCAGAACTGAGTCAACCTGGGGCCCTTTTAGGGGACGACCAGATTTACAATGTAATTGTTACCGCGCATGCCTTCGTTATAATTTTCTTTATAGTAATGCCAATTATGATTGGAGGCTTTGGAAACTGGCTCATCCCCTTAATGATCGGAGCACCTGATATAGCATTCCCTCGAATAAACAACATGAGCTTTTGGCTCTTACCTCCTTCTTTCCTGCTGCTACTTGCATCCTCGGGTGTAGAAGCAGGGGCAGGTACTGGTTGAACTGTTTATCCCCCACTAGCAGGCAACCTAGCCCACGCAGGAGCATCAGTAGATTTAACAATTTTTTCTCTACATCTAGCAGGAATCTCATCAATCCTAGGTGCAATTAATTTTATCACAACAATTATTAATATGAAACCCCCTGCCATTTCGCAGTATCAAACACCCCTCTTCGTATGAGCTGTTCTCATCACAGCCGTTCTACTCCTTCTTTCCCTACCAGTCCTCGCAGCTGGTATTACAATGCTCCTAACAGACCGTAATCTAAACACCACTTTCTTTGATCCTGCAGGAGGAGGGGACCCCATCCTCTACCAACATCTATTC（标本号：GDYH12087）

真裸皮鲉属 *Tetraroge* Günther，1860

>>> 鬃真裸皮鲉 *Tetraroge barbata*（Cuvier，1829）

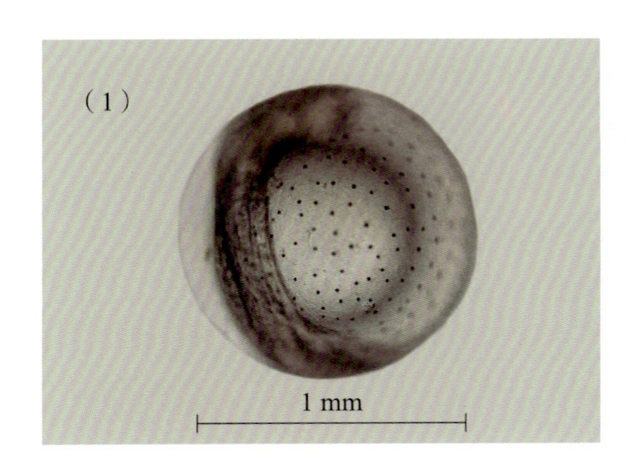

标本号：图（1）GDYH12695，图（2）GDYH12699；采集时间：2020-05-10；
采集位置：东海岛东南海域，393渔区，20.920° N，110.509° E

中文别名：无

英文名：Bearded roguefish

形态特征：

2个标本为鬃真裸皮鲉的卵子，均处于器官形成期的将孵期。卵子圆球形，彼此分离，浮性卵；卵膜平滑且较厚，无色透明；卵径分别为1.13 mm、1.14 mm。卵周隙狭窄，卵黄囊和胚体几乎充满卵内。卵黄均匀，无龟裂。无油球。胚体围绕卵黄将近3/4周，卵黄上布满均匀分布的点状黑色素斑。胚体背部散布有点状黑色素斑，见图（1）、图（2）。

保存方式：活体

DNA条形码序列：

CCTTTATTTAGTATTTGGTGCCTGAGCCGGAATAGTAGGCACAGCCCTAAGCCTTCTTATCCGAGCAGAGCTAAGCCAACCCGGCGCTCTTCTGGGGGACGATCAAATTTACAATGTCATTGTTACTGCCCACGCCTTTGTTATAATCTTCTTTATAGTAATGCCTATTATAATTGGAGGCTTCGGAAACTGACTAGTTCCACTAATAATCGGGGCCC

CTGATATAGCTTTCCCTCGAATAAACAATATAAGCTTTTGACTCCTTCCTCCCTCT
TTCCTACTTCTACTGGCATCCTCAGGGGTTGAAGCTGGAGCAGGAACAGGGTGA
ACAGTATACCCCCCTCTAGCAGGCAATCTCGCACATGCAGGAGCCTCTGTGGACT
TAACGATTTTTTCCCTTCATCTAGCAGGAATTTCATCAATTTTAGGTGCTATTAATT
TTATCACAACAATTATTAATATAAAACCCCCTGCTATTTCACAATATCAGACACCC
TTGTTTGTCTGAGCCGTTCTAGTTACAGCTGTCCTATTACTTCTTTCCCTTCCAGT
TCTTGCTGCTGGCATTACAATGCTTTTAACAGATCGAAATCTCAATACAACTTTCT
TTGACCCTGCGGGAGGCGGAGACCCTATTCTTTACCAACACCTATTC（标本号：GDYH12695）

粗头鲉属 *Trachicephalus* Swainson，1839

>>> 瞻星粗头鲉 *Trachicephalus uranoscopus*（Bloch & Schneider，1801）

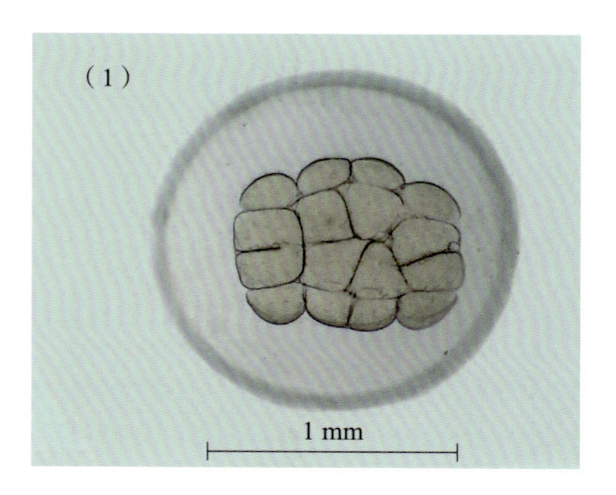

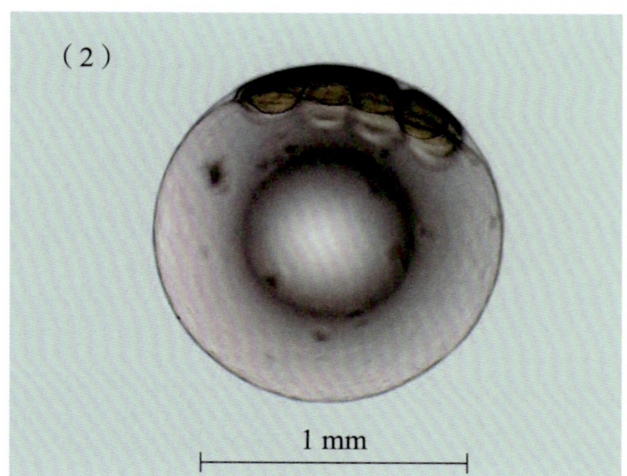

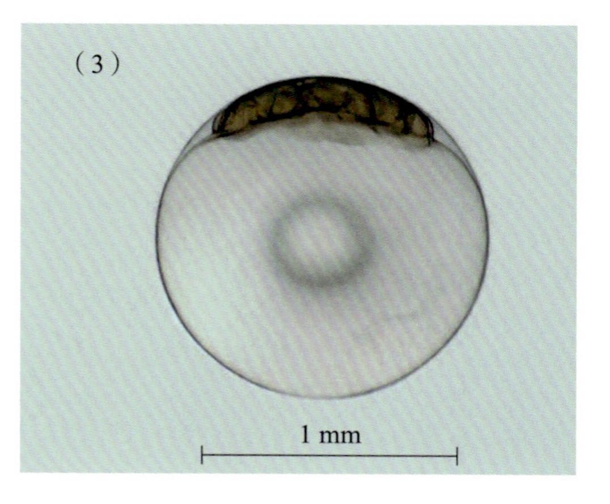

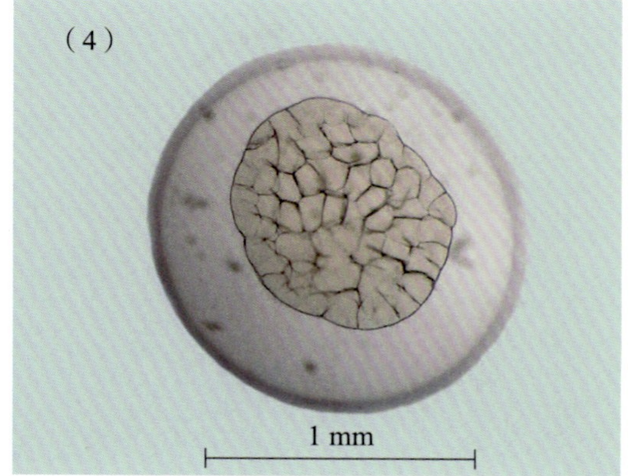

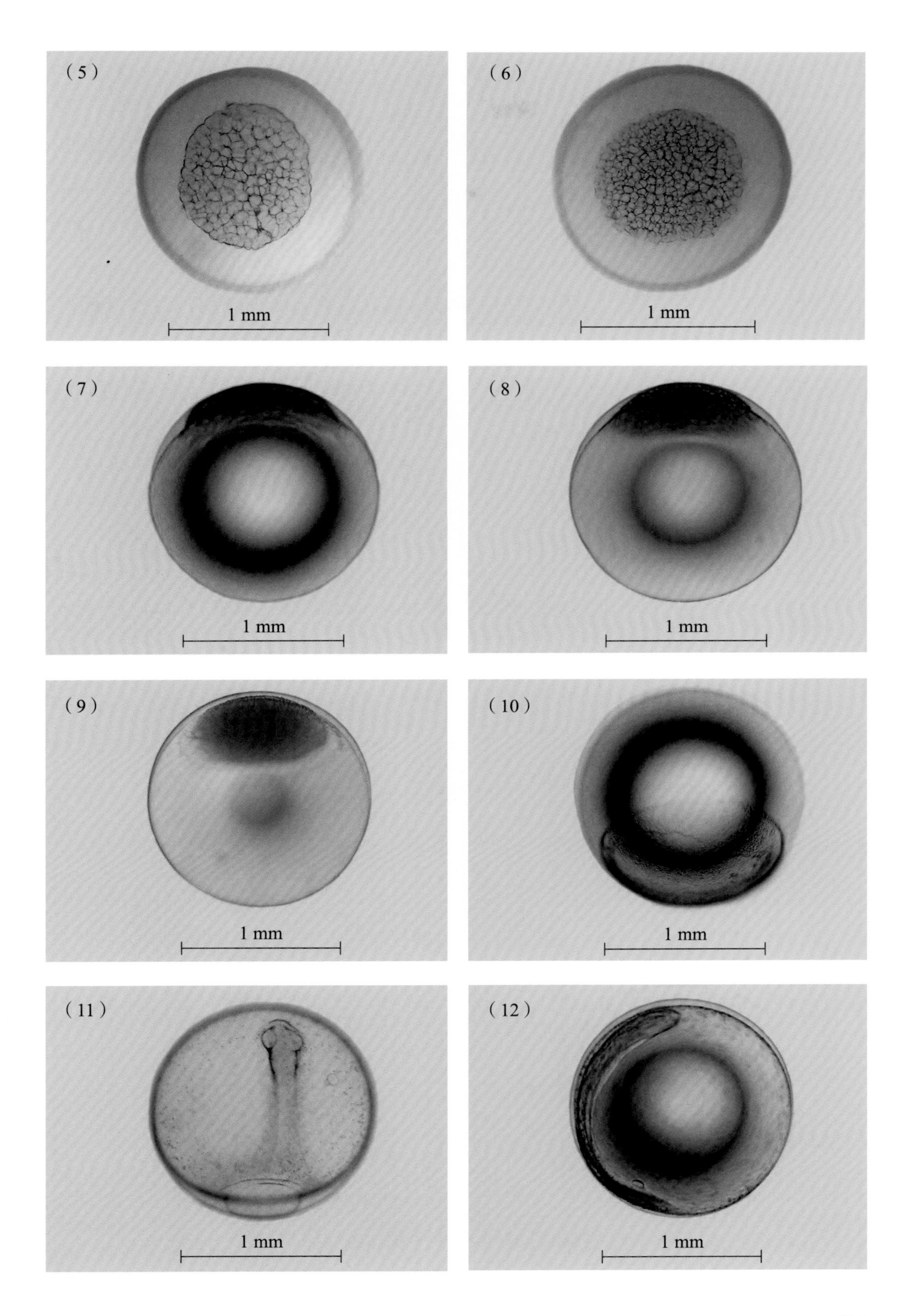
(5)
1 mm
(6)
1 mm
(7)
1 mm
(8)
1 mm
(9)
1 mm
(10)
1 mm
(11)
1 mm
(12)
1 mm

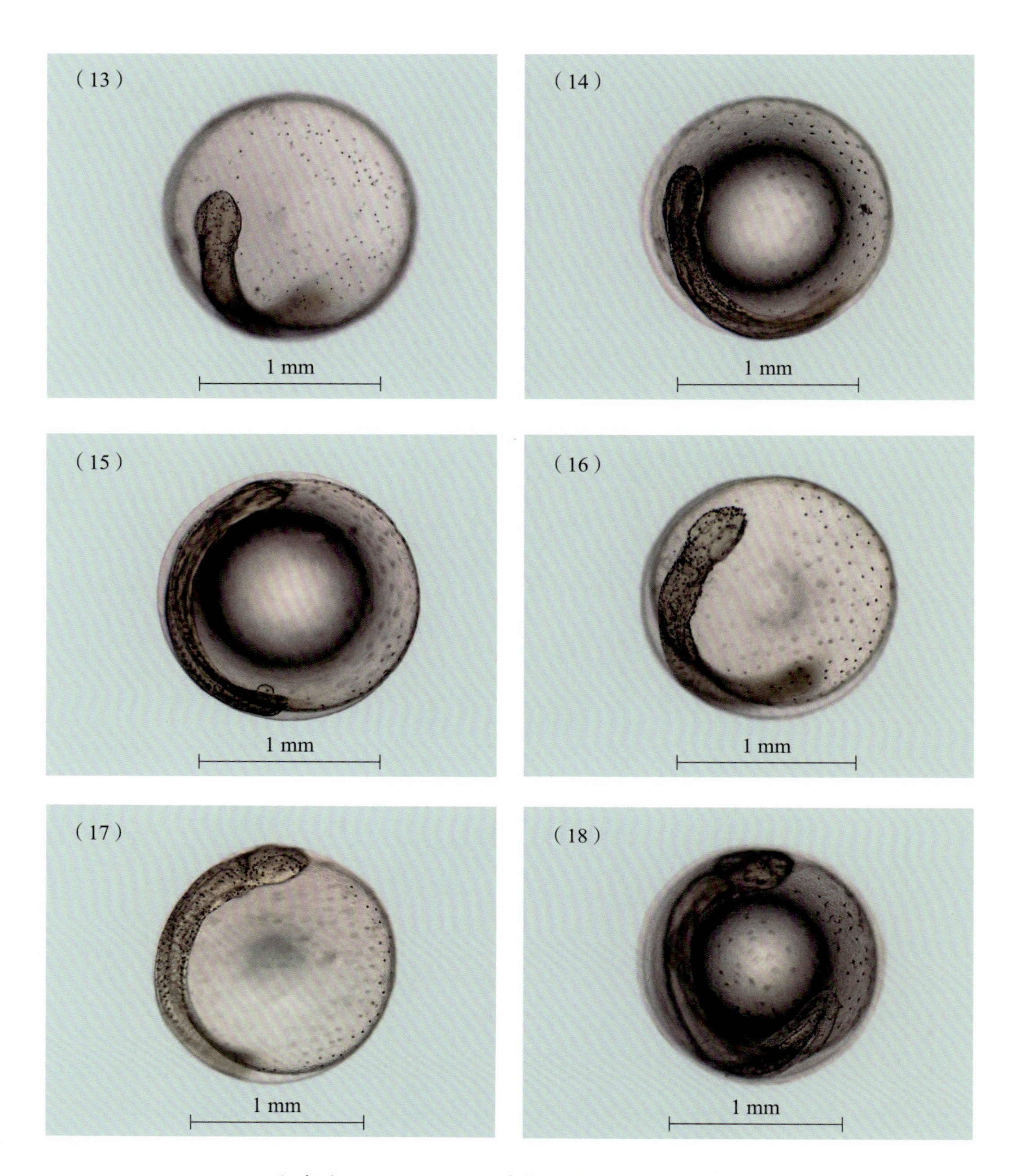

标本号：GDYH11939；采集时间：2020-03-02；

采集位置：东海岛东南海域，393渔区，20.920° N，110.509° E

中文别名：螣头鲉

英文名：Stargazing stonefish

形态特征：

该标本为瞻星粗头鲉的卵子，分别处于卵裂期的16细胞期至器官形成期的将孵期。卵子圆球形，彼此分离，浮性卵；卵膜平滑且较厚，无色透明；卵径约为1.42 mm；卵周隙狭窄，宽度约为0.03 mm，约是卵径的2.11%。

1）卵裂期：瞻星粗头鲉卵裂方式为盘状卵裂。天然活体鱼卵经采集后，首次观察到为16细胞期，在显微镜下每个细胞核清晰可见，见图（1）、图（2）。32细胞期，分裂完成后细胞的排列不同步，靠外缘的细胞先分裂，靠内缘的细胞后分裂，分裂完成后在显微镜下各细胞界限比较模糊，但32个细胞可数；从分裂球的侧面观察，分裂球隆起明显，见图（3）。64细胞期，卵裂后的细胞形状、大小不一，细胞在胚盘层面出现重叠，细胞团轮廓呈圆形，见图（4）。多细胞期，细胞明显变小，细胞团轮廓仍呈圆球形，细胞在胚盘层面重叠更明显，见图（5）。细胞明显变更小，细胞界限更加难以分辨，细胞团轮廓呈圆球形，边缘与桑葚球相似，进入桑葚期，此时从分裂球的侧面观察，分裂球隆起明显，见图（6）、图（7）。

2）囊胚期：随着卵裂的进行，细胞数目及层数不断增加，胚盘与卵黄之间形成囊胚腔，囊胚中部明显向上隆起，呈高帽状，动物极的细胞团高高隆起，进入高囊胚期，见图（8）。随着细胞分裂的进行，囊胚隆起逐渐降低，胚盘慢慢向扁平方向发展，细胞变小且变多，进入低囊胚期，见图（9）。

3）原肠胚期：原肠胚期的发育，仅观察到原肠早期。随着细胞分裂进行，细胞增多，这些胚层逐渐向植物极方向迁移、延伸和下包，在此过程中，边缘部分的细胞运动缓慢并向内卷。卵黄被胚层下包了约1/4，侧面可见胚层顶端形成一个新月形的胚盾，胚盾的下边缘明显卷曲，内胚层开始形成，此时进入原肠早期，见图（10）。

4）神经胚期：胚体形成期，胚体背面增厚，形成神经板，中央出现一条圆柱形脊索，胚体雏形已现，胚孔尚未封闭，见图（11）。

5）器官形成期：肌节形成期，肌节开始出现，胚体背部可见色素斑出现；柯氏泡出现，见图（12）。听囊形成期，听囊轮廓可见，从胚体头部到颈部可见点状黑色素斑增多增密，卵黄囊上散布点状黑色素斑，见图（13）。心脏形成期，心脏已经形成雏形，轮廓很明显；胚体和卵黄囊上的点状黑色素斑进一步变大，见图

（14）。尾芽期，尾部少部分与卵黄囊分离，此时肌节进一步增多，尾部点状黑色素斑明显，见图（15）。晶体形成期，视囊内晶体形成，脊索、晶体清晰可见，胚体部的黑色素斑进一步增多；卵黄囊上的黑色素斑发育变大，黑色素斑开始出现枝叉状发育，见图（16）。心脏跳动期，心脏开始搏动，此时脊索、晶体、耳石更加清晰可见，见图（17）。将孵期，胚体在卵膜内频繁、有力地抽动，胚体围绕卵黄超过3/4周；卵黄囊上的枝叉状黑色素斑比例增加，见图（18）。

保存方式：活体

DNA条形码序列：

CCTTTATTTAGTTTTTGGTGCCTGAGCTGGTATAGTGGGGACAGCCCTAAGCCTTTTAATTCGAGCAGAGTTAAGCCAACCGGGGGCCCTCCTAGGAGATGATCAAATTTATAATGTTATTGTTACTGCACATGCATTTGTTATAATTTTCTTTATGGTTATACCAATTATGATTGGAGGGTTTGGGAATTGATTAGTACCTTTAATAATTGGGGCGCCTGATATAGCATTCCCACGAATGAACAACATAAGCTTCTGACTCCTCCCGCCATCTTTTTTACTCCTCCTCGCATCCTCAGGGGTTGAAGCGGGGGCAGGCACTGGGTGAACAGTCTACCCCCCATTAGCTGGCAATCTTGCCCATGCAGGGGCGTCAGTAGACTTAACAATTTTTTCTCTTCACTTAGCAGGGATTTCATCAATTTTAGGCGCTATTAATTTATTACGACAATTATTAATATAAAACCACCTGCAGTTTCACAATATCAGACACCTTTATTTGTGTGAGCCGTTCTAGTTACGGCAGTTTTACTTCTCCTTTCTCTTCCTGTTCTTGCCGCCGGTATTACTATATTACTGACAGATCGTAATTTAAACACTACTTTCTTTGATCCTGCCGGAGGAGGTGACCCTATTTTATACCAACATTTATTC

鲬科 Platycephalidae

瞳鲬属 *Inegocia* Jordan & Thompson，1913

>>> 日本瞳鲬 *Inegocia japonica*（Cuvier，1829）

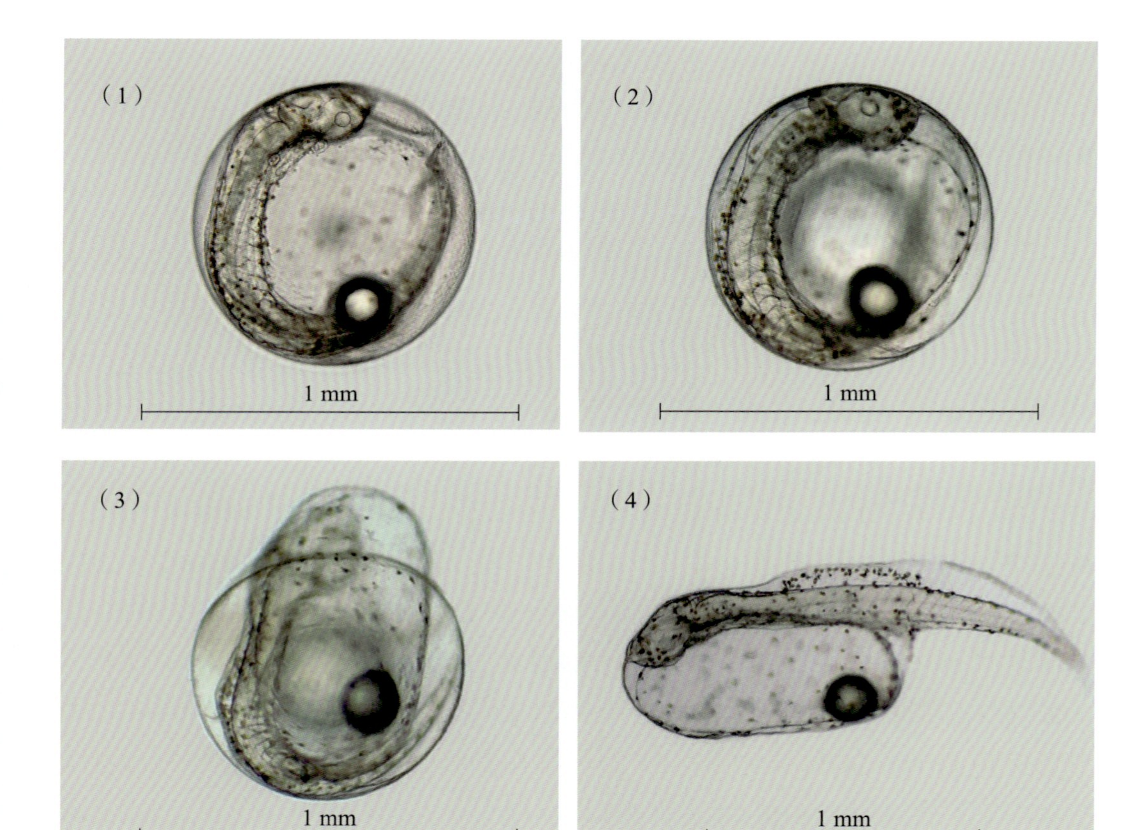

标本号：GDYH14680；采集时间：2020-09-27；

采集位置：徐闻西连海域，418渔区，20.267° N，109.902° E

中文别名：日本眼眶牛尾鱼

英文名：Japanese flathead

形态特征：

该标本为日本瞳鲬的卵子和仔鱼，分别处于器官形成期的将孵期、孵化期和初孵仔鱼期。卵子圆球形，彼此分离，浮性卵；卵膜平滑，薄而透明；卵径为0.76 mm。

卵黄无龟裂，分布均匀。卵周隙窄，宽度约为0.06 mm，约是卵径的7.89%。油球1个，后位，直径约为0.15 mm。

处于将孵期的卵子，胚体扭动频繁、有力，侧面观胚体围绕卵黄4/5周，心脏、晶体和脊索轮廓清晰，听囊内可见耳石1对，胚体从头部到尾部有较大的点状色素斑分布，活体时色素斑呈淡橘黄色；卵黄囊上散布点状淡橘黄色色素斑，见图（1）、图（2）。

处于孵化期的卵子，胚体扭动剧烈，头部先破膜而出，见图（3）。

处于初孵期的初孵仔鱼，卵黄囊长椭球形，长径为1.02 mm，短径为0.40 mm；从仔鱼头部到尾端散布点状淡橘黄色色素斑；背鳍褶已展开，其上具34个左右的淡橘黄色色素斑，见图（4）。

保存方式：活体

DNA条形码序列：

CCTTTACCTAGTGTTCGGTGCTTGAGCCGGAATAGTAGGCACAGCCCTAAGCCTCCTTATCCGAGCCGAACTAAGCCAACCCGGAGCTCTTCTAGGCGATGATCAAATTTATAACGTTATTGTTACAGCCCATGCTTTCGTAATAATTTTCTTTATAGTTATACCAATCATGATTGGGGGGTTTGGAAACTGACTTATCCCACTTATAATTGGAGCCCCAGACATGGCATTCCCCCGCATGAATAACATAAGCTTCTGACTTCTGCCCCCATCTTTCCTGCTCCTCCTCGCCTCCTCTGCTGTAGAAGCTGGTGCAGGTACCGGATGAACAGTCTACCCCCCTCTAGCAGGCAACCTAGCCCACGCCGGAGCCTCCGTAGACCTCACAATTTTCTCCCTCCACTTAGCAGGGATTTCTTCAATCTTAGGCGCTATTAACTTTATTACAACAATTATTAATATGAAACCCGCAGCAATCACACAATATCAAACACCACTATTCGTGTGAGCGGTATTAATTACTGCAGTTCTACTACTTCTCTCCCTACCAGTTCTCGCTGCCGGCATCACAATGCTCCTAACCGACCGAAACCTTAACACAACTTTCTTTGACCCCGGTGGAGGCGGAGACCCTATTCTTTACCAACACTTATTC

鳞鲬属 *Onigocia* Jordan & Thompson，1913

>>> 大鳞鳞鲬 *Onigocia macrolepis*（Bleeker，1854）

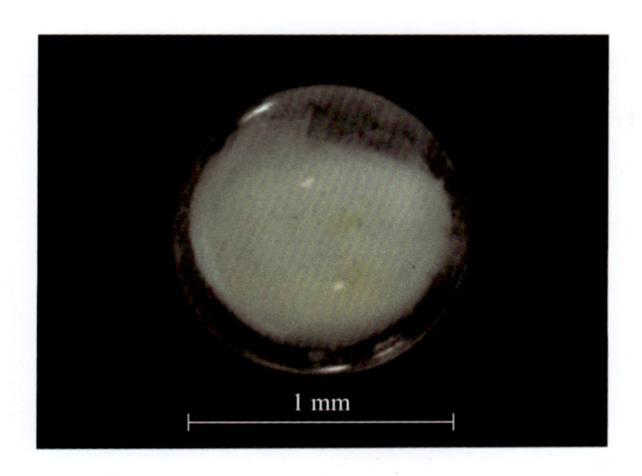

标本号：GDYH4924；采集时间：2019-04-22；
采集位置：北部湾海域，512渔区，18.450° N，108.490° E

中文别名：甲头鱼、刀甲鱼

英文名：Notched flathead

形态特征：

该标本为大鳞鳞鲬的卵子，处于器官形成期的胚体形成期。卵子圆球形，彼此分离，浮性卵；卵膜平滑，薄而透明；卵径为1.16 mm。卵周隙窄，宽度为0.11 mm，是卵径的9.48%。卵内具2个油球，淡黄色，直径分别为0.10 mm、0.11 mm。胚体轮廓清晰。

保存方式：酒精

DNA条形码序列：

CCTTTATTTAGTATTTGGTGCTTGAGCCGGAATAGTGGGAACAGCCTTAAGC
CTCCTCATCCGGGCAGAGCTTAGCCAACCCGGATCGCTTCTAGGCGATGACCAGA
TTTATAACGTTATCGTTACCGCTCATGCTTTCGTCATAATCTTCTTTATAGTAATACC
AATCATGATTGGGGGCTTCGGAAACTGACTTGTTCCCCTAATAATTGGGGCCCCT
GATATAGCATTTCCTCGAATAAATAACATAAGCTTCTGGCTTCTCCCCCCCTCCTTT

CTTCTCCTCCTTGCCTCCTCTACTGTAGAAGCCGGAGCCGGAACTGGATGAACTG
TTTATCCCCCCTTAGCAAGTAACCTAGCCCACGCAGGAGCCTCCGTAGACTTAAC
AATTTTTTCCCTCCATCTAGCAGGAATTTCGTCTATTTTAGGCGCCATCAACTTTAT
TACAACCATTTTTAACATAAAACCCATCGCAACCACACAATACCAAACACCCCTA
TTCGTCTGAGCTGTACTAATTACGGCAGTACTCCTCCTCCTCTCACTTCCAGTATT
GGCCGCTGGTATTACAATGCTTCTTACAGACCGAAATCTTAATACAACCTTCTTCG
ACCCTAGCGGTGGAGGAGACCCAATTCTTTACCAACACCTGTTT

鲬属 *Platycephalus* Miranda Ribeiro，1902

>>> 刀鲬 *Platycephalus cultellatus* Richardson，1846

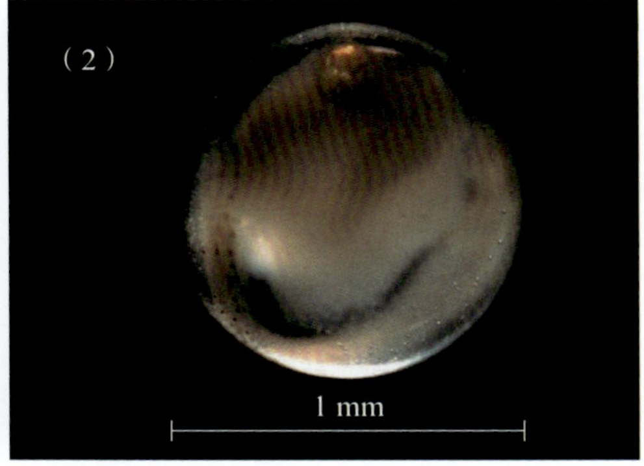

标本号：图（1）GDYH15809，图（2）GDYH15810；采集时间：2020-11-25；
采集位置：北部湾海域，467渔区，19.367° N，108.443° E

中文别名：牛尾

英文名：无

形态特征：

2个标本均为刀鲬的卵子，分别处于器官的形成期的晶体形成期和将孵期。卵子圆球形，彼此分离，浮性卵；卵膜平滑，较厚，无色透明；卵径为0.96 ~ 1.04 mm。卵周隙窄，宽度为0.04 ~ 0.08 mm，是卵径的3.85% ~ 8.33%。卵黄均匀，无龟裂。具油球1个，后位，直径为0.19 ~ 0.21 mm。

处于晶体形成期的卵子，视囊、脊索轮廓清晰，尾芽与卵黄囊分离，胚体头部至尾端背部密布点状黑色素斑，见图（1）。

处于将孵期的卵子，胚体围绕卵黄将近4/5周；从吻端到尾端布满点状黑色素斑，卵黄上未见色素斑，油球上具6个明显的点状黑色素斑，见图（2）。

保存方式：酒精

DNA条形码序列：

TCTCTATCTGGTATTCGGTGCCTGAGCCGGGATGGTAGGCACCGCCCTAAGCTTGCTCATCCGAGCCGAACTCAGCCAACCCGGCGCATTACTAGGAGACGATCAAATCTATAATGTGATCGTTACAGCCCATGCCTTTGTAATGATTTTCTTCATAGTTATACCAATTATAATTGGCGGCTTCGGCAACTGACTGGTCCCCCTAATAATTGGTGCGCCAGACATGGCGTTTCCCCGAATAAACAACATAAGTTTTTGACTCTTGCCTCCATCCTTCCTGCTCCTCCTAGCTTCCTCAGCCGTAGAAGGCGGGGCGGGCACCGGATGAACAGTCTACCCACCCCTGTCGAGCAACCTCGCCCATGCAGGGGCCTCTGTTGACCTAACAATTTTTTCCCTGCATTTAGCAGGAATCTCTTCAATTCTTGGAGCCATCAACTTCATCACAACCATTATTAACATGAAACCTATTGCTATTACTCAGTACCAAACACCCCTGTTTGTGTGGTCCGTCCTAATTACGGCTGTTCTCCTTCTTCTATCCCTGCCTGTTCTGGCTGCTGGTATCACAATGCTACTAACAGACCGAAATCTAAACACCACTTTCTTTGACCCTGCAGGAGGAGGAGACCCAATCTTATATCAACACCTCTTC（标本号：GDYH15809）

>>> 印度鲬 *Platycephalus indicus*（Linnaeus，1758）

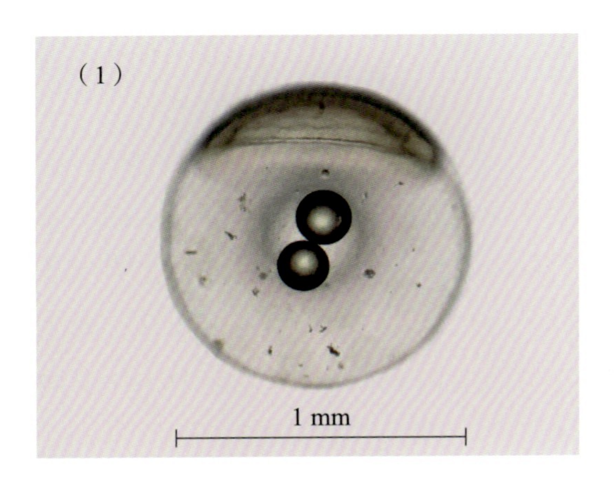

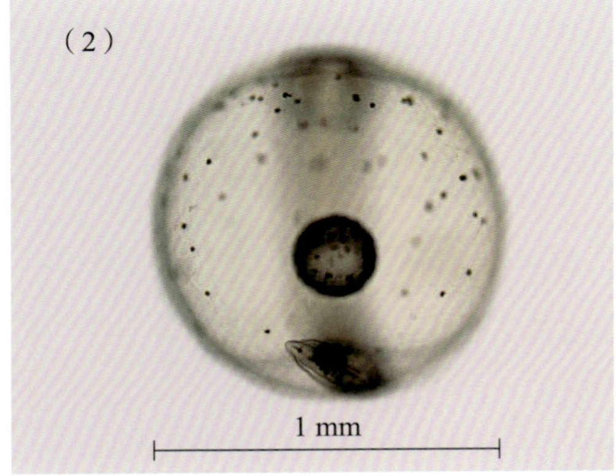

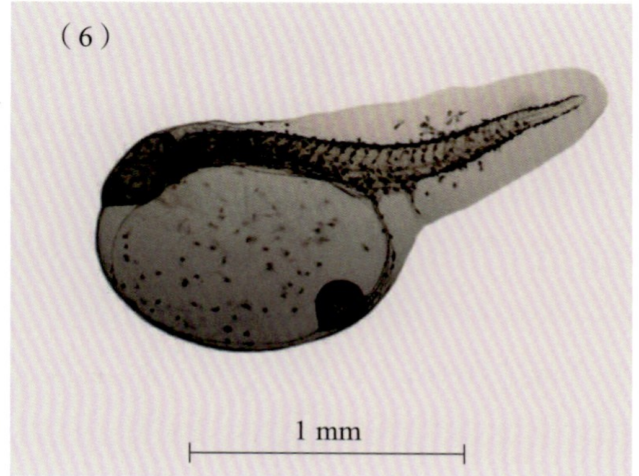

标本号：图（1）GDYH11609，图（2）、图（3）GDYH11631，图（4）～图（6）GDYH12286；
采集时间：图（1）～图（3）2020-02-15，图（4）～图（6）2020-03-28；
采集位置：图（1）～图（3）东海岛东南海域，393渔区，20.920° N，110.509° E；图（4）～图（6）徐闻西连海域，418渔区，20.383° N，109.883° E

中文别名：牛尾

英文名：Bartail flathead

形态特征：

3个标本为印度鲬的卵子和仔鱼，分别处于囊胚期的低囊胚期、器官形成期的心脏跳动期以及将孵期、初孵仔鱼期。卵子圆球形，彼此分离，浮性卵；卵膜平滑，较厚，无色透明；卵径为0.88～0.99 mm。卵周隙狭窄，卵黄和胚体几乎充满卵内。卵黄均匀，无龟裂。内有油球1个（早期发育时有的鱼卵油球2个，存在油球合并现象），后位，直径为0.18～0.21 mm。

低囊胚期的卵子，囊胚隆起逐渐降低，胚盘向扁平方向发展，细胞变小且多，鱼卵中间具2个小油球，随着发育合并，见图（1）。

处于心脏跳动期的卵子，心脏开始跳动，胚体围绕卵黄将近3/5周；背面观视囊和脊索轮廓明显，听囊内可见耳石1对，从头部开始至尾部胚体上布满浓密的点状黑色素斑，卵黄囊上开始散布点状黑色素斑，黑色素斑具长枝状延伸，见图（2）；腹面观视野内卵黄囊上散布25个点状黑色素斑，油球上具几个点状黑色素斑和数个淡黄色点状色素斑，见图（3）。

处于将孵期的卵子，胚体扭动频繁有力，胚体围绕卵黄将近4/5周；从吻端到尾端布满点状黑色素斑，卵黄上黑色素发育为斑点状，油球上色素斑明显，见图（4）、图（5）。

处于初孵仔鱼期的初孵仔鱼，脊索长1.89 mm，油球后位，仔鱼从吻端到尾端布满黑色素斑，卵黄囊上具大小不一的黑色素斑，见图（6）。

保存方式：活体

DNA条形码序列：

TCTCTATTTAGTATTTGGTGCCTGGGCCGGGATAGTGGGCACCGCCCTGAGCCTACTTATTCGAGCTGAACTCAGCCAACCCGGCGCTTTACTGGGCGACGACCAGATCTACAATGTAATCGTTACAGCCCATGCCTTTGTAATAATTTTTTTATGGTCATGCCAATCATGATCGGCGGCTTTGGCAACTGACTTATTCCCCTAATAATCGGCGCGCCAGACATGGCATTCCCTCGGATAAACAACATGAGCTTCTGACTCTTACCTCCATCTTTCCTACTTCTCCTAGCCTCCTCAGCCGTAGAAGCTGGGGCAGGAACCGGATGAACAGTCTACCCTCCCCTATCAAGCAATCTAGCCCATGCGGGAGCTTCTGTTGACCTGACAATCTTTTCCCTCCATTTAGCAGGGATTTCTTCAATTCTTGGGGCCATTAACTTCATTACAACGATTATTAATATAAAACCCATTGCTATCACTCAATACCAAACACCTCTATTTGTATGGTCGGTCCTTATTACGGCCGTTCTTCTTCTCCTTTCCCTACCTGTTCTGGCTGCCGGCATCACAATACTACTTACAGACCGAAACCTAAATACCACTTTCTTTGATCCTGCAGGAGGAGGAGACCCTATTTTATACCAACACCTCTTC

>>> 鲬 *Platycephalus* sov. sp.

标本号：GDYH16325；采集时间：2020-11-09；
采集位置：北部湾海域，362渔区，21.090° N，108.570° E

中文别名：牛尾

英文名：无

形态特征：

该标本为鲬属待定新种的卵子，处于器官形成期的心脏形成期。卵子圆球形，彼此分离，浮性卵；卵膜平滑且较厚，无色透明；卵径约为0.88 mm。卵周隙狭窄，宽度约为0.03 mm，约是卵径的3.41%。卵黄均匀，无龟裂。油球1个，后位，淡黄色，直径约为0.22 mm。油球上尚未见色素斑。胚体围绕卵黄将近3/4周，胚体尚未见色素斑。

保存方式：酒精

DNA条形码序列：

TCTCTATCTAGTATTCGGTGCCTGAGCCGGAATGGTAGGCACTGCCCTAAGC
CTGCTTATCCGGGCTGAACTCTGTCAGCCCGGCGCTTTACTGGGGGACGATCAAA
TCTATAACGTGATCGTTACAGCCCATGCCTTTGTAATAATTTTCTTTATAGTTATAC
CAATTATGATCGGGGGTTTCGGCAACTGGCTGGTCCCCCTAATGATTGGTGCACC
AGACATGGCGTTTCCCCGAATAAACAACATAAGTTTTTGACTCTTACCTCCATCC
TTCCTACTCCTTTTAGCCTCCTCAGCCGTAGAGGCTGGGGCAGGAACTGGTTGAA
CAGTCTACCCGCCCCTGTCAAGTAATCTTGCCCATGCAGGAGCCTCTGTTGACCT
AACAATCTTTTCCCTCCATTTAGCAGGGATCTCTTCAATTCTTGGGGCCATCAACT

TCATTACAACCATTATTAACATGAAACCTATTGCTATTACCCAATACCAAACACCC
CTGTTTGTGTGATCCGTCCTAATTACGGCTGTTCTCCTTCTCCTCTCCCTGCCTGT
GTTGGCTGCTGGCATTACAATGCTACTAACAGACCGAAATCTGAACACCACTTTC
TTTGACCCTGCAGGAGGAGGGACCCCATCCTGTACCAACACCTCTTCTC

倒棘鲬属 *Rogadius* Jordan & Richardson，1908

>>> 倒棘鲬 *Rogadius asper*（Cuvier，1829）

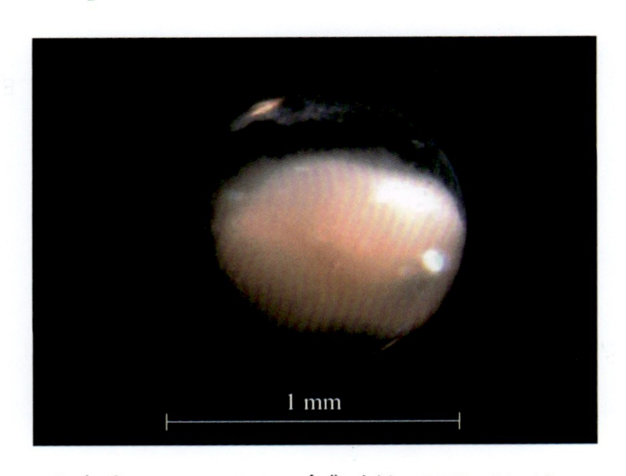

标本号：GDYH4309；采集时间：2019-04-13；
采集位置：珠江口外海海域，371渔区，21.250° N，113.750° E

中文别名：无

英文名：Olive-tailed flathead

形态特征：

该标本为倒棘鲬的卵子，处于器官形成期的胚体形成期。卵子圆球形，彼此分离，浮性卵；卵膜平滑，薄而透明；卵径约为1.10 mm。卵周隙窄，宽度约为0.09 mm，约是卵径的8.18%。因酒精保存，内部形态不易观察。

保存方式：酒精

DNA条形码序列：

CCTTTATCTAGTATTCGGTGCCTGGGCCGGAATAGTGGGCACAGCCCTTAGC

CTACTAATCCGAGCAGAACTAAGCCAACCCGGAGCCCTATTGGGAGACGACCAA
ATTTATAACGTTATCGTCACCGCTCATGCTTTCGTAATAATTTCTTTATAGTTATAC
CTATCATAATTGGGGGCTTTGGAAACTGACTTATTCCCCTAATGATTGGAGCCCCT
GATATGGCATTCCCTCGAATAAACAACATAAGCTTCTGGCTTCTCCCCCCTTCTTT
CCTCCTCCTCCTCGCCTCCTCCGCAGTAGAAGCCGGGGCTGGTACAGGATGAAC
TGTCTACCCACCTCTAGCAGGTAACCTAGCTCATGCAGGGGCCTCCGTAGACCTA
ACAATTTTCTCCCTCCATCTAGCGGGTATCTCTTCAATTTTAGGAGCCATCAACTT
CATTACAACAATCTTAAATATGAAACCGCCATCAATTACACAATACCAGACACCT
CTCTTCGTCTGAGCCGTACTAATTACAGCAGTTCTTCTCCTCCTGTCCCTTCCTGT
CCTCGCCGCTGGAATTACAATGCTTCTAACAGACCGAAACCTAAACACAACCTTC
TTCGACCCCGGAGGAGGGGGAGACCCAATTCTTTATCAGCACTTATTC

苏纳鲬属 *Sunagocia* Imamura，2003

>>> 煤色苏纳鲬 *Sunagocia carbunculus*（Valenciennes，1833）

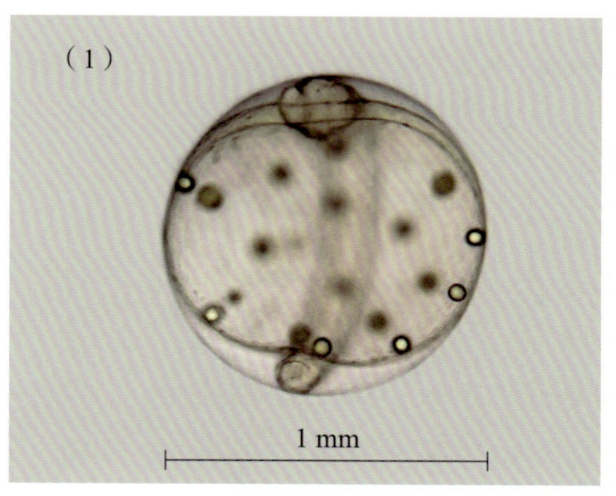

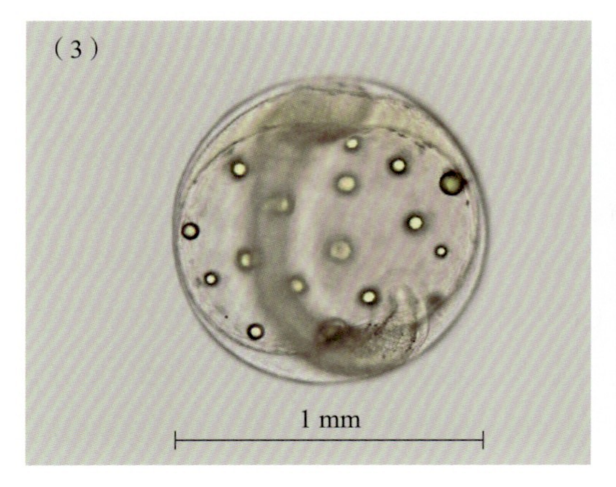

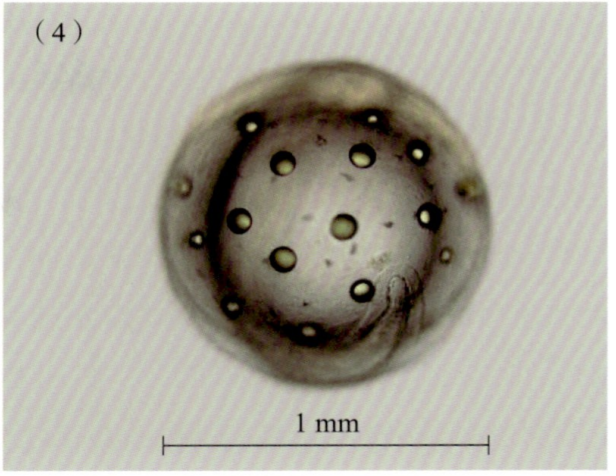

标本号：GDYH12303；采集时间：2020-03-28；
采集位置：徐闻西连海域，418渔区，20.383° N，109.867° E

中文别名：牛尾

英文名：Papillose flathead

形态特征：

该标本为煤色苏纳鲬的卵子，分别为器官形成期的尾芽期和将孵期。卵子圆球形，彼此分离，浮性卵；卵膜薄而透明，卵膜平滑；卵径约为1.05 mm。卵周隙狭窄，卵黄囊和胚体几乎充满卵内。卵黄均匀，无龟裂，其上不平滑，略具凸起。油球19个，油球直径为0.05 ~ 0.07 mm。

处于尾芽期的卵子，尾芽开始与卵黄囊分离，胚体围绕卵黄1/2周；卵黄囊上零星散布辐射状浅灰色色素斑，见图（1）。

处于将孵期的卵子，胚体扭动频繁、有力，侧面观胚体围绕卵黄将近3/4周；背面观视囊、脊索轮廓明显，听囊内可见耳石1对；胚体背部靠近尾部时一侧具8个点状黑色素斑，另一侧具2个点状黑色素斑；卵黄囊上一些浅灰色色素斑发育为辐射状黑色素斑；腹面观可见尾鳍褶发育成形，尾部肌节明显；调整显微镜观察，卵黄囊上零星散布辐射状色素斑，油球橘黄色，其上无色素斑，见图（2）~ 图（4）。

保存方式：活体

DNA条形码序列：

GCTGTACCTGATCTTTCAACCAACCCACAAAGACATTGGCACCCTTTATTTA
GTATTTGGTGCCTGAGCCGGAATAGTAGGGACAGCATTAAGCCTCCTCATCCGAG

CAGAACTAAGCCAACCCGGCGCCCTCTTAGGAGACGACCAAATTTACAATGTAA
TCGTTACCGCACACGCTTTCGTGATAATTTTCTTTATAGKAATACCAATCATGATTG
GAGGATTTGGAAACTGACTCGTTCCTCTAATAATTGGTGCCCCTGACATAGCATTT
CCTCGAATAAATAATATGAGCTTCTGACTTCTTCCCCCCTCTTTTCTTCTTCTCCTG
GCTTCCTCAGCTGTAGAAGCTGGGGCAGGAACAGGGTGAACAGTTTATCCGCCC
TTAGCAGGAAACCTCGCCCACGCCGGAGCATCCGTAGACCTAACAATTTTTTCAC
TTCATCTAGCAGGGATCTCGTCAATCTTAGGCGCCATTAACTTTATTACAACAATC
ATCAACATGAAACCTGCCGCAATTACACAATACCAAACGCCACTCTTTGTCTGAG
CCGTTCTTATTACTGCAGTCCTACTTCTTCTTTCACTCCCTGTCCTAGCTGCTGGC
ATTACAATGCTATTAACAGACCGAAATCTAAACACAACATTCTTCGACCCTAGCG
GAGGAGGAGACCCAATTCTCTACCAACACTTATTC

九 鲈形目 Perciformes

双边鱼科 Ambassidae

双边鱼属 *Ambassis* Cuvier，1828

>>> 眶棘双边鱼 *Ambassis gymnocephalus*（Lacepède，1802）

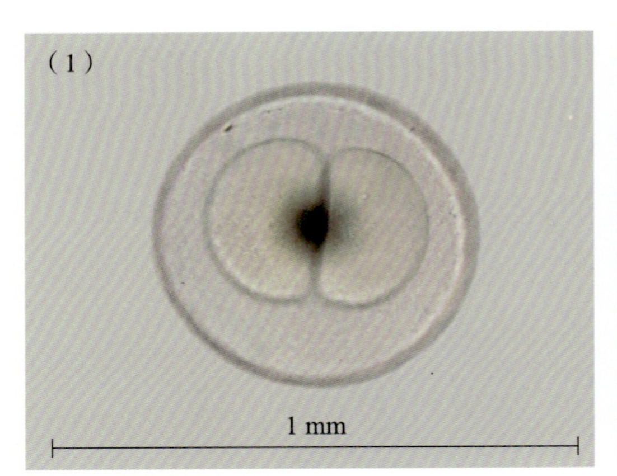

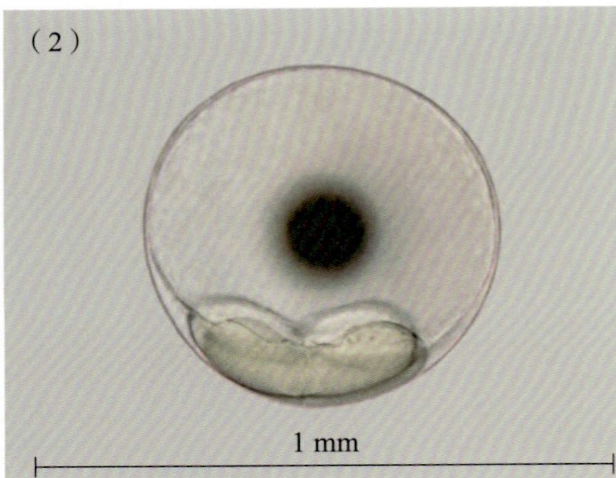

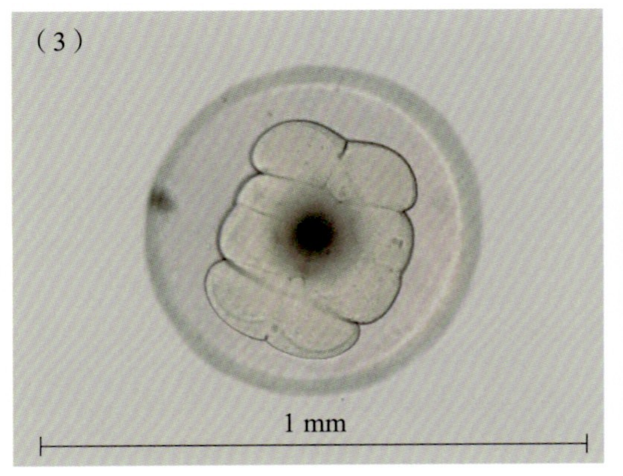

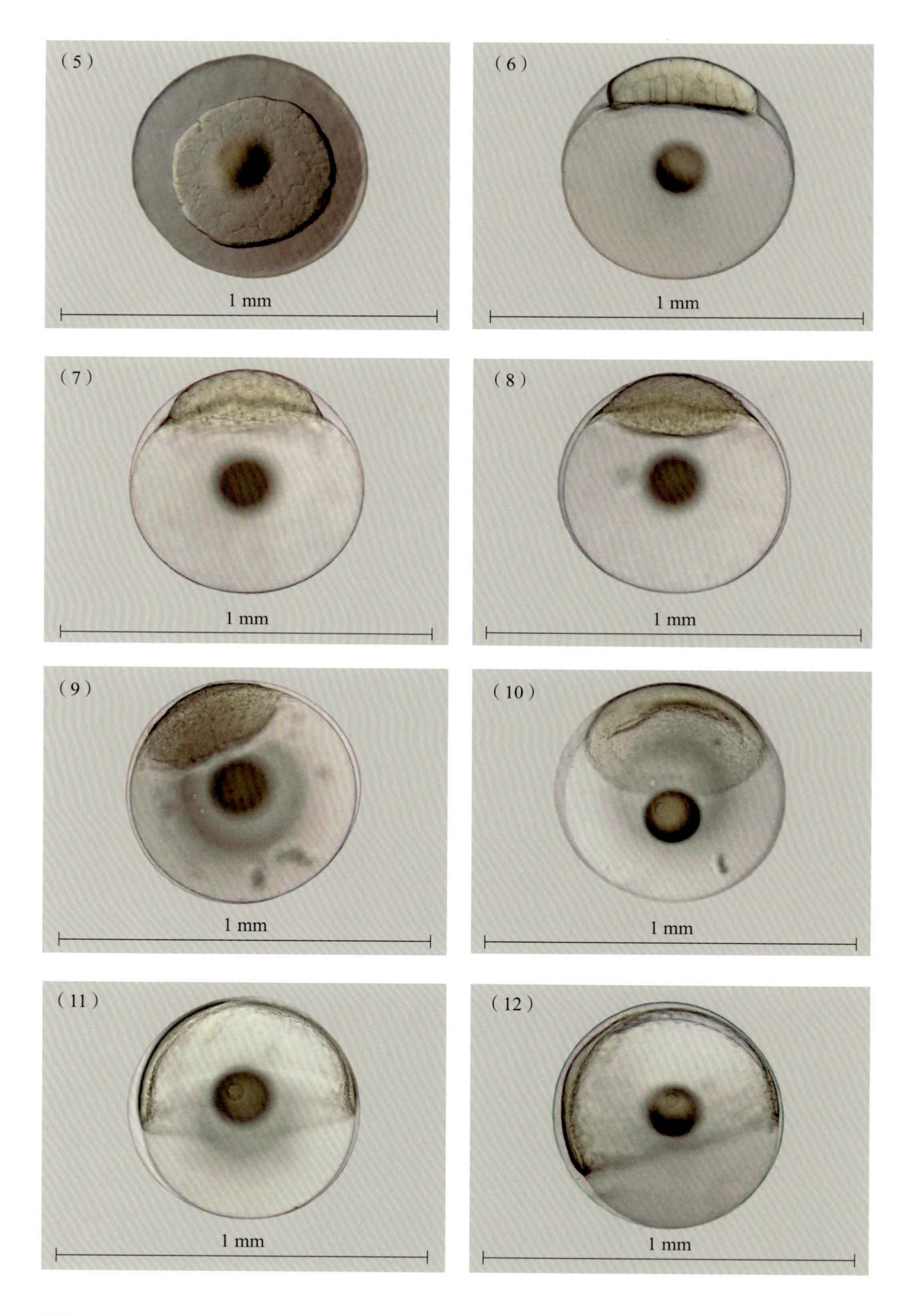
(5)
1 mm
(6)
1 mm
(7)
1 mm
(8)
1 mm
(9)
1 mm
(10)
1 mm
(11)
1 mm
(12)
1 mm

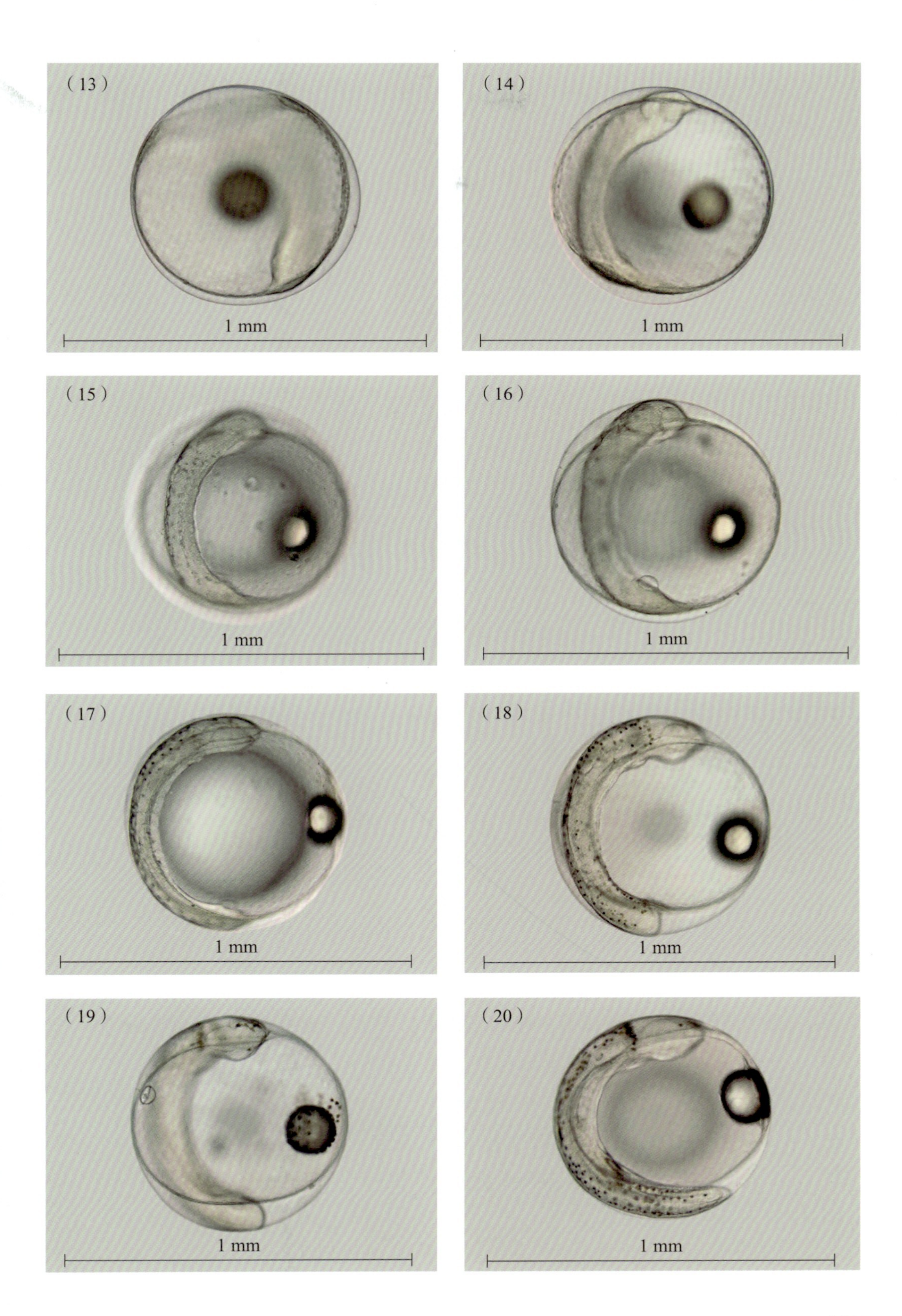
(13)
1 mm
(14)
1 mm
(15)
1 mm
(16)
1 mm
(17)
1 mm
(18)
1 mm
(19)
1 mm
(20)
1 mm

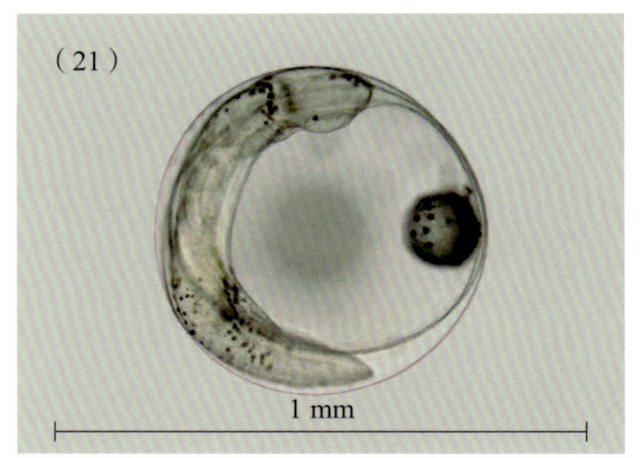

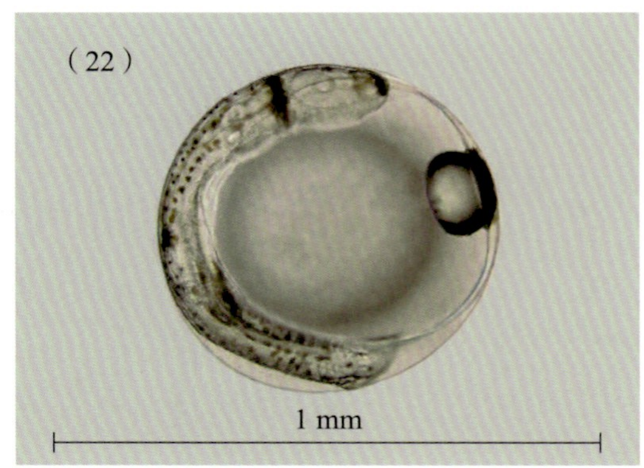

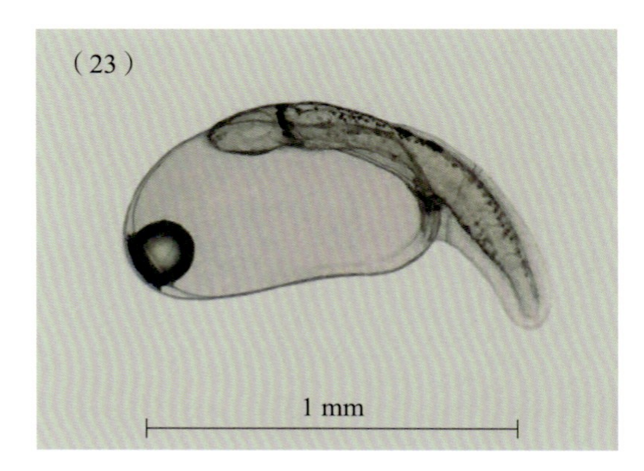

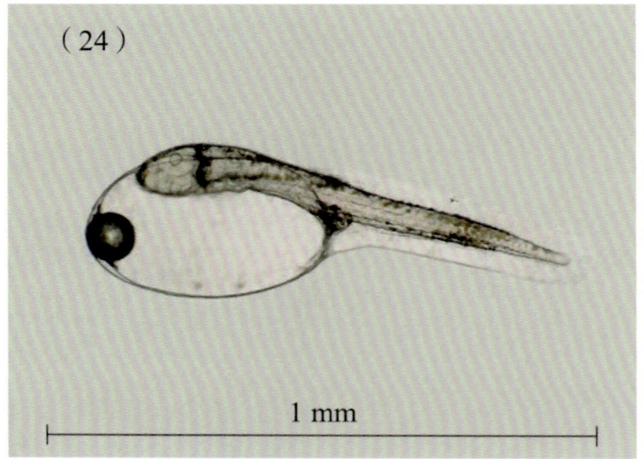

标本号：GDYH13219；采集时间：2020-05-15；
采集位置：东海岛东南海域，393渔区，20.920° N，110.509° E

中文别名：裸头双边鱼

英文名：Bald glassy

形态特征：

该标本为眶棘双边鱼的卵子和仔鱼，24张图分别处于从卵裂期的2细胞期至器官形成期的初孵仔鱼期。卵子圆球形，彼此分离，浮性卵；卵膜平滑，透明而无黏性；卵径约为0.63 mm。卵周隙狭窄，宽度约为0.02 mm，约是卵径的3.17%。卵内具油球1个，前位，直径约为0.14 mm。

1）卵裂期：眶棘双边鱼卵裂方式为盘状卵裂。天然活体鱼卵经采集后，首次观察到为2细胞期第1次卵裂，油球呈淡黄色，见图（1）。2细胞期第10 min后鱼卵经第2次分裂，分裂面与第1次分裂面垂直，分裂球形成4细胞，进入4细胞期，见图（2）。4细胞期后第8 min开始第3次分裂，卵裂时新出现2个分裂面，且与第1次分裂面平行，形成2排8个细胞，细胞大小相近，见图（3）。8细胞期后第11 min 开始第4次卵裂，卵裂方向与第2次卵裂方向大致平行，形成4排16细胞，进入16细胞期，细胞团轮廓截面呈近长方形，见图（4）。16细胞期后第7 min开始第5次卵裂，进入32细胞期，此次卵裂后卵裂细胞排列开始出现不规则状态，细胞团轮廓呈近圆球形，见图（5）。32细胞期后的第8 min发生第6次卵裂，进入64细胞期，卵裂后的细胞形状开始大小不一，细胞在胚盘层面出现重叠，细胞团轮廓呈近圆球形，见图（6）。64细胞期后第9 min开始细胞明显变小，在显微镜下每个细胞核清晰可见；细胞团轮廓仍呈圆球形，细胞在胚盘层面重叠更明显，进入多细胞期，此时从分裂球的侧面观察，细胞团轮廓呈切角的方形，见图（7）。多细胞期后第11 min细胞明显变得更小，细胞界限更加难以分辨；细胞团轮廓呈圆球形，边缘与桑葚球相似，进入桑葚期，此时从分裂球的侧面观察，分裂球隆起明显，见图（8）。

2）囊胚期：桑葚期后第22 min，随着卵裂的进行，细胞数目及层数不断增加，胚盘与卵黄之间形成囊胚腔，囊胚中部向上隆起，呈高帽状，动物极的细胞团高高隆起，进入高囊胚期，见图（9）。高囊胚期后第28 min，囊胚隆起逐渐降低，胚盘慢慢向扁平方向发展，细胞变小、变多，进入低囊胚期，见图（10）。

3）原肠胚期：囊胚期后，卵子发育进入原肠胚期。随着细胞分裂进行，在囊胚后期，囊胚边缘细胞分裂比较快，细胞增多，这些胚层逐渐向植物极方向迁移、延伸和下包，在此过程中，边缘部分的细胞运动缓慢并向内卷。低囊胚期后第33 min，卵黄被胚层下包了1/4，侧面观可见胚层顶端形成一个新月形的胚盾，胚盾的下边缘明显卷曲，内胚层开始形成，此时进入原肠早期，见图（11）。随着时间的推移，分裂球逐渐向植物极的卵黄包裹，包裹慢慢到达卵黄的1/3；原肠早期后1 h 18 min，卵黄被胚层下包了1/2，此时进入原肠中期，可以看到部分胚体的雏形，油球上形成一个小块状，油球上尚无色素斑，见图（12）。原肠中期第27 min分裂球逐渐向植物极的卵黄包裹，慢慢到达卵黄的3/4，进入原肠晚期，见图（13）。

4）神经胚期：原肠晚期后第42 min，胚体背面增厚，形成神经板，中央出现一条圆柱形脊索，胚体雏形已现，进入胚体形成期，此时胚体背部色素斑开始出现，见图（14）。胚体形成期后第30 min进入胚孔封闭期，胚体头部两侧有两明显凸出，眼囊即将形成，卵黄囊上未着色素，油球上也无色素，在6 min后胚孔封闭到仅有针尖大小。

5）器官形成期：胚孔封闭期后第11 min，在胚体前端出现1对眼囊，进入视囊形成期，隐约有肌节3对，脊索清楚可见，此时肌节上、油球上均没有色素，见图

（15）。视囊形成期后第26 min进入肌节形成期，胚体有淡黑色色素斑，油球上无色素，脊索更加清晰可见，卵黄囊附近有50余个色素斑，此时肌节增加至6对，见图（16）；过10 min后，肌节增加至8对，再过3～4 min肌节增加至9对，此时听囊明显，进入听囊期；卵黄囊附近有着色的色素斑50余个。肌节出现期后第13 min，胚体头部在视囊后出现比视囊稍小的听囊1对，柯氏泡明显，见图（17）。听囊形成期后第33 min，脑泡开始出现，此时肌节增加至12对；油球上出现10余个呈簇状的色素斑，见图（18）。脑泡形成期后第51 min进入心脏形成期，心脏已经形成雏形，轮廓很明显，此时油球边缘有数十个橙色的色素斑，胚体上淡黑色色素斑显著增加，脊索清晰可见，见图（19）。心脏形成期后第54 min，背鳍褶形成，尾部少部分与卵黄囊分离，此时肌节进一步增多，肌到18对；油球上具10余个黑褐色色素斑，进入尾芽期，见图（20）。尾芽期后第54 min，视囊内晶体形成，进入晶体形成期，体部的黑色素斑增多，脊索、晶体、耳石清晰可见，油球和卵黄囊上的色素斑更加明显，肌节18对，见图（21）。晶体形成期后15 min，心脏开始搏动，进入心脏跳动期，胚体间歇性的抽动，此时脊索、晶体、耳石更加清晰可见，肌节有22对，见图（22）。心脏跳动期后15 min胚体在卵膜内更加频繁、有力地搏动，进入将孵期，见图（23）。将孵期后32 min开始进入孵化期，仔鱼经历约1 min破膜而出，见图（24）。

保存方式：活体

DNA条形码序列：

CCTCTACTTAATCTTTGGTGCTTGAGCCGGTATAGTAGGCACAGCCTTGAGCCTACTCATCCGAGCAGAATTAAGCCAACCCGGCTCCCTCCTTGGAGACGATCAGATTTATAATGTTATCGTAACCGCGCATGCTTTCGTCATGATTTTCTTCATAGTTATACCAATTATGATTGGAGGCTTTGGGAACTGACTAGTTCCACTAATAATCGGAGCCCCAGACATGGCATTCCCCCGAATAAACAACATAAGCTTCTGACTTCTACCTCCCTCCTTCCTCCTTCTTCTTGCCTCCTCAGGCGTAGAAGCAGGCGCCGGAACAGGTTGAACCGTCTACCCCCCACTAGCAGGCAATCTAGCCCACGCAGGTGCATCCGTAGACCTAACAATCTTCTCTCTCCACTTAGCAGGTGTTTCTTCAATTTTAGGAGCAATTAACTTTATTACTACAATCATTAACATGAAACCCCCTGCCATCACCCAGTATCAAACCCCTCTATTCGTCTGAGCTGTTCTTATTACAGCAGTACTCCTACTCCTGTCTCTTCCTGTTCTAGCTGCTGCTATTACAATACTACTAACAGATCGAAACCTCAACACCTCTTTC

TTCGACCCCGCAGGAGGCGGAGACCCAATTCTTACCAACACCTCTTC

发光鲷科 Acropomatidae

发光鲷属 *Acropoma* Temminck & Schlegel，1843

>>> 日本发光鲷 *Acropoma japonicum* Günther，1859

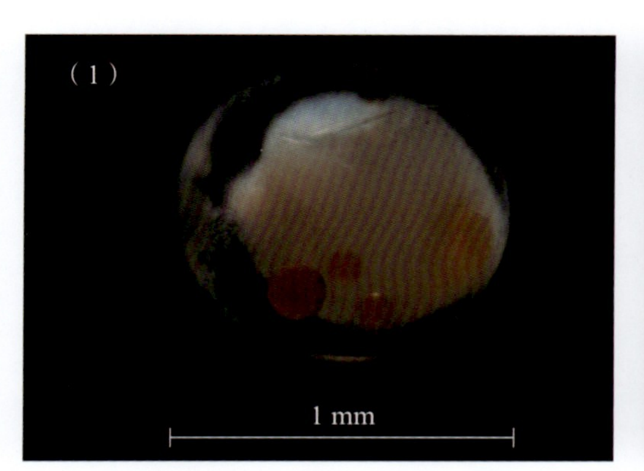

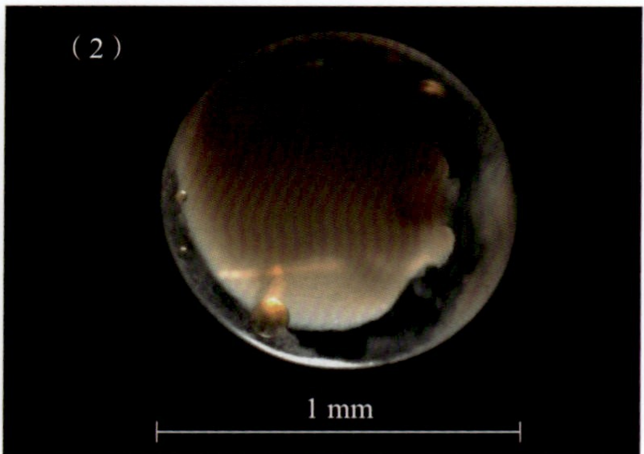

标本号：GDYH15753；采集时间：2020-12-01；
采集位置：北部湾海域，442渔区，19.564° N，107.721° E

中文别名：发光鲷

英文名：Glowbelly

形态特征：

该标本为日本发光鲷的卵子，处于器官形成期的心脏形成期。卵子圆球形，彼此分离，浮性卵；卵膜光滑，薄而透明；卵径约为0.98 mm。卵周隙中等宽，宽度约为0.10 mm，是卵径的10.20%。卵黄囊直径约为0.78 mm，约是卵径的79.59%。油球6个，直径为0.10 ~ 0.20 mm；油滴2个，直径为0.03 ~ 0.04 mm。

保存方式：酒精

DNA条形码序列：

CCTCTATATAGTATTTGGTGCATGAGCCGGTATAGTAGGCACAGCCCTGAGCC

TGCTAATTCGAGCAGAACTCTGCCAGCCGGGCTCTCTCCTGGGCGACGACCAAA
TTTACAATGTAATTGTAACAGCCCACGCTTTCGTGATAATTTTCTTTATAGTAATAC
CCATTATGATTGGAGGGTTCGGAAACTGGCTTATTCCCCTTATGATTGCCGCCCCC
GACATAGCATTTCCCCGAATGAACAACATGAGCTTTTGACTTCTACCCCCTTCCTT
CCTCCTACTCCTTGCTTCCTCTGGGGTAGAAGCAGGGGCCGGAACCGGATGAAC
CGTTTATCCCCCCTTATCTAGCAACCTGGCCCATGCAGGAGCCTCCGTTGACCTT
GCAATTTTTCTCTGCACTTAGCAGGAATTTCATCGATCCTGGGGGCCATTAATTT
TATTACAACCATCATTAATATAAAACCTCCTGCTATTTCACAATACCAAACACCCC
TCTTTGTGTGGTCCGTACTAATTACAGCCGTGCTGCTTCTTCTCTCCCTCCCCGTA
CTTGCCGCAGGCATTACAATGCTCCTCACAGACCGAAACCTAAATACCACCTTCT
TTGATCCTGCCGGCGGCGGGGACCCTATCCTTTATCAACACCTCTTT

鮨科 Serranidae

石斑鱼属 *Epinephelus* Bloch，1793

>>> 宝石石斑鱼 *Epinephelus areolatus*（Forsskål，1775）

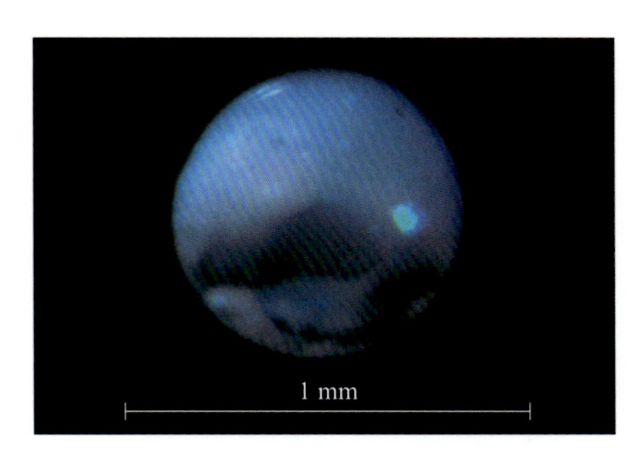

标本号：GDYH4568；采集时间：2019-08-28；

采集位置：北部湾海域，465渔区，19.250° N，107.500° E

中文别名：石斑鱼

英文名：Areolate grouper

形态特征：

该标本为宝石石斑鱼的卵子。卵子圆球形，彼此分离，浮性卵；卵膜光滑，薄而透明；卵径约为0.75 mm。油球1个，直径约为0.16 mm。卵子内部特征未能检视。

保存方式：酒精

DNA条形码序列：

CTTGTATTTTGGTGCCTGAGCCGGTATAGTGGGAACCGCCCTCAGCCTGCTTATTCGAGCTGAGCTGAGCCAACCAGGAGCCCTACTTGGCGACGATCAGATCTATAACGTAATTGTTACAGCACACGCTTTCGTAATAATTTTCTTTATAGTAATACCAATTATGATTGGTGGCTTCGGAAACTGRCTKGTACCTCTTATAGTCGGCGCCCCAGACATAGCATTCCCTCGAATAAACAACATAAGCTTCTGACTTCTCCCACCATCCTTCCTGCTCCTTCTAGCCTCCTCTGGAGTAGAAGCTGGTGCTGGGACTGGCTGAACAGTATACCCCCCTCTAGCCGGTAACCTAGCCCATGCAGGAGCATCTGTAGACTTAACCATCTTCTCACTTCACTTAGCGGGAGTTTCATCTATTCTAGGGGCAATTAACTTCATCACAACTATTATCAATATAAAACCCCCAGCCATTTCTCAGTATCAAACACCTTTGTTCGTTTGAGCTGTATTAATTACAGCAGTTCTACTGCTCCTGTCCCTACCCGTGCTCGCCGCCGGTATTACAATACTTCTAACAGATCGAAACCTCAACACCACTTTCTTTGACCCCGCTGGAGGAGGAGACCCAATTCTCTACCAACACCTATTC

>>> 橙点石斑鱼 *Epinephelus bleekeri*（Vaillant，1878）

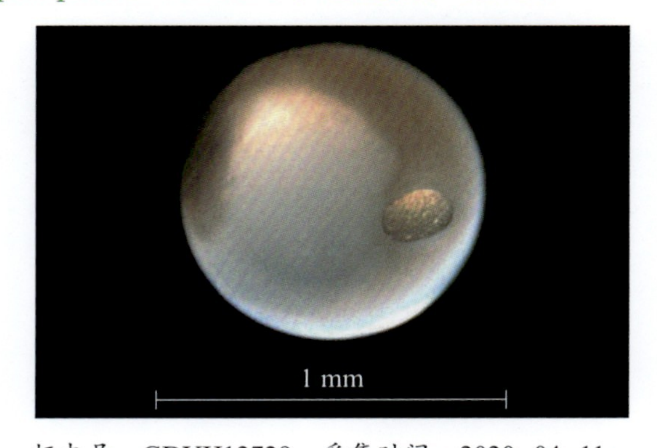

标本号：GDYH12729；采集时间：2020-04-11；

采集位置：北部湾海域，443渔区，19.581° N，108.114° E

中文别名：石斑鱼

英文名：Duskytail grouper

形态特征：

该标本为橙点石斑鱼的卵子，处于器官形成期的胚体形成期。卵子圆球形，彼此分离，浮性卵；卵膜光滑，薄而透明；卵径约为0.88 mm。油球1个，直径约为0.20 mm。胚体轮廓清晰，油球上未见色素斑。

保存方式：酒精

DNA条形码序列：

CCTCTTATCTTGTATTTGGTGCCTGAGCCGGTATAGTAGGAACCGCCCTCAGCCTGCTTATTCGAGCTGAGCTGAGCCAACCAGGCGCCCTACTTGGCGACGATCAGATTTATAACGTAATTGTTACAGCACATGCTTTCGTGATAATTTTCTTTATAGTAATACCAATCATGATTGGTGGCTTCGGAAACTGACTCATTCCACTTATAATTGGCGCCCCAGACATGGCGTTCCCTCGAATAAACAATATAAGCTTCTGACTTCTCCCCCCATCCTTCCTACTTCTCCTAGCCTCCTCCGGAGTAGAAGCTGGTGCTGGAACTGGTTGAACGGTCTACCCGCCTCTAGCCGGAAACCTAGCCCACGCAGGCGCATCCGTAGACTTAACCATCTTCTCTCTACATCTAGCAGGAATTTCATCAATTCTAGGGGCAATCAACTTTATTACTACCATTATTAACATAAAACCCCCAGCTATTTCTCAATATCAAACACCTTTATTTGTATGAGCTGTTTTAATTACAGCAGTCCTACTACTCTTGTCTCTTCCCGTTCTTGCCGCCGGTATTACAATACTTCTGACAGATCGTAATCTTAATACTACTTTCTTTGACCCAGCTGGAGGGGGAGACCCAATTCTCTACCAGCACTTGTTC

>>> 棕点石斑鱼 *Epinephelus fuscoguttatus*（Forsskål，1775）

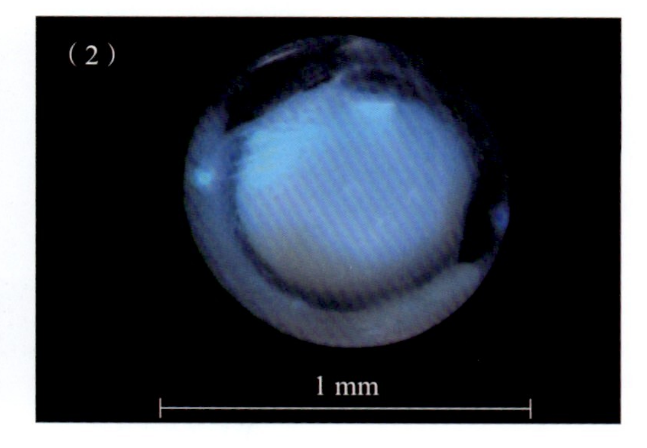

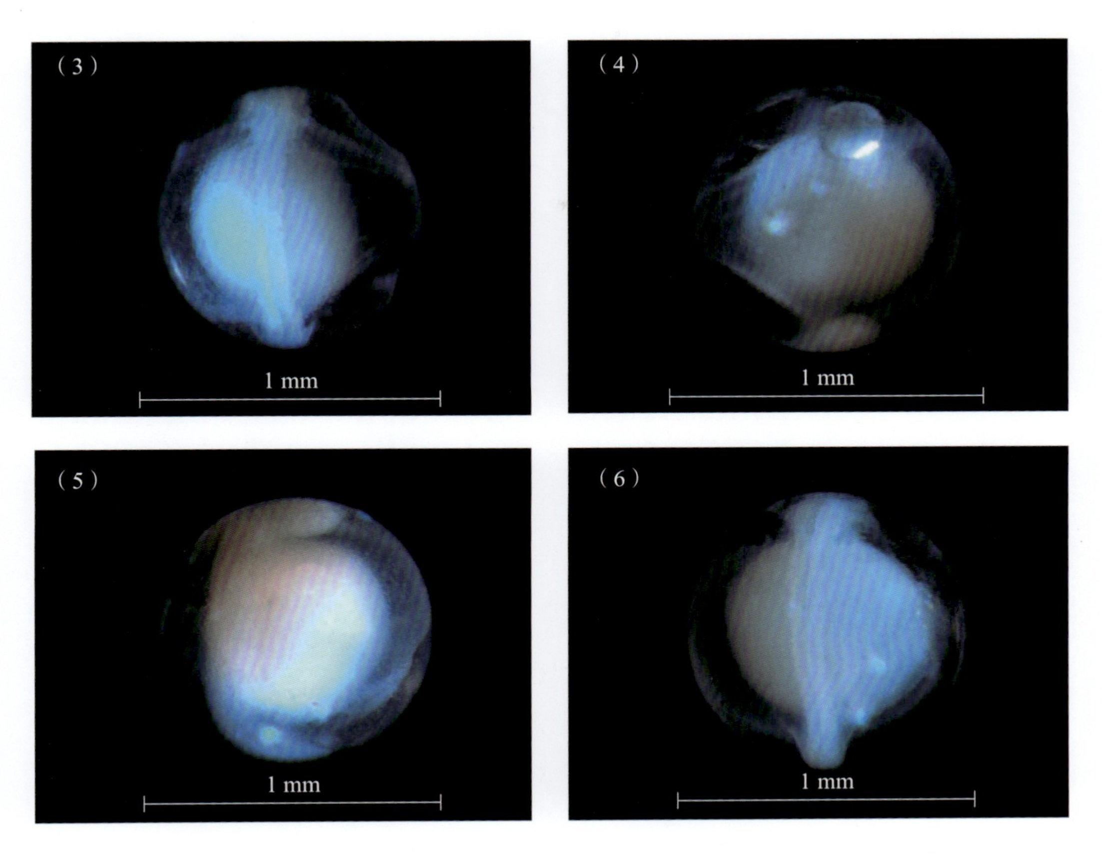

标本号：图(1) GDYH4713，图(2)～图(4) GDYH4717，图(5)、图(6) GDYH4719；采集时间：2020-04-11；采集位置：北部湾海域，443渔区，19.581° N，108.104° E

中文别名：石斑鱼

英文名：Brown-marbled grouper

形态特征：

3个标本均为棕点石斑鱼的卵子，分别处于原肠胚期的原肠晚期、器官形成期的尾芽期和将孵期。卵子圆球形，彼此分离，浮性卵；卵膜光滑，薄而透明；卵径为0.89～0.92 mm。卵周隙窄，宽度为0.03～0.05 mm，为卵径的3.49%～5.62%。油球1个，后位，直径为0.21～0.22 mm。

处于原肠晚期的卵子，胚层下包卵黄约3/4，胚盾细长可见，见图（1）。

处于尾芽期的卵子，侧面观可见尾芽和卵黄囊开始分离，胚体围绕卵黄超过1/2周，胚体侧面卵黄囊上未见色素斑，见图（2）；背面观胚体肌节显著，背部未见色素斑，见图（3）；腹面观可见油球1个，无色透明，其上无色素斑，见图（4）。

处于将孵期的卵子，侧面观胚体围绕卵黄约3/5周，未见胚体色素斑发育，见图（5）；背面观胚体背面从头部到尾部未见色素斑，见图（6）。

保存方式：酒精

DNA条形码序列：

CCTTTATCTTGTATTTGGTGCCTGAGCCGGTATGGTAGGAACAGCCCTCAGCCTGCTAATTCGAGCTGAGCTTAGCCAACCAGGGGCTTTACTAGGTGACGACCAGATCTATAATGTAATTGTTACAGCACATGCTTTTGTAATAATCTTTTTTATAGTAATACCAATTATAATTGGTGGCTTTGGAAACTGACTTATTCCACTTATAATTGGCGCCCCAGACATAGCATTCCCTCGAATGAATAATATAAGCTTCTGACTTCTTCCTCCATCCTTCCTGCTCCTTCTCGCTTCTTCTGGAGTAGAAGCCGGTGCCGGTACTGGTTGAACGGTTTACCCACCCTTAGCTGGAAACTTAGCCCATGCAGGTGCATCCGTAGACTTAACCATCTTCTCACTACATCTAGCAGGTATTTCATCAATTCTAGGTGCAATTAACTTTATTACAACCATTATTAATATAAAACCCCCTGCTATCTCTCAATACCAAACACCTTTATTTGTATGAGCTGTATTAATTACAGCCGTGCTTCTACTCCTCTCTCTTCCCGTTCTTGCCGCTGGCATTACAATGTTACTCACAGATCGTAACCTTAACACTACTTTCTTTGACCCAGCCGGAGGGGGAGACCCTATTCTTTACCAACATTTATTT（标本号：GDYH4717）

九棘鲈属 *Cephalopholis* Bloch & Schneider，1801

>>> 横纹九棘鲈 *Cephalopholis boenak*（Bloch，1790）

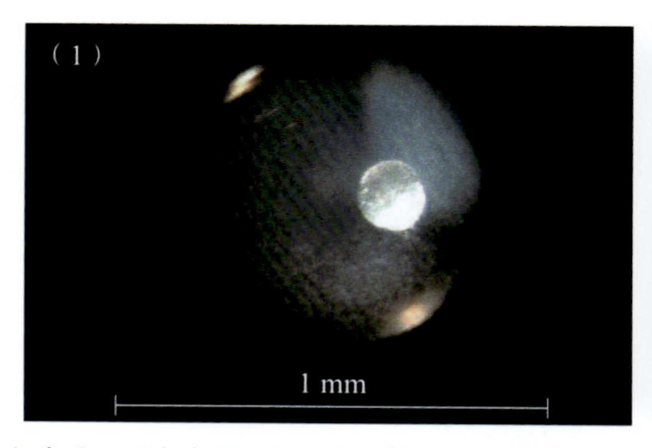

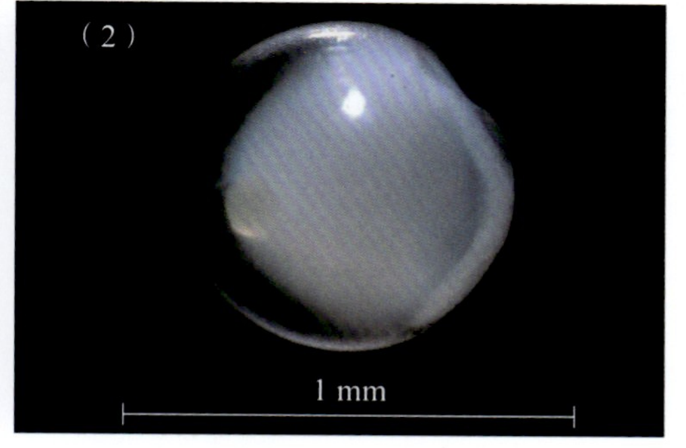

标本号：图（1）GDYH7568，图（2）GDYH14459；采集时间：图（1）2019-08-27，图（2）2020-05-28；采集位置：徐闻放坡海域，418渔区，20.205° N，109.933° E

中文别名：横带鲙、乌丝斑、黑猫仔、竹鲙仔

英文名：Chocolate hind

形态特征：

2个标本均为横纹九棘鲈的卵子，分别处于囊胚期的低囊胚期和器官形成期的尾芽期。卵子圆球形，彼此分离，浮性卵；卵膜光滑，薄而透明；卵径为0.74 ~ 0.76 mm。卵周隙窄，宽度为0.03 ~ 0.04 mm，为卵径的4.05% ~ 5.26%。油球1个，直径为0.14 ~ 0.17 mm。

处于低囊胚期的卵子，囊胚变低，见图（1）。

处于尾芽期的卵子，可见尾芽和卵黄囊开始分离，胚体围绕卵黄约2/5周，胚体、卵黄囊和油球上均未见色素斑，见图（2）。

保存方式：酒精

DNA条形码序列：

CCTTACCTGTCTTCGGTGCCTGGGCCGGTATAGTAGGGACAGCACTTAGCCTACTAATCCGAGCTGAACTAAGCCAACCAGGTGCTTTACTGGGCGACGATCAAATTTATAATGTTATCGTTACAGCACATGCTTTCGTAATAATTTTCTTTATAGTAATACCAATCATGATTGGAGGTTTCGGAAACTGACTTATTCCGCTGATAATTGGTGCTCCGGACATAGCCTTCCCTCGAATAAATAACATAAGCTTTTGACTACTACCTCCATCTTTCTTACTCCTGCTAGCTTCATCTGGGGTAGAAGCAGGTGCTGGAACTGGTTGAACAGTCTACCCTCCCCTGGCTGGTAATTTAGCCCATGCAGGCGCTTCCGTTGACTTAACAATCTTTTCACTACATTTAGCAGGTATTTCTTCAATTCTAGGGGCAATCAACTTTATTACAACCATCATTAACATGAAACCTCCTGCCATCTCCCAATACCAGACACCTCTATTTGTATGAGCCGTACTAATTACAGCGGTACTCCTGCTTCTTTCCCTTCCAGTTCTCGCTGCAGGTATTACAATACTTCTAACTGATCGAAACCTAAACACCACCTTCTTTGACCCGGCTGGTGGAGGAGATCCAATCTACCAACAC（标本号：GDYH7568）

大眼鲷科 Priacanthidae

大眼鲷属 *Priacanthus* Oken，1817

>>> 短尾大眼鲷 *Priacanthus macracanthus* Cuvier，1829

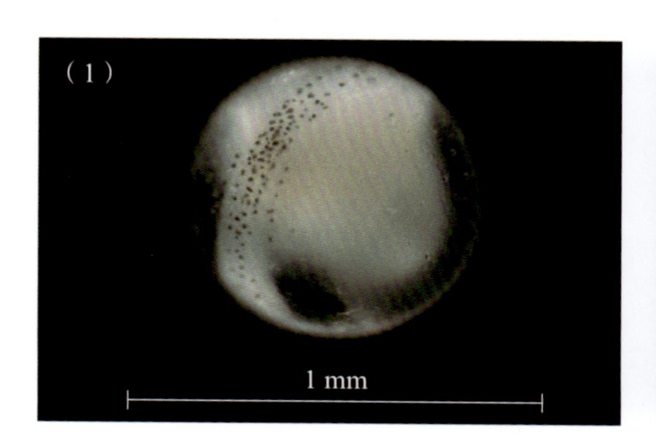

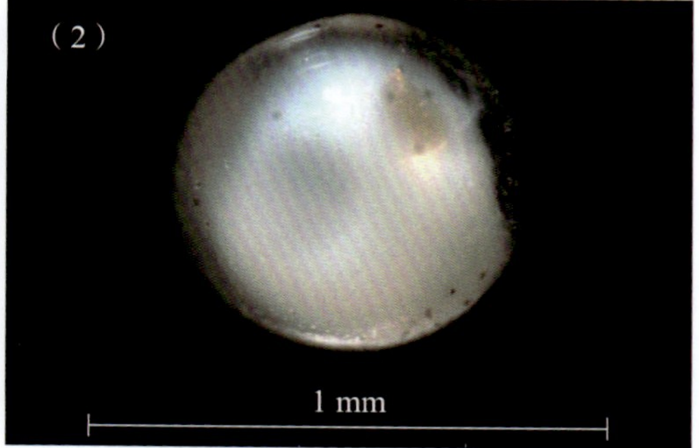

标本号：图（1）GDYH7958，图（2）GDYH7956；采集时间：2019-09-08；
采集位置：文昌外海海域，447渔区，19.750° N，111.750° E

中文别名：目连

英文名：Red bigeye

形态特征：

2个标本均为短尾大眼鲷的卵子，分别处于器官形成期的尾芽期和将孵期。卵子圆球形，彼此分离，浮性卵；卵膜光滑，薄而透明；卵径为0.71～0.74 mm。卵周隙窄，宽度为0.04～0.04 mm，为卵径的5.41%～5.63%。油球1个，直径约为0.17 mm。

处于尾芽期的卵子，尾芽与卵黄囊分离，胚体围绕卵黄约3/5周，胚体从颈部到尾部背面密布点状黑色素斑；油球上出现1～2个点状黑色素斑，见图（1）。

处于将孵期的卵子，胚体围绕卵黄约3/4周，腹面观可见卵黄囊上出现点状黑色素斑；油球上出现3个以上点状黑色素斑，见图（2）。

保存方式：酒精

DNA条形码序列：

CATCATTTTTGGGGCCTGAGCCGGCATAGTCGGCACTGCTTTAAGCCTTCTC
ATCCGTGCGGAGCTTAGTCAACCAGGATCACTTCTGGGAGATGACCAAATTTAC

AATGTCATTGTAACAGCCCACGCATTTGTAATAATCTTCTTTATAGTAATACCAGT
AATAATTGGGGGCTTCGGAAATTGACTGATTCCGCTAATGATCGGAGCACCTGAT
ATAGCATTTCCCCGAATAAATAACATAAGCTTCTGACTTCTCCCGCCTTCCTTCCT
TCTTCTCCTAACCTCCTCAGCCGTAGAAGCAGGGGCGGGGACAGGGTGAACAG
TTTACCCTCCACTGTCCGGCAATCTAGCCCACGCAGGAGCCTCCGTCGATCTAGC
CATCTTTTCCCTTCACCTGGCCGGTATCTCCTCAATCCTAGGGGCCATCAACTTCA
TTACAACAATTATTAACATGAAACCCCCTGCCATCACCCTTTACCAAACCCCTCT
GTTTGTCTGAGCTGTCCTAATTACAGCCGTCCTGCTACTTCTAGCCCTCCCTGTCC
TAGCTGCAGGCATCACTATGCTCCTGACAGACCGAAACCTAAACACAACCTTTT
TTGACCCTGCAGGCGGGGGAGACCCAATCCTGTACCAACACCTATTC（标本号：GDYH7958）

锯大眼鲷属 *Pristigenys* Agassiz，1835

>>> 日本锯大眼鲷 *Pristigenys niphonia*（Cuvier，1829）

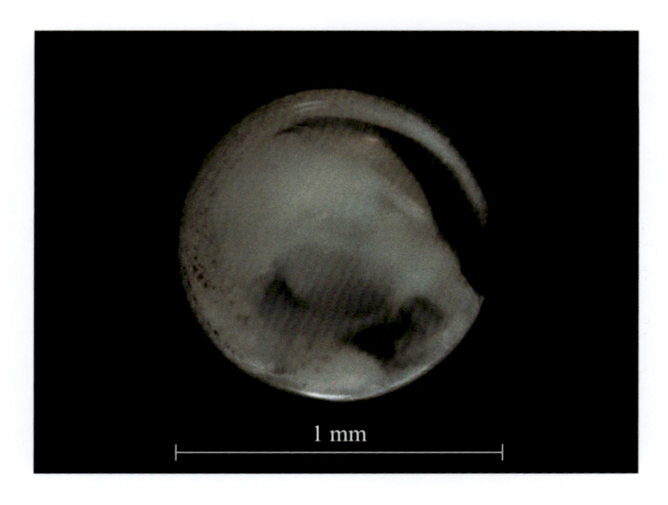

标本号：GDYH8056；采集时间：2019-09-06；
采集位置：珠江口外海，425渔区，20.250° N，113.250° E

中文别名：目连

英文名：Japanese bigeye

形态特征：

该标本为日本锯大眼鲷的卵子，处于器官形成期的将孵期。卵子圆球形，彼此分离，浮性卵；卵膜光滑，薄而透明；卵径约为1.00 mm。卵周隙狭窄，卵黄囊和胚体充满卵内。油球1个，直径约为0.20 mm。尾芽已与卵黄囊分离，胚体围绕卵黄约3/4周，胚体从颈部到尾部背面端分布点状黑色素斑。

保存方式：酒精

DNA条形码序列：

CCTCTATCTAGTATTTGGTGCTTGGGCCGGTATAGTAGGCACAGCCTTAAGCCTTCTCATCCGGGCAGAGCTAAGCCAGCCCGGTGCCCTTCTAGGGGACGACCAGATCTACAATGTAATTGTTACAGCACATGCATTTGTAATAATTTTCTTTATAGTAATGCCAATTATAATTGGAGGATTTGGAAACTGACTTATCCCCTTGATGATTGGGGCCCCCGATATGGCATTTCCTCGAATGAACAACATGAGCTTCTGACTTCTTCCCCCCTCATTTCTACTTCTACTAGCCTCTTCAGGAGTAGAAGCTGGCGCGGGAACCGGATGAACAGTCTACCCCCCTCTAGCCGGCAACCTTGCCCACGCTGGAGCCTCCGTCGATCTGACAATTTTCTCCCTCCATCTAGCAGGTATTTCTTCAATCCTGGGGGCCATCAATTTTATTACAACTATCATCAACATAAAACCCCCTGCCATCTCACAATACCAGACCCCCTTATTTGTGTGAGCTGTCCTAATTACTGCGGTTCTTCTCCTCCTCTCACTCCCAGTTCTTGCCGCAGGGATTACCATGCTCCTTACAGATCGAAACCTTAATACCACCTTCTTTGACCCGGCGGGGGGAGGAGACCCCATCCTGTACCAACACCTATTC

天竺鲷科 Apogonidae

银口天竺鲷属 *Jaydia* Simth，1961

>>> 横带银口天竺鲷 *Jaydia striatus*（Smith & Radcliffe，1912）

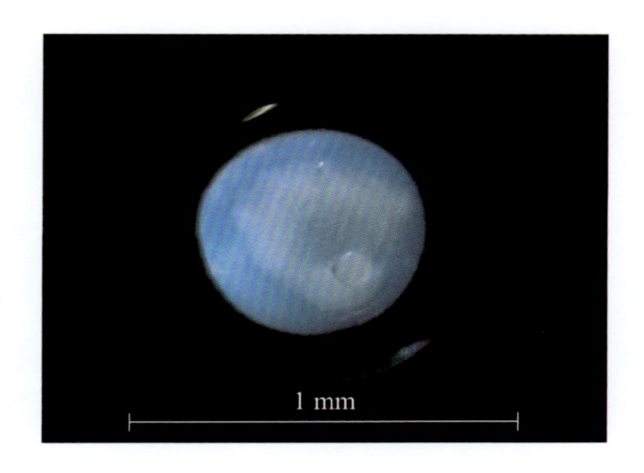

标本号：GDYH12949；采集时间：2020-04-06；
采集位置：北部湾海域，467渔区，19.301° N，108.332° E

中文别名：天竺鱼

英文名：无

形态特征：

该标本为横带银口天竺鲷的卵子，处于原肠胚期的原肠早期。卵子圆球形，彼此分离，浮性卵；卵膜较厚，无色透明；卵径约为0.80 mm。卵周隙中等宽，宽度约为0.11 mm，约是卵径的13.75%。卵黄囊直径约为0.59 mm，约是卵径的73.75%。油球1个，无色，直径约为0.09 mm。可见胚环。

保存方式：酒精

DNA条形码序列：

CCTTTATCTAGTTTTTGGTGCCTGAGCTGGAATAGTTGGGACAGCTCTTAGCT
TACTCATTCGAGCTGAACTAAGCCAACCGGGAGCCCTTCTTGGCGACGACCAGA
TCTATAATGTAATCGTTACAGCACATGCATTTGTAATAATTTTCTTTATAGTAATACC
AATTATGATTGGAGGCTTTGGGAACTGATTAATTCCCCTAATGATTGGTGCCCCAG

ACATAGCATTTCCTCGAATAAACAACATAAGTTTCTGATTACTTCCCCCCTCATTT
CTTCTTCTACTTGCCTCCTCAGGCGTTGAAGCTGGAGCTGGAACCGGATGAACA
GTTTACCCCCCTCTTGCAGGCAACCTCGCTCATGCAGGAGCCTCTGTAGACTTAA
CAATTTTTTCCCTCCATCTTGCAGGTATCTCCTCAATTCTTGGGGCTATTAACTTCA
TCACAACAATTATTAATATGAAACCGCCTGCCATTACTCAGTATCAAACCCCACTA
TTTGTTTGGGCTGTTCTTATTACCGCCGTGCTTCTCCTTCTATCCCTCCCTGTTCTA
GCCGCTGGTATTACAATGCTTCTTACTGACCGTAATCTAAATACAACCTTCTTTGA
CCCGGCAGGAGGAGGGGATCCAATCCTTTACCAACACCTGTTT

鱚科 Sillaginidae

鱚属 *Sillago* Cuvier，1816

>>> 杂色鱚 *Sillago aeolus* Jordan & Evermann，1902

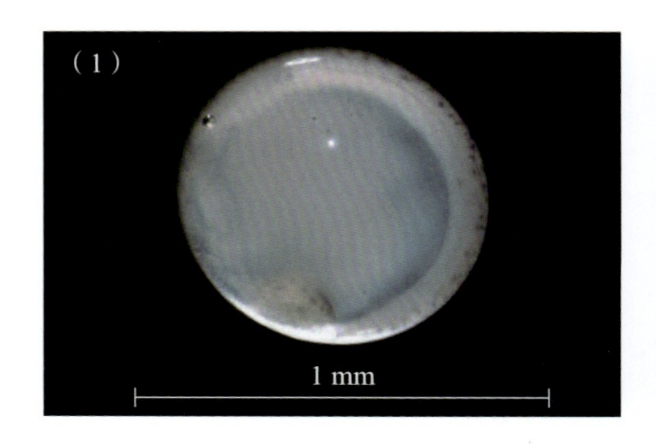

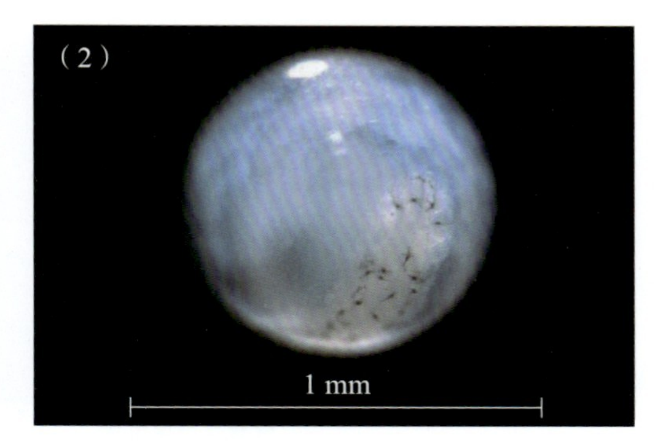

标本号：GDYH14128；采集时间：2020-08-04；
采集位置：徐闻角尾海域，418渔区，20.205° N，109.933° E

中文别名：沙钻

英文名：Oriental sillago

形态特征：

该标本为杂色鱚的卵子，处于器官形成期的晶体形成期。卵子圆球形，彼此分离，浮性卵；卵膜平滑，薄而透明；卵径约为0.70 mm。卵周隙狭窄，卵黄囊和胚体充满卵内。卵黄均匀，有细弱的龟裂纹。油球1个，后位，直径约为0.20 mm。侧面观胚体围绕卵黄约3/4周，胚体从头部到尾部背面分布有显著的黑色素斑，见图（1）。背面观晶体轮廓清晰，吻部具4个枝状黑色素斑，晶体后可见黑色素斑，亦为枝状，见图（2）。

保存方式：酒精

DNA条形码序列：

CCTTTATCTAGTATTCGGGGCCTGAGCAGGCATGGTGGGCACTGCCCTAAGCCTACTTATCCGAGCAGAACTAAGCCAACCTGGCGCCCTGCTCGGGGACGACCAAATCTATAATGTGATTGTTACAGCGCATGCCTTTGTAATAATCTTCTTTATAGTAATACCAATTCTGATCGGGGGGTTCGGAAACTGACTGGTCCCTTTGATGATCGGGGCCCCCGACATGGCATTCCCTCGAATGAACAACATGAGTTTCTGACTTTTACCCCCTTCTTTCCTTCTCCTCCTTGCCTCATCAGGGGTAGAGGCGGGAGCCGGAACTGGCTGAACAGTATACCCCCCTCTAGCCGGAAACTTAGCCCACGCGGGAGCTTCCGTCGACCTGACCATCTTCTCTCTTCACTTGGCAGGGGTCTCGTCAATTCTAGGGGCAATCAATTTTATTACTACAATTATTAATATGAAACCCCCAGCAATTTCACAGTACCAAACCCCACTGTTTGTTTGATCTGTTCTAATTACAGCCGTCCTTCTTCTTCTGTCACTTCCAGTACTTGCAGCTGGGATCACAATGCTTCTGACAGACCGAAATTTAAACACCACCTTCTTTGATCCTGCTGGTGGGGGAGATCCTATTCTTTACCAACACCTCTTT

>>> 亚洲鳕 *Sillago asiatica* McKay，1982

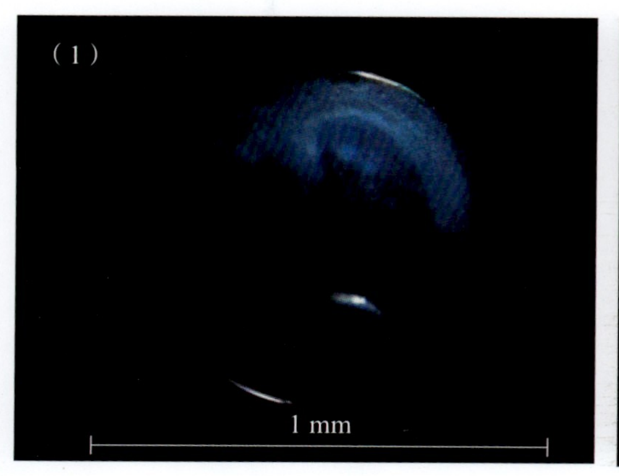

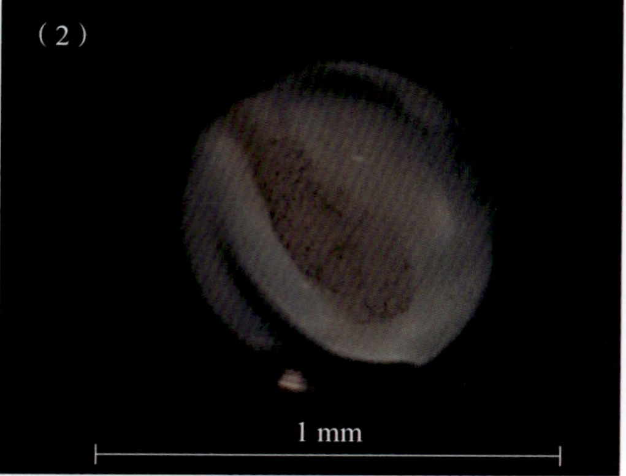

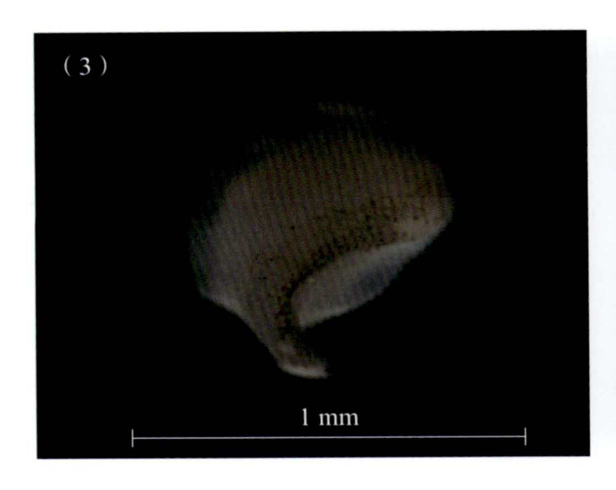

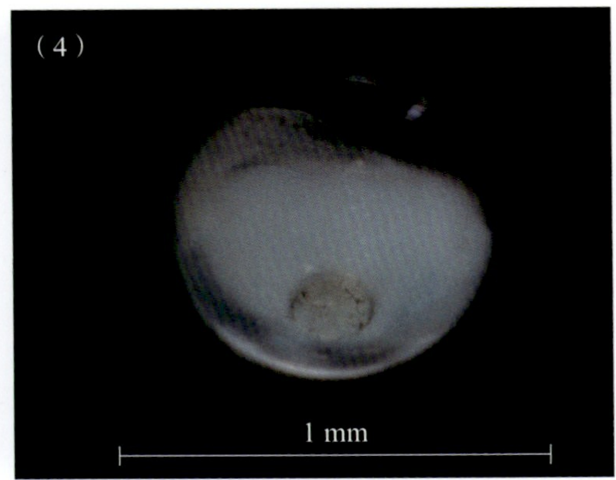

标本号：图（1）GDYH3677，图（2）～图（4）GDYH17183；

采集时间：图（1）2020-08-04，图（2）～图（4）2021-04-28；

采集位置：图（1）东海岛东南海域，393渔区，20.920° N，110.509° E，图（2）～图（4）北部湾海域，363渔区，21.399° N，109.324° E

中文别名：沙钻

英文名：Asian sillago

形态特征：

2个标本均为亚洲鱚的卵子，分别处于器官形成期的肌节形成期和将孵期。卵子圆球形，彼此分离，浮性卵；卵膜平滑，薄而透明；卵径为0.70～0.73 mm。卵周隙狭窄，卵黄囊和胚体充满卵内。卵黄均匀，有细弱的龟裂纹。油球1个，后位，直径为0.19～0.21 mm。

处于肌节形成期的卵子，胚体围绕卵黄约1/2周，胚体上无色素斑，油球无色，未见色素斑，见图（1）。

处于将孵期的卵子，晶体轮廓清晰，尾芽与卵黄囊分离，胚体从吻部至尾端具长枝辐射状黑色素斑，在背部密集连接成网状，在腹部呈零星分布，见图（2）、图（3）；油球外侧可见零星分布的3枝或4枝的长枝辐射状黑色素斑，见图（4）。

保存方式：酒精

DNA条形码序列：

CCTTTATTTAGTATTCGGAGCCTGAGCGGGCATGGTGGGCACAGCCCTAAGCCTACTTATCCGAGCGGAACTTAGCCAACCCGGCGCCCTGCTCGGTGATGACCAAATCTACAATGTTATCGTTACGGCGCATGCGTTCGTAATGATCTTCTTTATAGTTATA

CCTATTCTAATTGGAGGCTTCGGAAACTGGCTGGTCCCCTTAATAATTGGGGCCC
CCGACATGGCATTCCCCCGAATGAATAATATGAGCTTCTGACTTCTTCCCCCATCT
TTCCTTCTTCTCCTGGCCTCATCCGGAGTTGAAGCCGGAGCCGGAACTGGGTGA
ACAGTGTACCCGCCCCTCGCAGGTAACTTAGCCCATGCGGGAGCTTCGGTAGATT
TGACCATTTTCTCCCTACACTTAGCTGGGATTTCATCAATTCTTGGGGCTATTAAC
TTCATCACAACGATCATTAATATGAAACCACCAGCAACCTCCCAGTACCAAACTC
CTTTGTTCGTTTGATCCGTTTTAATTACAGCTGTTCTTCTGCTCCTCTCCCTACCA
GTGCTTGCTGCAGGCATTACAATGCTTCTCACAGATCGAAACCTCAACACCACCT
TCTTCGACCCTGCAGGAGGGGGGGACCCAATCCTTTACCAACACCTCTTT（标本号：GDYH17183）

>>> 鳕 *Sillago* sp.

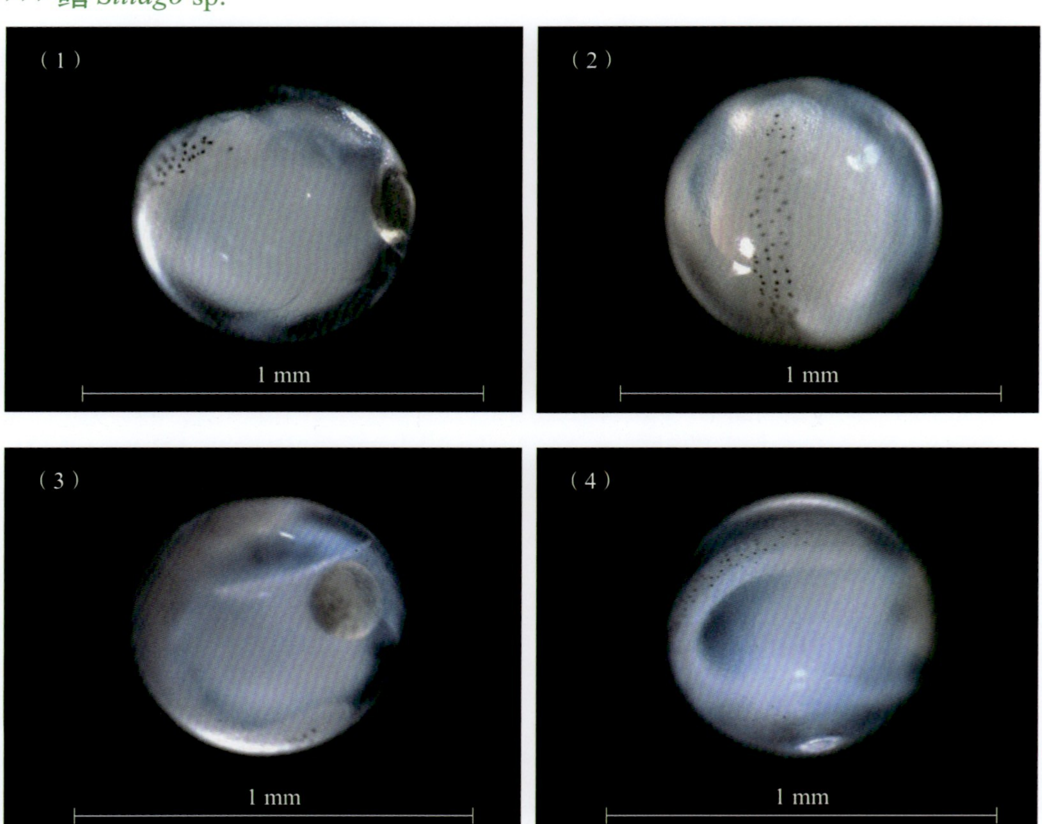

标本号：图（1）GDYH14123，图（2）、图（3）GDYH14122，图（4）GDYH14117；

采集时间：2020-08-04；

采集位置：徐闻角尾海域，418渔区，20.205° N，109.933° E

中文别名：沙钻

英文名：Mud sillago

形态特征：

3个标本均为鳍的卵子，分别处于器官形成期的晶体形成期和尾芽期。卵子圆球形，彼此分离，浮性卵；卵膜平滑，薄而透明；卵径为0.70～0.73 mm。卵周隙狭窄，卵黄囊和胚体充满卵内。卵黄均匀，有细弱的龟裂纹。油球1个，油球后位，直径为0.20～0.24 mm。

处于晶体形成期的卵子，晶体轮廓清晰，胚体从头部到尾部分布点状黑色素斑；油球淡黄色，无色素斑出现，见图（1）。

处于尾芽期的卵子，尾芽与卵黄囊分离，可见胚体脊索两侧散布2行点状黑色素斑；油球上出现数个点状黑色素斑，见图（2）～图（4）。

保存方式：酒精

DNA条形码序列：

CCTTTATTTAGTATTCGGAGCCTGGGCAGGAATGGTGGGCACAGCCCTAAGCCTGCTTATCCGGGCAGAACTTAGCCAACCTGGCGCTCTGCTTGGCGATGACCAAATTTACAATGTCATTGTTACCGCGCATGCCTTCGTAATGATTTTCTTTATAGTAATGCCAATCCTAATTGGAGGGTTCGGCAACTGGCTTGTTCCCCTGATGATCGGGGCCCCTGATATAGCATTTCCGCGAATGAACAATATGAGCTTCTGACTTCTCCCCCCTTCTTTCTTACTTCTCTTAGCCTCATCAGGCGTTGAGGCAGGGGCCGGCACAGGATGAACAGTCTACCCTCCTTTAGCGGGCAACCTGGCCCATGCAGGAGCTTCCGTTGACCTGACTATTTTCTCACTACACTTAGCCGGAATCTCATCAATTTTAGGAGCAATCAACTTTATCACAACGATCATTAACATGAAACCTCCTGCTACTTCTCAATACCAAACCCCACTGTTTGTCTGATCCGTCCTGATTACGGCCGTTCTTCTTCTCCTTTCACTCCCCGTACTCGCAGCAGGAATTACTATGCTTCTTACAGATCGAAATCTAAACACCACCTTCTTCGATCCGGCCGGGGGAGGAGACCCAATCCTTTACCAACATCTGTTT（标本号：GDYH14123）

>>> 黑带鱚 *Sillago nigrofasciata* Xiao，Yu，Song & Gao，2021

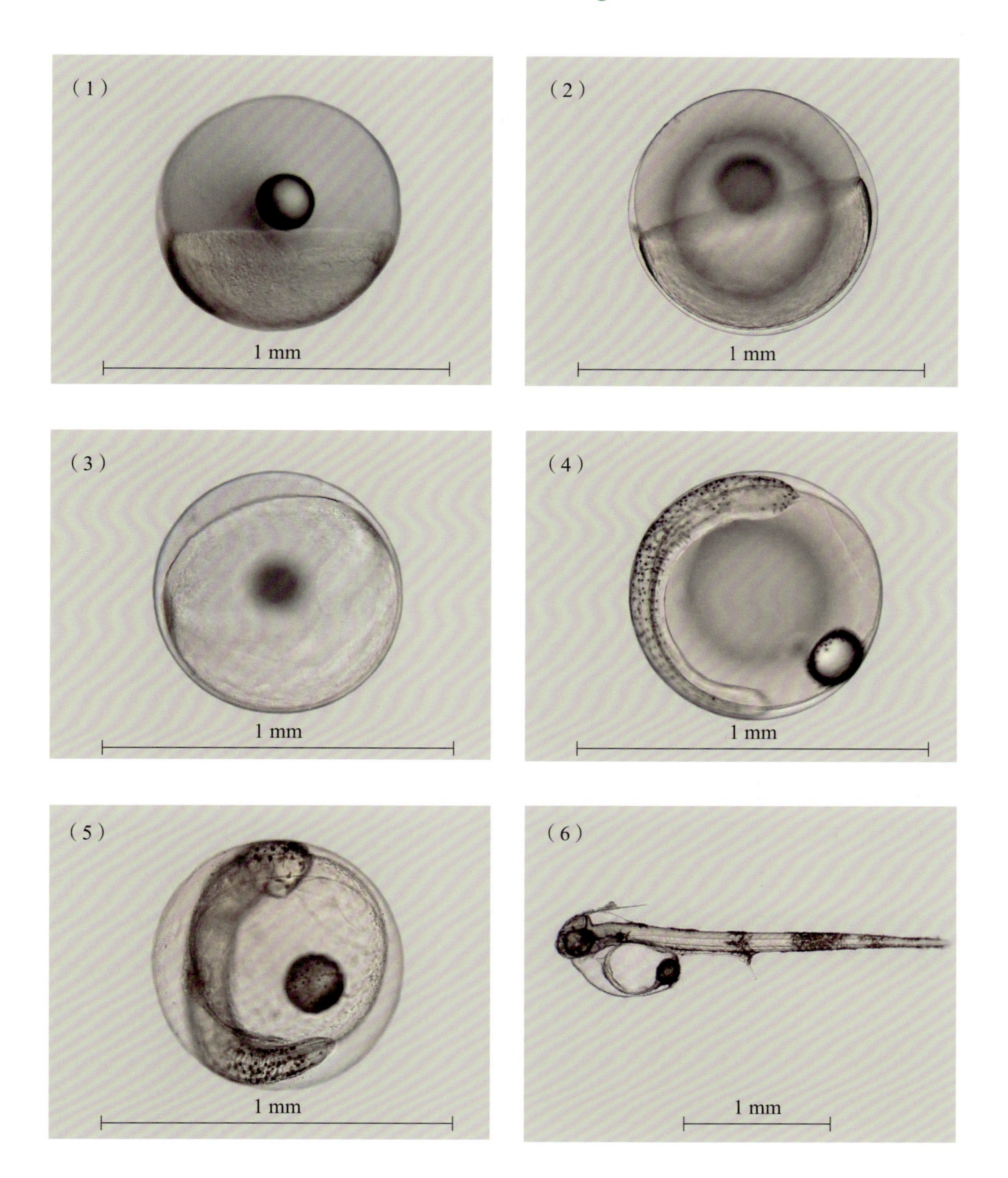

标本号：图（1）GDYH12601，图（2）GDYH12606，图（3）、图（4）GDYH12614，图（5）GDYH12375，图（6）GDYH12421；

采集时间：图（1）～图（4）2020-04-28，图（5）2020-04-05，图（6）2020-04-10；

采集位置：东海岛东南海域，393渔区，20.920° N，110.509° E

中文别名：沙钻

英文名：无

形态特征：

5个标本为黑带鱚的卵子和仔鱼，分别处于原肠胚期的原肠早期到原肠中期的过渡期、原肠中期和原肠晚期，器官形成期的心脏形成期、将孵期和初孵仔鱼期。卵子圆球形，彼此分离，浮性卵；卵膜薄而透明，卵膜平滑；卵径为0.75 ~ 0.77 mm。卵周隙狭窄，宽度为0.01 ~ 0.02 mm，为卵径的1.28% ~ 2.63%。卵黄粒细，表面有细的龟裂纹。油球1个，后位，直径为0.18 ~ 0.19 mm。

处于原肠早期到原肠中期的过渡期的卵子，胚层围绕卵黄近1/2周，侧面观可见胚层顶端形成一个新月形的胚盾，胚盾的下边缘明显卷曲，内胚层开始形成，见图（1）。

处于原肠中期的卵子，胚层围绕卵黄超过1/2周，可以看到部分胚体的雏形，油球上无色素斑，见图（2）。

处于原肠晚期的卵子，分裂球逐渐向植物极的卵黄包裹，胚层围绕卵黄接近2/3周，见图（3）。

处于心脏形成期的卵子，心脏开始跳动，侧面观胚体围绕卵黄近3/4周，胚体从吻部到尾端遍布点状黑色素斑；油球上具5个以上黑色素斑，可见淡黄色辐射状色素斑发育，见图（4）。

处于将孵期的卵子，胚体扭动频繁、有力，侧面观胚体围绕卵黄约3/4周，胚体从吻部到尾端点状黑色素斑进一步变大；油球上黑色素斑之间具淡黄色辐射状色素斑，见图（5）。

处于初孵仔鱼期的初孵仔鱼，仔鱼出膜约18 h，脊索长约2.59 mm。卵黄囊可见吸收缩小，油球后位。肛门开口于脊索长的49.11%处。肌节可计数，为36对。听囊后及斜上方具辐射状黑色素斑；听囊后缘至肛门腹侧黑色素斑连成线状，肛门上方3对肌节上色素斑连成片状；从背缘到腹缘，肛门后第7 ~ 14对和第16 ~ 26对肌节上色素斑亦连成片状，见图（6）。

保存方式：活体

DNA条形码序列：

CCTTTATTTAGTATTCGGAGCCTGAGCGGGCATGGTGGGCACAGCCCTAAGCCTACTTATCCGAGCGGAACTTAGCCAACCCGGCGCCCTGCTCGGTGATGACCAAATCTACAATGTTATCGTTACGGCGCATGCGTTCGTAATGATCTTCTTTATAGTTATA

CCTATTCTAATTGGAGGCTTCGGAAACTGGCTGGTCCCCTTAATAATTGGGGCCC
CCGACATGGCATTCCCCCGAATGAATAATATGAGCTTCTGACTTCTCCCCCCATCT
TTCCTTCTTCTCCTGGCCTCATCCGGAGTTGAAGCCGGAGCCGGAACTGGGTGA
ACAGTGTACCCGCCCCTCGCAGGTAACTTAGCCCATGCGGGAGCTTCGGTAGATT
TGACCATTTTCTCCCTACACTTAGCTGGGATTTCATCAATTCTTGGGGCTATTAAC
TTCATCACAACGATCATTAATATGAAACCACCAGCAACCTCCCAGTACCAAACTC
CTTTGTTCGTTTGATCCGTTTTAATTACAGCTGTTCTTCTGCTCCTCTCCCTACCA
GTGCTTGCTGCAGGCATTACAATGCTTCTCACAGATCGAAACCTCAACACCACCT
TCTTCGACCCTGCAGGAGGGGGGGACCCAATCCTTTACCAACACCTCTTT（标本号：GDYH12601）

>>> 多鳞鱚 *Sillago* cf. *sihama*（Forsskål，1775）

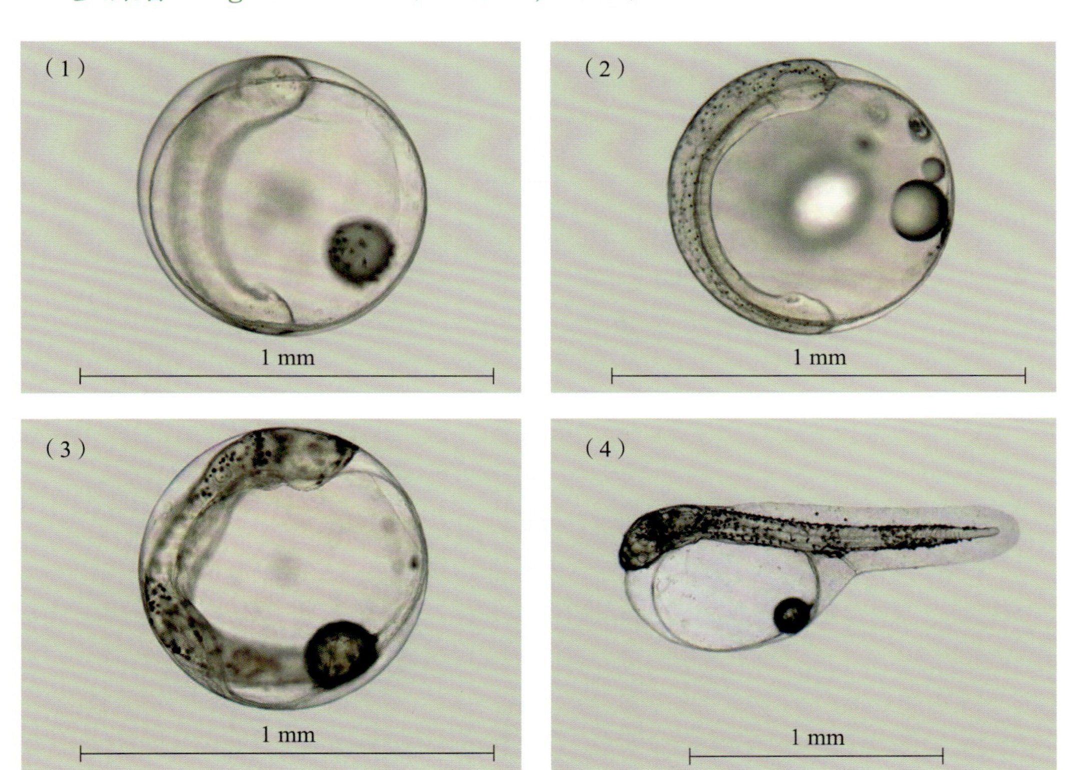

标本号：图（1）、图（2）GDYH12074，图（3）GDYH12280，图（4）GDYH12299；

采集时间：2020-03-11；

采集位置：东海岛东南海域，393渔区，20.920° N，110.509° E

中文别名：沙钻

英文名：Silver sillago

形态特征：

3个标本为多鳞鱚的卵子和仔鱼，分别处于器官形成期的心脏形成期、将孵期和初孵仔鱼期。卵子圆球形，彼此分离，浮性卵；卵膜平滑，薄而透明；卵径为0.70 ~ 0.78 mm。卵周隙狭窄，宽度为0.01 ~ 0.02 mm，是卵径的1.28 ~ 2.86%。卵黄粒细，表面有细的龟裂纹。油球一般为1个，后位，直径为0.16 ~ 0.18 mm。

处于心脏形成期的卵子，心脏开始跳动，胚体围绕卵黄约1/2周，胚体从吻部到尾端分布点状黑色素斑；腹面观油球上具11个左右的辐射状色素斑，见图（1）；侧面观油球上未见色素斑，见图（2）。

处于将孵期的卵子，胚体扭动频繁、有力，侧面观胚体围绕卵黄将近3/4周，视囊和晶体轮廓明显，听囊内可见耳石1对，从吻端至尾部躯体布满斑点状黑色素斑；油球上具10个赭黄色辐射状色素斑，见图（3）。

处于初孵仔鱼期的初孵仔鱼，脊索长约为1.56 mm；卵黄囊可见，缩小；油球后位；肛门开口于脊索长约60.61%处；肌节可计数，为38对；从视囊后缘到肛门开口处躯体上密布斑块状黑色素斑；肛门上方、肛门后第4 ~ 17对肌节上亦遍布斑块状色素斑，见图（4）。

保存方式：活体

DNA条形码序列：

CCTGTATTTAGTATTCGGAGCCTGAGCAGGTATAGTCGGCACTGCCCTAAGCCTGCTTATCCGGGCAGAACTCAGCCAACCTGGCGCTCTGCTTGGTGACGACCAAATCTATAACGTAATTGTTACGGCACACGCCTTTGTAATAATTTTCTTCATGGTTATACCAATCCTAATTGGAGGCTTCGGGAACTGACTAGTTCCCCTAATGATTGGGGCCCCTGATATGGCATTCCCTCGAATGAACAATATGAGCTTCTGACTTCTTCCTCCTTCTTTCTTACTCCTTCTGGCCTCTTCTGGTGTTGAAGCTGGTGCCGGGACTGGATGAACTGTATACCCTCCTCTAGCAGGAAACTTAGCCCACGCAGGGGCTTCCGTAGACCTTACCATTTTCTCACTCCACCTGGCAGGGGTTTCCTCAATTCTTGGTGCAATTAACTTCATCACAACGATCATCAACATGAAACCCCCAGCAACTTCACAGTACCAAACCCCTCTGTTCGTTTGATCCGTCCTAATTACGGCCATCCTGCTCCTCCTTTCACTACCCGTGCTTGCGGCAGGCATTACAATGCTATTAACGGACCGAAACCTAAATACCACCTTTTTCGACCCTGCAGGAGGTGGGGACCCAATCCTTTACCAACATCTATTT（标本号：GDYH12074）

弱棘鱼科 Malacanthidae

方头鱼属 *Branchiostegus* Rafinesque，1815

>>> 白方头鱼 *Branchiostegus albus* Dooley，1978

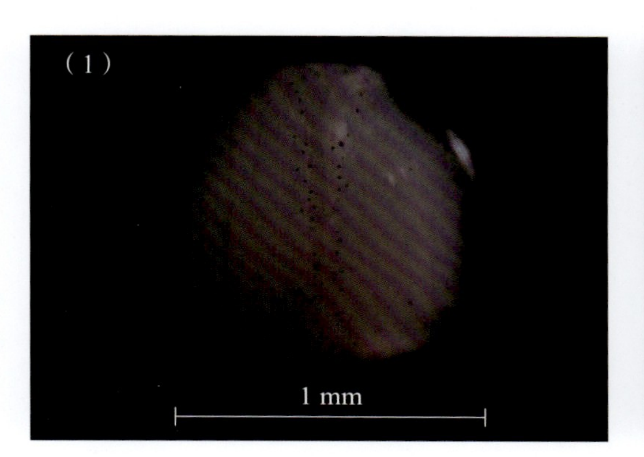

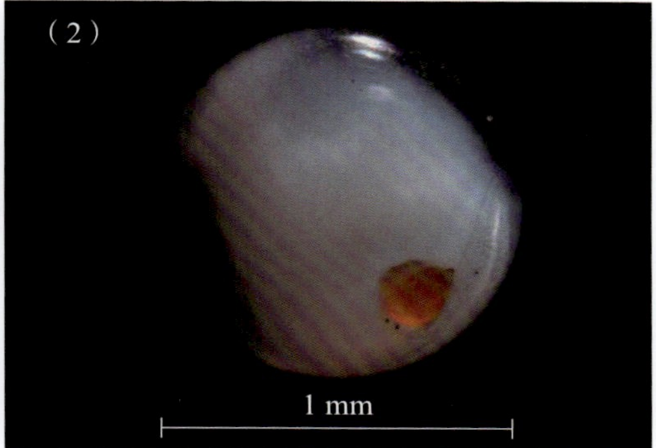

标本号：GDYH15759；采集时间：2020-12-02；
采集位置：北部湾海域，443渔区，19.780° N，108.417° E

中文别名：马头鱼

英文名：无

形态特征：

该标本为白方头鱼的卵子，处于器官形成期的将孵期。卵子圆球形，彼此分离，浮性卵；卵膜光滑，薄而透明；卵径约为1.05 mm。油球1个，后位，橙黄色，直径约为0.19 mm。卵周隙狭窄，卵黄囊和胚体已充满卵内。卵黄均匀无龟裂。胚体围绕卵黄约3/4周，胚体头部至体中后段的背部两侧各具1列点状黑色素斑，但也有零星的点状黑色素斑分布在成列黑色素斑之外，见图（1）。油球下缘具2个点状黑色素斑，见图（2）。

保存方式：酒精

DNA条形码序列：

CCTTTATTTAGTATTTGGTGCTTGAGCCGGCATAGTAGGCACAGCTTTGAGCTTGCTCATTCGAGCAGAACTTAGCCAACCAGGCGCCCTCCTCGGGGATGACCAGA

TTTATAATGTTATTGTTACAGCACATGCCTTTGTAATAATTTTCTTTATAGTAATACC
AATTATGATTGGTGGGTTTGGCAACTGACTGATCCCCCTTATGATCGGTGCCCCCG
ACATAGCCTTTCCTCGTATGAATAATATGAGCTTTTGACTTCTACCCCCTTCCTTCC
TGCTCCTTCTCGCCTCCTCAGGCGTAGAGGCGGGAGCAGGAACCGGCTGAACAG
TATACCCCCCTTTAGCTGGAAACCTGGCCCACGCAGGACCTTCCGTTGATCTAAC
AATCTTCTCCCTCCATCTGGCAGGGGTATCTTCAATCCTCGGGGCCATTAACTTTA
TTACTACTATTGTTAATATGAAACCTCCCGCCACAACACAATATCAAACCCCCTTA
TTTGTTTGATCTGTGTTAATTACCGCTGTTCTTCTCCTTCTGTCCCTCCCAGTTCTT
GCCGCCGGCATCACAATGCTTCTCACAGACCGAAACCTAAATACTACCTTCTTTG
ACCCTGCAGGAGGAGGAGACCCAATTCTCTACCAACATCTCTTC

>>> 银方头鱼 *Branchiostegus argentatus*（Cuvier，1830）

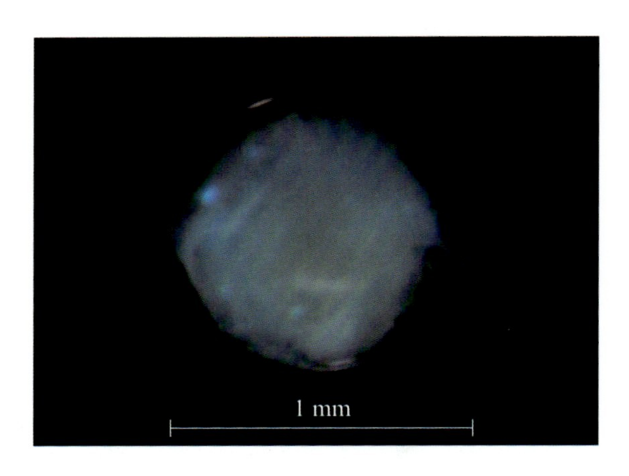

标本号：GDYH4777；采集时间：2019-08-20；
采集位置：北部湾海域，465渔区，19.250° N，107.250° E

中文别名：马头鱼

英文名：无

形态特征：

该标本为银方头鱼的卵子，期相未能识别。卵子圆球形，彼此分离，浮性卵；卵膜光滑，薄而透明；卵径约为1.00 mm。卵周隙狭窄，宽度约为0.04 mm，约为卵径的4.00%。卵黄均匀，无龟裂。油球1个，橙黄色，直径约为0.18 mm。

保存方式：酒精

DNA条形码序列：

CCTTTATTTAGTATTTGGTGCTTGAGCCGGTATAGTAGGCACAGCCTTAAGCTTGCTCATTCGAGCAGAACTTAGCCAACCAGGCGCCCTCCTCGGGGATGACCAGATTTATAATGTTATTGTTACAGCACATGCCTTTGTAATAATTTTCTTTATAGTAATACCAATTATGATTGGCGGGTTCGGCAACTGACTGATCCCCCTTATAATCGGTGCCCCCGACATAGCCTTTCCTCGTATAAATAATATGAGCTTCTGACTGCTACCCCCCTCATTCCTACTCCTTCTCGCCTCCTCCGGCGTAGAAGCAGGGGCGGGAACCGGCTGAACAGTATACCCCCCTTTAGCTGGCAACCTGGCCCACGCAGGACCTTCCGTTGATTTAACAATCTTCTCCCTTCATTTGGCAGGGGTGTCTTCAATCCTCGGGGCCATTAACTTTATTACTACCATTATCAATATGAAACCTCCCGCCACAACACAATACCAAACCCCTTTATTTGTTTGGTCTGTCCTAATTACCGCTGTTCTCCTCCTCCTATCCCTCCCAGTCCTTGCCGCCGGCATCACAATACTTCTCACAGACCGAAATCTAAACACTACCTTCTTTGACCCTGCAGGGGGAGGAGACCCAATTCTCTACCAACATCTCTTC

乳香鱼科 Lactariidae

乳香鱼属 *Lactarius* Valenciennes，1833

>>>乳香鱼 *Lactarius lactarius*（Bloch & Schneider，1801）

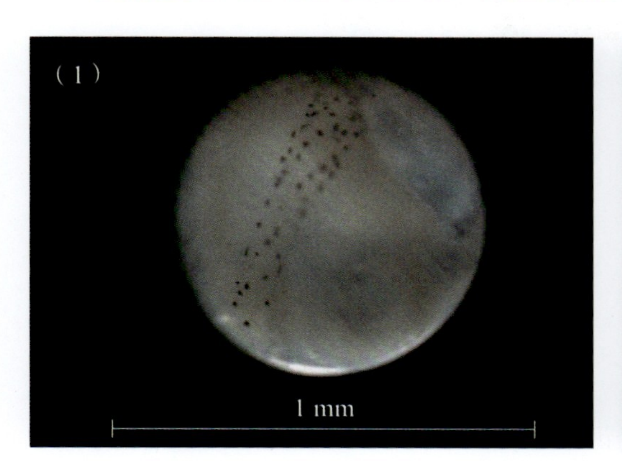

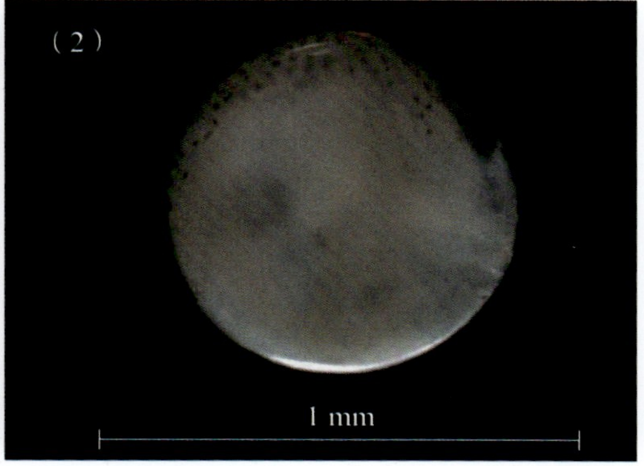

标本号：GDYH8113；采集时间：2019-09-24；

采集位置：阳江外海，367渔区，21.250° N，111.750° E

中文别名：七娘鱼

英文名：False trevally

形态特征：

该标本为乳香鱼的卵子，处于器官形成期的晶体形成期。卵子圆球形，彼此分离，浮性卵；卵膜较厚，无色透明；卵径约为0.76 mm。卵周隙狭窄，卵黄囊和胚体几乎充满卵内。卵黄均匀，无龟裂。油球1个，直径约为0.17 mm。尾芽与卵黄囊分离，胚体围绕卵黄约3/4周，胚体背部密布点状黑色素斑，见图（1）、图（2）。

保存方式：酒精

DNA条形码序列：

CCTTTATCTAGTATTCGGTGCCTGAGCCGGATAGTAGGCACAGCCCTAAGCCTGCTTATTCGAGCAGAACTAAGCCAACCTGGCGCTCTCTTAGGAGACGACCAAATTTACAACGTAATTGTTACAGCACATGCCTTTGTAATAATTTTCTTCATAGTAATACCAATCATGATTGGAGGATTTGGGAACTGACTTATCCCACTAATGATCGGTGCCCCTGACATGGCATTTCCTCGAATGAATAACATGAGCTTCTGACTCCTTCCTCCTTCCTTCCTCCTACTCCTCGCCTCCTCAAGTGTTGAAGCTGGAGCTGGTACTGGGTGAACAGTCTACCCCCCTCTAGCCGGTAATCTTGCCCATGCAGGAGCCTCCGTAGACCTAACTATTTTTTCTCTACATCTTGCTGGAGTTTCTTCAATTCTTGGCGCTATTAACTTTATTACCACTATCATTAATATGAAACCTGCTGCTGTTTCAATGTACCAAATCCCGCTATTCGTTTGGGCCGTTCTAATTACAGCCGTTCTTCTCCTCCTTTCCCTTCCCGTCCTAGCTGCTGGTATTACAATGCTCTTAACCGACCGAAACTTAAACACCACCTTCTTTGACCCGGCAGGAGGAGGAGACCCAATTCTTTACCAACACCTATTC

鲯鳅科 Coryphaenidae

鲯鳅属 *Coryphaena* Linnaeus，1758

>>> 鲯鳅 *Coryphaena hippurus* Linnaeus，1758

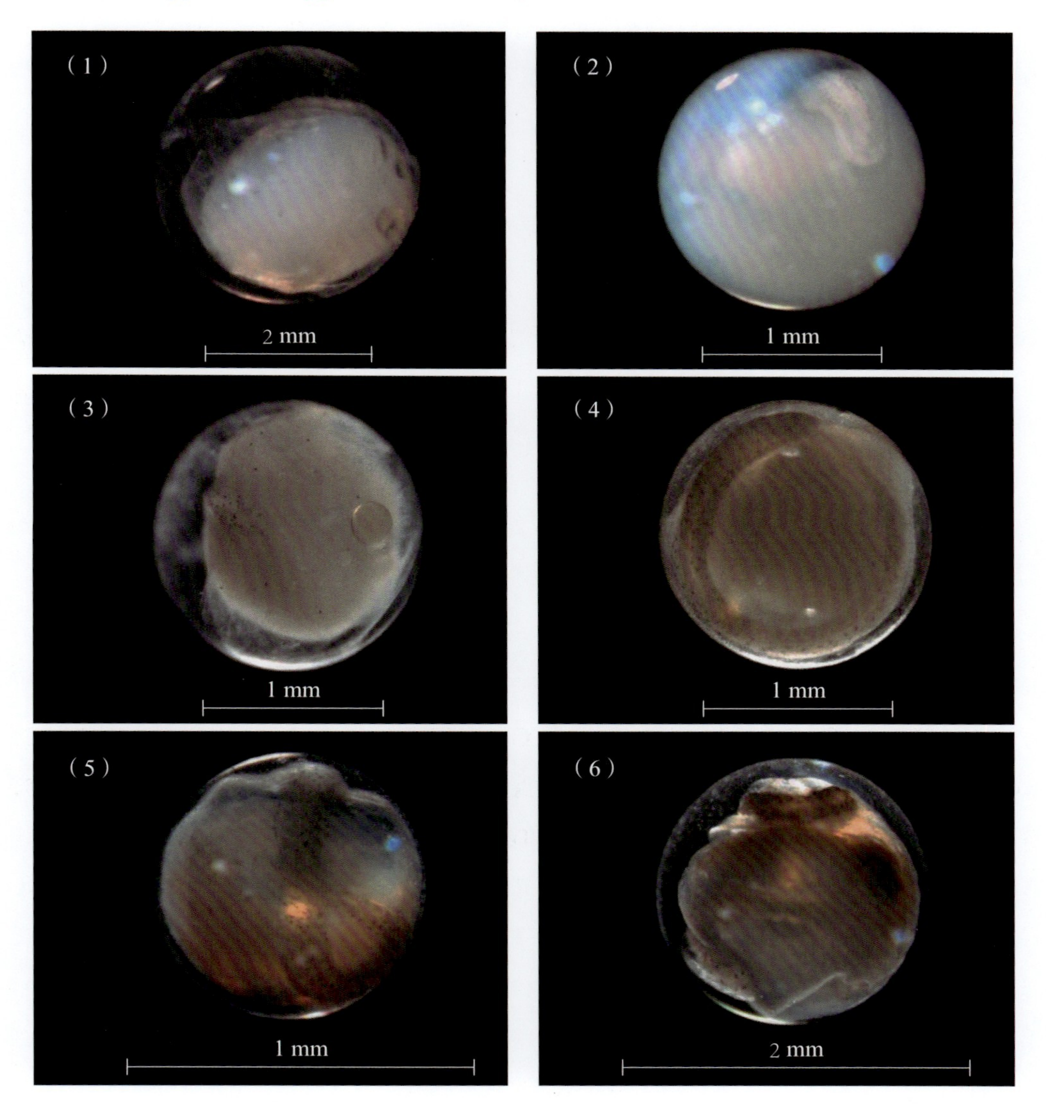

标本号：图（1）GDYH4486，图（2）GDYH4505，图（3）GDYH5981，图（4）GDYH7118，图（5）、图（6）GDYH4501；
采集时间：图（1）、图（2）2019-04-13，图（3）2019-04-10，图（4）2019-09-06，图（5）、图（6）2019-04-13；
采集位置：图（1）、图（2）、图（5）、图（6）珠江口外海，370渔区，21.250°N，113.250°E；图（3）珠江口外海，425渔区，20.250° N，113.250° E；图（4）文昌外海，423渔区，20.250° N，112.250° E

中文别名：鬼头刀

英文名：Common dolphinfish

形态特征：

5个标本均为鲯鳅的卵子，分别处于器官形成期的心脏形成期、尾芽期、尾芽期到晶体形成期的过渡期、晶体形成期和将孵期。卵子圆球形，彼此分离，浮性卵；卵膜较厚，无色透明；卵径为1.45～1.62 mm。卵周隙窄，宽度为0.06～0.11 mm，为卵径的4.08%～7.14%。卵黄有泡状龟裂。油球1个，淡黄色或无色，直径为0.21～0.23 mm。

处于心脏形成期的卵子，脊索轮廓清晰，胚体围绕卵黄约1/2周，胚体背部和卵黄囊上尚未见色素斑，见图（1）。

处于尾芽期的卵子，尾芽开始与卵黄囊分离，胚体围绕卵黄约3/4周，胚体背部分布点状黑色素斑，见图（2）。

处于尾芽期至晶体形成期的过渡期的卵子，胚体色素进一步沉积，卵黄囊上分布有放射星状黑色素斑，油球尚未见色素斑出现，见图（3）。

处于晶体形成期的卵子，胚体围绕卵黄约1周，胚体背部点状黑色素斑显著，见图（4）。

处于将孵期的卵子，胚体扭曲状明显，胚体围绕卵黄超过1周，胚体背部色素斑发育为放射点状黑色素斑，见图（5）、图（6）。

保存方式：酒精

DNA条形码序列：

CCTTTATTTAATTTTCGGTGTCTTAGCAGGGATAACAGGAACAGGTTTAAGT
CTTCTCATTCGAGCTGAGTTAAGCCAGCCTGGGTCACTTCTAGGAGACGACCAA
ACCTATAATGTCATCGTTACAGCACATGCCTTCGTAATAATTTTCTTTATAGTTATG
CCAATTATGATCGGAGGCTTCGGGAACTGATTAATCCCACTAATGCTTGGCGCTC
CTGATATAGCATTCCCTCGAATAAATAACATAAGCTTTTGACTTCTTCCACCATCAT
TTCTTCTCCTTCTAGCCTCTTCAGGGGTAGAAGCAGGAGCAGGAACTGGTTGAA
CGGTCTACCCACCTCTGGCGGGTAACTTAGCCCATGCTGGGGCCTCTGTAGATTT
AACAATTTTCTCCCTGCATTTAGCCGGGGTATCATCAATTCTTGGGGCAATCAATT
TTATTACAACTATTATTAATATAAAACCCCCCACAGTAACGATATACCAAATTCCAC
TATTCGTGTGAGCTGTACTAATTACAGCTGTACTACTACTCCTATCACTTCCTGTC

CTAGCTGCGGGAATTACAATACTGCTAACAGACCGAAATTTAAATACAGCTTTCT
TTGACCCAGCGGGAGGAGGGGATCCTATCCTATACCAACACCTGTTT（标本号：
GDYH4486）

鲹科 Carangidae

沟鲹属 *Atropus* Oken，1817

>>> 沟鲹 *Atropus atropos*（Bloch & Schneider，1801）

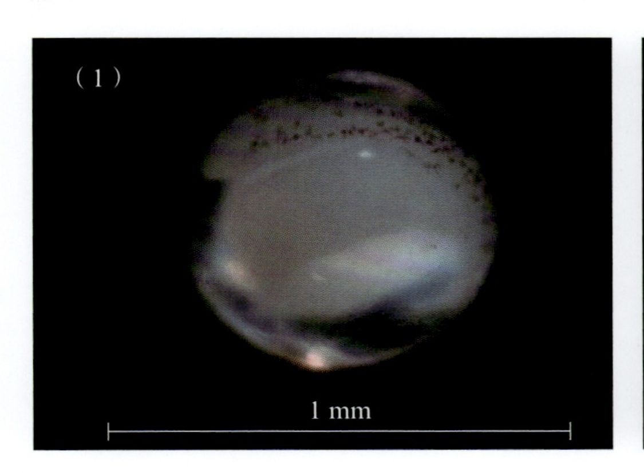

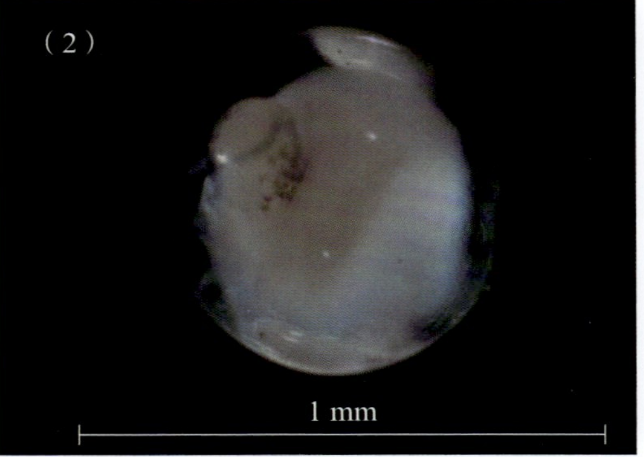

标本号：GDYH17247；采集时间：2021-04-28；
采集位置：北部湾海域，417渔区，20.092° N，109.085° E

中文别名：无

英文名：Cleftbelly trevally

形态特征：

该标本为沟鲹的卵子，处于器官形成期的晶体形成期。卵子圆球形，彼此分离，浮性卵；卵膜光滑，薄而透明；卵径约0.72 mm。卵周隙狭窄，卵黄囊和胚体充满卵内。油球1个，直径约0.18 mm。晶体轮廓清晰，尾芽与卵黄囊分离，胚体围绕卵黄约3/4周，背面观可见胚体颈部至尾部背缘具淡黑色色素斑，成根枝辐射状或点状，分布在背缘，两侧各1列，中间亦有散布，见图（1）。侧面观油球上具数个枝状色素斑，见图（2）。

保存方式：酒精

DNA条形码序列：

CCTTTATCTAGTATTTGGTGCTTGAGCCGGAATAGTAGGCACAGCTCTAAGC
CTGCTTATTCGAGCAGAACTAAGCCAACCTGGCGCCCTTCTAGGAGACGACCAA
ATTTATAATGTTATTGTTACGGCCCACGCCTTTGTAATAATTTTCTTTATAGTAATGC
CAATCATGATTGGAGGCTTCGGAAATTGACTAATTCCACTAATGATTGGAGCCCC
TGACATAGCATTCCCCCGAATGAACAACATAAGCTTTTGACTCCTCCCACCTTCT
TTCCTACTACTCTTAGCCTCTTCCGGGGTTGAAGCTGGGGCCGGAACTGGTTGAA
CAGTTTACCCGCCACTGGCTGGAAACCTTGCTCACGCCGGAGCATCCGTTGACTT
AACAATCTTTTCCCTTCACTTAGCGGGGGTCTCGTCGATTCTGGGAGCAATTAAC
TTCATTACCACCATTATTAACATGAAGCCTCCTGCAGTGTCAATGTACCAAATCCC
CCTGTTTGTTTGAGCCGTACTAATTACAGCTGTCCTTCTCCTTTTATCCCTGCCAG
TCCTAGCCGCTGGAATTACAATACTCCTAACAGACCGAAACCTAAACACTGCCTT
CTTTGACCCCGCAGGAGGTGGAGATCCCATTCTTTACCAGCACTTATTC

若鲹属 *Carangoides* Bleeker，1851

>>> 褐背若鲹 *Carangoides praeustus*（Anonymous［Bennett］，1830）

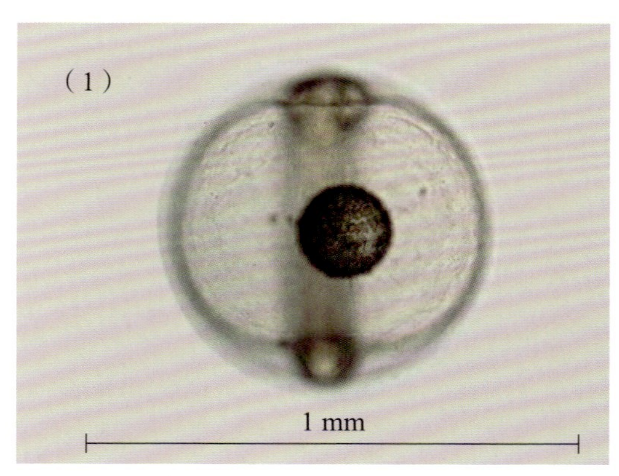

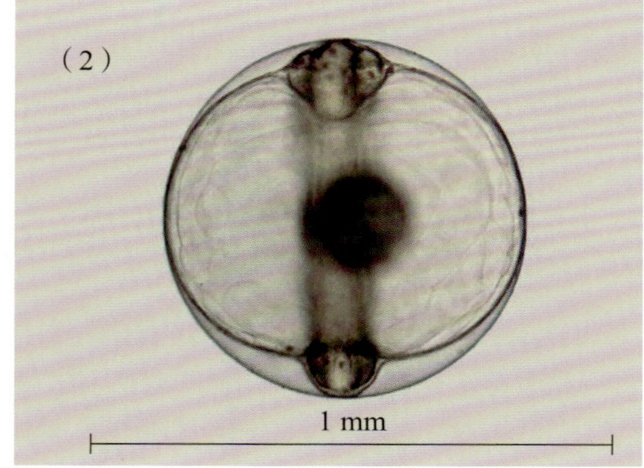

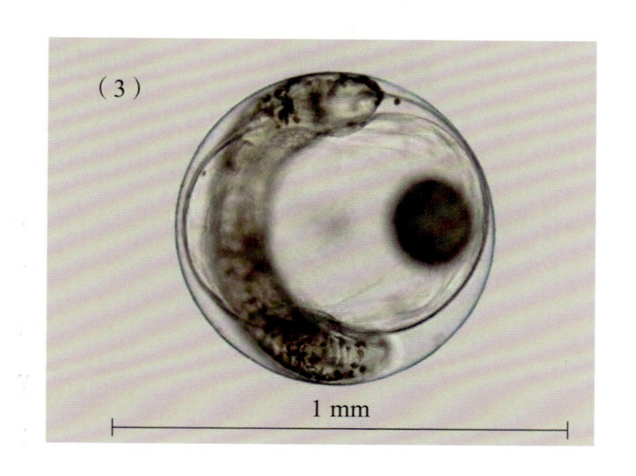

标本号：GDYH14022；采集时间：2020-08-07；
采集位置：东海岛东南海域，393渔区，20.920° N，110.509° E

中文别名：无

英文名：Brownback trevally

形态特征：

该标本为褐背若鲹的卵子，处于器官形成期的将孵期。卵子圆球形，彼此分离，浮性卵；卵膜光滑，薄而透明；卵径约为0.71 mm。卵周隙狭窄，卵黄囊和胚体几乎充满卵内。卵黄囊上具泡状龟裂。油球1个，后位，直径约0.20 mm。腹面观可见卵黄囊上泡状卵裂，褶皱较大且明显；油球上布满浅黄色和淡灰色环状色素斑，见图（1）、图（2）。侧面观可见尾芽与卵黄囊分离，胚体围绕卵黄约2/3周，从吻端到尾部密布浅灰色或淡黄色的点状色素斑，见图（3）。

保存方式：活体

DNA条形码序列：

CCTTTATCTAGTATTTGGTGCTTGAGCCGGAATAGTAGGAACAGCTTTAAGTCTACTCATCCGAGCAGAATTAAGCCAGCCTGGTGCTCTCTTAGGAGACGACCAGATCTACAATGTAATCGTAACAGCTCATGCTTTCGTAATAATTTTCTTTATAGTAATACCAATTATGATTGGAGGCTTTGGAAACTGACTTATCCCCCTAATAATCGGAGCCCCTGACATAGCATTCCCCCGAATAAATAATATGAGCTTCTGACTGCTCCCTCCCTCTTTCCTTCTGCTTCTGGCCTCCTCAGGGGTTGAAGCCGGAGCTGGTACCGGTTGAACAGTCTATCCTCCCCTAGCTGGCAACTTAGCCCACGCTGGAGCATCTGTAGACTTAA

CTATTTTTTCCCTACATTTAGCAGGGGTTTCATCGATTCTAGGGGCTATTAACTTTA
TTACCACAATTATTAATATGAAGCCCCCTGCAGTTTCAATATACCAAATTCCACTC
TTCGTTTGGGCTGTTTTAATTACAGCCGTCCTTCTTCTTCTCTCCCTCCCTGTCTTA
GCTGCTGGTATTACAATACTCCTAACAGACCGAAACCTAAACACTGCCTTCTTTG
ACCCGGCAGGAGGAGGGGACCCCATTCTTTACCAACATCTATTC

>>> 马拉巴若鲹 *Carangoides malabaricus*（Bloch & Schneider，1801）

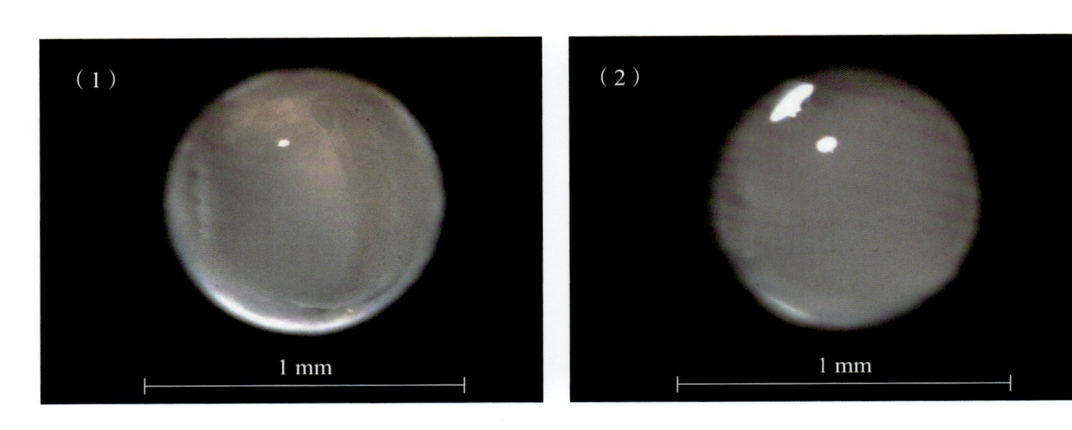

标本号：GDYH12818；采集时间：2020-04-11；
采集位置：北部湾海域，415渔区，20.417° N，108.066° E

中文别名：无

英文名：Malabar trevally

形态特征：

该标本为马拉巴若鲹的卵子，处于器官形成期的晶体形成期。卵子圆球形，彼此分离，浮性卵；卵膜光滑，薄而透明；卵径约0.86 mm。卵周隙狭窄，卵黄囊和胚体几乎充满卵内。背面观晶体轮廓清晰，胚体围绕卵黄约2/3周，胚体背缘两侧具小的点状黑色素斑，见图（1）、图（2）。

保存方式：酒精

DNA条形码序列：

CCTTTATCTAGTATTCGGTGCTTGAGCCGGAATAGTAGGCACAGCCCTAAGC

CTGCTAATTCGAGCAGAACTAAGCCAACCTGGCGCCCTTCTAGGGGATGACCAA
ATCTACAATGTTATTGTTACGGCCCACGCCTTCGTAATAATTTTCTTTATAGTAATG
CCAATCATGATTGGAGGCTTTGGAAACTGACTAATCCCACTAATGATCGGAGCCC
CTGATATAGCATTCCCTCGAATAAACAATATGAGCTTCTGGCTCCTACCCCCTTCT
TTCCTCCTACTCCTGGCCTCTTCAGGAGTTGAAGCCGGAGCCGGGACTGGTTGA
ACAGTTTACCCCCCGCTAGCTGGCAACCTTGCCCACGCCGGAGCATCAGTTGAC
CTAACCATCTTCTCCCTTCATCTAGCAGGGGTCTCATCAATTCTTGGGGCGATCAA
TTTTATCACCACTATTATCAATATGAAACCTCCCGCAGTATCAATGTACCAAATTCC
CCTGTTTGTCTGAGCTGTTCTAATTACAGCTGTCCTCCTTCTTCTGTCCCTTCCAG
TATTAGCTGCCGGCATTACAATACTCCTAACTGACCGAAACCTAAACACTGCCTT
CTTTGACCCAGCCGGAGGTGGGGATCCCATTCTCTATCAACATTTATTC

圆鲹属 *Decapterus* Bleeker，1851

>>> 蓝圆鲹 *Decapterus maruadsi*（Temminck & Schlegel，1843）

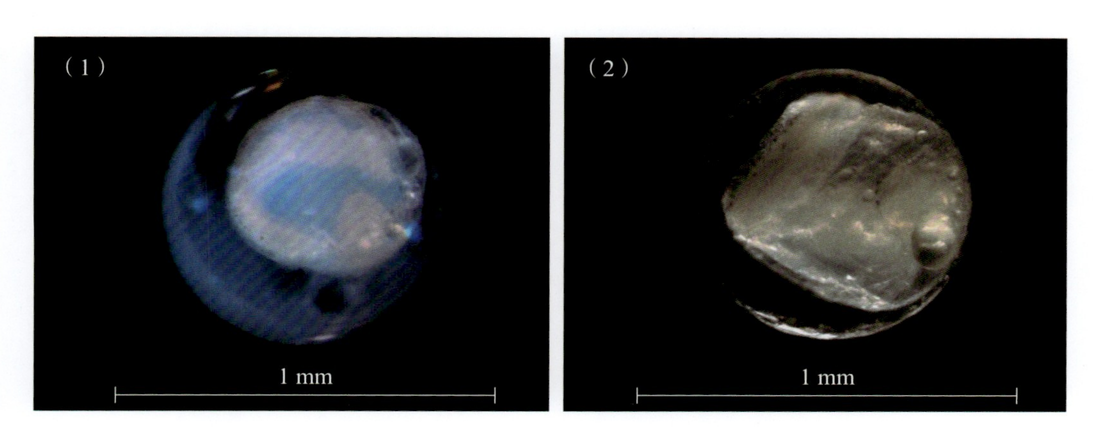

标本号：图（1）GDYH4606，图（2）GDYH5607；采集时间：2019-04-13；
采集位置：珠江口外海海域，371 渔区，21.250° N，113.750° E

中文别名：池鱼、池仔

英文名：Japanese scad

形态特征：

2个标本均为蓝圆鲹的卵子，分别处于器官形成期的晶体形成期和将孵期。卵子圆球形，彼此分离，浮性卵；卵膜光滑，薄而透明；卵径为0.75～0.76 mm。卵周隙略窄或中等宽，宽度为0.05～0.11 mm，是卵径的6.58%～14.67%。油球后位，直径为0.11～0.12 mm。

处于晶体形成期的卵子，晶体轮廓清晰，胚体围绕卵黄约3/4周，胚体背缘两侧具小的点状黑色素斑，卵黄囊上未见色素斑，见图（1）。

处于将孵期的卵子，可见胚体扭动状，胚体围绕卵黄约4/5周，胚体背部色素斑自颈部开始分为2行，油球上未见色素斑，见图（2）。

保存方式：酒精

DNA条形码序列：

CCTTTATCTAGTATTTGGTGCTTGAGCTGGAATAGTAGGAACTGCTTTAAGCCTACTTATTCGGGCAGAATTAAGCCAACCTGGCGCCCTTCTAGGGGATGACCAAATTTATAACGTAATTGTTACGGCCCACGCCTTCGTAATAATTTTCTTTATAGTAATGCCAATTATGATTGGAGGCTTTGGAAACTGACTAATCCCACTGATGATCGGAGCCCCCGACATGGCCTTCCCTCGAATGAACAACATGAGCTTCTGACTACTCCCTCCGTCCTTCCTGCTGCTTCTAGCCTCTTCAGGCGTTGAAGCCGGGGCCGGAACTGGCTGAACCGTCTACCCTCCGCTGGCTGGGAATCTTGCCCACGCCGGAGCATCCGTAGACTTAACCATCTTCTCTCTTCATCTAGCAGGTGTCTCATCAATTCTAGGGGCTATTAACTTTATTACTACTATCATTAATATGAAACCTCCTGCAGTTTCAATGTATCAGATCCCGCTATTCGTTTGAGCTGTTTTAATTACAGCCGTACTTCTTYTTCTCTCTCTTCCCGTCTTAGCTGCTGGTATTACAATGCTTCTTACAGACCGAAACCTAAACACTGCCTTCTTCGACCCTGCAGGGGGAGGAGACCCAATTCTTTACCAACACTTATTC

>>> 长体圆鲹 *Decapterus macrosoma* Bleeker，1851

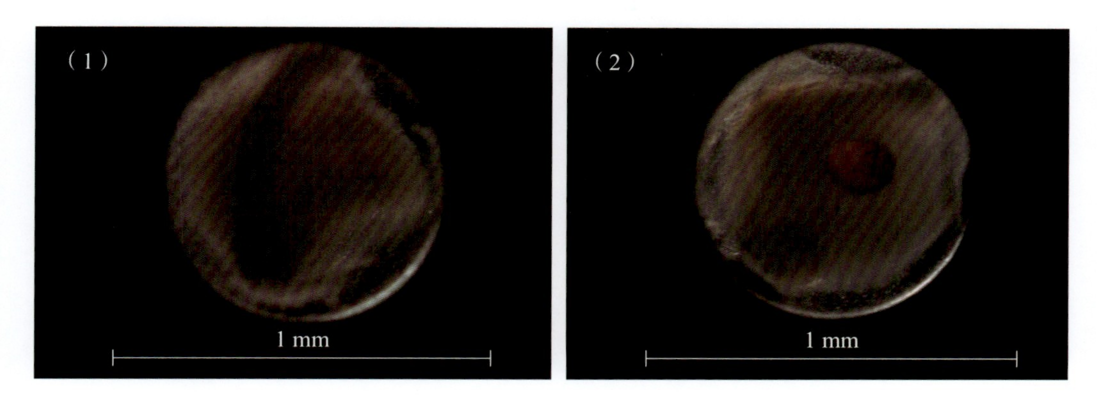

标本号：GDYH7225；采集时间：2019-09-10；
采集位置：文昌外海，424渔区，20.250° N，112.750° E

中文别名：竹池

英文名：Shortfin scad

形态特征：

该标本为长体圆鲹的卵子，处于器官形成期的晶体形成期。卵子圆球形，彼此分离，浮性卵；卵膜光滑，薄而透明；卵径约为0.78 mm。卵周隙窄，宽度约为0.06 mm，约为卵径的7.69%。油球1个，橙黄色，后位，直径约为0.18 mm。晶体轮廓清晰，胚体围绕卵黄约3/4周，从颈部到胚体中后段的背部密布点状黑色素斑，见图（1）。油球上具数个点状黑色素斑，见图（2）。

保存方式：酒精

DNA条形码序列：

CCTTTATCTAGTATTTGGTGCATGAGCTGGAATGGTAGGAACTGCTTTAAGCC
TACTTATTCGGGCAGAATTAAGCCAACCTGGCGCCCTCCTGGGGGATGACCAAAT
TTACAATGTAATTGTTACGGCGCACGCCTTCGTAATAATTTTCTTTATAGTAATGCC
AATTATGATTGGGGGCTTTGGAAACTGACTAATCCCACTAATGATCGGGGCTCCC
GATATGGCTTTCCCTCGAATGAACAACATGAGCTTCTGACTCCTCCCTCCATCCTT
CCTCCTACTTTTAGCCTCTTCAGGCGTTGAAGCTGGGGCCGGAACTGGTTGAAC
AGTTTATCCTCCGCTAGCTGGAAACCTCGCCCACGCGGGAGCATCCGTAGACTTA

ACCATCTTCTCTCTTCACCTGGCCGGGGTCTCATCAATTCTAGGGGCCATCAACTT
TATTACTACGATTATCAATATGAAACCACCTGCAGTTTCAATGTACCAGATCCCAC
TATTCGTCTGAGCTGTCTTAATTACAGCTGTCCTTCTTCTCCTATCTCTTCCCGTCT
TAGCTGCTGGCATTACAATGCTTCTAACAGACCGAAACCTAAACACTGCCTTCTT
CGACCCTGCAGGGGGAGGAGACCCGATTCTTTACCAACACTTATTC

似鲹属 *Scomberoides* Lacepède，1801

>>> 革似鲹 *Scomberoides tol*（Cuvier，1832）

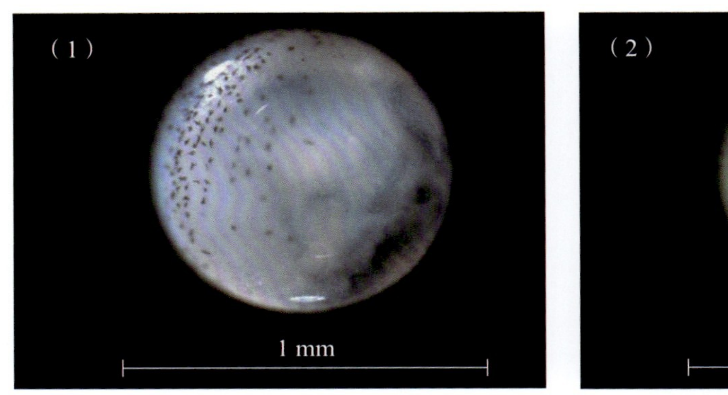

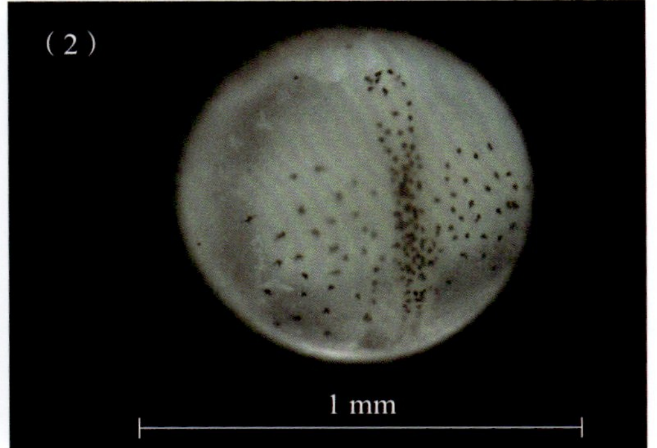

标本号：图（1）GDYH12847，图（2）GDYH8210；采集时间：图（1）2020-04-08，图（2）2019-10-10；采集位置：图（1）北部湾海域，536渔区，17.685° N，108. 762° E；图（2）珠江口外海，370渔区，21.250° N，113.250° E

中文别名：托尔逆沟鲹

英文名：Needlescaled queenfish

形态特征：

2个标本均为革似鲹的卵子，处于器官形成期的晶体形成期。卵子圆球形，彼此分离，浮性卵；卵膜光滑，薄而透明；卵径约为0.86 mm。卵周隙狭窄，卵黄囊和胚体充满卵内。背面观晶体轮廓清晰，胚体围绕卵黄约2/3周，胚体背缘两侧具小的点状黑色素斑，卵黄囊上分布数个较大的黑色素斑点，见图（1）、图（2）。

保存方式：酒精

DNA条形码序列：

TCTCTACCTCGTATTCGGTGCTTGAGCCGGAATAGTAGGAACAGCCCTAAGCCTACTCATCCGAGCAGAACTAAGCCAACCCGGGGCCCTCCTCGGAGACGACCAAATCTATAACGTCATCGTTACAGCCCACGCCTTCGTAATAATCTTCTTTATAGTAATACCAATTATAATTGGGGGGTTCGGAAACTGACTCATTCCCCTAATAATTGGTGCCCCTGACATAGCWTTCCCTCGAATAAATAACATAAGCTTCTGACTCCTTCCCCCTTCCTTCCTTCTTCTCCTCGCCTCCTCAGGGGTTGAAGCCGGGGCAGGAACTGGTTGAACGGTCTACCCTCCTCTAGCAGGGAACCTAGCCCATGCAGGAGCATCCGTAGACCTAACCATCTTCTCCCTCCACCTGGCCGGAATTTCCTCAATTCTAGGGGCTATTAACTTCATCACAACTATTATTAACATAAAACCCCACGCCGTCTCCATGTACCAAATCCCTCTATTCGTCTGAGCCGTCCTAATTACAGCAGTGCTTCTCCTTCTTTCTTTACCTGTTCTTGCCGCCGGCATTACAATACTTCTAACTGACCGAAACCTAAACACCGCCTTCTTCGACCCTGCCGGAGGGGGTGACCCCATTCTCTACCAACACCTATTC（标本号：GDYH12847）

凹肩鲹属 *Selar* Bleeker，1851

>>> 脂眼凹肩鲹 *Selar crumenophthalmus*（Bloch，1793）

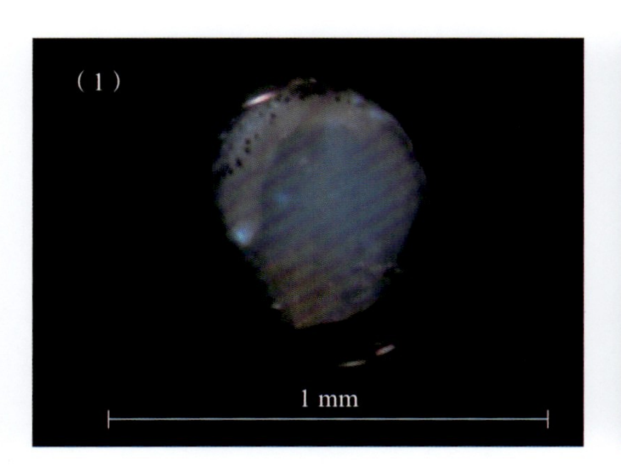

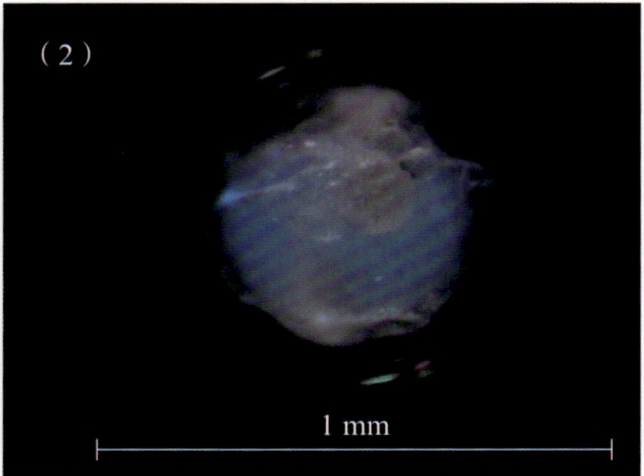

标本号：GDYH4607；采集时间：2019-04-13；
采集位置：珠江口外海，371渔区，21.250° N，113.750° E

中文别名：大目瓜仔、大目巴拢

英文名：Bigeye scad

形态特征：

该标本为脂眼凹肩鲹的卵子，处于器官形成期的尾芽期。卵子圆球形，彼此分离，浮性卵；卵膜光滑，薄而透明；卵径约为0.69 mm。卵周隙中等宽，宽度约为0.17 mm，约是卵径的24.64%。油球1个，后位，直径约为0.17 mm。背面观可见尾芽开始与卵黄囊分离，胚体围绕卵黄约1/2周，背部具点状黑色素斑，见图（1）；腹面观可见油球1个，未见色素斑分布，具3～4个直径为0.06～0.08 mm的无色油滴，见图（2）。

保存方式：酒精

DNA条形码序列：

CCTATATCTGGTATTTGGTGCTTGAGCTGGAATAGTCGGTACAGCCTTAAGCTTACTTATTCGAGCAGAACTAAGCCAACCTGGCGCTCTTTTAGGAGACGACCAAATTTACAACGTAATTGTTACTGCCCACGCGTTTGTAATAATTTTCTTTATAGTAATGCCAATTATGATCGGGGGGTTCGGAAACTGACTCATTCCTCTGATGATCGGGGCCCCTGACATAGCATTCCCCCGAATGAACAACATGAGCTTCTGACTCCTTCCTCCCTCCTTCCTTCTACTTTTAGCTTCATCAGGAGTTGAAGCAGGAGCCGGGACTGGTTGAACTGTTTACCCTCCCCTAGCCGGCAACCTTGCTCACGCCGGGGCATCCGTAGATCTAACCATTTTCTCCCTTCACCTAGCCGGTGTTTCATCTATTCTAGGGGCTATTAACTTTATTACCACTATTATTAACATGAAACCTCCAGCAGTCTCAATATACCAAATTCCACTATTCGTATGAGCCGTCCTAATTACAGCCGTCCTTCTACTTTTATCCCTACCAGTACTAGCTGCCGGTATTACAATACTCCTAACCGATCGAAACTTAAATACAGCCTTCTTCGACCCTGCGGGCGGTGGAGACCCAATTCTTTACCAACACCTGTTT

小条鰤属 *Seriolina* Wakiya，1924

>>> 黑纹小条鰤 *Seriolina nigrofasciata*（Rüppell，1829）

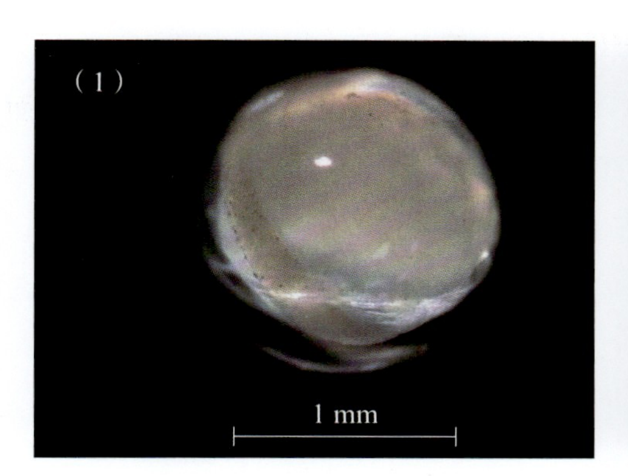

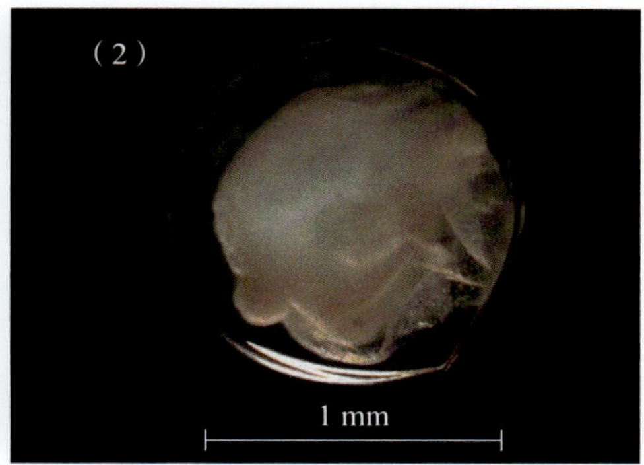

标本号：图（1）GDYH12880，图（2）GDYH6025；采集时间：图（1）2020-04-09，图（2）2019-04-12；采集位置：图（1）北部湾海域，465渔区，19.324° N，107.250° E；图（2）珠江口外海，372渔区，21.250° N，114.250° E

中文别名：黑甘、油甘、软骨甘

英文名：Blackbanded trevally

形态特征：

2个标本均为黑纹小条鰤的卵子，分别处于器官形成期的晶体形成期和将孵期。卵子圆球形，彼此分离，浮性卵；卵膜光滑，薄而透明；卵径为1.25 ~ 1.44 mm。卵周隙窄，宽度为0.12 ~ 0.13 mm，是卵径的9.03 ~ 9.60%。油球1个，后位，直径为0.29 ~ 0.34 mm。

处于晶体形成期的卵子，晶体轮廓清晰，胚体围绕卵黄约3/4周，胚体从颈部至尾部的背缘散布点状黑色素斑，见图（1）。

处于将孵期的卵子，尾芽已与卵黄囊分离，胚体围绕卵黄超过3/4周，油球上未见色素斑，见图（2）。

保存方式：酒精

DNA条形码序列：

CCTTTATCTAGTATTCGGTGCCTGAGCCGGCATGGTCGGTACAGCCCTAAGTCTGCTCATCCGAGCAGAATTAAGTCAACCCGGGGCTCTCCTGGGAGATGATCAAATTTATAACGTAATCGTTACAGCGCATGCGTTTGTAATAATTTTCTTTATAGTAATGCCAATCATAATTGGAGGCTTTGGAAACTGACTTATTCCCTTAATGATTGGAGCCCCTGACATAGCATTTCCTCGAATAAACAATATGAGCTTTTGACTTCTTCCCCCCTCATTTCTCCTGCTTTTAGCATCTTCAGGCGTCGAAGCCGGGGCTGGTACGGGTTGGACAGTTTACCCGCCCCTGGCCGGCAACCTCGCCCATGCTGGAGCATCCGTAGACTTAACTATCTTCTCCCTTCATTTAGCAGGGATTTCCTCTATTCTAGGGGCTATTAACTTTATCACAACCATTATCAACATGAAACCCCATGCCGTCTCTATGTACCAGATCCCTCTGTTCGTTTGAGCCGTCCTAATTACGGCTGTACTTTTACTCCTCTCTCTCCCAGTATTAGCCGCTGGCATTACGATGCTTCTTACAGACCGAAATTTAAACACTGCCTTCTTCGACCCAGCAGGAGGGGGAGACCCAATCCTTTACCAACACCTATTT（标本号：GDYH6025）

眼镜鱼科 Menidae

眼镜鱼属 *Mene* Lacepède，1803

>>> 眼镜鱼 *Mene maculata*（Bloch & Schneider，1801）

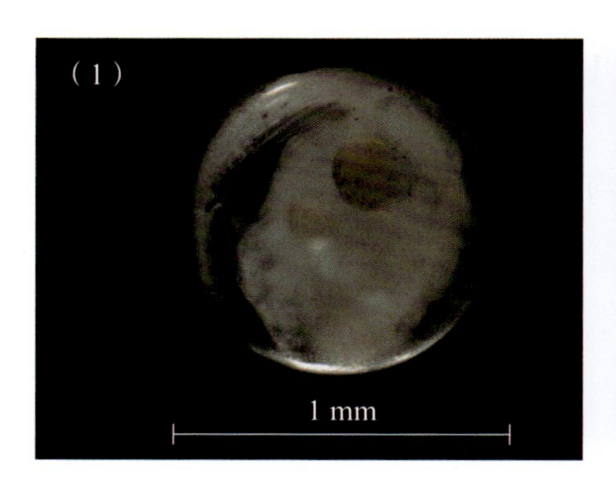

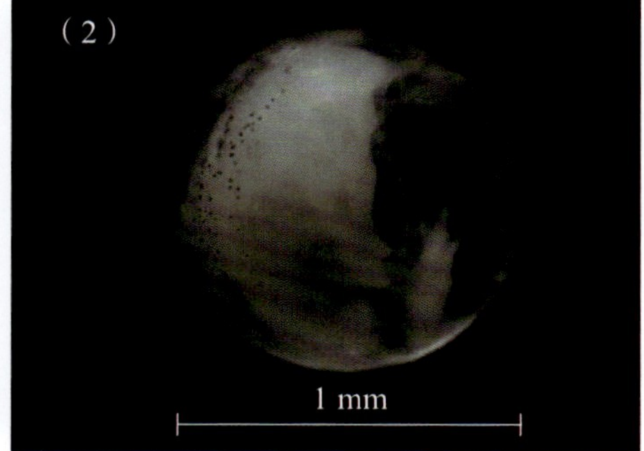

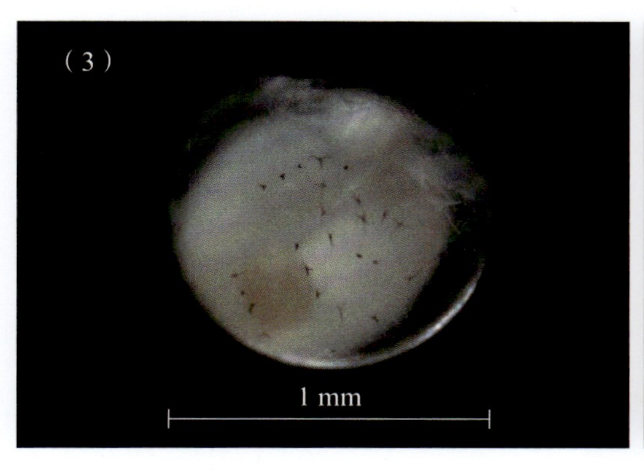

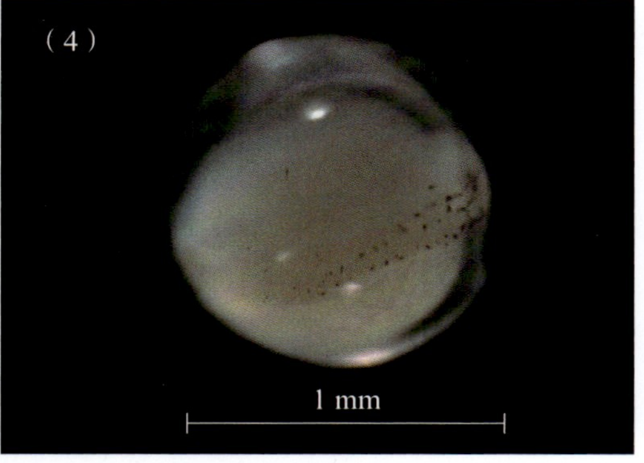

标本号：图（1）GDYH8429，图（2）GDYH7094，图（3）、图（4）GDYH7097；
采集时间：图（1）2019-09-06，图（2）~图（4）2019-08-23；
采集位置：图（1）珠江口外海，425渔区，20.250° N，113.250° E；图（2）~图（4）三亚外海，517渔区，18.424° N，110.870° E

中文别名：杀猪刀

英文名：Moonfish

形态特征：

3个标本均为眼镜鱼的卵子，分别处于器官形成期的尾芽期、晶体形成期和将孵期。卵子圆球形，彼此分离，浮性卵；卵膜光滑，薄而透明；卵径为0.95~1.05 mm。卵周隙窄，宽度为0.04~0.05 mm，为卵径的3.81%~5.26%。油球1个或2个，以1个为主，后位，直径为0.16~0.32 mm。

处于尾芽期的卵子，尾芽与卵黄囊分离，胚体围绕卵黄约1/2周，胚体中部具点状黑色素斑；油球上具10余个点状黑色素斑，见图（1）。

处于晶体形成期的卵子，卵黄囊因酒精保存发生弥散，但胚体可视，尾芽与卵黄囊已分离，胚体背部分布点状黑色素斑，见图（2）。

处于将孵期的卵子，胚体围绕卵黄3/4周，腹面观可见卵黄囊上具16个辐射状黑色素斑和8个点状黑色素斑；背面观可见胚体头部色素斑发育为辐射状，胚体颈部至尾部点状黑色素斑变大，见图（3）、图（4）。

保存方式：酒精

DNA条形码序列：

CCTTTACCTTCTGTTTGGTGCCTGGGCCGGAATGGTGGGCACTGCCCTAAGTC

TACTCATCCGAGCAGAACTTAACCAACCTGGCACTCTCCTGGGAGACGACCAAATC
TATAATGTAATTGTTACGGCACACGCCTTTGTAATAATTTTCTTTATAGTAATACCAAT
TATGATTGGAGGCTTCGGAAACTGACTGATCCCCTAATAGTTGGAGCCCCCGACAT
AGCATTCCCTCGAATAAACAACATGAGCTTCTGACTTCTCCCTCCCTCGTTCCTTCT
CCTACTGGCCTCCTCAGGAGTAGAAGCCGGTGCCGGAACGGGATGAACCGTATACC
CGCCTCTTGCCGGGAATTTAGCCCACGCCGGAGCATCTGTTGACCTCACAATTTTCT
CACTTCACTTGGCCGGGGTCTCTTCAATTCTTGGGGCAATTAATTTTATTACTACGAT
TATCAACATGAAACCACCTACTGTCTCAATGTACCAAATTCCTTTATTTGTTTGAGCA
GTCCTAATTACAGCCGTCCTTCTCCTCCTTTCCCTCCCGGTCCTAGCTGCCGGAATTA
CAATGCTGTTAACAGACCGAAACCTGAACACCGCTTTCTTTGACCCTACTGGAGGA
GGCGACCCTATTCTCTACCAACACCTATTC（标本号：GDYH8429）

鲾科 Leiognathidae

项鲾属 *Nuchequula* Whitley，1932

>>> 项斑项鲾 *Nuchequula nuchalis*（Temminck & Schlegel，1845）

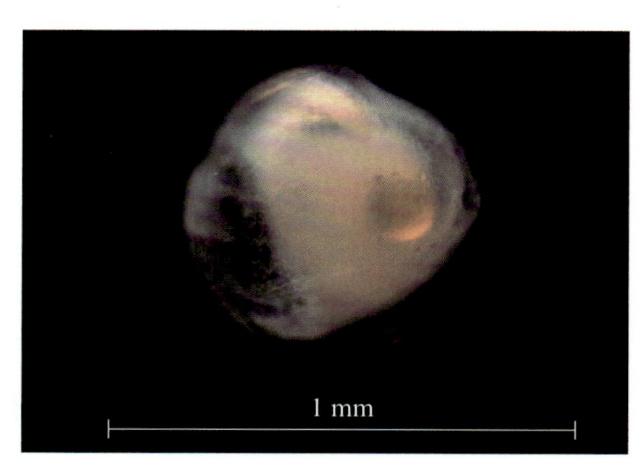

标本号：GDYH4864；采集时间：2019-04-18；
采集位置：三亚外海，517渔区，18.769° N，110.560° E

中文别名：金钱仔

英文名：Spotnape ponyfish

形态特征：

该标本为项斑项鲾的卵子，处于器官形成期的尾芽期。卵子圆球形，彼此分离，浮性卵；卵膜光滑，薄而透明；卵径约为0.66 mm。卵周隙狭窄，宽度约为0.03 mm，约是卵径的4.55%。油球1个，后位，直径约为0.15 mm，约是卵径的22.72%。卵周隙较窄，卵黄均匀，无龟裂。胚体围绕卵黄约3/4周，尾芽开始与卵黄囊分离，尾芽尚未达油球位置。油球上具数个点状黑色素斑，位于向腹部的内侧，外侧未见黑色素斑。

保存方式：酒精

DNA条形码序列：

CCTTTACATAGTGTTTGGTGCTTGAGCCGGAATGGTAGGAACCGCCCTAAGCTTGCTCATCCGAGCTGAGCTGAGCCAACCTGGCGCCCTTTTAGGTGACGACCACATTTATAATGTTATCGTTACTGCACATGCATTCGTAATAATTTTCTTTATAGTTATACCAATTATGATCGGAGGGTTTGGCAACTGACTAATTCCCCTTATAATTGGTGCCCCCGACATGGCATTTCCCCGAATAAACAATATAAGCTTTTGACTTCTCCCTCCCTCGTTTCTTCTTCTTCTAGCATCCTCCGGCATTGAGGCTGGTGCAGGTACAGGATGAACAGTTTATCCACCCCTGGCGGGCAATCTTGCCCACGCAGGCGCATCCGTTGACCTAACGATTTTTTCCCTACACTTGGCCGGAATCTCCTCAATTCTAGGAGCAATCAACTTTATTACCACAATCATTAATATAAAACCCCCAGCAATTACACAATTCCAAACCCCCCTATTTGTATGAGCGGTTTTAATTACAGCAGTTTTACTACTCCTTTCCCTCCCAGTCCTTGCAGCAGGAATTACCATGCTCCTTACCGATCGTAACCTCAACACCACTTTCTTTGACCCCGCAGGAGGAGGAGACCCGATCCTTTACCAACACCTATTC

仰口鲾属 *Secutor* Gistel，1848

>>> 鹿斑仰口鲾 *Secutor ruconius*（Hamilton，1822）

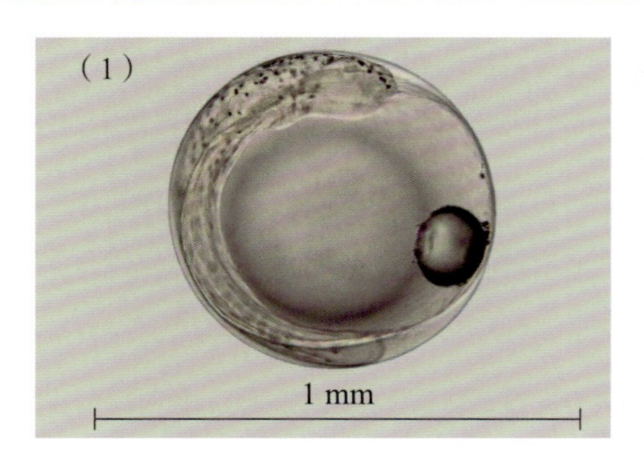

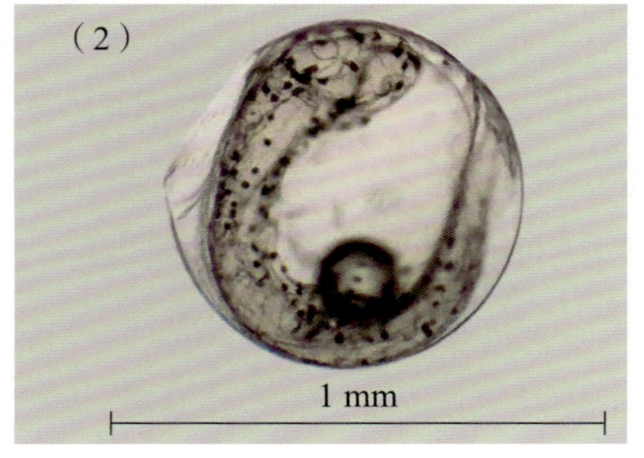

标本号：GDYH12291；采集时间：2020-03-28；

采集位置：徐闻放坡海域，418渔区，20.267° N，109.902° E

中文别名：金钱仔

英文名：Deep pugnose ponyfish

形态特征：

2个标本均为鹿斑仰口鲾的卵子，分别处于器官形成期的心脏跳动期和将孵期。卵子圆球形，彼此分离，浮性卵；卵膜光滑，薄而透明；卵径约为0.67 mm。卵周隙狭窄，卵黄囊和胚体充满卵内。卵黄均匀，无龟裂。卵黄囊大，油球上具数个点状黑色素斑。油球1个，后位，直径约为0.16 mm，约为卵径的23.88%。

处于心脏跳动期的卵子，心脏开始跳动，胚体围绕卵黄超过3/5周，胚体上从视囊前端至尾部散布点状黑色素斑；尾芽与卵黄囊分离，尾芽尚未达油球位置；腹面观可见油球上点状黑色素斑，侧面观未见发育；晶体轮廓清晰，可见听囊内1对耳石，见图（1）。

处于将孵期的卵子，胚体抽动频繁、有力，胚体围绕卵黄近1周；头部色素斑密集，头部色素斑在颈部聚集成簇状；胚体上黑色素斑发育变大，遍布至尾部；油球上色素斑增多，侧面观可见；肌节可计数，为19对，见图（2）。

保存方式：活体

DNA条形码序列：

CCTTTATATAGTATTTGGTGCCTGGGCTGGCATAGTCGGAACCGCCCTAAGTTTACTCATCCGAGCAGAATTAAGCCAACCCGGCGCTCTCCTAGGAGATGACCATATTTATAACGTTATTGTTACCGCACATGCATTCGTAATAATTTTCTTTATAGTAATACCCATTATAATCGGAGGCTTCGGAAACTGACTTATTCCCCTAATAATTGGAGCCCCAGACATAGCATTCCCACGAATAAACAACATAAGCTTCTGACTTCTTCCCCCATCATTTCTTCTATTACTAGCATCTTCAGGAATTGAAGCCGGTGCAGGAACAGGATGAACCGTGTACCCCCCTCTAGCAGGCAACCTTGCCCACGCAGGAGCCTCTGTTGACTTAACAATTTTCTCCCTTCACCTAGCAGGAATTTCCTCAATCCTGGGCGCTATTAATTTTATCACAACAATTATCAACATAAAACCCCCAGCCATTTCACAATTCCAAACTCCCCTATTTGTGTGAGCTGTCTTAATTACGGCCGTACTCCTTCTCCTTTCCCTACCAGTCCTTGCTGCCGGAATTACAATACTATTAACTGACCGAAATCTAAACACCACCTTCTTTGACCCCGCAGGAGGAGGTGATCCAATCCTCTACCAACACTTATTC

笛鲷科 Lutjanidae

笛鲷属 *Lutjanus* Bloch，1790

>>> 紫红笛鲷 *Lutjanus argentimaculatus*（Forsskål，1775）

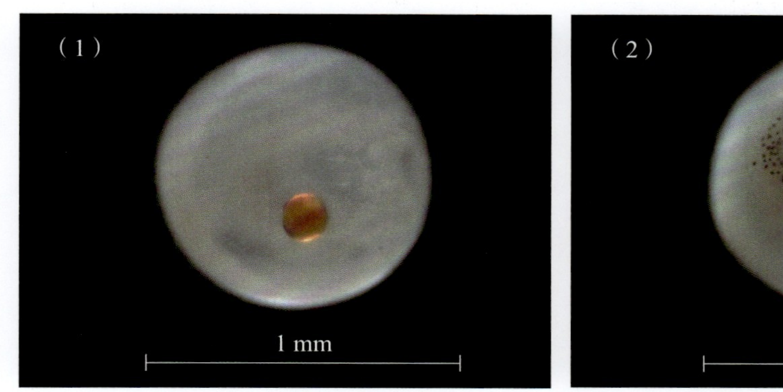

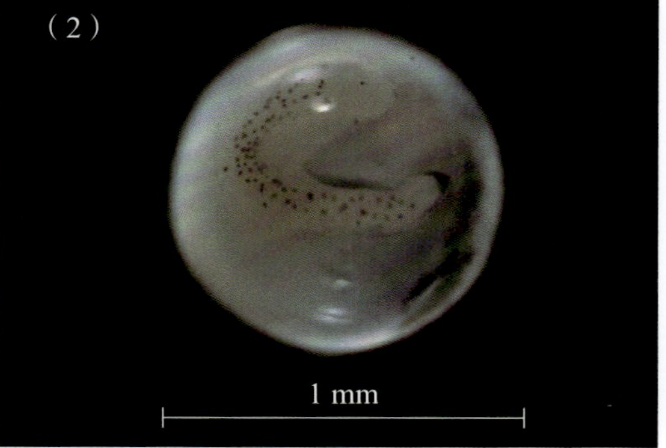

标本号：GDYH7171；采集时间：2019-09-08；

采集位置：文昌外海，448渔区，19.750° N，112.250° E

中文别名：红友

英文名：Mangrove red snapper

形态特征：

该标本为紫红笛鲷的卵子，处于器官形成期的尾芽期。卵子圆球形，彼此分离，浮性卵；卵膜光滑，薄而透明；卵径约为0.90 mm。卵周隙狭窄，卵黄囊充满卵内。油球1个，橘黄色，直径约为0.14 mm。胚体围绕卵黄约3/5周，胚体从颈部到尾部的背面具密集的点状黑色素斑；油球上未见色素斑，见图（1）、图（2）。

保存方式：酒精

DNA条形码序列：

CCTCTATCTAGTATTCGGTGCCTGAGCCGGTATAGTCGGTACGGCCCTAAGCCTGCTCATTCGAGCAGAGCTAAGCCAACCAGGGGCTCTCCTCGGAGACGACCAGATTTATAACGTAATTGTTACAGCACATGCGTTTGTAATAATTTTCTTTATAGTAATGCCAATCATGATCGGAGGGTTCGGAAACTGACTGATCCCCCTAATAATCGGAGCTCCTGACATAGCATTCCCCCGAATAAATAACATGAGCTTTTGACTCCTCCCCCCATCAT

TCCTTCTACTCCTAGCCTCCTCAGGGGTAGAAGCCGGTGCTGGAACTGGGTGAA
CGGTCTACCCTCCCCTCGCAGGTAACCTGGCACACGCGGGGGCATCTGTTGACCT
AACTATTTTTCCCTCCACCTGGCGGGTGTGTCCTCAATTCTAGGGGCAATTAATT
TTATTACAACAATCATTAACATGAAACCCCCTGCCATCTCCCAATATCAGACACCC
CTATTCGTCTGAGCTGTCCTAATCACGGCCGTCCTACTCCTTCTTTCCCTCCCAGT
GCTAGCTGCCGGAATTACAATGCTTCTTACAGACCGAAATCTAAACACCACCTTC
TTCGACCCGGCAGGAGGAGGAGACCCGATCCTTTACCAACACCTATTC

>>> 胸斑笛鲷 *Lutjanus carponotatus*（Richardson，1842）

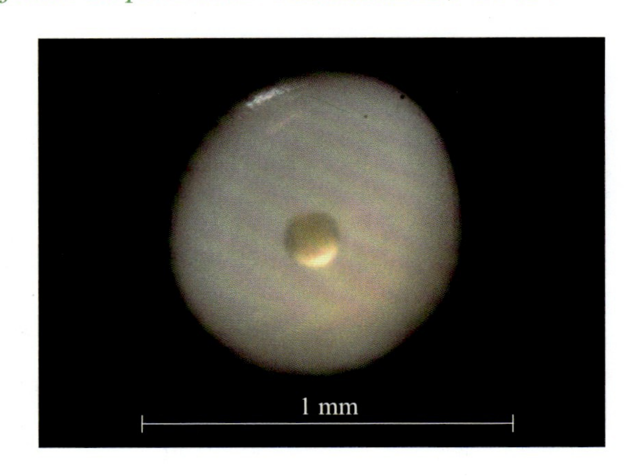

标本号：GDYH7713；采集时间：2019-09-14；
采集位置：徐闻放坡海域，418渔区，20.267° N，109.902° E

中文别名：火点

英文名：Spanish flag snapper

形态特征：

该标本为胸斑笛鲷的卵子。卵子圆球形，彼此分离，浮性卵；卵膜光滑，薄而透明；卵径约为0.81 mm。油球1个，直径约为0.14 mm，约是卵径的17.28%。油球上未见色素斑。因卵子内弥散未能判别期相，内部结构形态不易观察。

保存方式：酒精

DNA条形码序列：

CTTTATCTAGTATTTGGTGCTTGAGCCGGTATAGTAGGCACGGCCCTAAGCCT

GCTCATTCGAGCAGAGCTTAGCCAACCAGGAGCTCTTCTTGGAGACGACCAGAT
TTATAATGTAATTGTTACAGCGCATGCCTTTGTAATAATTTTCTTTATAGTAATACCA
ATCATGATCGGAGGATTTGGGAACTGACTGATCCCACTAATGATCGGAGCCCCTG
ACATGGCATTTCCCCGAATGAACAACATGAGTTTTTGACTCCTTCCACCATCGTT
CCTACTCCTACTAGCTTCTTCAGGAGTAGAAGCCGGAGCTGGAACTGGGTGAAC
AGTCTACCCTCCTCTAGCAGGAAACCTTGCACACGCAGGGGCATCTGTTGACCT
GACTATTTTCTCCCTTCACCTGGCAGGTGTTTCTTCAATTCTAGGGGCCATCAACT
TTATTACAACAATTATTAACATGAAACCCCCCGCTATCTCTCAGTACCAAACACCT
CTGTTTGTTTGAGCTGTCCTAATTACCGCTGTTCTGCTCCTTCTTTCCCTTCCAGT
CCTAGCTGCCGGAATTACAATGCTTCTTACAGATCGAAACCTAAATACTACTTTCT
TTGACCCAGCAGGAGGAGGAGATCCCATTCTCTACCAACACCTGTT

>>> 勒氏笛鲷 *Lutjanus russellii*（Bleeker，1849）

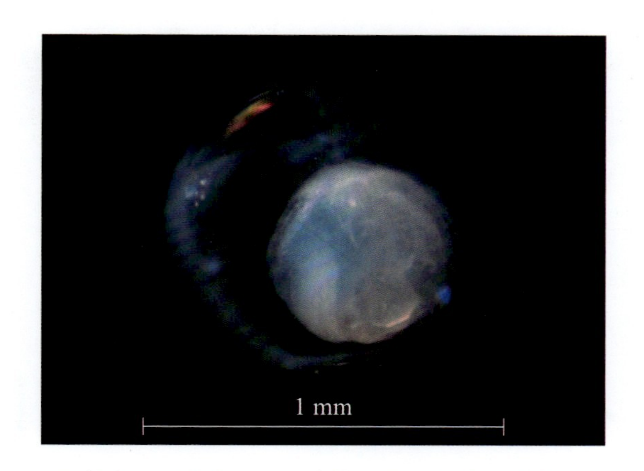

标本号：GDYH4609；采集时间：2019-04-13；

采集位置：珠江口外海，371渔区，21.250° N，113.750° E

中文别名：火点

英文名：Russell's snapper

形态特征：

该标本为勒氏笛鲷的卵子，处于器官形成期的尾芽期。卵子圆球形，彼此分离，浮性卵；卵膜光滑，薄而透明；卵径约为0.88 mm。卵周隙宽，宽度约为0.17 mm，约是卵径的19.32%。卵黄均匀，无龟裂，直径约为0.53 mm，约是卵径的60.23%。油球

1个，后位，直径约为0.17 mm。胚体围绕卵黄约1/2周，胚体上未见色素斑，油球上也未见色素斑。

保存方式：酒精

DNA条形码序列：

CCTTTATCTAGTATTTGGTGCTTGAGCCGGTATAGTAGGCACGGCCCTAAGCC TGCTCATTCGAGCAGAGCTTAGTCAACCAGGAGCTCTTCTTGGAGACGACCAGA TTTATAATGTAATTGTTACAGCACATGCTTTTGTAATAATTTTCTTTATAGTAATACC AATCATGATCGGAGGGTTTGGGAACTGACTAATCCCACTAATGATCGGAGCCCCT GACATGGCATTCCCCCGAATGAACAACATGAGTTTTTGACTCCTCCCGCCCTCCT TCCTACTTCTATTAGCCTCTTCAGGCGTAGAAGCCGGAGCCGGGACTGGATGAAC AGTCTACCCCCCTCTAGCAGGGAACCTCGCACACGCAGGAGCATCTGTTGACCT AACTATCTTCTCTCTTCATCTGGCAGGTGTTTCTTCAATTCTAGGAGCTATCAATTT CATTACAACAATTATTAACATGAAACCCCCCGCTATCTCTCAGTACCAAACACCTC TATTTGTCTGAGCCGTCCTAATTACCGCTGTCCTGCTCCTTCTCTCTCTTCCAGTT CTAGCTGCCGGAATTACAATACTTCTCACAGATCGAAACCTGAATACTACTTTCTT TGACCCGGCAGGAGGAGGAGACCCCATCCTTTACCAACACCTGTTC

银鲈科 Gerreidae

银鲈属 *Gerres* Quoy & Gaimard，1824

>>> 长棘银鲈 *Gerres filamentosus* Cuvier，1829

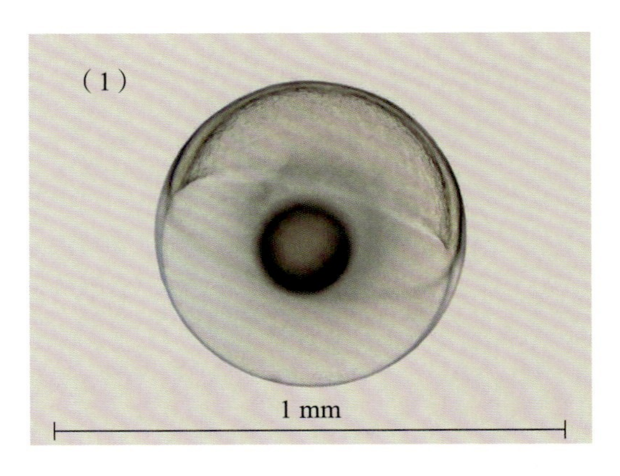

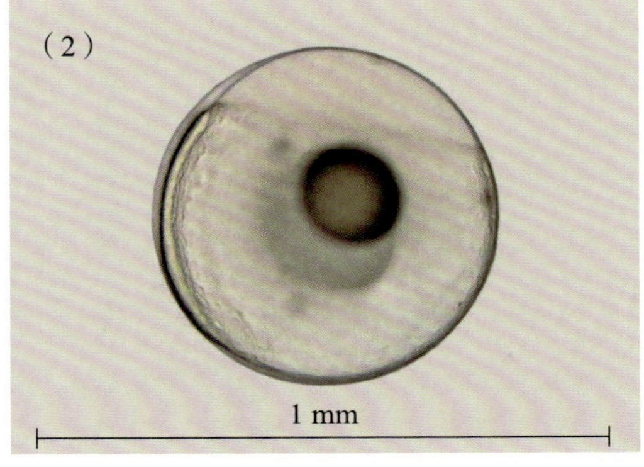

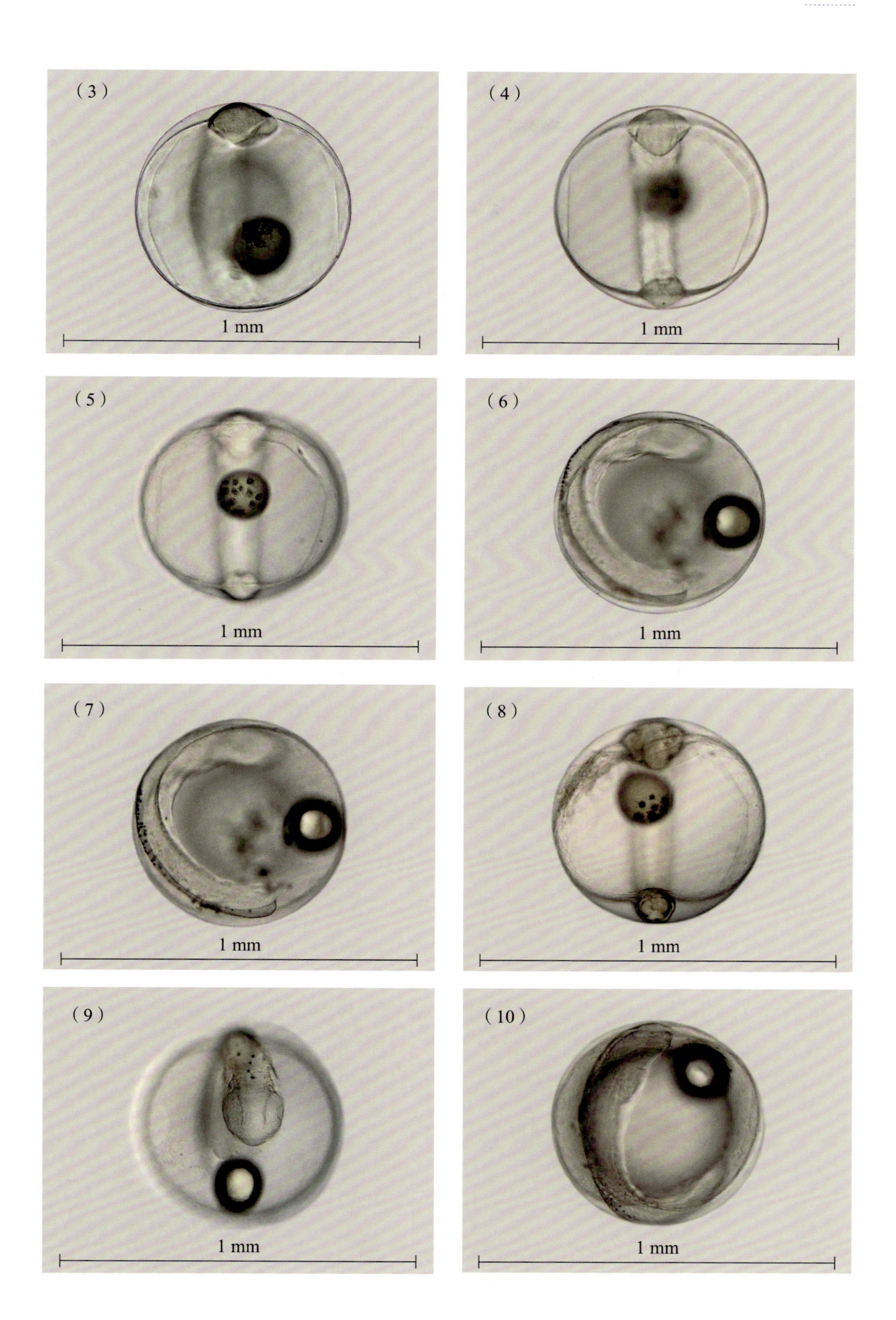
（3）
1 mm
（4）
1 mm
（5）
1 mm
（6）
1 mm
（7）
1 mm
（8）
1 mm
（9）
1 mm
（10）
1 mm

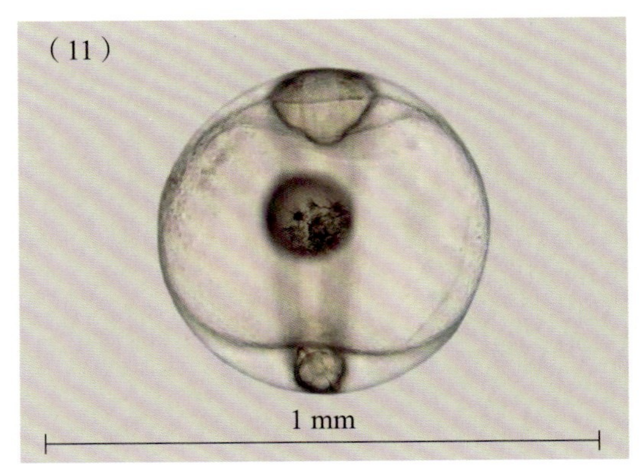

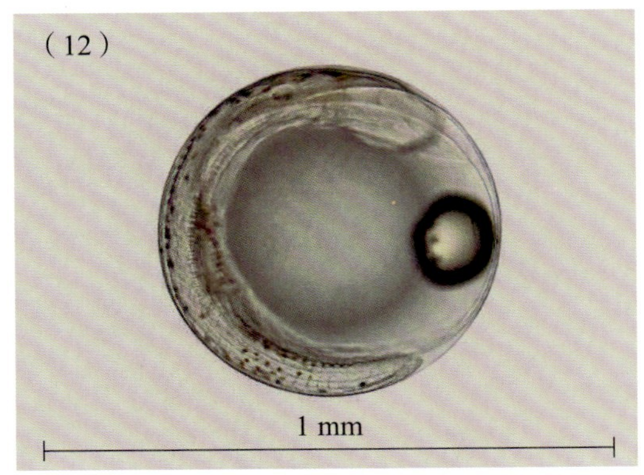

标本号：图(1)~图(5)、图(8)~图(9)、图(11)、图(12)GDYH11942，图(6)、图(7)GDYH12004，图(10)GDYH12354；
采集时间：图(1)~图(5)、图(8)~图(9)、图(11)、图(12)2020-03-02；图(6)、图(7)2020-03-05；图(10)2020-04-01；
采集位置：东海岛东南海域，393渔区，20.920° N，110.509° E

中文别名：银鲈

英文名：Whipfin silver-biddy

形态特征：

3个标本均为长棘银鲈的卵子，分别处于原肠胚期的原肠中期、原肠晚期，器官形成期的视囊形成期、脑泡形成期、心脏形成期、尾芽期、晶体形成期和将孵期。卵子圆球形，彼此分离，浮性卵；卵膜薄而透明，卵膜平滑；卵径为0.59~0.62 mm。卵周隙狭窄，卵黄囊和胚体充满卵内。卵黄均匀，其上具细微的颗粒状突起。油球1个，前位，直径为0.13~0.15 mm。

处于原肠中期的卵子，侧面观可见胚盾形成，胚层下包卵黄尚未到1/2周，见图(1)。

处于原肠晚期的卵子，侧面观可见胚体细长，胚层下包卵黄约3/4周，见图(2)。

处于视囊形成期的卵子，胚体头部出现1对视囊，胚体围绕卵黄约3/5周，胚体背部出现数个点状黑色素斑；油球位于靠近体尾部区域，油球上具辐射状黑色素斑，见图(3)。

处于脑泡形成期的卵子，两视囊中间出现脑泡，胚体围绕卵黄约2/3周，胚体背部从颈部位置到尾部分布数个较大的点状浓黑色素斑；腹面观可见油球上的黑色素斑发育为14个块状斑，见图（4）、图（5）。

处于心脏形成期的卵子，心脏、脊索轮廓清晰，胚体背部的点状黑色素斑进一步发育变大，见图（6）、图（7）。

处于尾芽期的卵子，尾芽开始与卵黄分离，胚体围绕卵黄约3/4周，胚体腹部两侧出现黄褐色的色素斑，见图（8）、图（9）。

处于晶体形成期的卵子，晶体轮廓清晰，胚胎开始颤动，油球移位向头部靠近，见图（10）。

处于心脏跳动期的卵子，心脏开始跳动，见图（11）。

处于将孵期的卵子，胚胎抽动频繁、有力，胚体围绕卵黄约3/4周，胚体背部黑色素斑和黄褐色色素斑显著，见图（12）。

保存方式：活体

DNA条形码序列

CCTTTATCTTGTCTTCGGTGCTTGAGCTGGAATAGTAGGGACAGCTCTAAGCCTACTTATCCGAGCTGAATTAAGCCAACCCGGCTCCCTCCTCGGAGATGACCAAATCTACAACGTTATCGTCACTGCACATGCGTTCGTAATAATTTTTTTCATGGTAATACCAATCATGATTGGAGGCTTCGGAAACTGACTGATCCCCCTAATGATCGGGGCCCCAGACATGGCGTTCCCCCGAATGAACAACATAAGCTTCTGACTTCTTCCTCCATCTTTCTTACTTCTATTGGCCTCTTCAGGTGTAGAAGCTGGGGCTGGGACCGGGTGAACAGTTTACCCTCCCCTGTCCGGAAACTTGGCCCACGCCGGAGCATCCGTCGACCTAACTATTTTCTCACTTCATCTGGCAGGTATCTCGTCTATCCTTGGAGCCATCAACTTTATCACTACTATTATTAATATGAAACCACCTGCTATTTCGCAATACCAAACCCCTCTCTTCGTTTGAGCCGTTCTAATTACCGCGGTCCTTCTTCTTCTATCGCTTCCCGTCCTAGCTGCAGGTATCACAATGCTTCTAACAGATCGAAACTTAAACACCACTTTCTTCGATCCTGCAGGGGGTGGTGACCCAATCCTCTACCAACATCTCTTC（标本号：GDYH11942）

>>> 缘边银鲈 *Gerres limbatus* Cuvier，1830

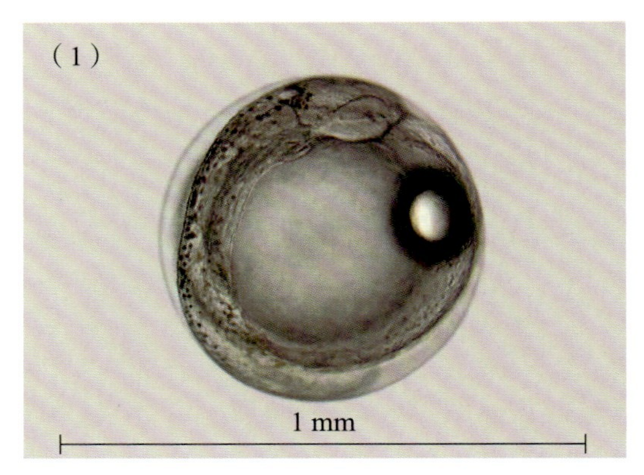

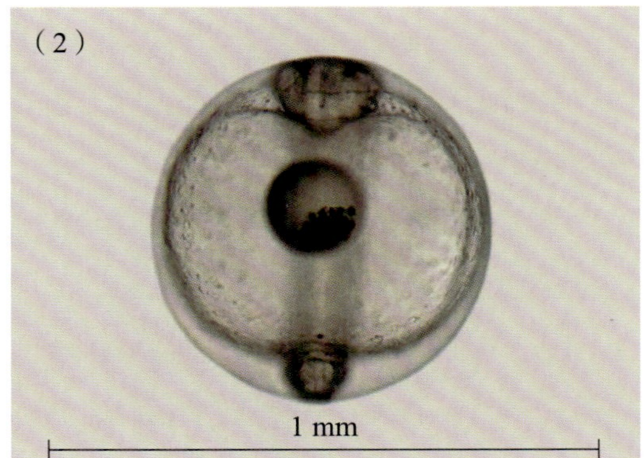

标本号：GDYH12281；采集时间：2020-03-28；
采集位置：徐闻西连海域，418渔区，20.383° N，109.850° E

中文别名：碗米仔、米仔

英文名：Saddleback silver-biddy

形态特征：

该标本为缘边银鲈的卵子，处于器官形成期的心脏跳动期。卵子圆球形，彼此分离，浮性卵；卵膜平滑，薄而透明；卵径约为0.62 mm。卵周隙狭窄，卵黄囊和胚体几乎充满卵内。卵黄均匀，其上具颗粒状突起。油球1个，前位，直径约为0.18 mm，约是卵径的29.03%。心脏开始跳动，侧面观胚体围绕卵黄约1/2周；视囊、心脏和脊索轮廓明显；从心脏上方开始至体中后段的胚体背部散布点状黑色素斑，从颈部到胚体中后段的腹部具数个黄色色素斑；油球上无色素斑分布，见图（1）。腹面观油球背离胚体腹部一侧则具27个较大的点状黑色素斑，见图（2）。

保存方式：活体

DNA条形码序列：

CCTTTACCTCATCTTTGGTGCTTGAGCTGGCATAGTGGGCACAGCCCTAAGC
TTACTTATCCGAGCTGAACTGAGCCAACCTGGCTCCCTCCTAGGAGACGACCAA
ATTTACAACGTCATCGTAACAGCTCACGCATTTGTAATAATTTTTTTCATGGTAATA
CCTATCATGATTGGAGGGTTCGGAAACTGACTCATCCCGTTGATGATTGGAGCGC
CTGACATGGCCTTCCCTCGCATAAACAACATAAGCTTCTGACTCCTCCCTCCTTC

TTTCCTGCTTCTCCTAGCATCTTCAGGCGTAGAAGCTGGAGCCGGAACTGGCTGA
ACAGTCTACCCTCCGCTAGCTGGAAATTTAGCCCACGCTGGAGCATCTGTAGACC
TAACTATTTTCTCACTCCACTTAGCTGGCATTTCGTCTATCTTAGGGGCAATCAAC
TTTATTACAACTATTATTAACATAAAACCACCTGCAATTTCCCAGTATCAGACCCC
TCTTTTCGTCTGAGCCGTCCTCATCACCGCCGTCTTGCTCCTTCTCTCTCTCCCCG
TTCTGGCCGCTGGAATCACAATGTTACTCACAGACCGGAATCTTAACACTACCTT
CTTTGACCCCGCCGGAGGTGGCGACCCTATTCTCTACCAACACCTATTC

仿石鲈科 Haemulidae

矶鲈属 *Parapristipoma* Bleeker，1873

>>> 三线矶鲈 *Parapristipoma trilineatum*（Thunberg，1793）

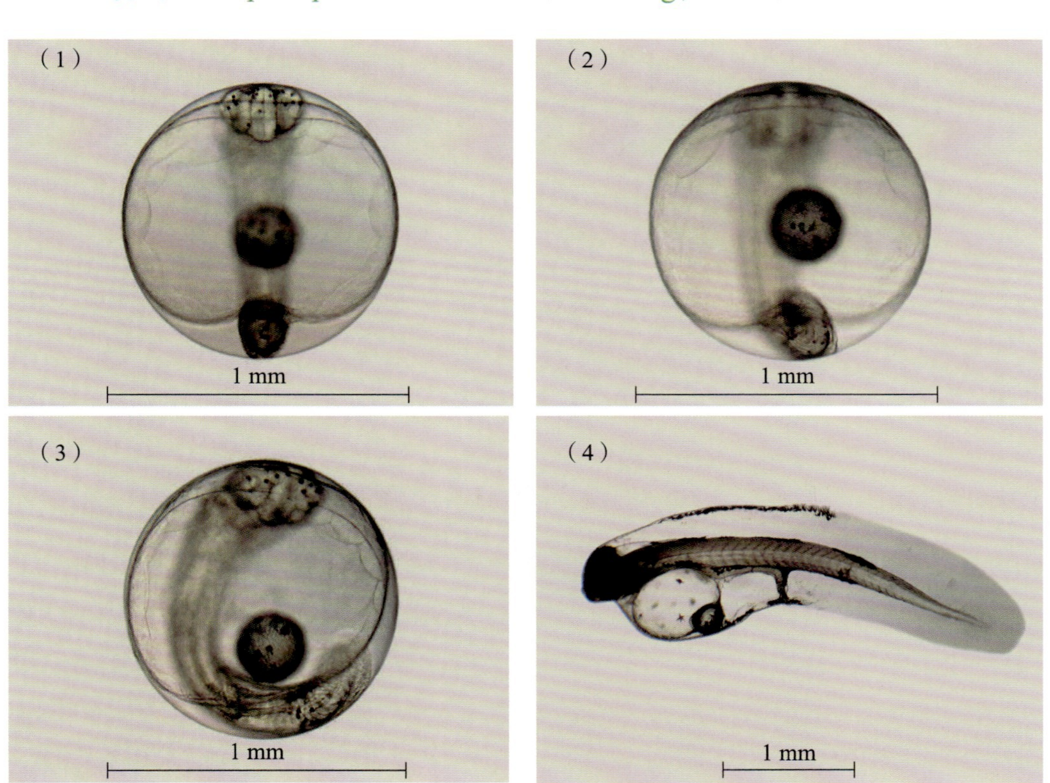

标本号：图（1）、图（2）GDYH11136，图（3）GDYH11143，图（4）GDYH12270；
采集时间：图（1）～图（3）2020-02-28，图（4）2020-03-27；
采集位置：图（1）～图（3）徐闻西连海域，418渔区，20.283° N，109.850° E；图（4）徐闻西连海域，20.383° N，109.867° E

中文别名：鸡鱼、鸡仔

英文名：Chicken grunt

形态特征：

3个标本为三线矶鲈的卵子和仔鱼，分别处于器官形成期的心脏跳动期、将孵期和初孵仔鱼期。卵子圆球形，彼此分离，浮性卵；卵膜薄而透明，卵膜平滑；卵径约为0.93 mm。卵周隙狭窄，卵黄囊和胚体几乎充满卵内。卵黄均匀，有细龟裂纹。油球1个，后位，直径约为0.23 mm。

处于心脏跳动期的卵子，胚体围绕卵黄将近2/3周，卵黄表面有网纹，无黑色素斑；视囊和脑泡上具数个点状黑色素斑，视野内油球上具5个点状黑色素斑和7个辐射状浅灰色色素斑；胚体背部两侧具点状黑色素斑，见图（1）、图（2）。

处于将孵期的卵子，胚体扭动频繁、有力，胚体围绕卵黄将近3/4周，卵黄表面靠近头部网纹明显，无色；油球上色素斑变化不明显，见图（3）。

刚孵化出膜的仔鱼，脊索长约为3.06 mm；卵黄囊椭球形，卵黄囊长径约为0.67 mm，短径约为0.49 mm，其上具3～4个星状色素斑；油球后位，其上斑点状黑色素斑发育为具枝状延伸的色素斑；背鳍褶边缘黑色素斑浓密，其垂直于肛门后的黑色素斑发育为根枝状；腹鳍褶上黑色素斑聚为簇状，从油球后延伸至肛门后；肛门约开口于脊索长的48.18%，见图（4）。

保存方式：活体

DNA条形码序列：

CCTTTATCTCATTTTTGGTGCCTGGGCTGGCATAGTTGGAACAGCCCTTAGCCTGCTCATTCGAGCAGAATTAAGCCAACCTGGCGCTCTCCTCGGAGACGATCAAATTTATAATGTCATTGTTACAGCACATGCGTTTGTAATAATTTTCTTTATAGTTATACCAATTTTAATCGGAGGATTTGGAAACTGATTGATCCCACTAATGATTGGGGCCCCCGATATAGCATTCCCTCGAATGAACAACATGAGCTTCTGACTTCTTCCCCCATCCTTCCTTCTCCTCCTTGCCTCTTCAGGGGTTGAAGCCGGAGCGGGTACTGGGTGAACGGTTTACCCTCCACTAGCCGGCAACCTGGCACACGCAGGGGCATCAGTTGATTTAACAATTTTCTCCCTCCACCTAGCAGGTGTTTCCTCAATTCTAGGTGCTATTAACTTTATTACAACAATTATTAACATGAAACCCCCTGCGATTTCCCAATATCAAACCCCCTTATTCGTTTGATCAGTACTAATTACCGCTGTTCTCCTTCTACTCTCCCTCCCAGTC

CTTGCTGCTGGAATTACGATGCTTCTTACAGATCGAAACCTAAACACCACTTTCT TCGACCCAGCCGGTGGAGGAGACCCAATTCTGTACCAACACTTATTC（标本号：GDYH11136）

胡椒鲷属 *Plectorhinchus* Lacepède，1801

>>> 花尾胡椒鲷 *Plectorhinchus cinctus*（Temminck & Schlegel，1843）

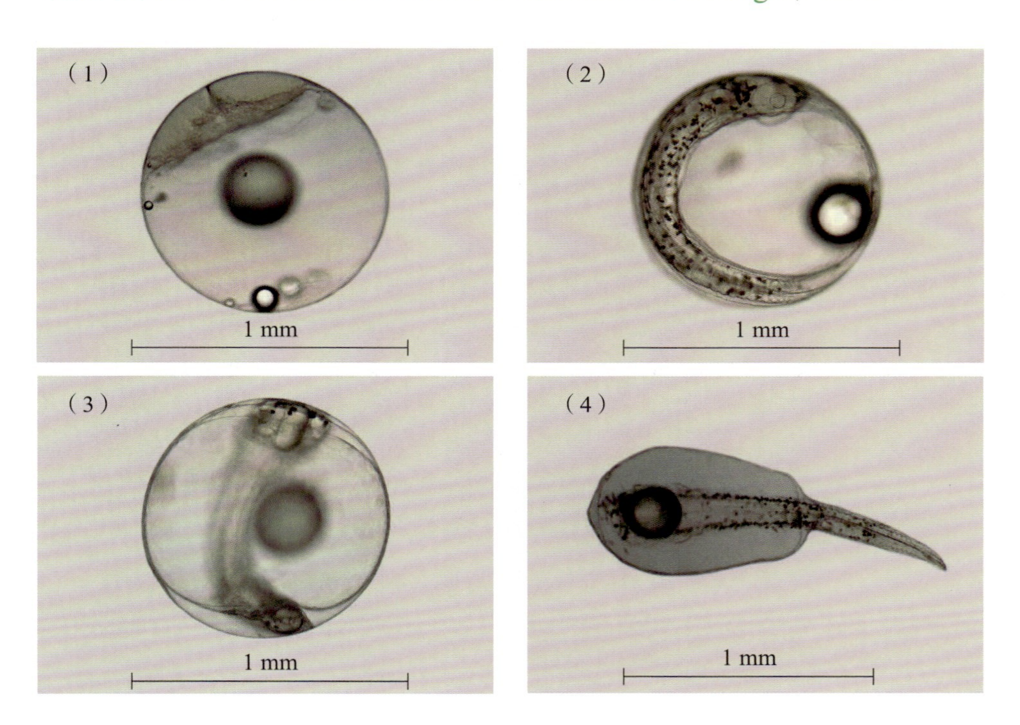

标本号：GDYH12052；采集时间：2020-03-10；
采集位置：东海岛东南海域，393渔区，20.920° N，110.509° E

中文别名：加吉、打铁婆、假包公

英文名：Crescent sweetlips

形态特征：

该标本为花尾胡椒鲷的卵子和仔鱼，分别处于卵裂期的2细胞期、器官形成期的将孵期和初孵仔鱼期。卵子圆球形，彼此分离，浮性卵；卵膜平滑，薄而透明；卵径为0.89 ~ 0.93 mm。卵周隙狭窄，卵黄囊和胚体几乎充满卵内。卵黄均匀，有细龟裂纹。油球1个，前位，直径为0.25～0.27 mm。

处于2细胞期的卵子，侧面观时可见2个分裂的细胞，靠近细胞的卵黄囊上可见细龟裂纹；油球1个，位于卵的中间，卵上有4～5个无色透明的小油滴，见图（1）。

处于将孵期的卵子，胚体扭动频繁、有力，侧面观时胚体围绕卵黄将近3/4周；视囊和晶体轮廓明显，听囊内可见耳石1对；从视囊后开始至尾部躯体布满黑色素斑；油球上具8～9个淡黄色辐射状色素斑，聚集于远离胚体一侧；卵黄表面靠近头部网纹明显，无色，见图（2）。腹面观可见视囊和脑泡上具11～12个黑色素斑，见图（3）。

孵化出膜的仔鱼，头部先出；因卵黄囊浮力作用，初孵仔鱼腹部向上漂浮于水面，见图（4）。

保存方式：活体

DNA条形码序列：

CCTGTATCTAGTATTTGGTGCTTGAGCCGGAATAGTAGGGACAGCCCTAAGC
CTGCTTATCCGAGCCGAACTAAGCCAACCTGGCGCTCTCTTAGGAGACGACCAG
ATCTACAACGTAATTGTTACGGCACATGCGTTTGTAATAATCTTTTTCATAGTAATG
CCTATTCTAATCGGAGGGTTCGGAAACTGACTAGTCCCATTAATGATTGGGGCCC
CCGACATAGCATTCCCCCGAATGAATAATATGAGCTTCTGACTGCTACCCCCATCC
TTCCTTCTCCTTCTTGCCTCTTCAGGCGTAGAAGCTGGGGCGGGAACCGGTTGA
ACTGTCTACCCTCCACTGGCTGGTAATTTAGCACACGCGGGGGCATCCGTTGATT
TAACAATTTTCTCCCTTCATCTAGCCGGTATCTCCTCAATTCTGGGGGCCATCAAC
TTCATCACAACTATTATTAACATGAAGCCCCCAGCTATTTCACAATACCAGACCCC
CTTATTCGTTTGATCCGTACTGATTACTGCCGTTCTCCTACTCCTCTCCCTCCCAGT
CCTTGCTGCCGGAATTACAATGCTCCTCACAGATCGCAACCTCAACACCACCTTC
TTTGACCCAGCAGGAGGAGGTGACCCTATTCTTTACCAACACCTATTC

石鲈属 *Pomadasys* Lacepède，1802

>>> 大斑石鲈 *Pomadasys maculatus*（Bloch，1793）

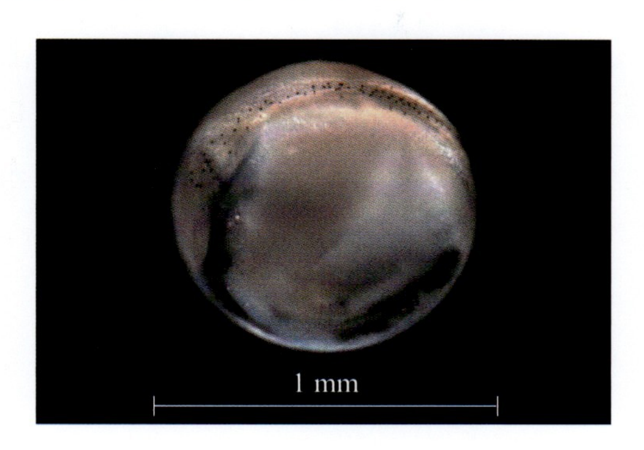

标本号：GDYH12791；采集时间：2020-04-13；
采集位置：北部湾海域，391渔区，20.630° N，109.543° E

中文别名：石鲈、头鲈

英文名：Saddle grunt

形态特征：

该标本为大斑石鲈的卵子，处于器官形成期的尾芽期。卵子圆球形，彼此分离，浮性卵；卵膜较厚，无色透明；卵径约为0.91 mm。卵周隙狭窄，卵黄囊和胚体几乎充满卵内。卵黄均匀，无龟裂。油球1个，前位，直径约为0.10 mm。尾芽开始与卵黄囊分离，胚体背部上布满点状黑色素斑。

保存方式：酒精

DNA条形码序列：

CCTCTATCTAGTATTTGGTGCCTGGGCTGGTATGGTAGGCACAGCCCTAAGC
CTGCTCATCCGAGCAGAACTCAGCCAACCGGGTGCACTCCTCGGGGACGACCA
GATTTATAACGTAATCGTTACTGCACATGCCTTCGTAATAATTTTCTTTATAGTAAT
ACCTATTCTAATTGGTGGTTTCGGAAACTGACTCGTGCCCCTAATGATTGGAGCG
CCTGATATGGCATTCCCTCGGATGAACAACATGAGTTTTTGACTACTTCCCCCCTC
TTTCCTCCTTCTACTTGCCTCTTCAGGGGTTGAGGCTGGGGCCGGAACCGGATGA
ACAGTTTACCCACCTTTAGCCGGCAACCTCGCCCACGCAGGAGCATCAGTTGAC

CTAACCATTTTCTCCCTTCACTTGGCGGGTGTTTCCTCAATCCTCGGGGCAATTAA
CTTCATTACAACAATTATCAACATAAAACCCCCTGCAATCTCCCAATACCAGACCC
CTCTTTTCGTCTGATCTGTACTAGTAACTGCCGTCTTACTACTTCTTTCCCTCCCA
GTCCTAGCCGCTGGCATTACAATGCTTCTGACAGACCGAAACCTAAATACTACCT
TCTTCGACCCCGCCGGAGGAGGAGACCCAATCCTGTATCAACACCTATTC

金线鱼科 Nemipteridae

金线鱼属 *Nemipterus* Swaison，1839

>>> 深水金线鱼 *Nemipterus bathybius* Snyder，1911

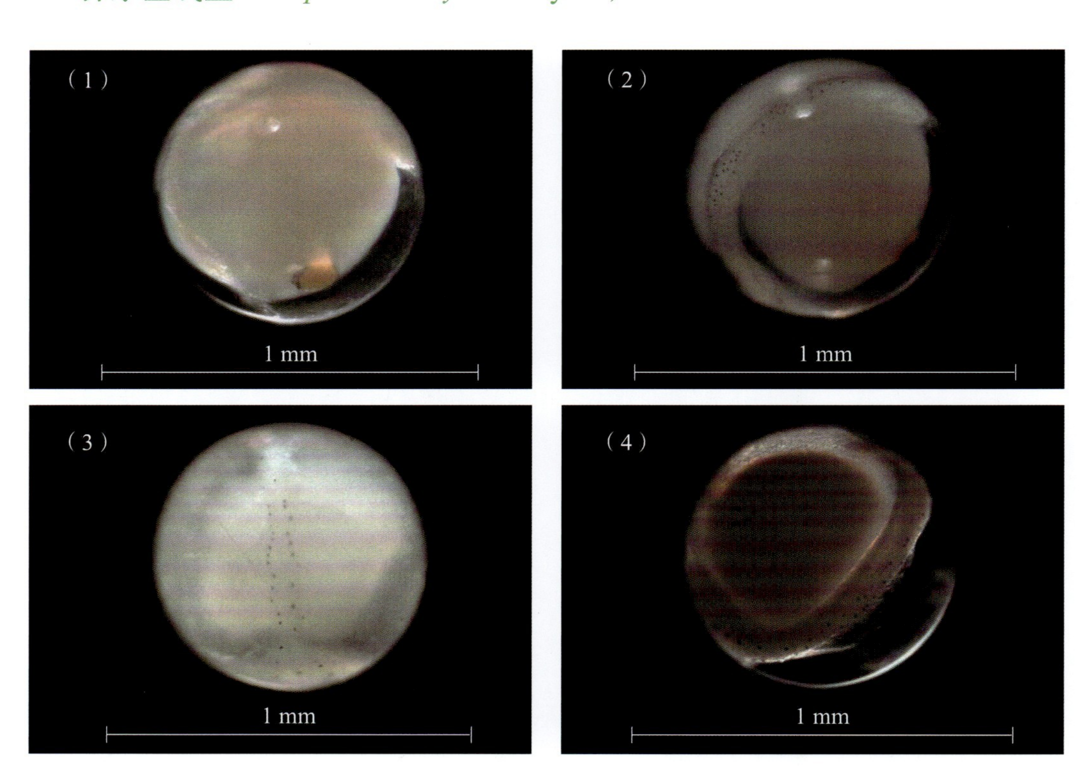

标本号：图（1）GDYH7162，图（2）GDYH7160，图（3）GDYH7918，图（4）GDYH7224；
采集时间：图（1）、图（2）2019-09-08，图（3）2019-09-30，图（4）2019-09-06；
采集位置：图（1）、图（2）文昌外海，470渔区，19.250° N，111.750° E；图（3）珠江口外海，401渔区，20.750° N，114.750° E；图（4）文昌外海，422渔区，20.250° N，112.750° E

中文别名：瓜三、黄肚

英文名：Yellowbelly threadfin bream

形态特征：

4个标本均为深水金线鱼的卵子，分别处于器官形成期的尾芽期、晶体形成期、心脏跳动期和将孵期。卵子圆球形，彼此分离，浮性卵；卵膜光滑，薄而透明；卵径为0.73～0.83 mm。卵周隙狭窄，卵黄囊和胚体充满卵内。油球1个，淡黄色或橙黄色，后位，直径为0.12～0.15 mm。

处于尾芽期的卵子，尾芽与卵黄囊开始分离，胚体围绕卵黄约3/4周，胚体色素分布不明显；油球上未见色素斑，见图（1）。

处于晶体形成期的卵子，胚体围绕卵黄约4/5周，胚体色从颈部到尾部的背面有点状黑色素斑分布，见图（2）。

处于心脏跳动期的卵子，可见胚体背面点状黑色素斑为2列分布，见图（3）。

处于将孵期的卵子，胚体点状黑色素斑色泽进一步加深，卵黄囊和油球上未见色素斑分布，见图（4）。

保存方式：酒精

DNA条形码序列：

CCTTTATCTCTTATTTGGTGCTTGAGCCGGCATAGTAGGAACCGCACTAAGTCTGCTTATTCGAGCTGAACTCAGTCAACCAGGAGCCCTTTTAGGTGACGACCAAATTTATAATGTCATTGTTACGGCTCACGCTTTTGTAATAATTTTCTTTATAGTAATACCAATTATGATCGGCGGGTTCGGAAACTGATTAATCCCGTTAATGATCGGGGCCCCTGATATGGCCTTCCCTCGAATAAATAATATGAGCTTCTGGCTTTTACCCCCTTCTTTCCTTTTACTTCTCGCCTCATCTGGCATTGAAGCAGGGGCAGGAACAGGTTGAACAGTCTACCCCCCTCTAGCAGGTAACCTGGCACATGCAGGGGCATCTGTTGATTTAACTATTTTCTCCCTTCACCTGGCTGGGATTTCTTCAATTTTAGGGGCCATCAACTTTATCACTACTATTTTTAATATGAAACCTCCAGCTATCTCTCAGTACCAAACACCCCTATTCGTTTGAGCAGTTCTTATTACAGCTGTCCTTCTCCTTCTTTCTCTCCCCGTTTTAGCGGCCGGTATTACAATGCTTTTAACTGACCGTAATCTAAACACAACTTTCTTTGATCCTGCAGGCGGGGGAGATCCTATTCTTTACCAACATCTTTTC（标本号：GDYH7224）

>>> 缘金线鱼 *Nemipterus marginatus*（Valenciennes，1830）

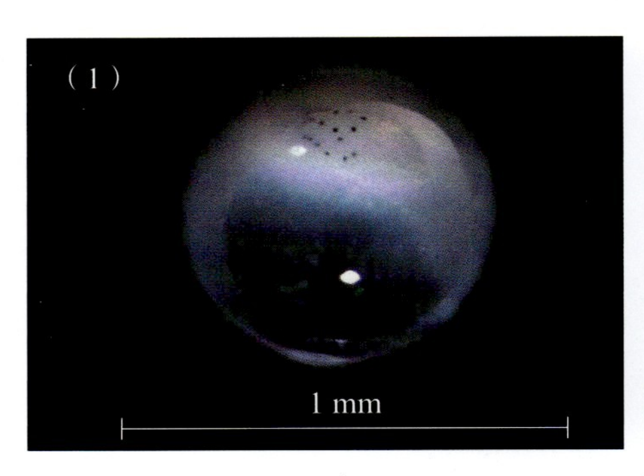

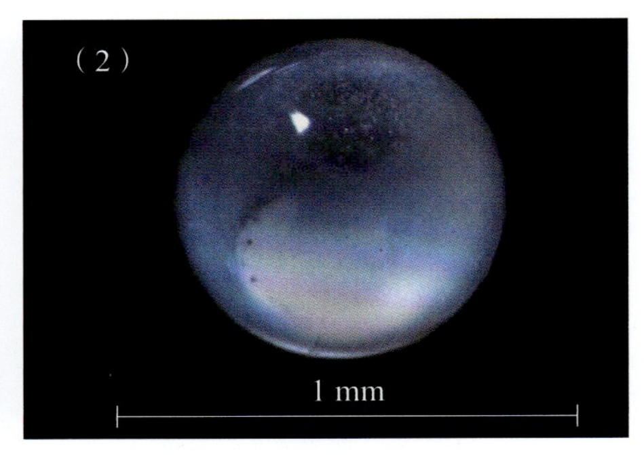

标本号：GDYH12936；采集时间：2020-04-06；

采集位置：北部湾海域，444渔区，19.757°N，108.884°E

中文别名：红三、假三

英文名：Red filament threadfin bream

形态特征：

该标本为缘金线鱼的卵子，处于器官形成期的晶体形成期。卵子圆球形，彼此分离，浮性卵；卵膜光滑，薄而透明；卵径约为0.80 mm。卵周隙狭窄，卵黄囊和胚体充满卵内。油球1个，后位，直径约为0.18 mm。晶体轮廓清晰，胚体围绕卵黄约3/4周，胚体从颈部到尾部背面分布有点状黑色素斑，见图（1）、图（2）。

保存方式：酒精

DNA条形码序列：

TTTATACTCTTATTTGGTGCTTGGGCCGGCATGGTGGGACTGCACTAAGCC
TGCTTATTCGAGCAGAGCTCAGTCAACCAGGTTCCCTCCTAGGTGACGACCAAA
TTTATAACGTTATTGTTACGGCCCACGCTTTCGTAATAATTTTCTTCATAGTAATAC
CAATTATGATTGGAGGCTTCGGAAACTGACTGATTCCTCTAATGATTGGTGCCCC
TGATATGGCATTCCCTCGAATGAATAATATGAGCTTCTGGCTCCTGCCCCCTTCCT
TCCTTCTTCTTCTTGCCTCATCAGGCATTGAAGCAGGCGCAGGGACTGGCTGAAC
AGTCTACCCCCCTCTTGCAGGCAATCTTGCTCACGCAGGAGCATCTGTCGACCTC
ACCATCTTCTCTCTCCACTTAGCAGGGATTTCTTCAATTCTAGGGGCCATTAATTT
TATTACTACTATTATTAACATAAAACCTCCTGCTATGTCCCAATATCAAACGCCTCT
CTTCGTTTGAGCCGTGCTAATTACAGCTGTTCTTCTTTTACTTTCCCTCCCCGTACT

AGCAGCCGGCATCACAATGCTTCTCACTGACCGAAACTTAAATACAACCTTCTTT
GACCCGGCAGGGGGTGGAGACCCTATTCTTTACCAGCATCTTTTC

>>> 金线鱼 *Nemipterus virgatus*（Houttuyn，1782）

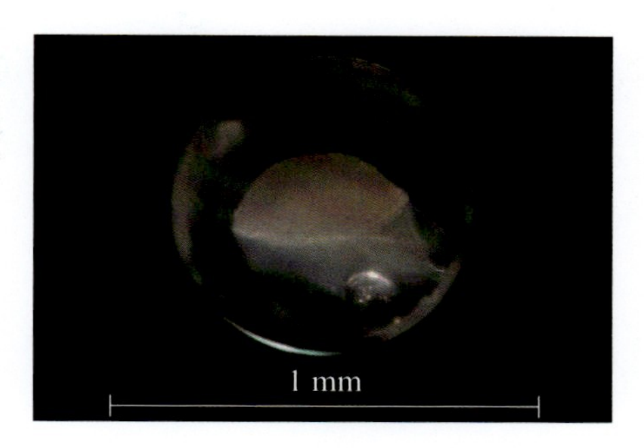

标本号：GDYH6061；采集时间：2019-04-12；
采集位置：珠江口外海，372渔区，21.250° N，114.250° E

中文别名：红三

英文名：Golden threadfin bream

形态特征：

该标本为金线鱼的卵子，处于囊胚期的低囊胚期。卵子圆球形，彼此分离，浮性卵；卵膜光滑，薄而透明；卵径约为0.72 mm。油球1个，无色，直径约为0.16 mm。

保存方式：酒精

DNA条形码序列：

CCTTTATCTCTTATTTGGTGCTTGAGCCGGTATAGTGGGGACCGCACTAAGTT
TGTTAATTCGAGCAGAGCTTAGTCAACCAGGGGCCCTCCTAGGCGACGACCAGA
TTTATAACGTTATTGTTACGGCTCACGCTTTTGTAATAATTTTCTTTATAGTAATACC
AATTATGATCGGCGGGTTCGGAAACTGACTAATCCCCCTCATGATCGGAGCCCCC
GACATGGCATTCCCCCGAATAAATAACATAAGCTTCTGACTTTTACCCCCTTCTTT
CCTTTTACTTCTTGCTTCGTCCGGCATTGAGGCAGGGGCAGGAACAGGCTGAAC
AGTCTATCCCCCTCTTGCAGGCAACCTAGCACACGCAGGAGCATCCGTTGATTTA

ACCATTTTCTCACTCCACCTGGCTGGGATTTCTTCAATTTTAGGGGCTATTAACTT
TATTACTACTATTATTAATATGAAGCCTCCAGCTATTTCCCAATACCAAACACCCTT
ATTCGTATGGGCAGTTTTAATTACAGCTGTCCTCCTCCTTCTTTCTCTTCCCGTTTT
AGCAGCCGGTATTACAATGCTTCTAACTGACCGAAACCTAAACACAACCTTCTTC
GACCCTGCAGGCGGAGGAGATCCTATTCTTTACCAACACCTTTTC

鲷科Sparidae

棘鲷属 *Acanthopagrus* Peters，1855

>>> 黄鳍棘鲷 *Acanthopagrus latus*（Houttuyn，1782）

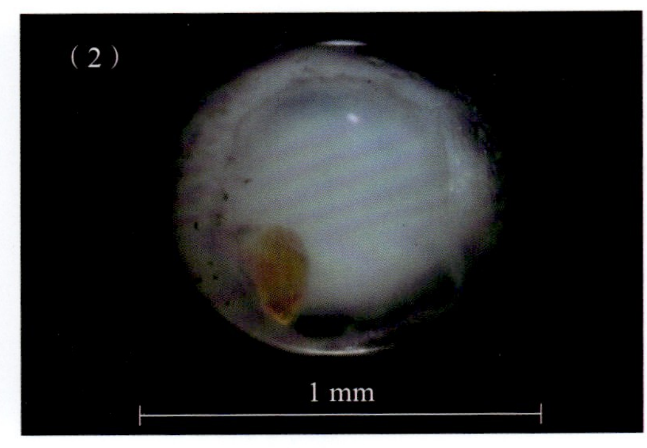

标本号：图（1）GDYH15578，图（2）GDYH15789；采集时间：图（1）2020–11–06，图（2）2020–11–24；采集位置：图（1）北部湾海域，363渔区，21.340° N，109.381° E；图（2）北部湾海域，444渔区，19.757° N，108.884° E

中文别名：黄立

英文名：Yellowfin seabream

形态特征：

2个标本均为黄鳍棘鲷的卵子，分别处于器官形成期的尾芽期和晶体形成期。卵子圆球形，彼此分离，浮性卵；卵膜光滑，薄而透明；卵径为0.89～0.96 mm。卵周隙狭窄，卵黄囊和胚体充满卵内。卵黄均匀，无龟裂。油球1个，卵子早期时为无色，器官形成期后多呈橙红色或橘黄色，以橘黄色为主；后位，直径为0.20～0.27 mm。

处于尾芽期的卵子，尾芽开始与卵黄囊分离，胚体围绕卵黄约2/3周，胚体从颈部到尾部分布多个点状黑色素斑，见图（1）。

处于晶体形成期的卵子，晶体轮廓清晰，胚体围绕卵黄约3/4周，胚体背部黑色素斑发育变大，油球上未出现色素斑，见图（2）。

保存方式：酒精

DNA条形码序列：

CCTTTATCTCGTATTTGGTGCTTGAGCTGGAATAGTAGGAACTGCCTTAAGCCTGCTCATTCGAGCCGAATTAAGCCAACCTGGAGCTCTCCTAGGAGACGATCAAATTTATAATGTTATTGTTACAGCACATGCGTTTGTAATAATTTTTTTTATAGTAATACCAATTATGATTGGAGGCTTCGGAAATTGATTAGTACCACTTATGATCGGTGCTCCTGATATAGCATTCCCCCGAATAAACAACATAAGCTTCTGACTTCTTCCCCCATCATTCCTCCTACTGCTAGCTTCTTCTGGCGTCGAAGCTGGGGCCGGCACTGGATGGACAGTCTACCCCCCACTGGCAGGAAACCTCGCTCACGCAGGTGCATCAGTTGACCTGACTATTTTTTCTCTTCACCTGGCTGGGGTTTCATCTATTCTTGGTGCCATTAATTTTATTACTACCATTATTAATATGAAGCCACCAGCTATTTCACAATATCAAACGCCCCTATTTGTGTGGGCCGTTTTAATTACTGCCGTTCTACTTCTCTTGTCTCTTCCAGTTCTTGCTGCCGGAATTACAATGCTCCTTACAGATCGAAACCTGAATACCACCTTCTTTGATCCAGCTGGAGGGGGAGACCCTATTCTTTACCAACACTTATTC（标本号：GDYH15578）

>>> 太平洋棘鲷 *Acanthopagrus pacificus* Iwatsuki，Kume & Yoshino，2010

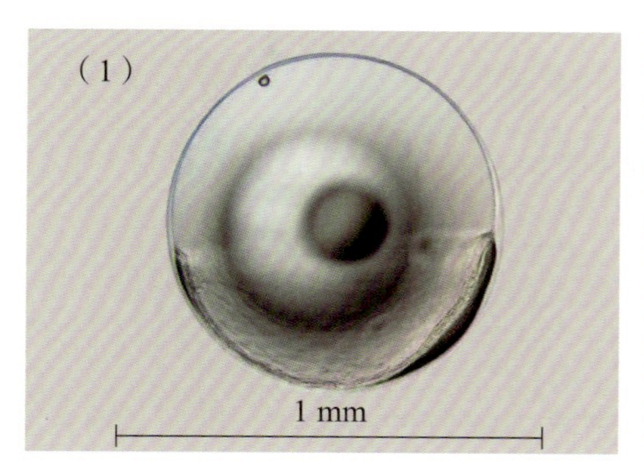

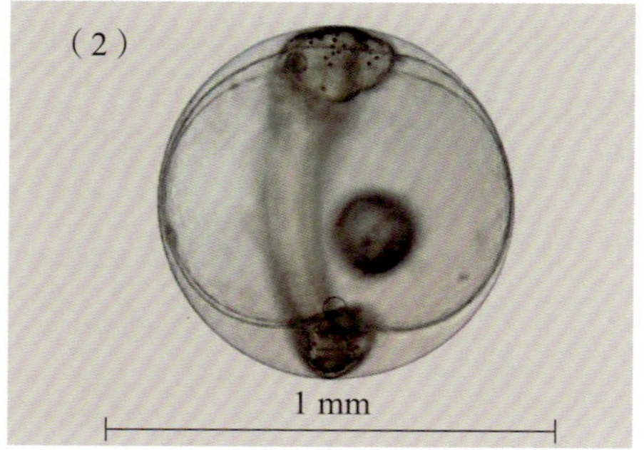

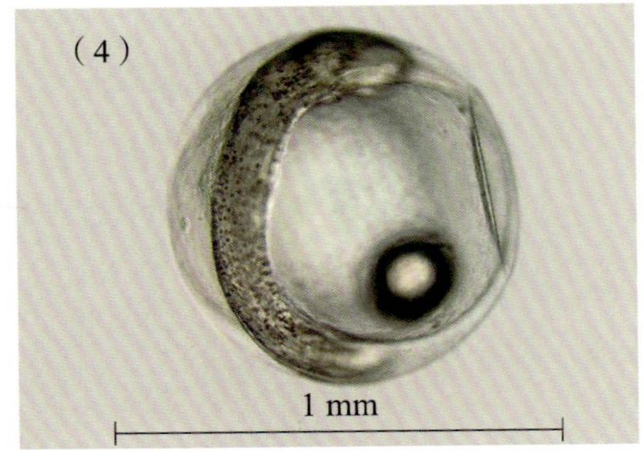

标本号：图（1）GDYH11140，图（2）～图（4）GDYH11181；采集时间：图（1）2020-02-28；图（2）～图（4）2020-02-29；

采集位置：图（1）徐闻西连海域，418渔区，20.383° N，109.850° E；图（2）～图（4）东海岛东南海域，393渔区，20.920° N，110.509° E

中文别名：白立

英文名：Pacific seabream

形态特征：

2个标本均为太平洋棘鲷的卵子，分别处于原肠胚期的原肠中期和将孵期。卵子圆球形，彼此分离，浮性卵；卵膜光滑，薄而透明；卵径为0.76～0.83 mm。卵周隙狭窄，卵黄囊和胚体充满卵内。卵黄均匀，无龟裂。油球1个，后位，直径为0.17～0.19 mm。

处于原肠中期的卵子，胚层下包卵黄近1/2，胚盾可见，见图（1）。

处于将孵期的卵子，胚体扭动频繁、有力，晶体轮廓清晰，卵黄与卵黄囊已分离。腹面观可见胚体吻部、视囊间至脑室上具16个赭褐色点状色素斑，见图（2），油球上具9个淡黄色色素斑，2个黑色素斑分布其中，见图（3）；背面观胚体围绕卵黄约3/4周，胚体颈部到尾部背面密布赭褐色点状色素斑，见图（4）。

保存方式：活体

DNA条形码序列：

CCTTTATCTCGTATTTGGTGCTTGAGCTGGAATAGTAGGGACCGCTTTAAGCCTGCTTATTCGAGCCGAATTAAGCCAACCTGGCGCTCTTCTAGGAGACGACCAAATTTACAATGTAATTGTTACGGCACATGCATTTGTAATAATTTTCTTTATAGTAATACCAATTATGATTGGAGGCTTCGGGAATTGATTAGTACCACTTATGATTGGTGCCCCTG

ACATAGCATTCCCTCGTATGAATAATATAAGCTTCTGACTTCTTCCCCCATCATTTC
TCCTGCTGCTAGCTTCTTCTGGGGTTGAAGCTGGGGCCGGTACCGGGTGAACAG
TCTATCCCCCACTGGCAGGAAACCTAGCCCACGCAGGCGCATCAGTTGACCTAA
CCATTTTTTCTCTTCACCTAGCCGGAATTTCATCTATTCTTGGGGCTATTAATTTTAT
TACTACTATTATTAATATGAAACCACCAGCCATCTCACAATATCAAACACCCCTGT
TCGTATGAGCCGTTTTAATTACTGCCGTCCTACTCCTCCTATCTCTCCCAGTCCTTG
CTGCCGGAATTACAATGCTCCTTACAGATCGTAATCTAAACACCACCTTCTTCGA
CCCAGCTGGAGGAGGGGATCCTATCCTCTATCAACACCTATTC

>>> 黑棘鲷 *Acanthopagrus schlegelii*（Bleeker，1854）

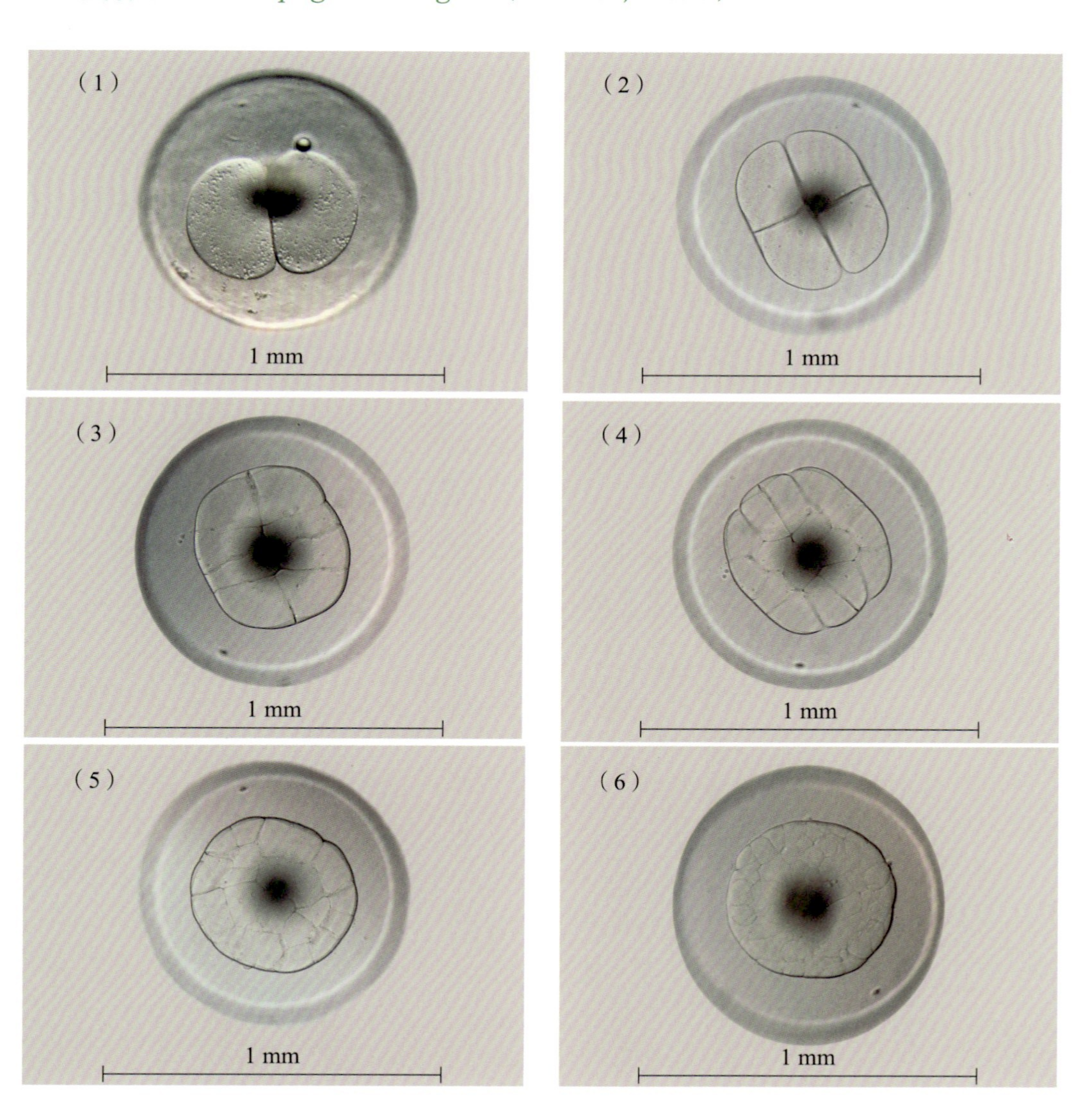

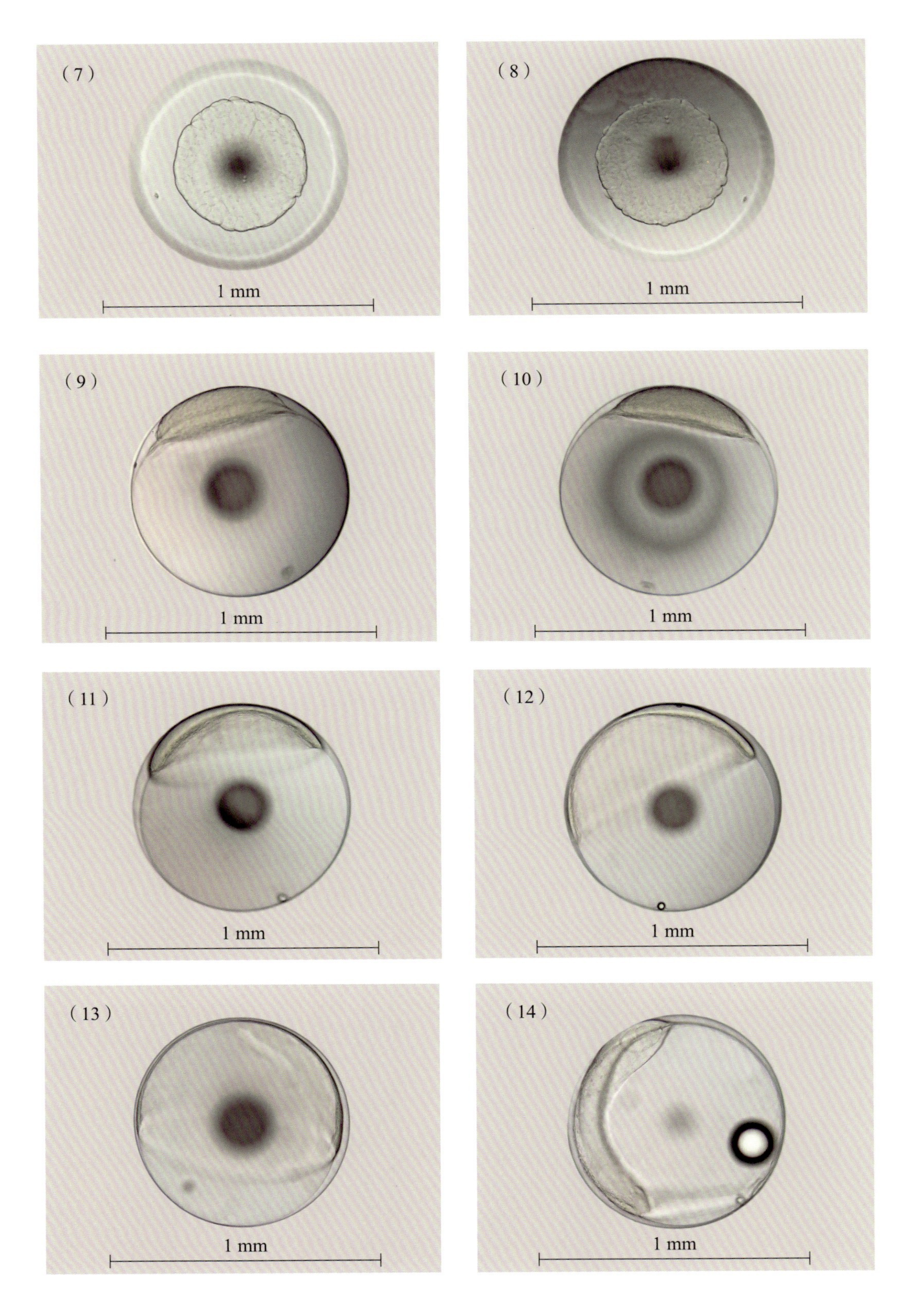
（7）
1 mm
（8）
1 mm
（9）
1 mm
（10）
1 mm
（11）
1 mm
（12）
1 mm
（13）
1 mm
（14）
1 mm

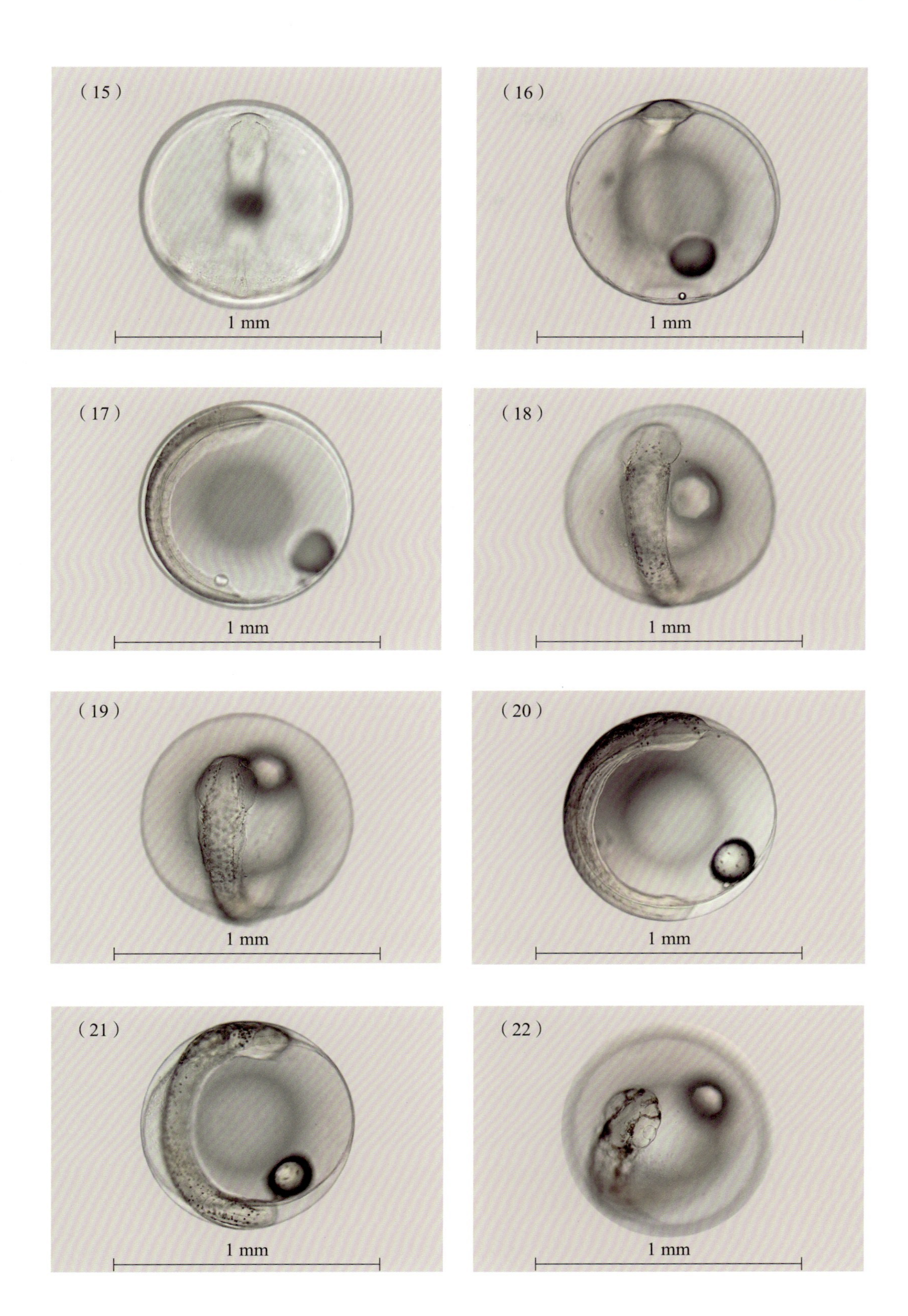
(15)
1 mm
(16)
1 mm
(17)
1 mm
(18)
1 mm
(19)
1 mm
(20)
1 mm
(21)
1 mm
(22)
1 mm

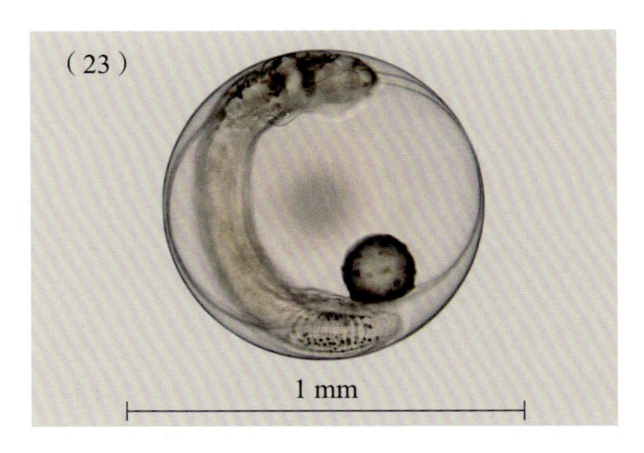

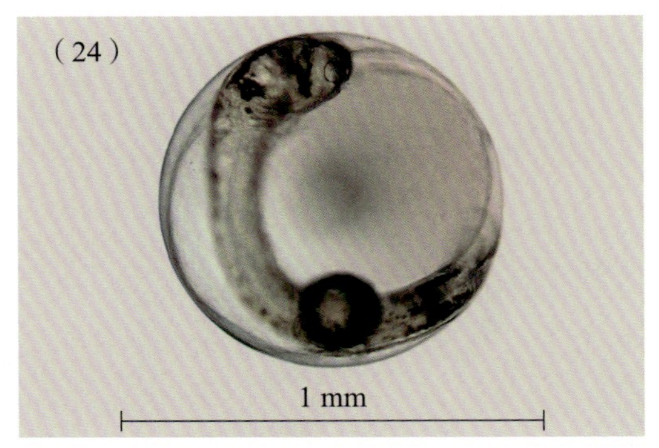

标本号：GDYH11521；采集时间：2020-02-11；
采集位置：东海岛东南海域，393渔区，20.920° N，110.509° E

中文别名：黑立

英文名：Blackhead seabream

形态特征：

该标本为黑棘鲷的卵子，分别处于卵裂期的2细胞期至器官形成期的将孵期。卵子为球形，浮性卵；卵膜平滑，薄而透明，无黏性；卵径约为0.81 mm。卵周隙狭窄，卵黄囊和胚体几乎充满卵内。油球1个，前位，直径约为0.17 mm。

1）卵裂期：黑棘鲷卵裂方式为盘状卵裂。天然活体鱼卵经采集后，首次观察到2细胞期，见图（1）。2细胞期后第29 min开始第2次分裂，分裂面与第一次分裂面垂直，分裂球形成4细胞，见图（2）。4细胞期后第20 min开始第3次分裂，卵裂时新出现2个分裂面，且都与第1次分裂面平行，形成2排排列的8个细胞，靠外排列的4个细胞个体较大，靠内排列的4个细胞个体较小，见图（3）。8细胞期后第28 min 开始第4次卵裂，卵裂方向与第2次卵裂方向大致平行，形成4排16个细胞，进入16细胞期，见图（4）。16细胞期后开始第5次卵裂，进入32细胞期，此次卵裂后细胞排列开始出现不规则感，细胞团轮廓呈近圆球形，见图（5）。32细胞期后开始第6次卵裂，进入64细胞期，卵裂后的细胞形状、大小不一，细胞在胚盘层面出现重叠，细胞团轮廓呈圆球形，见图（6）。多细胞期，细胞明显变小，在显微镜下每个细胞核清晰可见；细胞团轮廓仍呈圆球形，细胞在胚盘层面重叠更明显，见图（7）。桑葚期，细胞明显变得更小，细胞界限难以分辨，细胞核依然清晰可见，细胞团轮廓呈圆球形，边缘与桑葚球相似，此时从分裂球的侧面观察，分裂球隆起明显，见图（8）。

2）囊胚期：随着卵裂的进行，细胞数目及层数不断增加，胚盘与卵黄之间形成囊胚腔，囊胚中部明显向上隆起，呈高帽状，动物极的细胞团高高隆起，进入高囊胚期，见图（9）。高囊胚期后第2 h 35 min，囊胚隆起逐渐降低，胚盘向扁平方向发展，但尚不明显，细胞变小且变多，进入低囊胚期，见图（10）。

3）原肠胚期：囊胚期后，胚胎发育进入原肠胚期。随着细胞分裂进行，在囊胚期后期，囊胚边缘细胞分裂比较快，细胞增多，这些胚层逐渐向植物极方向迁移、延伸和下包，在此过程中，边缘的部分细胞运动缓慢并向内卷。低囊胚期后1 h 3 min，卵黄被胚层下包近1/4，此时从植物极观察可见胚环，侧面可见胚层顶端形成一个新月形的胚盾，胚盾的下边缘明显卷曲，内胚层开始形成，此时进入原肠早期，见图（11）。随着时间的推移，分裂球逐渐向植物极的卵黄包裹，慢慢到达卵黄的约1/3；原肠早期后4 h 7 min，卵黄被胚层下包约1/2，此时进入原肠中期，可以看到部分胚体的雏形，此时期油球上无色素斑，见图（12）。原肠中期后第1 h 21 min，分裂球逐渐向植物极的卵黄包裹，慢慢到达卵黄的约3/4，进入原肠晚期，见图（13）。

4）神经胚期：原肠晚期后第2 h 27 min，胚体背面增厚，形成神经板，中央出现1条圆柱形脊索，胚体雏形已现，进入胚体形成期，见图（14）。胚体形成期后第59 min，胚孔即将封闭，胚体头部两侧有两明显突出；胚体形成期第52 min后胚孔封闭，进入胚孔封闭期，见图（15）。

5）器官形成期：视囊形成期，在胚体前端出现1对眼囊，见图（16）。肌节形成期，此时有肌节13～14对；胚体背面颈部到中间区域开始出现色素斑，油球上未出现色素斑点，见图（17）。肌节出现期后第21 min，胚体头部在视囊后位置出现比视囊稍小的听囊1对，进入听囊形成期；视囊至胚胎体背部浅黑色素斑明显，见图（18）。听囊形成期后第1 h 24 min，脑泡开始出现，见图（19）。脑泡形成期后第1 h 35 min进入心脏形成期，心脏已经形成雏形，轮廓很明显；此时视野内油球上有9个黑色素斑，胚体背面从头部到中后端未分化的肌节处有数个小黑色素斑；脊索清晰可见，见图（20）。尾芽期，背鳍褶形成，尾部少部分与卵黄囊分离，见图（21）。晶体形成期，视囊内晶体形成，见图（22）。心脏跳动期，心脏开始搏动，频率约60次/分钟；此时胚体吻部至尾部浅黑色素斑明显，脊索、肌节、晶体、耳石清晰可见，见图（23）。心脏跳动期后21 min，胚体在卵膜内更加频繁、有力地抽动，进入将孵期，见图（24）。将孵期后第4 h 21 min开始进入孵化期，胚体经历2～5 min破膜而出。

保存方式：活体

DNA条形码序列：

CCTTTATCTCGTATTTGGTGCTTGAGCTGGAATAGTAGGAACCGCCTTAAGTC
TGCTCATTCGAGCCGAATTAAGCCAACCTGGCGCTCTCCTAGGAGATGATCAAAC
TTATAATGTAATTGTTACAGCACATGCGTTTGTAATAATTTTCTTTATAGTAATACC
AATTATGATTGGGGGCTTTGGAAATTGATTAGTACCACTTATGATTGGTGCCCCTG
ACATAGCATTCCCCCGTATAAACAACATAAGCTTCTGACTTCTTCCTCCATCATTC
CTCCTGCTGCTAGCTTCTTCTGGTGTCGAAGCTGGGGCCGGTACCGGGTGGACA
GTTTACCCCCCACTGGCAGGAAACCTCGCCCACGCAGGTGCATCAGTTGACTTA
ACCATCTTTTCTCTTCACCTAGCCGGAATTTCATCTATTCTTGGGGCCATCAATTTT
ATTACCACTATTATCAATATGAAACCGCCAGCTATCTCACAATATCAAACACCCCT
ATTTGTGTGGGCCGTTTTAATTACTGCTGTCCTACTCCTCTTGTCCCTCCCAGTTC
TTGCTGCCGGAATTACAATACTCCTTACAGACCGAAATCTAAATACCACCTTCTTT
GACCCAGCTGGAGGAGGAGACCCTATTTCTCTATCAACACCTATTC

犁齿鲷属 *Evynnis* Jordan & Thompson，1912

>>> 二长棘犁齿鲷 *Evynnis cardinalis*（Lacepède，1802）

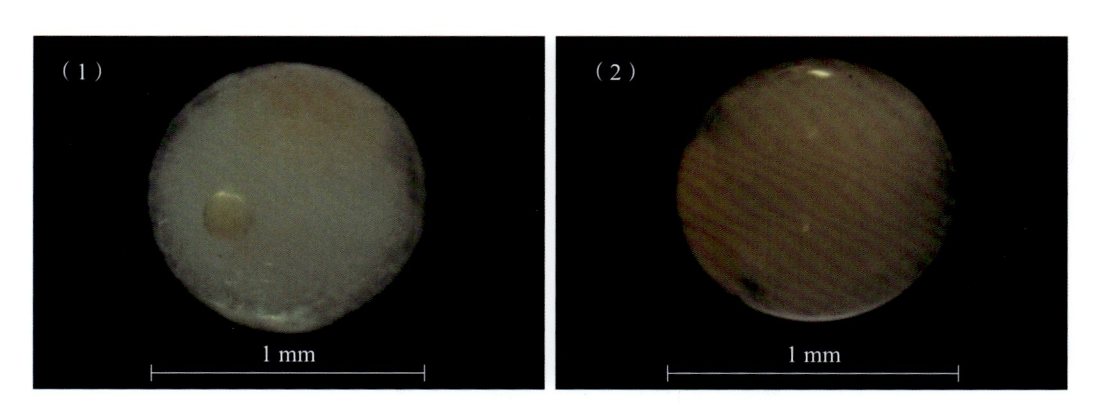

标本号：图（1）GDYH16332，图（2）GDYH16353；采集时间：2020-12-06；

采集位置：北部湾海域，362渔区，21.371° N，108.990° E

中文别名：波立

英文名：Threadfin porgy

形态特征：

2个标本均为二长棘犁齿鲷的卵子，分别处于卵裂期的16细胞期和囊胚期的低囊胚期。卵子圆球形，彼此分离，浮性卵；卵膜光滑，薄而透明；卵径为0.98～1.07 mm。卵周隙狭窄，卵黄囊和胚体几乎充满卵内。油球1个，后位，直径为0.17～0.19 mm。

处于16细胞期的卵子，可见淡黄色油球1个，见图（1）。

处于低囊胚期的卵子，可见囊胚隆起变低，见图（2）。

保存方式：酒精

DNA条形码序列：

CCTTTATCTTGTATTTGGTGCTTGGGCCGGGATAGTAGGGACTGCCCTAAGCCTGCTCATTCGAGCTGAGCTTAGCCAGCCCGGGGCTCTCCTAGGCGACGACCAGATTTATAATGTAATTGTTACAGCACACGCATTTGTAATAATTTTCTTTATAGTAATGCCAATTATGATTGGGGGCTTTGGAAACTGATTAATTCCACTCATGATTGGTGCCCCTGATATAGCATTCCCTCGAATGAACAACATGAGCTTCTGACTGCTGCCTCCATCTTTCCTTCTTCTACTCGCCTCCTCAGGAGTTGAAGCTGGGGCTGGCACTGGGTGAACAGTTTACCCGCCACTGGCAGGCAATCTCGCCCACGCAGGAGCATCGGTCGACCTGACCATCTTTTCTCTTCACCTAGCAGGTATCTCATCAATTCTTGGTGCAATTAATTTTATTACTACCATCATCAACATGAAACCCCCTGCTATCTCCCAGTACCAAACTCCCCTGTTCGTTTGGGCCGTTCTTATCACGGCTGTTCTTCTTCTTTTATCCCTACCAGTTCTTGCTGCCGGAATTACAATACTCCTCACCGATCGTAACCTGAACACTACCTTCTTTGACCCGGCTGGGGGAGGGGACCCAATTCTTTACCAACACTTATTC（标本号：GDYH16332）

石首鱼科 Sciaenidae

黄鳍牙鰔属 *Chrysochir* Trewavas & Yazdani，1966

>>> 尖头黄鳍牙鰔 *Chrysochir aureus*（Richardson，1846）

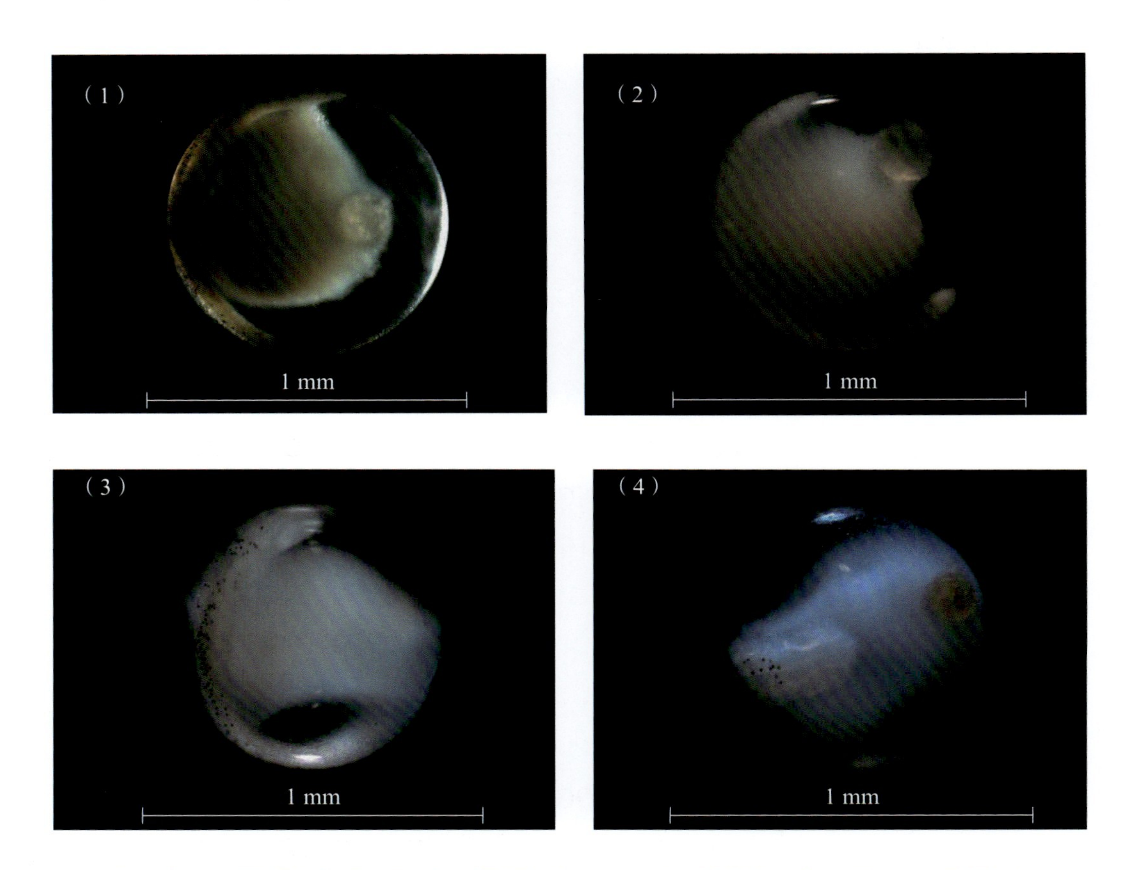

标本号：图（1）GDYH15807，图（2）GDYH15814，图（3）GDYH16124，图（4）GDYH16116；

采集时间：2020-11-25；

采集位置：北部湾海域，467渔区，19.367° N，108.443° E

中文别名：尖头地瓜

英文名：Pawak croaker

形态特征：

4个标本均为尖头黄鳍牙鰔的卵子，分别处于器官形成期的尾芽期和晶体形成期。卵子圆球形，彼此分离，浮性卵；卵膜光滑，无色透明；卵径为0.80 ~ 0.82 mm。卵周隙狭窄，卵黄囊和胚体充满卵内。油球1个，油球橘黄色或者无色，后位，直径为0.14 ~ 0.17 mm。

处于尾芽期的卵子，尾芽与卵黄囊开始分离，胚体围绕卵黄约3/4周，胚体背部具点状黑色素斑，油球内侧具点状黑色素斑，见图（1）、图（2）。

处于晶体形成期的卵子，晶体轮廓清晰，胚体背面从颈部到尾端分布较为浓密的黑色素斑，油球外侧未见黑色素斑，见图（3）、图（4）。

保存方式：酒精

DNA条形码序列：

CCTCTATCTAGTCTTCGGTGCATGAGCCGGAATAGTAGGCACTGCCTTGAGCCTTCTAATCCGAGCAGAGCTCAGTCAACCCGGCCCCCTCCTCGGGGACGACCAAATCTATAATGTAATCGTTACAGCCCATGCCTTCGTCATGATTTTCTTTATAGTAATACCGGTAATGATCGGCGGGTTTGGAAACTGACTTGTACCCCTGATGATTGGTGCCCCTGATATGGCATTCCCCCGAATGAACAATATAAGCTTCTGGCTTCTTCCCCCTTCCTTTCTTCTACTCTTGACCTCTTCAGCGGTAGAGGCAGGCGCCGGGACAGGCTGAACAGTTTACCCCCCACTTGCCGGAAACCTTGCACACGCAGGGGCCTCCGTTGACTTAGCCATCTTCTCTTTACACCTCGCAGGTGTGTCCTCCATCCTAGGGGCTATCAACTTCATTACAACCATCATTAATATAAAGCCCCCCGCCATCTCCCAATATCAAACACCCCTATTTGTCTGAGCCGTCCTAATCACAGCCGTCCTTTTACTATTATCCCTCCCGGTTTTAGCCGCTGGCATTACAATGCTTTTAACAGACCGAAACCTGAACACAACCTTCTTTGACCCCGCAGGCGGAGGAGACCCTATCCTCTATCAACACTTATTC（标本号：GDYH15807）

白姑鱼属 *Pennahia* Fowler，1926

>>> 斑鳍白姑鱼 *Pennahia pawak*（Lin，1940）

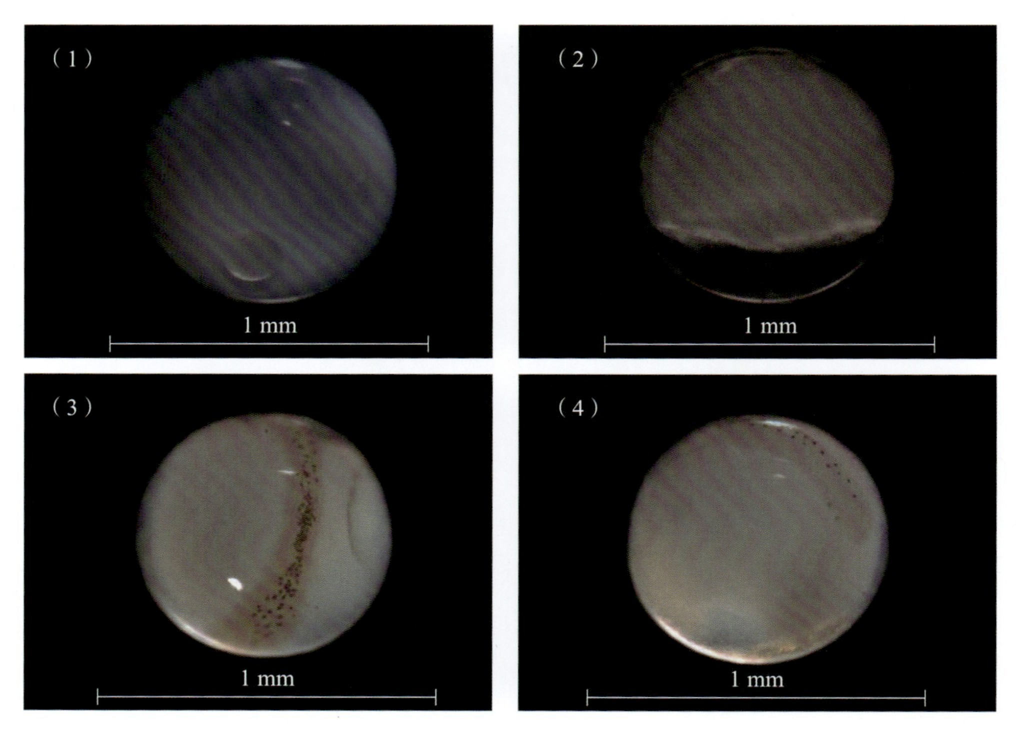

标本号：图（1）GDYH15576，图（2）GDYH9064，图（3）、图（4）GDYH17187；
采集时间：图（1）2020-11-06，图（2）2019-08-06，图（3）、图（4）2021-04-26；
采集位置：图（1）北部湾海域，363渔区，21.191° N，109.281° E；图（2）北部湾海域，389渔区，20.750° N，108.750° E；图（3）、图（4）北部湾海域，362渔区，21.311° N，108.620° E

中文别名：地瓜

英文名：Pawak croaker

形态特征：

3个标本均为斑鳍白姑鱼的卵子，分别处于囊胚期的低囊胚期、器官形成期的胚体形成期和将孵期。卵子圆球形，彼此分离，浮性卵；卵膜光滑，无色透明；卵径为0.80 ~ 0.83 mm。卵周隙狭窄，卵黄囊和胚体几乎充满卵内。油球1个，后位，直径为0.19 ~ 0.20 mm。

处于低囊胚期的卵子，囊胚低，油球1个，无色透明，见图（1）。

处于胚体形成期的卵子，胚体轮廓清晰，见图（2）。

处于将孵期的卵子，尾芽已与卵黄囊分离，胚体围绕卵黄约3/4周，胚体具辐射梅花状色素斑。色素斑从胚体头部到颈部散状分布，从胚体背部到中后段密集成一簇；从胚体中后段到尾部则呈散点状分布，见图（3）、图（4）。

保存方式：酒精

DNA条形码序列：

CCTATATTTAGTTTTTGGTGCATGAGCCGGAATAGTAGGTACAGCCCTGAGCCTTCTAATCCGAGCGGAACTAAGTCAACCCGGCTCCCTCCTTGGGGATGATCAGATCTTTAACGTAATCGTTACAGCCCATGCTTTCGTCATGATTTTCTTTATAGTAATACCCGTCATGATTGGAGGCTTTGGAAACTGGCTTGTACCCCTAATGATTGGTGCCCCCGACATGGCATTCCCCCGAATGAACAACATAAGCTTCTGACTTCTTCCCCCTTCCTTCCTTCTTCTTCTGACCTCTTCCGGGGTCGAAGCAGGGGCTGGAACAGGATGAACAGTTTATCCCCCACTTGCTGGAAACCTCGCACATGCAGGGGCCTCCGTCGACTTAGCCATTTTTTCCCTTCACCTCGCAGGTGTTTCCTCCATTTTAGGGGCTATTAACTTTATTACAACAATTATTAACATAAAACCCCCAGCCATCTCCCAGTATCAAACACCACTATTTGTATGAGCTGTTCTGATTACAGCAGTTCTCCTGCTTTTATCTCTACCCGTGTTAGCCGCTGGCATTACAATACTTCTAACTGATCGTAATCTAAACACAACCTTCTTTGACCCGGCAGGCGGAGGGGACCCTATTCTTTATCAACACTTATTC（标本号：GDYH17187）

>>> 白姑鱼 *Pennahia argentata*（Houttuyn，1782）

标本号：GDYH4878；采集时间：2019-04-13；

采集位置：珠江口外海，369渔区，21.250° N，112.750° E

中文别名：地瓜

英文名：Pawak croaker

形态特征：

该标本为白姑鱼的卵子，检视期间鱼卵内因弥散，未能检视清楚内部特征。卵子圆球形，彼此分离，浮性卵；卵膜光滑，无色透明；卵径约为0.72 mm。卵周隙狭窄，卵黄囊充满卵内。油球1个，直径约为0.18 mm。

保存方式：酒精

DNA条形码序列：

CCTATACCTAGTTTTTGGTGCATGAGCCGGAATAGTAGGCACAGCCCTGAGTCTTCTAATCCGGGCAGAACTAAGCCAACCCGGTTCCCTTCTCGGGGACGATCAAATTTATAACGTCATCGTCACAGCCCATGCCTTTGTCATGATTTTCTTTATAGTAATGCCCGTTATGATCGGAGGTTTTGGGAACTGACTTATCCCCTTAATAATCGGTGCCCCCGACATAGCATTCCCCCGAATAAACAATATGAGTTTCTGACTTCTTCCCCCTTCTTTCCTTCTTCTCCTAACTTCTTCAGGTGTTGAAGCGGGAGCTGGAACAGGATGAACAGTCTACCCCCCACTCGCTGGAAACCTCGCACATGCAGGAGCCTCCGTCGACTTGGCCATCTTCTCCCTTCACCTCGCAGGTGTCTCTTCTATTCTGGGGGCTATCAACTTTATTACAACAATTATCAACATAAAACCCCCTGCCATTTCTCAGTATCAGACACCCTTATTTGTGTGGGCCGTCCTGATTACAGCAGTTCTACTACTACTATCACTACCCGTGCTAGCTGCTGGCATTACAATACTTTTAACTGATCGTAACCTAAACACAACCTTCTTCGACCCGGCAGGCGGGGGAGATCCCATTCTTTACCAGCACTTATTC

>>> 大头白姑鱼 *Pennahia macrocephalus*（Tang，1937）

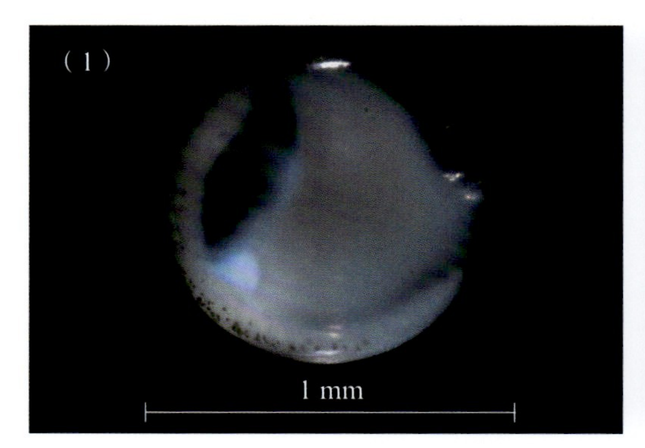

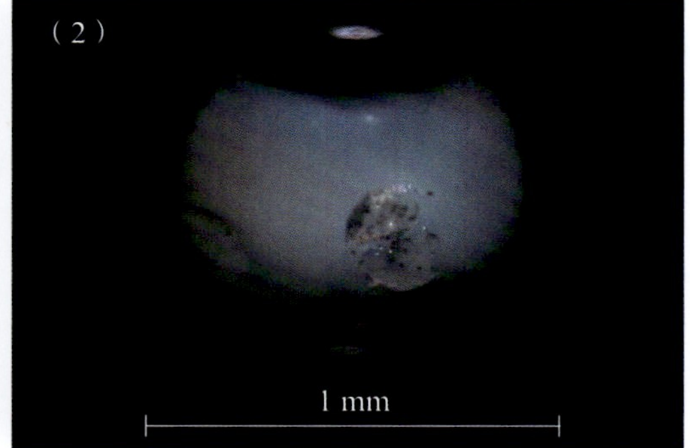

标本号：GDYH16123；采集时间：2020-11-25；

采集位置：北部湾海域，467渔区，19.367° N，108.443° E

中文别名：大头地瓜

英文名：Big-head pennah croaker

形态特征：

该标本为大头白姑鱼的卵子，处于器官形成期的尾芽期。卵子圆球形，彼此分离，浮性卵；卵膜光滑，薄而透明；卵径为0.87 mm。卵周隙狭窄，卵黄囊和胚体几乎充满卵内。油球1个，后位，直径约为0.25 mm。尾芽开始与卵黄囊分离。侧面观时胚体围绕卵黄约3/4周，胚体背部密布点状黑色素斑，油球未见色素斑，见图（1）；腹面观时，可见油球外侧具较多的点状黑色素斑，见图（2）。

保存方式：酒精

DNA条形码序列：

CCTCTACCTAGTTTTTGGCGCATGAGCCGGAATGGTGGGTACAGCCCTCAGTCTTCTTATCCGAGCAGAGCTAAGCCAACCCGGCTCCCTCCTCGGAGATGACCAAATTTTTAACGTAATTGTCACAGCCCATGCCTTCGTCATAATTTTCTTTATAGTAATGCCCGTTATGATCGGAGGATTCGGGAACTGACTTATTCCCCTAATAATTGGCGCCCCCGATATGGCATTCCCCCGAATGAACAACATGAGCTTCTGACTTCTACCCCCCTCCTTCCTACTACTCCTAACTTCTTCAGGAGTTGAAGCAGGAGCCGGAACGGGGTGAACAGTTTATCCCCCACTCGCCGGAAACCTCGCACACGCAGGGGCCTCTGTCGACTTAGCCATCTTCTCCCTACACCTCGCTGGTGTCTCTTCTATTTTAGGGGCCATCAACTTTATTACAACAATTATCAACATAAAACCCCCTGCCATCTCTCAATACCAGACACCTCTATTTGTGTGAGCTGTTCTGATTACAGCAGTCCTCCTGCTACTTTCACTTCCTGTCCTAGCTGCCGGCATTACAATACTTTTAACAGACCGTAATCTAAACACAACCTTCTTTGACCCCGCAGGAGGGGGCGACCCCATCCTTTATCAACACCTCTTC

叫姑鱼属 *Johnius* Bolch，1793

>>> 皮氏叫姑鱼 *Johnius belangerii*（Cuvier，1830）

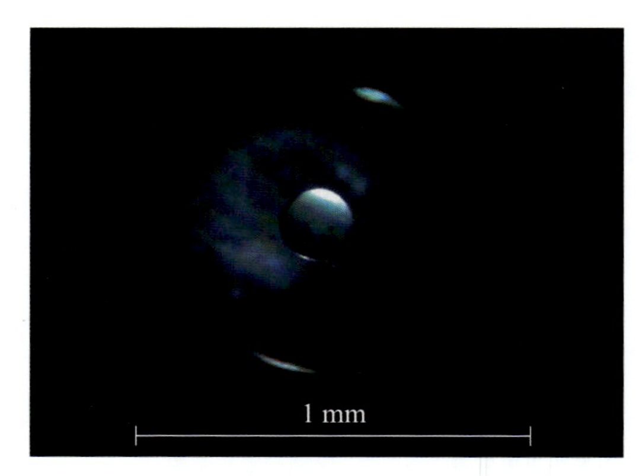

标本号：GDYH3680；采集时间：2019-02-10；

采集位置：东海岛东南海域，393渔区，20.920°N，110.509°E

中文别名：叫吉、加网

英文名：Belanger's croaker

形态特征：

该标本为皮氏叫姑鱼的卵子，处于原肠胚期的原肠早期。卵子圆球形，彼此分离，浮性卵；卵膜光滑，无色透明；卵径约为0.77 mm。卵周隙窄；油球1个，后位，直径约为0.19 mm。胚层下包卵黄约1/4，侧面观可见胚层顶端新月形胚盾。

保存方式：酒精

DNA条形码序列：

TCTTTATCTTGTTTTTGGTCTGTGAGCTGGTATGGTTGGATCTGCTTTGAGTCTTTTGATTCGAGCAGAACTTAGTCAGCCGGGCTCGTTACTTGGGAGTGATCAGATTTTTAATGTAATCGTTACGGCCCATGCGTTTGTTATAATCTTTTTTATAGTTATGCCCACCATGATTGGTGGTTTTGGAAATTGGTTAGTACCTCTTATGTTAGGGGCTCCGGACATGGCATTTCCTCGAATAAATAACATGAGCTTTTGACTTCTTCCTCCTTCATTGCTTCTTCTTTTAGCTTCTTCGGCAGTTGAGGCGGGGGCTGGGACGGGGTGAACAGTTTATCCCCCTCTTGCTGGGAATTTAGCTCATGCGGGGGCTTCTGTGGATTTGGC

CATTTTTCTCTTCATCTTGCAGGTGTATCTTCTATTTAGGGGCAATTAATTTTATC
ACCACAATTATTAATATGAAAGCTCCAGCGATTTCTTTATATCAGACACCTTTGTTT
GTGTGGTCTGTATTAATTACAGCCGTGTTGCTTCTTTTATCCCTTCCGGTTTTAGCT
GCTGGTATTACTATACTATTAACAGATCGTAATCTAAACACAACATTTTTTGATCCT
GCTGGTGGTGGTGATCCTATTCTTTATCAACATTTGTTT

>>> 屈氏叫姑鱼 *Johnius trewavasae* Sasaki，1992

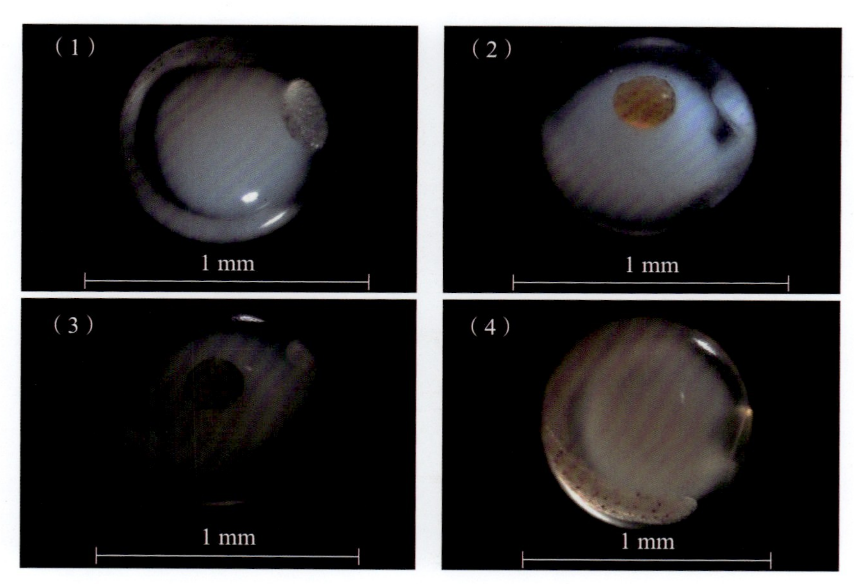

标本号：图（1）GDYH14722，图（2）GDYH15758，图（3）、图（4）GDYH15565；
采集时间：图（1）2020-09-27，图（2）2020-12-02，图（3）、图（4）2020-11-08；
采集位置：图（1）徐闻西连海域，418渔区，20.383° N，109.883° E；图（2）北部湾海域，443渔区，19.780° N，108.417° E；图（3）、图（4）北部湾海域，362渔区，21.049° N，108.820° E

中文别名： 叫吉、加网

英文名： Trewavas croaker

形态特征：

3个标本均为屈氏叫姑鱼的卵子，分别处于器官形成期的尾芽期、尾芽期向晶体形成期的过渡期和晶体形成期。卵子圆球形，彼此分离，浮性卵；卵膜光滑，无色透明；卵径为0.77 ~ 0.80 mm。卵周隙狭窄，卵黄囊和胚体充满卵内。油球1个，后位，直径为0.21 ~ 0.27 mm。

处于尾芽期的卵子，尾芽与卵黄囊开始分离，胚体围绕卵黄约3/4周，胚体背部具点状黑色素斑，油球内侧具6个左右点状黑色素斑，见图（1）。

处于尾芽期向晶体形成期过渡期的卵子，腹面观油球外侧色素开始沉积，具25个左右小点状黑色素斑，见图（2）。

处于晶体形成期的卵子，晶体轮廓清晰；侧面观胚体围绕卵黄约3/4周，胚体背部色素斑发育，变为短枝状；腹面观油球外侧的黑色素斑发育为辐射状，见图（3）、图（4）。

保存方式：酒精

DNA条形码序列：

TCTTTATCTTGTTTTCGGCTTATGGGCTGGTATGGTTGGTTCGGCTTTAAGTCTTTTGATTCGAGCAGAACTCAGTCAGCCTGGCTCTTTACTTGGAAATGATCAGATTTTTAATGTGATTGTTACAGCCCATGCGTTTGTTATAATTTTTTTCATAGTCATGCCCACTATAATTGGCGGGTTTGGGAATTGGTTAGTGCCACTTATGTTGGGGGCGCCTGACATGGCGTTTCCTCGTATAAATAATATAAGTTTTTGACTTCTTCCACCTTCTCTTCTTCTTCTTTTAGCTTCTTCAGCAGTTGAAGCGGGTGCTGGGACGGGGTGAACAGTTTATCCACCTTTAGCAGGGAATCTTGCTCATGCGGGGGGTTCTGTTGATTTGGCTATTTTTTCTCTGCATTTGGCAGGTGTTTCTTCTATCCTGGGGGCAATTAATTTTATTACGACAATTATTAATATGAAAGCTCCGGCCGTCTCTTTGTATCAGACACCTTTGTTTGTATGGTCAGTTTTAATTACAGCAGTGTTACTTCTTTTATCACTGCCAGTGTTGGCTGCTGGGATTACGATGTTATTAACAGATCGAAATCTAAATACAACGTTCTTTGATCCGGCAGGTGGGGGTGATCCTATTCTTTATCAGCATTTGTTT（标本号：GDYH15565）

羊鱼科 Mullidae

绯鲤属 *Upeneus* Cuvier，1829

>>> 黑斑绯鲤 *Upeneus tragula* Richardson，1846

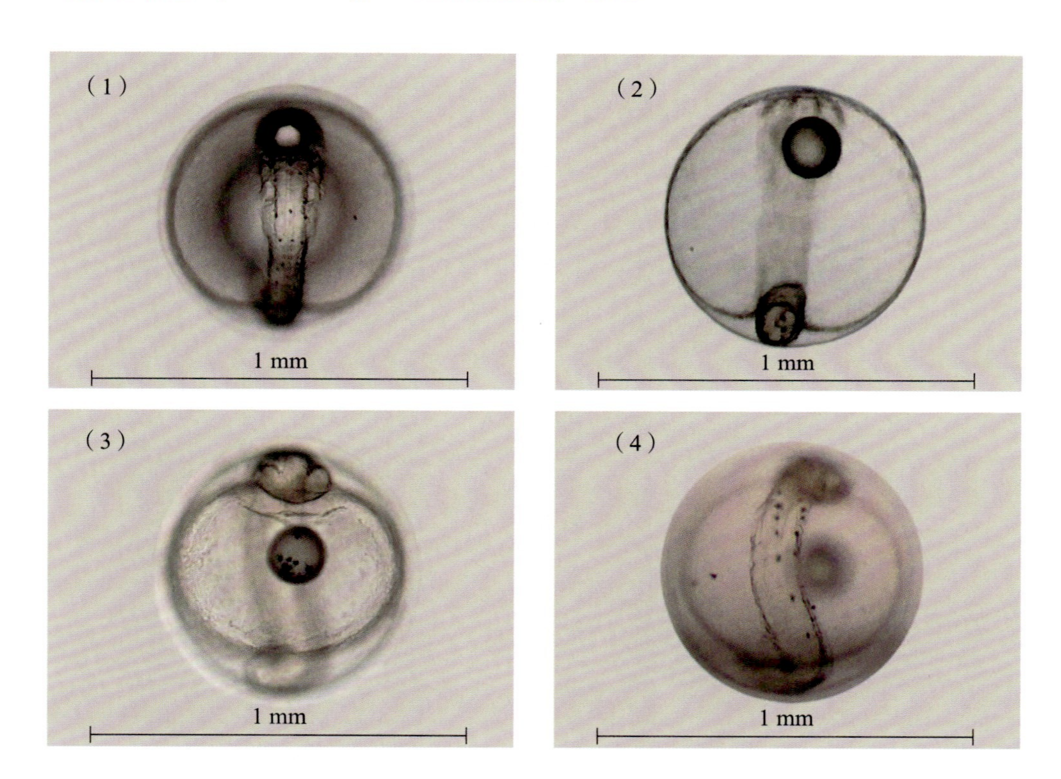

标本号：图（1）、图（2）GDYH12290，图（3）、图（4）GDYH12285；采集时间：2020-03-28；采集位置：图（1）、图（2）徐闻放坡海域，418渔区，20.267° N，109.902° E；图（3）、图（4）徐闻西连海域，418渔区，20.383° N，109.883° E

中文别名：墨脚、花三、三须

英文名：Freckled goatfish

形态特征：

2个标本均为黑斑绯鲤的卵子，分别处于器官形成期的尾芽期和将孵期。卵子圆球形，彼此分离，浮性卵；卵膜光滑，薄而透明；卵径为0.69 ~ 0.80 mm。油球1个，前位，直径为0.17 ~ 0.19 mm。卵周隙狭窄，卵黄囊和胚体充满卵内。卵黄均匀，无龟裂。

处于尾芽期的卵子，尾芽部分脱离卵黄囊，分离明显，胚体围绕卵黄囊超过1/2周，躯体背部具零星的点状黑色素斑；油球上无色素斑，见图（1）、图（2）。

处于将孵期的卵子，胚体扭动频繁、有力，胚体围绕卵黄囊超过3/4周，油球上具10个点状黑色素斑，色素斑略有放射线状延伸；进一步调整显微镜观察，可见胚体腹面从颈部到后段脊索两侧各具有7个左右的点状黑色素斑，见图（3）、图（4）。

保存方式：活体

DNA条形码序列

CCTTTACCTAGTCTTCGGTGCTTGGGCCGGAATGGTAGGAACTGCTTTAAGCCTCCTCATTCGTGCCGAACTAGCCCAACCTGGGGCTCTCCTGGGCGACGACCAGATTTATAATGTAATCGTCACAGCCCACGCCTTTGTAATGATTTTCTTCATGGTAATGCCTATCATGATCGGAGGATTTGGCAACTGACTTATCCCTCTAATGATTGGTGCACCAGACATGGCCTTCCCTCGTATGAACAATATGAGCTTCTGGCTACTCCCCCCTTCTTTCCTCCTACTACTCGCCTCCTCAGGCGTTGAAGCAGGGGCTGGGACAGGTTGAACTGTTTACCCTCCTTTAGCAGGCAACCTTGCACACGCCGGGGCCTCTGTTGATCTCACTATTTTCTCCCTACACCTAGCGGGGATTTCCTCTATTCTAGGGGCCATCAATTTTATTACAACAATTATCAACATGAAACCTCCAGCAATTTCACAATATCAGACACCTCTATTCGTCTGAGCTGTGCTAATTACGGCTGTCCTTCTCCTTCTTTCCCTACCAGTTCTTGCTGCGGGGATTACTATGCTGCTTACAGATCGAAATCTGAATACTACCTTCTTCGACCCAGCAGGTGGAGGGGACCCCATCCTTTACCAACACCTATTC（标本号：GDYH12290）

鯻科 Terapontidae

鯻属 *Terapon* Cuvier，1816

>>> 细鳞鯻 *Terapon jarbua*（Forsskål，1775）

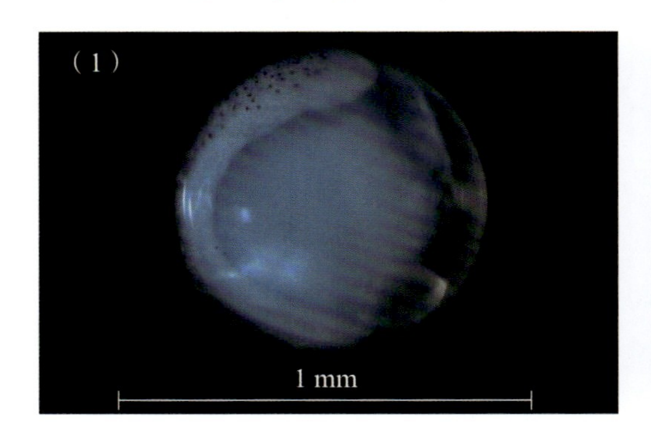

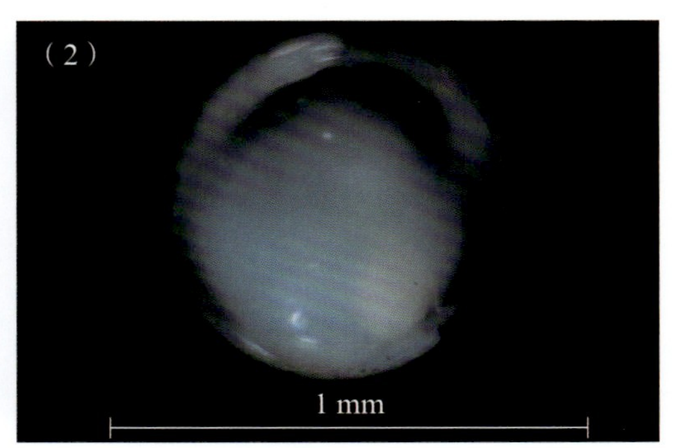

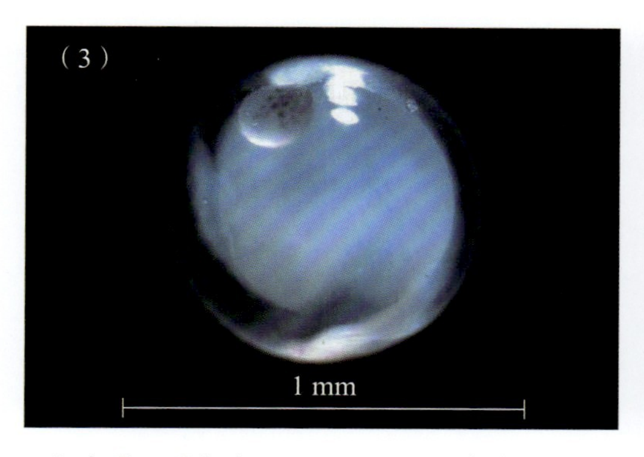

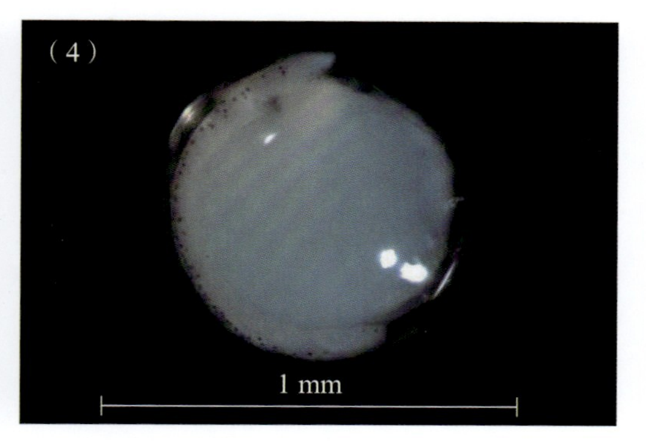

标本号：图（1）GDYH14726，图（2）GDYH14750，图（3）GDYH14731，图（4）GDYH14752；
采集时间：2020-09-27；采集位置：徐闻西连海域，418渔区，20.383° N，109.867° E

中文别名：丁公、斑猪、花身鸡、鸡仔鱼、三抓仔、四线鸡鱼

英文名：Jarbua terapon

形态特征：

4个标本均为细鳞鯻的卵子，分别处于器官形成期的尾芽期和晶体形成期。卵子圆球形，彼此分离，浮性卵；卵膜光滑，薄而透明；卵径为0.76～0.80 mm。卵周隙窄，宽度为0.04～0.04 mm，是卵径的5.06%～5.26%。油球1个，后位，直径为0.20～0.22 mm。卵黄囊具细弱的泡状裂纹。

处于尾芽期的卵子，尾芽开始与卵黄囊分离，胚体围绕卵黄约2/3周，胚体头部到尾部背缘出现点状黑色素斑，油球尚未见色素斑发育，见图（1）、图（2）。

处于晶体形成期的卵子，晶体轮廓清晰，胚体围绕卵黄约3/4周，胚体背部点状黑色素斑愈发显著，油球上具18个左右的点状浅黑色色素斑，见图（3）、图（4）。

保存方式：酒精

DNA条形码序列：

CCATCTACCTAGTTTTCGGTGCATGAGCCGGAATGGTGGGCACAGCTTTAAGCCTACTAATTCGAGCAGAACTAAGCCAGCCTGGCGCTCTCCTCGGAGATGACCAAATTTATAATGTAATTGTTACAGCCCATGCCTTTGTAATAATTTTCTTTATAGTAATGCCAATTATGATCGGAGGCTTTGGGAACTGACTAATTCCACTAATGATCGGGGCCCCCGACATGGCATTCCCACGAATGAATAACATGAGCTTCTGACTCCTCCCTCCCTCATTCCTTCTTCTCCTAGCTTCTTCAGGAGTCGAAGCAGGTGCAGGAACCGGCTGAACTGTTTATCCCCCTCTTGCCGGTAACTTAGCCCACGCTGGAGCATCTGTAGAC

CTAACCATCTTCTCCCTCCATCTAGCTGGGGTATCATCTATTCTCGGGGCAATTAA
TTTCATTACCACGATCATTAATATGAAACCACCCGCTATTTCTCAATATCAAACCC
CTCTATTTGTTTGAGCTGTGCTCATCACAGCAGTTTTACTTCTCCTCTCTCTTCCA
GTCCTCGCCGCCGGAATTACAATGCTCCTTACGGACCGAAATTTAAATACTACCT
TCTTTGATCCAGCAGGCGGAGGGGATCCCATCCTCTACCAACACCTGTTC（标本号：GDYH14726）

牙鯻属 *Pelates* Cuvier，1829

>>> 牙鯻 *Pelates* sp.

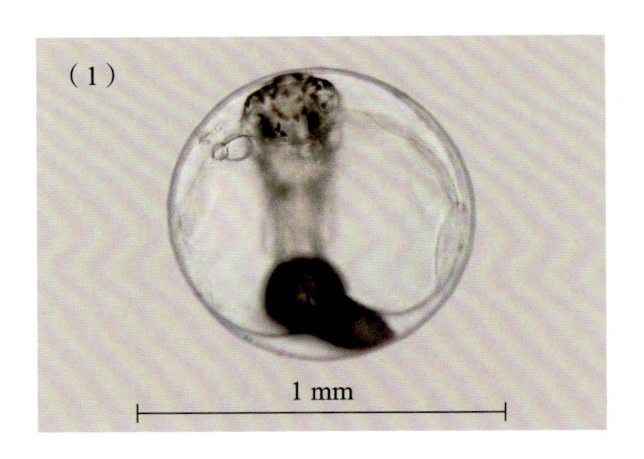

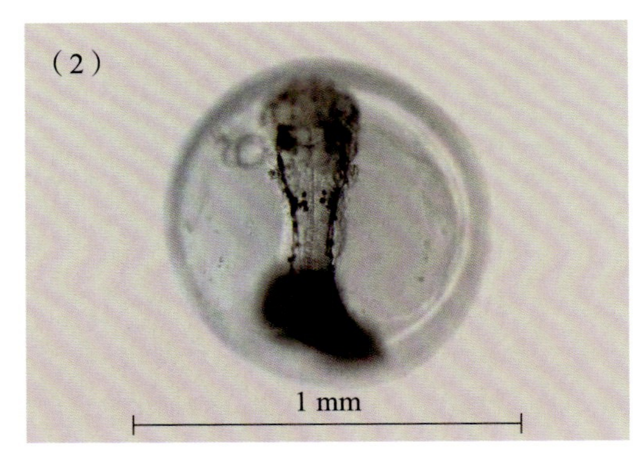

标本号：GDYH11712；采集时间：2020-02-15；
采集位置：东海岛东南海域，393渔区，20.920° N，110.509° E

中文别名：假丁公

英文名：无

形态特征：

该标本为牙鯻的卵子，处于器官形成期的将孵期。卵子圆球形，彼此分离，浮性卵；卵膜光滑，薄而透明；卵径约为0.85 mm。卵周隙狭窄，卵黄囊和胚体充满卵内。卵黄囊具细弱的泡状裂纹。油球1个，后位，油球上具辐射状黑色素斑，直径约为0.23 mm。腹面观时，胚体扭动频繁、有力，晶体轮廓清晰，视囊和脑室上分布数个较大的点状浅黑色色素斑，见图（1），胚体围绕卵黄约3/4周。调整观察视角，脊索清晰，脊索靠近颈部腹缘两侧共分布有6个点状黑色素斑，脊索两侧胚体背缘和腹缘具点状黑色素斑，见图（2）。

保存方式：活体

DNA条形码序列：

CCTTTATCTGGTTTTCGGTGCATGGGCCGGAATAGTAGGCACAGCCCTTAGC
CTGCTTATTCGAGCAGAACTAAGCCAACCTGGCGCTCTTCTTGGAGATGACCAAA
TTTACAATGTAATTGTTACAGCACATGCCTTTGTAATAATTTTCTTTATAGTAATGC
CAATCATGATCGGAGGCTTTGGAAACTGGCTAATCCCATTAATGATCGGCGCCCC
CGACATGGCATTCCCTCGAATGAACAACATGAGCTTCTGACTCCTCCCTCCCTCT
TTCCTTCTGCTCCTCGCCTCTTCCGGAGTTGAAGCTGGGGCGGGAACCGGTTGA
ACCGTCTACCCCCCTCTCGCTGGTAACCTAGCCCACGCCGGAGCGTCTGTAGACC
TCACTATCTTCTCCCTGCATTTGGCAGGGGTGTCCTCAATCCTTGGGGCAATTAAT
TTTATTACAACCATTATTAACATGAAACCCCCTGCCATCTCTCAGTACCAAACCCC
CCTTTTCGTCTGAGCCGTGCTCATTACAGCCGTCCTCCTGCTCCTTTCTCTCCCAG
TCCTTGCTGCCGGTATTACAATACTCCTTACAGACCGAAACCTAAACACCACCTT
CTTCGACCCTGCAGGAGGGGGAGATCCAATTCTTTACCAACACCTCTTC

隆头鱼科 Labridae

猪齿鱼属 *Choerodon* Bleeker，1847

>>> 邵氏猪齿鱼 *Choerodon schoenleinii*（Valenciennes，1839）

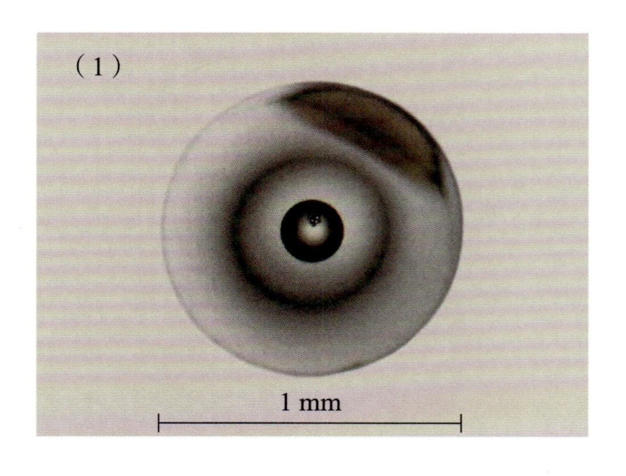

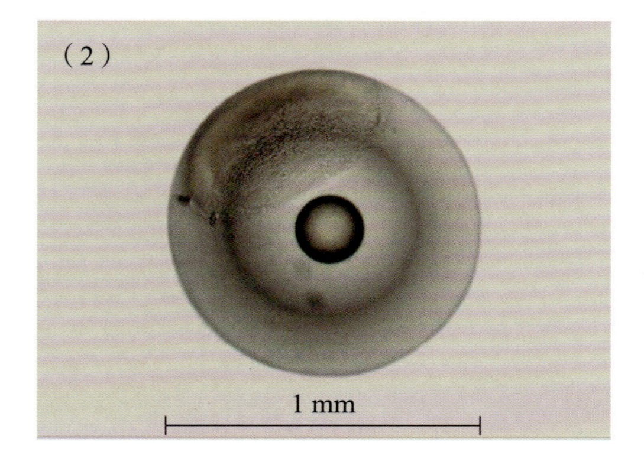

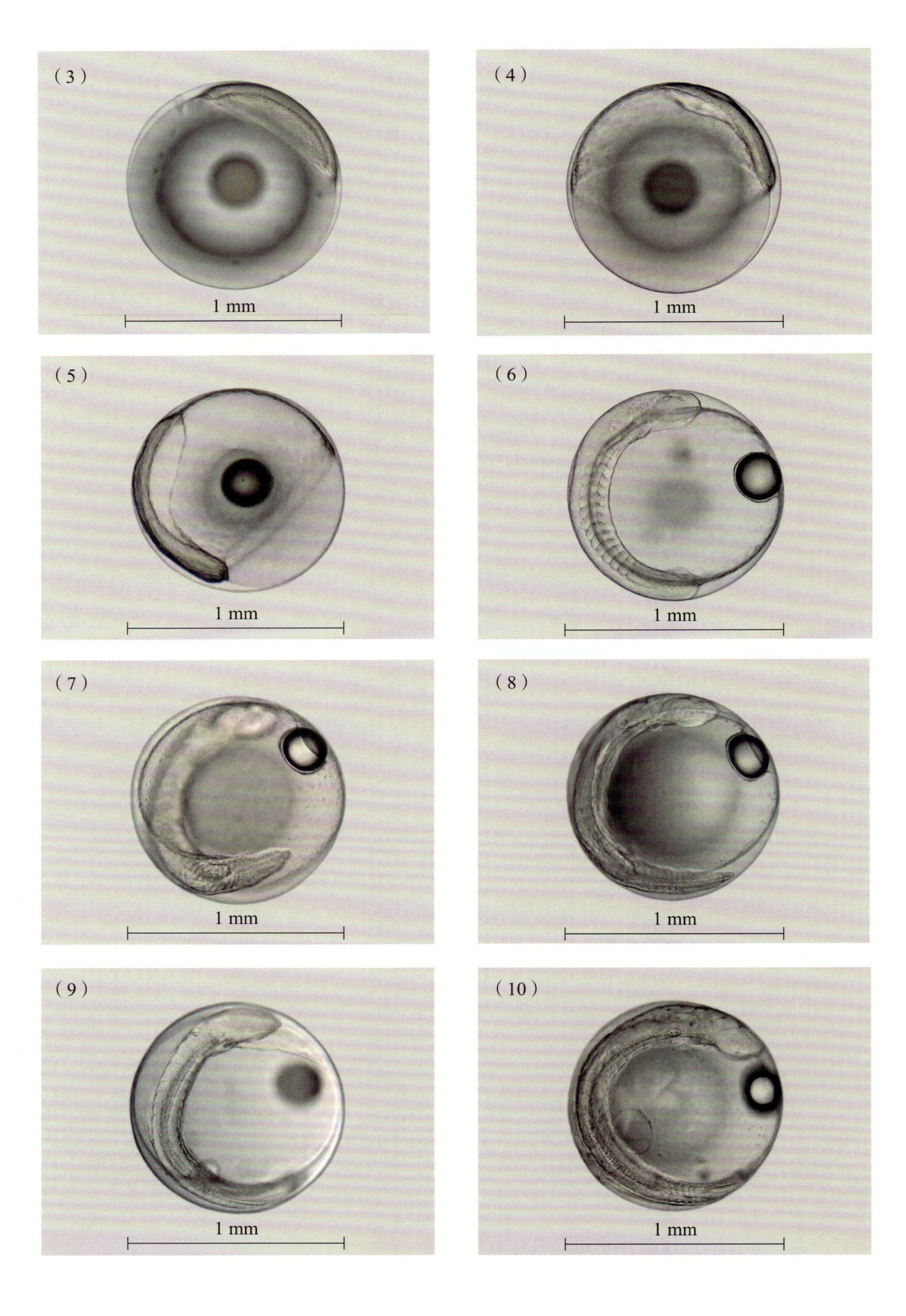
(3)
1 mm
(4)
1 mm
(5)
1 mm
(6)
1 mm
(7)
1 mm
(8)
1 mm
(9)
1 mm
(10)
1 mm

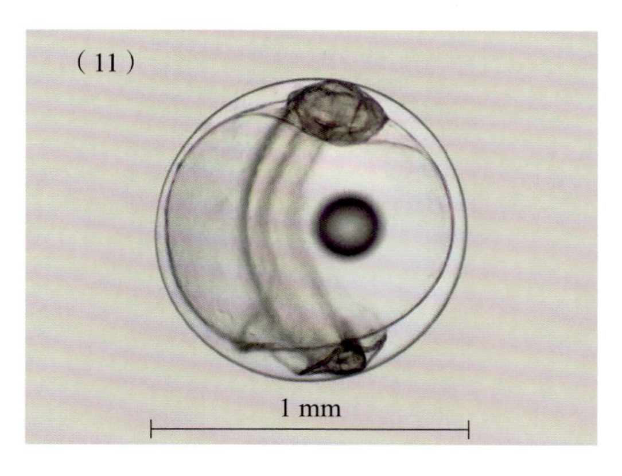

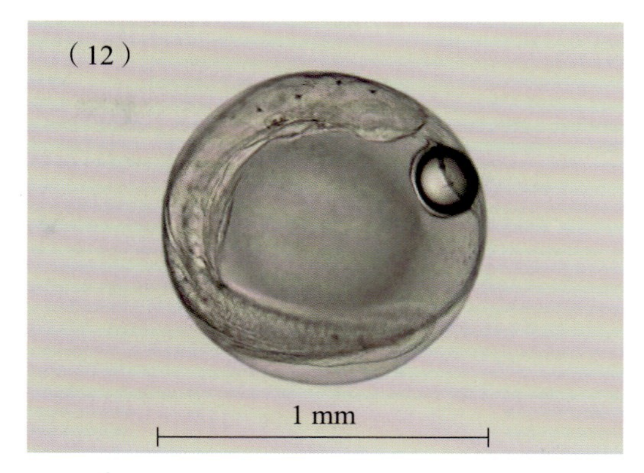

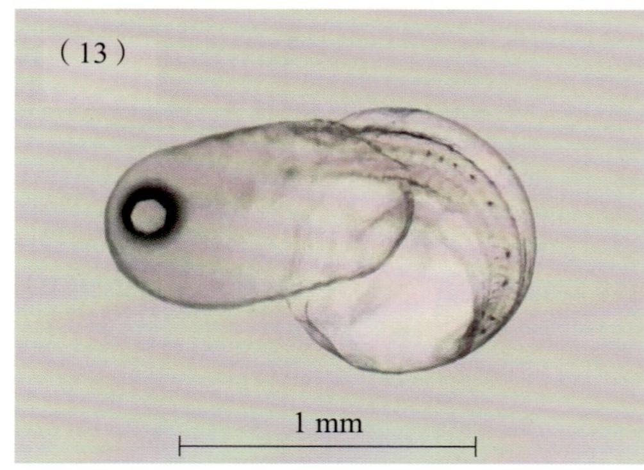

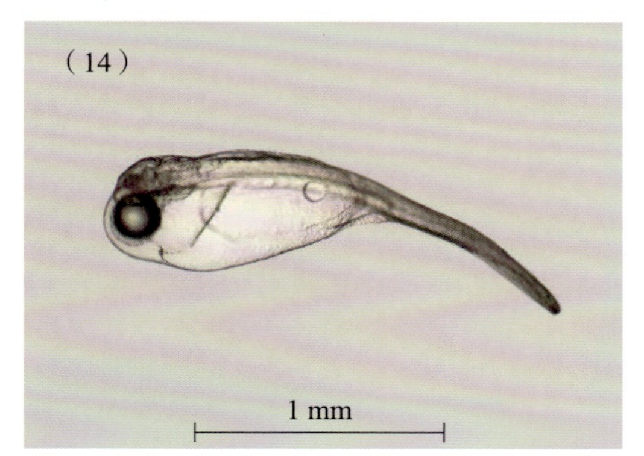

标本号：图（1）、图（12）、图（13）GDYH11264，图（2）、图（3）、图（10）GDYH11261，图（4）～图（8）GDYH12654，图（9）GDYH11901，图（10）GDYH12262，图（11）GDYH11902，图（14）GDYH11905；

采集时间：图（1）、图（12）、图（13）2020-01-27，图（2）、图（3）、图（10）2020-03-27，图（4）～图（8）2020-04-30；图（9）、图（11）、图（14）2020-03-01；

采集位置：图（1）～图（3）、图（10）、图（12）～图（13）东海岛东南海域，393渔区，20.920° N，110.509° E；图（4）～图（8）徐闻放坡海域，418渔区，20.267° N，109.918° E；图（9）、图（11）、图（14）徐闻西连海域，418渔区，20.383° N，109.850° E

中文别名：石老、邵氏寒鲷

英文名：Blackspot tuskfish

形态特征：

7个标本为邵氏猪齿鱼的卵子和仔鱼，分别处于囊胚期的高囊胚期至器官形成期的初孵仔鱼期。卵子圆球形，彼此分离，浮性卵；卵膜光滑，薄而透明；卵径为1.01～1.06 mm。卵周隙狭窄，宽度为0.01～0.04 mm，是卵径的0.98%～3.81%。卵黄均匀，无龟裂。具油球1个，前位，直径为0.17～0.18 mm。从高囊胚期到晶体形成期，未见色素斑；心脏跳动期到初孵仔鱼期，仅视囊到听囊上方具4个点状浅黑色色素斑；油球上整个发育过程均未见色素斑。

1）囊胚期：野外仅观测到囊胚期开始的受精卵。高囊胚期，胚盘与卵黄之间形成囊胚腔，囊胚中部明显向上隆起，呈高帽状，动物极的细胞团高高隆起，见图（1）。低囊胚期，囊胚隆起逐渐降低，胚盘向扁平方向发展，细胞变小且变多，见图（2）。

2）原肠胚期：囊胚期后，胚胎发育进入原肠胚期，观测到原肠早期和原肠中期发育。原肠早期，从植物极观察可见胚环，侧面可见胚层顶端形成一个新月形的胚盾，胚盾的下边缘明显卷曲，内胚层开始形成，见图（3）。原肠中期，胚层下包卵黄约1/2，侧面观可观察到部分胚体的雏形，胚体和卵黄囊表面无任何色素斑，见图（4）。

4）神经胚期：神经胚期仅观测到胚体形成期，此时胚体背面增厚，胚体雏形已现，见图（5）。

5）器官形成期：心脏形成期，心脏和脊索轮廓清晰，胚体和卵黄囊上未见黑色素斑；肌节发育显著，可计数，为18对；柯氏泡清晰可见，见图（6）。尾芽期，胚体尾部少部分与卵黄囊分离，尾鳍褶开始发育，见图（7）。晶体形成期，晶体明显，尾部与卵黄囊分离明显，见图（8）。晶体形成期转心脏跳动期时，听囊内可见2个透明小点状耳石；肌节可计数，为24对；脊索清晰，肌体和油球未见色素斑，见图（9）。心脏跳动期，可以观察到心脏极微弱跳动，视囊到听囊上方具4个点状浅黑色色素斑，胚体充满卵子内，见图（10）。将孵期，胚体抽动频繁、有力，胚体围绕卵黄超过3/4周；油球移动，靠近至头部，见图（11）、图（12）。孵化期，头部先破膜而出，见图（13）。刚出膜的初孵仔鱼，脊索长约1.68 mm，躯体上无色素斑，背鳍和腹鳍褶尚未舒展；卵黄囊长椭球形，长径约为0.88 mm，短径约为0.41 mm；卵黄囊上无色素斑；油球分布于卵黄囊前部，无色透明；肛门紧依卵黄囊，开口于脊索长约68.50%处，见图（14）。

保存方式：活体

DNA条形码序列：

CTCTATTTAGTATTCGGTGCCTGAGCCGGCATAGTCGGCACGGCCCTGAGCTTGCTTATCCGGGCAGAACTAAGCCAACCCGGCGCTCTCCTCGGAGACGACCAGA

TTTATAATGTTATCGTTACAGCACATGCGTTCGTAATGATCTTCTTTATAGTAATAC
CAATTATGATTGGAGGCTTCGGCAATTGACTCATCCCACTAATGATTGGTGCACCT
GACATAGCCTTCCCTCGAATGAACAACATAAGCTTTTGGCTCCTCCCACCCTCCT
TCCTCCTTCTACTAGCCTCGTCTGGCGTGGAGGCCGGGGCAGGTACAGGATGAA
CGGTTTACCCGCCCCTGGCAGGAAATCTGGCCCATGCGGGAGCATCCGTTGATCT
AACTATCTTCTCCCTCCACCTCGCAGGTGTCTCTTCCATTCTTGGGGCTATCAACT
TTATTACAACAATTATTAACATGAAACCCCCTGCCATCTCCCAATACCAAACCCCG
CTATTCGTCTGAGCTGTATTAATTACGGCAGTTCTCCTTCTTCTCTCCCTACCCGT
CCTCGCAGCAGGCATTACAATGCTTCTTACGGACCGAAACCTAAACACCACCTTC
TTTGACCCAGCAGGAGGAGGAGACCCCATCCTCTATCAGCACCTATT（标本号：GDYH11264）

海猪鱼属 *Halichoeres* Rüppell 1835

>>> 云斑海猪鱼 *Halichoeres nigrescens*（Bloch & Schneider，1801）

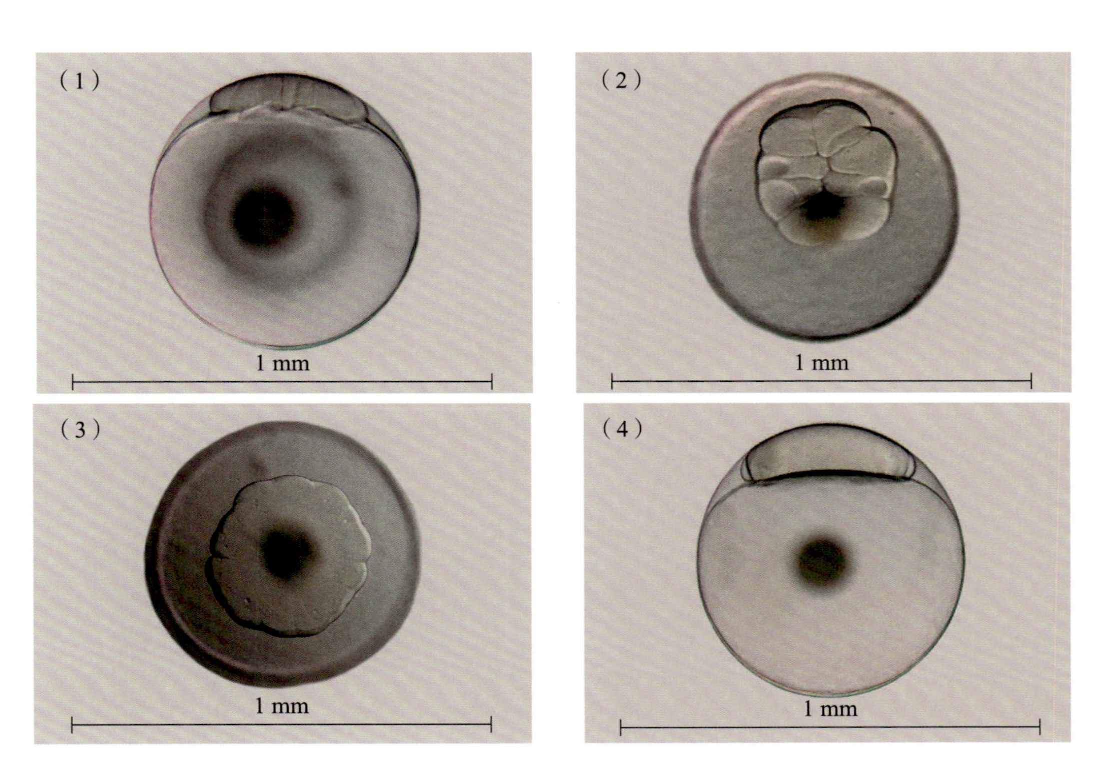

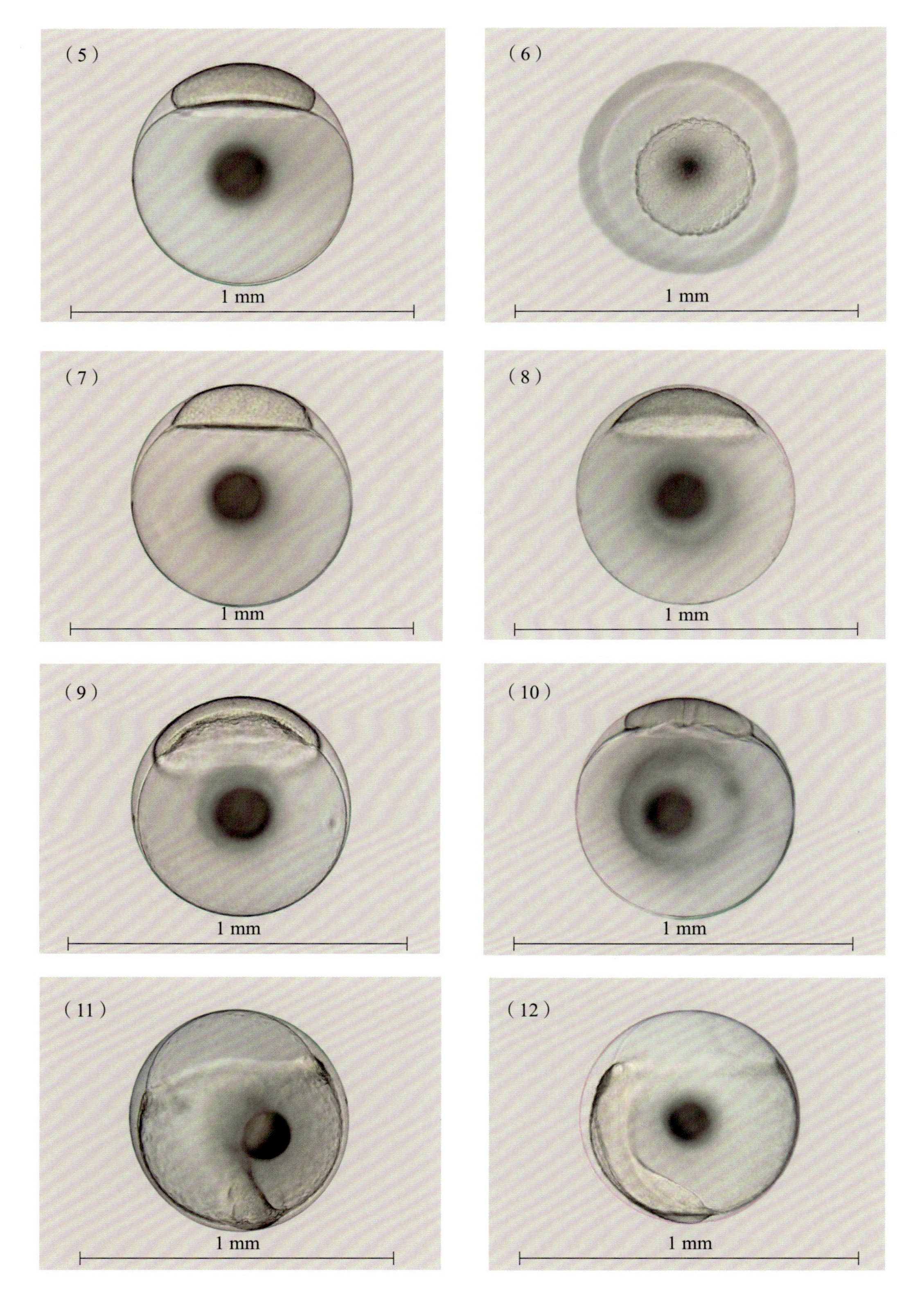
(5)
1 mm
(6)
1 mm
(7)
1 mm
(8)
1 mm
(9)
1 mm
(10)
1 mm
(11)
1 mm
(12)
1 mm

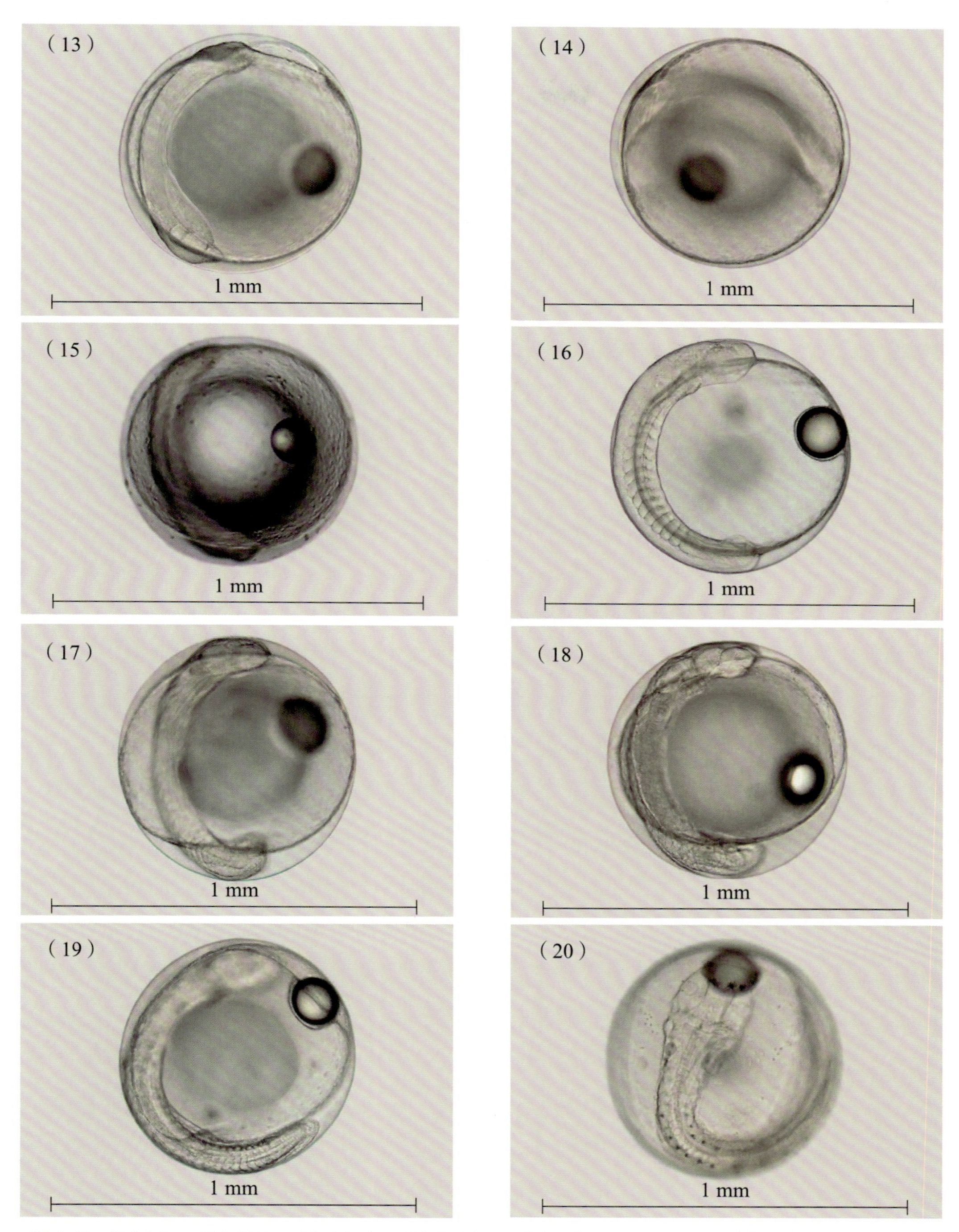

标本号：图(1)～图(13)、图(17)、图(19)～图(20)GDYH12632，图(14)GDYH12388，图(15)GDYH12398，图(16)GDYH12654，图(18)GDYH12677；

采集时间：图(1)～图(13)、图(16)～图(17)、图(19)～图(20)2020-04-30，图(14)～图(15)2020-04-05，图(18)2020-05-02；

采集位置：图(1)～图(13)、图(16)、图(17)～图(20)徐闻放坡海域，418渔区，20.383° N，109.820° E；图(14)～图(15)东海岛东南海域，393渔区，20.920° N，110.509° E

中文别名：青花

英文名：Bubblefin wrasse

形态特征：

5个标本均为云斑海猪鱼的卵子，分别处于卵裂期的4细胞期至器官形成期的将孵期。卵子圆球形，彼此分离，浮性卵；卵膜平滑、透明而无黏性；卵径为0.64～0.69 mm。卵周隙狭窄，宽度为0.00～0.02 mm，为卵径的0.00%～3.03%。卵内具油球1个，前位，直径为0.13～0.15 mm。

1）卵裂期：卵裂方式为盘状卵裂。天然活体鱼卵经采集后，首次观察到的是4细胞期，鱼卵经第2次分裂，分裂面与第1次分裂面垂直，分裂球为4细胞，侧面观可见分裂球隆起，见图（1）。4细胞期后第3次分裂，卵裂时出现2个分裂面，且都与第1次分裂面平行，形成2排排列的8个细胞，靠外排列的4个细胞个体较大，见图（2）。第4次卵裂，卵裂方向与第2次卵裂方向大致平行，形成4排16细胞，进入16细胞期，此时细胞团轮廓呈近圆球形，见图（3）。第6次卵裂进入64细胞期，卵裂后的细胞形状、大小不一，细胞在胚盘层面出现重叠，细胞团轮廓呈圆球形，侧面观分裂球隆起变高，见图（4）。多细胞期，细胞进一步变小，细胞在胚盘层面重叠更明显，细胞团轮廓呈圆球形，侧面观分裂球隆起比64细胞期变高不明显，见图（5）。桑葚期时，细胞变小明显，细胞界限更加难以分辨，细胞团轮廓呈圆球形，边缘与桑葚球相似，呈现外缘细胞较大、内部细胞较小的排列方式，见图（6）。

2）囊胚期：随着卵裂的进行，细胞数目及层数不断增加，胚盘与卵黄之间形成囊胚腔，囊胚中部明显向上隆起，呈高帽状，动物极的细胞团高高隆起，进入高囊胚期，见图（7）。随着细胞分裂的进行，囊胚隆起逐渐降低，胚盘慢慢向扁平方向发展，细胞变小且变多，进入低囊胚期，见图（8）。

3）原肠胚期：囊胚期后，胚胎发育进入原肠胚期。随着细胞分裂进行，在囊胚后期，囊胚边缘细胞分裂比较快，细胞增多，这些胚层逐渐向植物极方向迁移、延伸和下包，在此过程中，边缘部分的细胞运动缓慢并向内卷。卵黄被胚层下包约1/4，侧面可见胚层顶端形成一个新月形的胚盾，胚盾的下边缘明显卷曲，内胚层开始形成，此时进入原肠早期，见图（9）。随着时间的推移，分裂球逐渐向植物极的卵黄包裹，胚层下包卵黄约1/2，此时进入原肠中期，见图（10）。分裂球继续向植物极的卵黄包裹，慢慢到达卵黄的3/4，进入原肠晚期，见图（11）。

4）神经胚期：原肠晚期后，胚体背面增厚，形成神经板，中央出现一条圆柱形脊索，胚体雏形已现，进入胚体形成期，见图（12）。胚孔即将封闭，胚体头部两侧有两明显突出，进入胚孔封闭期，见图（13）。

5）器官形成期：在胚体前端出现1对眼囊，进入视囊形成期，见图（14）。脑泡形成期，脑泡开始出现，可见脑泡开始分室，见图（15）。心脏形成期，心脏已经形成雏形，轮廓很明显；脊索清晰可见，此时肌节显著，增加至14对，见图（16）。尾芽期，尾部开始少部分与卵黄囊分离，油球开始出现显著移位，见图（17）。晶体形成期，视囊轮廓清晰，视囊内晶体形成，见图（18）。心脏跳动期，心脏开始搏动；此时脊索、晶体、耳石更加清晰可见，见图（19）。将孵期，胚体在卵膜内更加频繁、有力地抽动。油球上出现色素斑，其上具4个左右点状黑色素斑，见图（20）。

保存方式：活体

DNA条形码序列：

CCTCTATTTAGTATTTGGGGCCTGAGCCGGAATGGTAGGCACGGCCTTGAGCTTGCTTATTCGAGCTGAACTTAGCCAGCCCGGCGCCCTCCTTGGAGATGACCAAATTTATAACGTAATCGTTACCGCTCATGCTTTCGTAATAATTTTCTTTATAGTTATGCCAATTATAATTGGGGGGTTCGGAAACTGATTAATTCCCCTAATGATTGGCGCCCCCGATATGGCCTTCCCTCGAATAAACAACATAAGCTTCTGGCTTCTGCCCCCCTCCTTTTTATTACTTCTTGCCTCTTCAGGAGTAGAAGCAGGTGCAGGAACTGGCTGAACAGTCTATCCACCCCTCGCAGGTAATTTAGCCCATGCAGGGGCCTCTGTAGACCTAACCATCTTCTCCCTCCACTTAGCCGGAATTTCATCGATTTTAGGAGCTATTAACTTCATCACCACAATTATTAATATAAAACCCCCCGCTATTTCACAGTACCAAACCCCTTTATTTGTTTGAGCTGTTTTAATTACTGCCGTCTTACTCCTTCTCTCTCTCCCTGTATTAGCTGCTGGTATTACAATATTACTTACAGACCGAAATCTAAATACCACTTTCTTTGATCCCGCAGGAGGGGGGGACCCTATTCTTTACCAACACCTGTTC（标本号：GDYH12632）

紫胸鱼属 *Stethojulis* Günther，1861

>>> 断纹紫胸鱼 *Stethojulis terina* Jordan & Snyder，1902

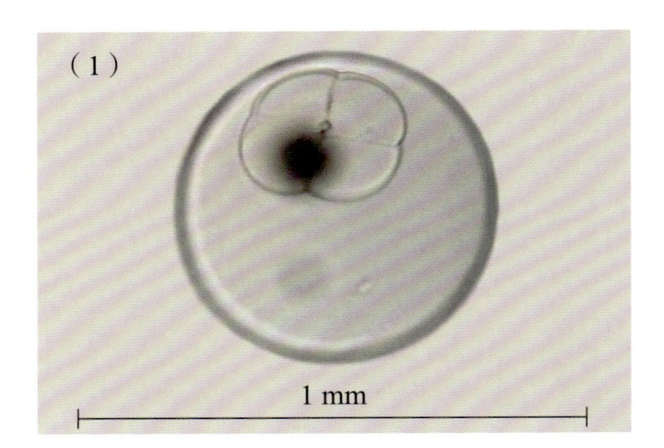

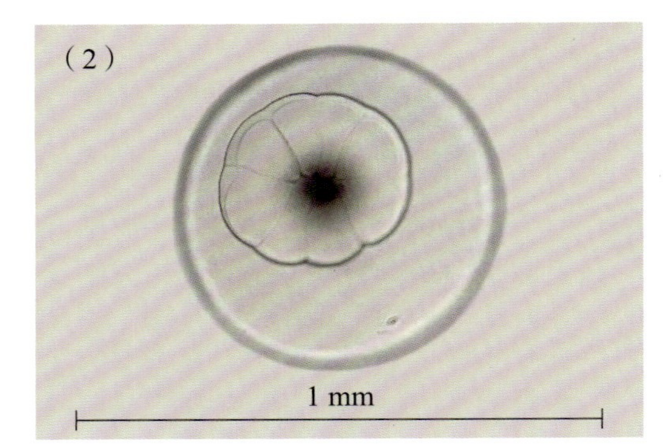

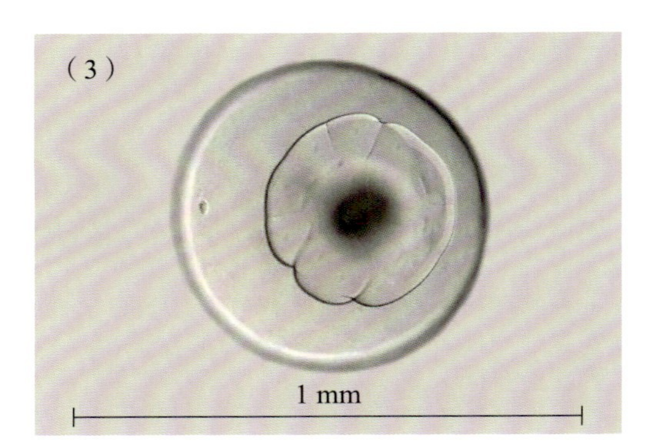

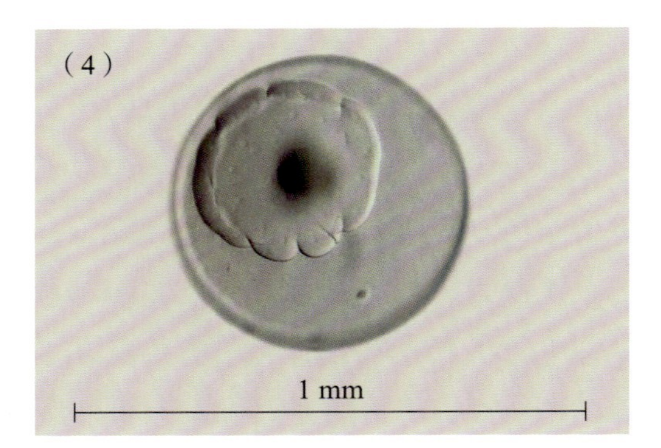

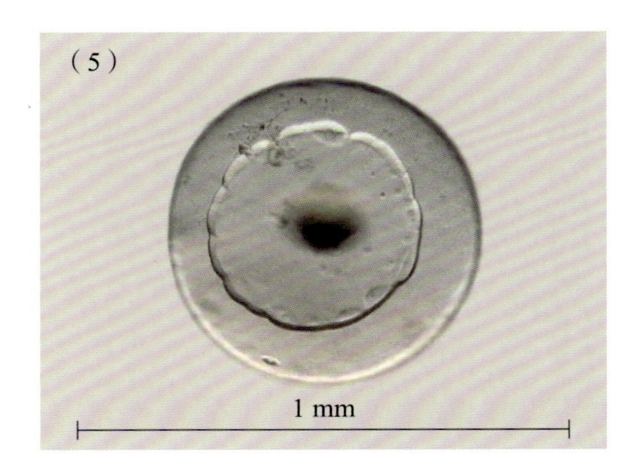

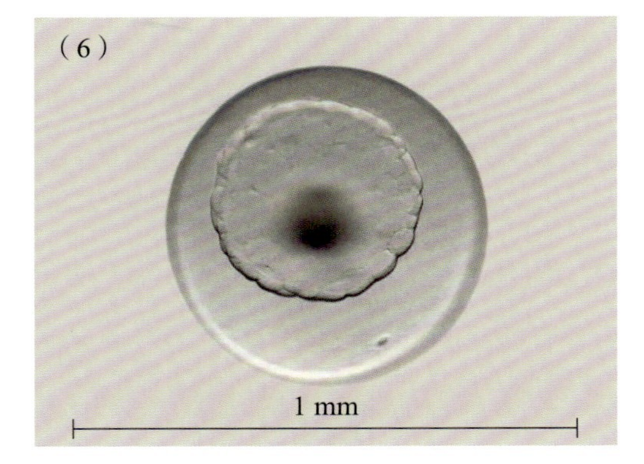

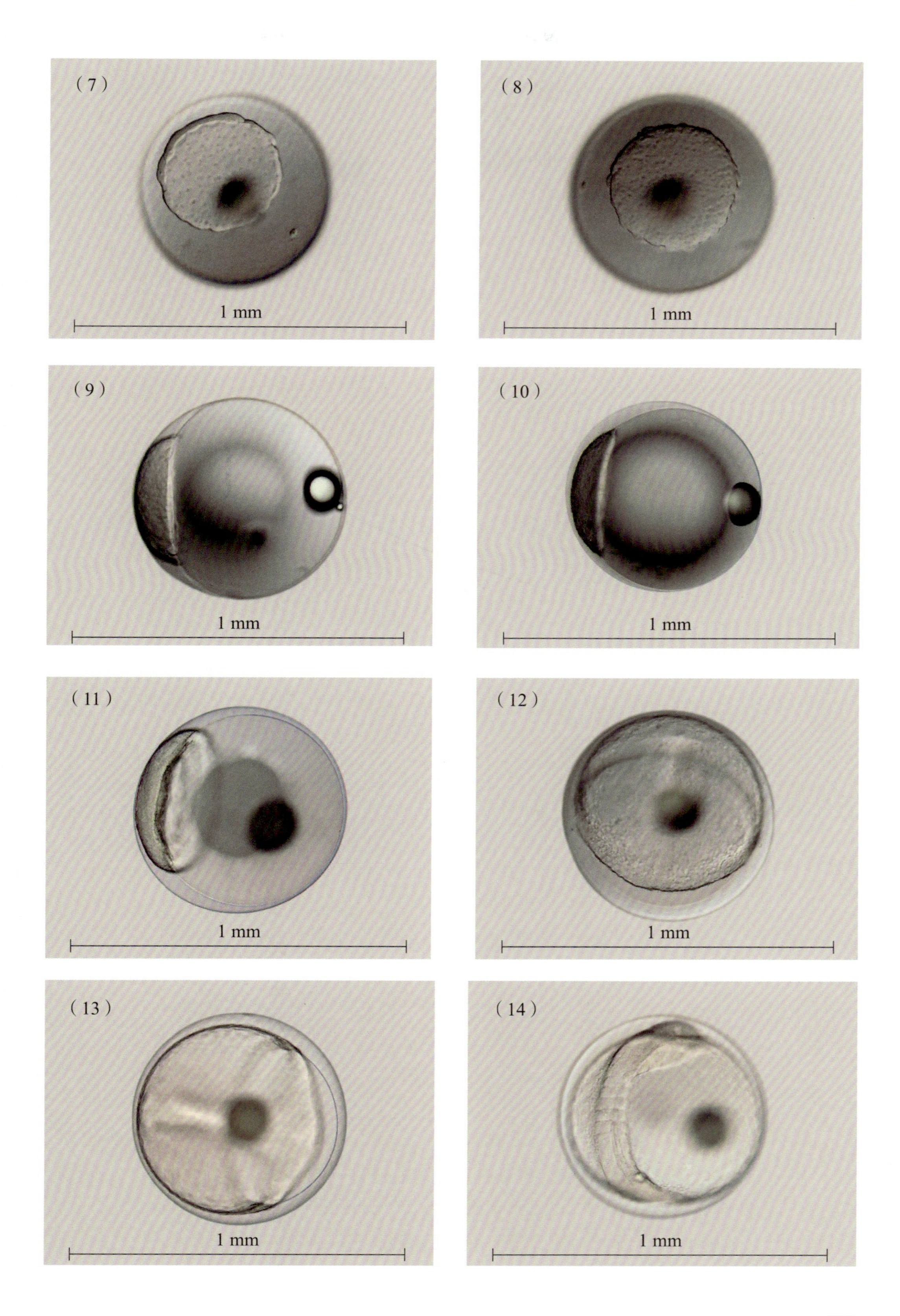
(7)
1 mm
(8)
1 mm
(9)
1 mm
(10)
1 mm
(11)
1 mm
(12)
1 mm
(13)
1 mm
(14)
1 mm

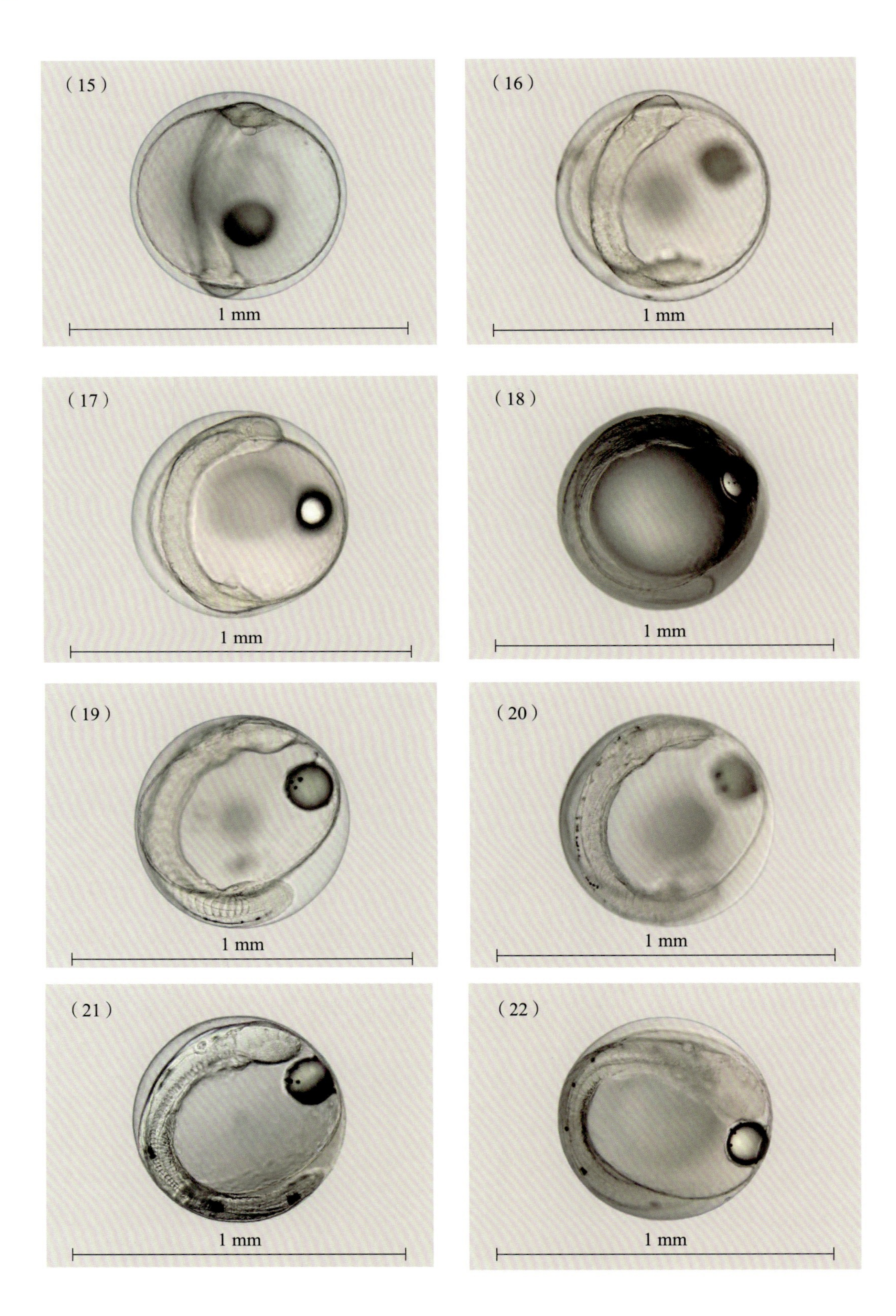
(15)
1 mm
(16)
1 mm
(17)
1 mm
(18)
1 mm
(19)
1 mm
(20)
1 mm
(21)
1 mm
(22)
1 mm

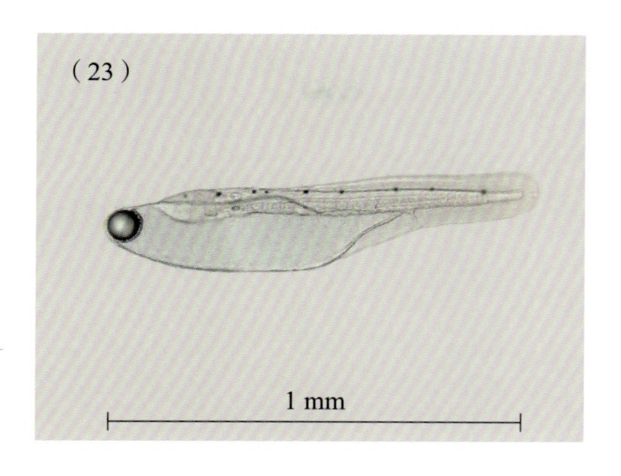

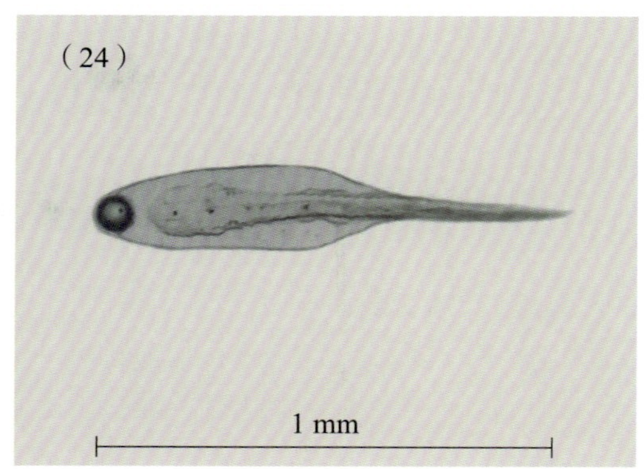

标本号：P1605；采集时间：2020-01-09；
采集位置：徐闻放坡海域，418渔区，20.267° N，109.918° E

中文别名：断纹龙、柳冷仔、汕冷仔、断纹鹦鲷

英文名：无

形态特征：

该标本为断纹紫胸鱼卵子，24张图分别处于卵裂期的4细胞期至器官形成期的初孵仔鱼期。卵子圆球形，彼此分离，浮性卵；卵膜光滑，薄而透明，无黏性；卵径约为0.64 mm。卵周隙期狭窄，宽度约为0.03 mm，约为卵径的4.68%。卵内具油球1个，油球前位，直径约为0.12 mm。

1）卵裂期：卵裂方式为盘状卵裂。天然活体鱼卵经采集后，首次观察到的是4细胞期，鱼卵经第2次分裂，分裂面与第1次分裂面垂直，分裂球形成4细胞，见图（1）。4细胞期后约第10 min开始第3次分裂，卵裂时出现2个分裂面，且都与第1次分裂面平行，形成2排排列的8个细胞，靠内排列的4个细胞个体较小。4细胞变成8细胞只需不到1 min的时间即可完成。细胞团轮廓呈切角的四方体，进入8细胞期，见图（2）。8细胞期后约第21 min 开始第4次卵裂，卵裂方向与第2次卵裂方向大致平行（卵裂后的细胞呈弧形排列），形成4排16细胞，进入16细胞期，在显微镜下每个细胞核清晰可见。此次卵裂后卵裂开始失去规则感，细胞排列不规则。此时细胞团轮廓呈近圆球形，见图（3）。16细胞期后约第21 min开始第5次卵裂，卵裂不再同步，分裂完成后细胞的排列更加不规则；靠外缘的细胞先分裂，靠内缘的细胞后分裂，分裂完成后在显微下各细胞界限比较模糊，但32个细胞可数，进入32细胞期，见图（4）。32细胞期后约第21 min，发生第6次卵裂，进入64细胞期，卵

裂后的细胞形状、大小不一，细胞在胚盘层面出现重叠，细胞团轮廓呈圆球形，见图（5）。64细胞期后约第22 min细胞开始明显变小，细胞团轮廓仍呈圆球形，细胞在胚盘层面重叠更明显，进入多细胞期，细胞团轮廓呈圆球形，见图（6）。多细胞期后约第12 min，细胞明显变得更小，细胞界限更加难以分辨，细胞团轮廓呈圆球形，边缘与桑葚球相似，进入桑葚期，此时从分裂球的侧面观察，分裂球隆起明显，见图（7）。

2）囊胚期：桑葚期后约第10 min，随着卵裂的进行，细胞数目及层数不断增加，胚盘与卵黄之间形成囊胚腔，囊胚中部明显向上隆起，呈高帽状，动物极的细胞团高高隆起，进入高囊胚期，见图（8）。高囊胚期后约第1 h 35 min，随着细胞分裂的进行，囊胚隆起逐渐降低，胚盘慢慢向扁平方向发展，细胞变小且变多，进入低囊胚期，见图（9）。

3）原肠胚期：囊胚期后，胚胎发育进入原肠胚期。随着细胞分裂进行，在囊胚期后期，囊胚边缘细胞分裂比较快，细胞增多，这些胚层逐渐向植物极方向迁移、延伸和下包，在此过程中，边缘部分的细胞运动缓慢并向内卷。低囊胚期后约1 h 16 min，卵黄被胚层下包约1/4，此时从植物极观察可见边缘细胞内卷形成明显的花环状胚环，侧面可见胚层顶端形成一个新月形的胚盾，胚盾的下边缘明显卷曲，内胚层开始形成，此时进入原肠早期，见图（10）。随着时间的推移，分裂球逐渐向植物极的卵黄包裹，慢慢到达卵黄的1/3；原肠早期后约1 h 03 min，卵黄被胚层下包约1/2，此时进入原肠中期。在特定的角度，可以看到部分胚体的雏形，此时期油球上无色素斑，见图（11）。原肠中期后约第41 min，分裂球逐渐向植物极的卵黄包裹，慢慢到达卵黄的3/4，进入原肠晚期，见图（12）。

4）神经胚期：原肠晚期后，胚体背面增厚，形成神经板，中央出现一条圆柱形脊索，胚体雏形已现，进入胚体形成期，见图（13）。胚体形成期后约第20 min，胚孔即将封闭，胚体中部有肌节4～5对，胚体头部两侧有两明显突出；胚体形成期第52 min后胚孔封闭前体中部肌节增加到6～8对，进入胚孔封闭期，见图（14）。

5）器官形成期：胚孔封闭期后约第21 min，在胚体前端出现1对眼囊，进入视囊形成期，见图（15）。视囊形成期后约第21 min，进入肌节形成期，此时有肌节9～10对；此时肌节上、油球上色素斑点均未出现。肌节出现期后约第21 min，胚体头部在视囊后位置出现比视囊稍小的听囊1对，进入听囊形成期，见图（16）。听囊形成期后约第21 min，脑泡开始出现；进入脑泡期后约10 min可见脑泡开始分室，此时肌节增加至10～11对，见图（17）。脑泡形成期后约第3 h 26 min进入心脏形成期，心脏已经形成雏形，轮廓很明显；此时油球上有3个黑色素斑，体背面有7～10个小的黑色素斑，其中后端未分化肌节处有3～4个黑色素斑，肌节17～19对；脊索清晰可见，见图（18）。心脏形成期后约第1 h 4 min，背鳍褶形成，尾部少部分与卵黄囊分离，进入尾芽期；此时肌节进一步增多，达到23对，见图（19）。尾芽期后约第1 h 4 min，视囊内晶体形成，进入晶体形成期；胚体间歇性的抽动，胚体部的黑色素斑增多，脊索、晶体清晰可见，尾芽期后期耳石清晰可见；油球和卵黄囊上的黑色素斑更多，见图（20）。晶体形成期后约2 h 3 min，心脏开始搏动，频率约70次/分钟，进入心脏跳动期；此时脊索、晶体、耳石更加清晰可见，见图（21）。心脏跳动期后约2 h 3 min，胚体在卵膜内更加频繁、有力地抽动，进入将孵期，见图（22）。将孵期后约第2 h 8 min开始进入孵化期，胚体经历约15 min破膜而出，见图（23）、图（24）。

保存方式：活体

DNA条形码序列：

CCTGTATTTAGTATTTGGTGCTTGGGCTGGGATGGTCGGCACTGCTTTAAGCCTACTGATTCGAGCCGAACTCAGTCAACCCGGAGCCCTTCTTGGGGATGATCAAATCTATAATGTAATTGTTACAGCACATGCATTCGTAATGATTTTCTTTATAGTAATACCAATTATGATTGGTGGATTCGGAAACTGGCTAATTCCACTAATGATCGGAGCACCCGACATGGCTTTTCCTCGAATGAACAACATAAGCTTTTGACTCCTCCCTCCCTCCTTCCTTCTCCTGCTTGCCTCTTCCGGTGTAGAGGCGGGGGCTGGTACCGGATGAACGGTGTACCCTCCCCTATCAGGAAATCTTGCCCACGCAGGAGCATCCGTTGATTTAACTATCTTCTCCCTCCATCTGGCAGGAATTTCCTCAATTCTAGGAGCAATTAACTTCATCACAACCATTATTAACATAAAACCGCCTGCAATCTCTCAATATCAAACGCCTCTGTTTGTCTGAGCTGTTCTAATTACAGCCGTACTACTTCTGCTGTCCCTACCTGTACTCGCTGCAGGAATTACAATGCTTCTAACAGACCGAAATCTTAATACCACTTTCTTTGACCCTGCCGGAGGGGGGGACCCAATTCTTTATCAACACTTATTT

鳄齿鱼科 Champsodontidae

鳄齿鱼属 *Champsodon* Günther，1867

>>> 弓背鳄齿鱼 *Champsodon atridorsalis* Ochiai & Nakamura，1964

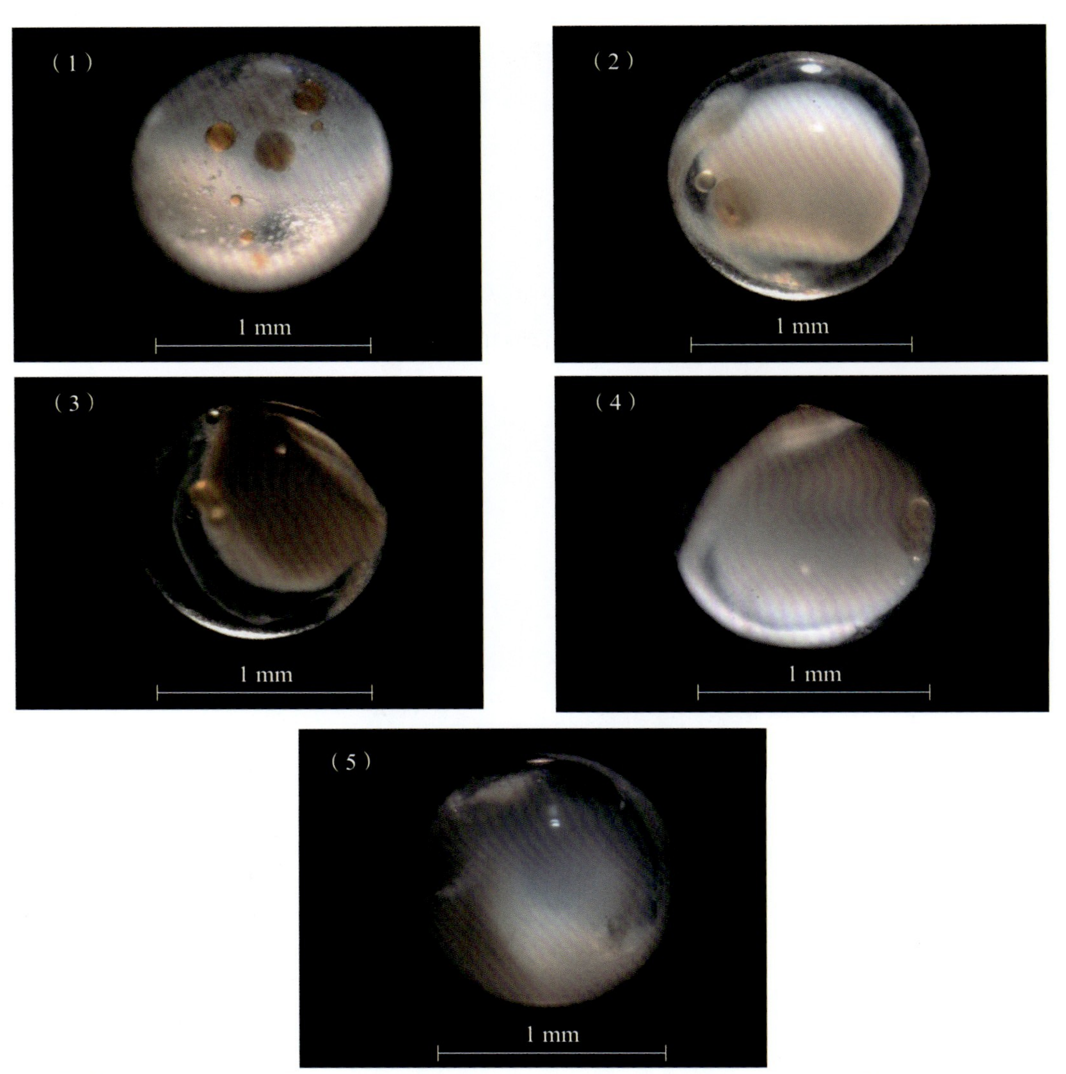

标本号：图（1）GDYH15751，图（2）GDYH15794，图（3）GDYH15806，图（4）GDYH15823，图（5）GDYH15798；

采集时间：2020-12-01；

采集位置：图（1）北部湾海域，442渔区，19.564° N，107.721° E；图（2）、图（5）北部湾海域，465渔区，19.346° N，107.414° E；图（3）北部湾海域，466渔区，19.350° N，107.579° E；图（4）北部湾海域，488渔区，18.786° N，107.393° E

中文别名：沙钩

英文名：无

形态特征：

5个标本均为弓背鳄齿鱼的卵子，分别处于原肠胚期，以及器官形成期的心脏形成期向尾芽期的过渡期、尾芽期和将孵期。卵子圆球形，彼此分离，浮性卵；卵膜光滑，薄而透明；卵径为1.16～1.20 mm。卵周隙狭窄，宽度为0.01～0.05 mm，是卵径的0.83%～4.20%。卵黄无龟裂。油球橙黄色或淡黄色，存在合并现象。尾芽期之前存在大小不一的多个油球，直径在0.06～0.20 mm；尾芽期之后一般具1～2个油球，直径为0.10～0.30 mm。

处于原肠胚期的卵子，可见胚层，卵黄弥散，具4个小油球和3个大油球，小油球直径为0.05～0.08 mm，大油球直径为0.14～0.19 mm，见图（1）。

处于心脏形成期向尾芽期过渡期的卵子，胚体围绕卵黄约2/3周，胚体上未见色素斑；小油球向大油球聚集和合并，小油球1个，直径为0.10 mm，大油球1个，直径为0.24 mm，油球上未见色素斑，见图（2）。

处于尾芽期的卵子，尾芽和卵黄分离，胚体未见色素斑，见图（3）、图（4）。

处于将孵期的卵子，胚体围绕卵黄约4/5周，尾芽与卵黄已分离，胚体上未见色素斑，见图（5）。

保存方式：酒精

DNA条形码序列：

CCTGTACCTAATCTTCGGCGCCTGAGCCGCAATAGTAGGCACAGCCCTAAGCCTGCTCATTCGAGCAGAATTAAGCCAGCCCGGCGCTCTCCTTGGGGACGATCAAATCTATAACGTAATTGTTACCGCCCACGCCTTCGTAATAATCTTTTTCATAGTGATACCTATCATAATTGGGGGCTTTGGGAACTGATTAATCCCCCTGATAATTGGCGCCCCTGATATAGCTTTCCCTCGTATGAACAATATAAGCTTTTGACTCCTTCCTCCCTCCCTTTTTCTCCTATTAGCATCCTCGGGGGTAGAAGCAGGGGCAGGTACCGGCTGAACGGTCTATCCCCCTTTGGCCGGAAACCTGGCCCACGCTGGTGCCTCCGTGGATCTTACCATCTTCTCCCTTCACTTAGCAGGGATCTCATCTATCCTGGGGGCTATCAACTTTATTACTACCATCCTTAATATAAAACCTCCGGCAGTTTCTCAGTACCAGACCCCTCTCTTTGTATGAGCAGTTTTAATTACCGCCGTCCTCCTGCTCCTTTCCCTCCCTGTCCTGGCAGCCGGCATTACTATACTTTTAACCGACCGAAATCTAAACACCACCTTCTTTGACCCTGCAGGAGGGGGAGACCCCATTCTTTATCAGCACTTATTC

拟鲈科 Pinguipedidae

拟鲈属 *Parapercis* Steindachner，1884

>>> 黄斑拟鲈 *Parapercis lutevittata* Liao，Cheng & Shao，2011

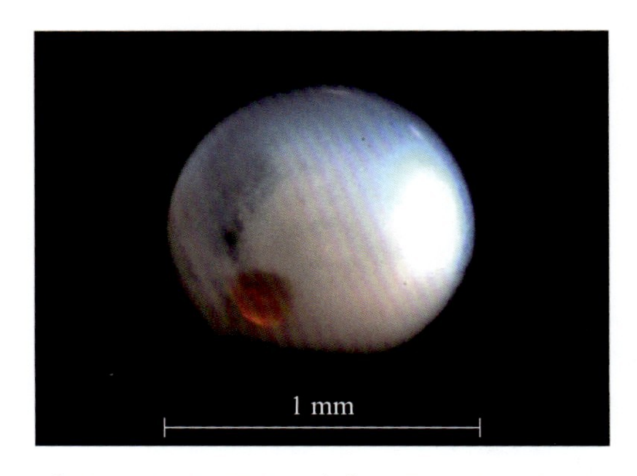

标本号：GDYH15760；采集时间：2020-12-02；

采集位置：北部湾海域，443渔区，19.750° N，108.250° E

中文别名：无

英文名：Yellow-striped sandperch

形态特征：

该标本为黄斑拟鲈的卵子，期相未能识别。卵子圆球形，彼此分离，浮性卵；卵膜光滑，薄而透明；卵径约为0.99 mm。卵周隙狭窄，卵黄囊几乎充满卵内。油球1个，呈橘黄色，直径约为0.20 mm。卵子内未见胚体发育。

保存方式：酒精

DNA条形码序列：

CCTGTACCTAATCTTCGGCGCCTGAGCCGCAATAGTAGGCACAGCCCTAAGC
CTGCTCATTCGAGCAGAATTAAGCCAGCCCGGCGCTCTCCTTGGGGACGATCAA
ATCTATAACGTAATTGTTACCGCCCACGCCTTCGTAATAATCTTTTTCATAGTGATA
CCTATCATAATTGGGGGCTTYGGGAACTGATTAATCCCCCTGATAATTGGCGCCCC
TGATATAGCTTTCCCTCGTATGAACAATATAAGCTTTTGACTCCTTCCTCCCTCCCT
TTTTCTCCTATTAGCATCCTCGGGGGTAGAAGCAGGGGCAGGTACCGGCTGAAC

GGTCTATCCCCCTTTGGCCGGAAACCTGGCCCACGCTGGTGCCTCCGTGGATCTT
ACCATCTTCTCCCTTCACTTAGCAGGGATCTCATCTATCCTGGGGGCTATCAACTT
TATTACTACCATCCTTAATATAAAACCTCCGGCAGTTTCTCAGTACCAGACCCCTC
TCTTTGTATGAGCAGTTTTAATTACCGCCGTCCTCCTGCTCCTTTCCCTCCCTGTC
CTGGCAGCCGGCATTACTATACTTTTAACCGACCGAAATCTAAACACCACCTTCT
TTGACCCTGCAGGAGGGGGAGACCCCATTCTTTATCAGCACTTATTC

>>> 拟鲈 *Parapercis* sp.

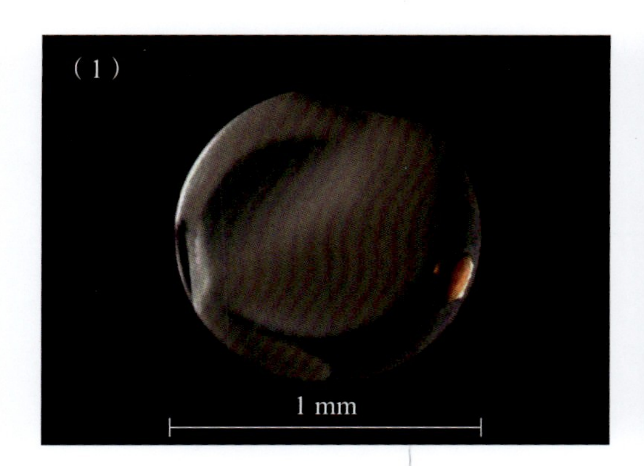

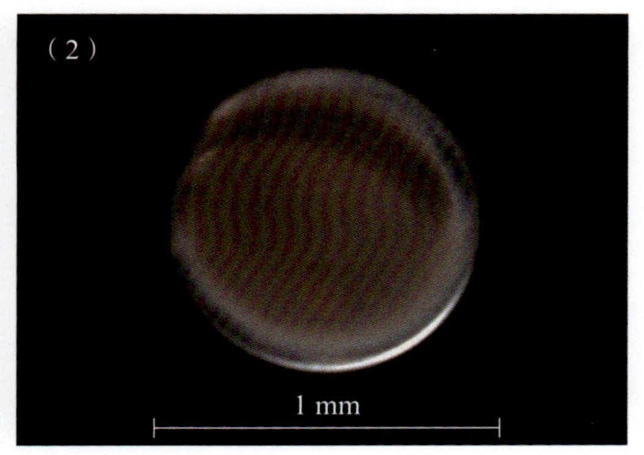

标本号：GDYH7111；采集时间：2019-09-08；
采集位置：文昌外海，471渔区，19.250° N，112.250° E

中文别名：无

英文名：无

形态特征：

该标本为拟鲈的卵子，处于器官形成期的晶体形成期。卵子圆球形，彼此分离，浮性卵；卵膜光滑，薄而透明；卵径约为0.92 mm。卵周隙狭窄，宽度约为0.03 mm，是卵径的3.26%。油球1个，呈橘黄色，后位，直径约为0.17 mm。胚体围绕卵黄超过1/2周，胚体上未见色素斑，油球上也未见色素斑，见图（1）、图（2）。

保存方式：酒精

DNA条形码序列：

CCTTTATCTAGTATTTGGTGCCTGAGCTGGCATGGTAGGAACGGCCTTAAGC

CTCCTTATCCGAGCCGAACTTAGCCAACCCGGCGCTCTCCTAGGAGACGATCAAA
TCTACAATGTGATCGTAACAGCCCACGCCTTTGTAATAATTTTTTTATAGTTATAC
CAATTATAATTGGAGGTTTTGGAAACTGACTTATCCCCCTAATAATTGGCGCCCCC
GACATAGCGTTCCCACGAATAAACAACATAAGCTTCTGACTTCTACCCCCCTCCT
TCCTTCTTCTCCTTGCCTCTTCCGGAGTTGAAGCCGGAGCAGGAACAGGTTGAA
CAGTTTACCCCCCCTTGGCCGGAAATTTAGCCCACGCAGGTGCTTCCGTCGACCT
AACAATCTTCTCCCTCCACCTGGCAGGTATCTCCTCAATTCTTGGGGCAATCAAC
TTCATCACAACAATTATTAACATGAAACCCCCAGCCATCTCTCAATACCAAACCC
CTCTATTTGTTTGATCCGTCTTAATCACTGCCGTCCTTCTCCTGCTATCCCTACCCG
TCCTTGCCGCTGGTATCACCATGCTCTTAACTGATCGAAACCTAAATACAACCTTC
TTCGACCCTGCAGGAGGAGGGGACCCCTTCCTCTACCAACACCTATTC

玉筋鱼科 Ammodytidae

似玉筋鱼属 *Ammodytoides* Duncker & Mohr，1939

>>> 似玉筋鱼 *Ammodytoides* sp.

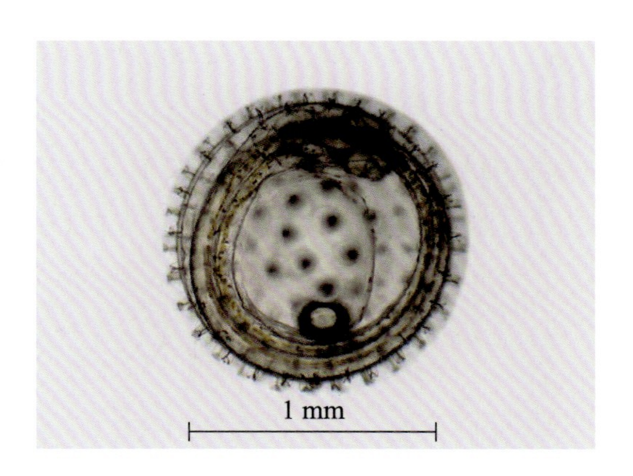

标本号：GDYH12531；采集时间：2020-04-15；

采集位置：东海岛东南海域，393渔区，20.920° N，110.509° E

中文别名：银针鱼、面条鱼

英文名：

形态特征：

该标本为似玉筋鱼的卵子，处于器官形成期的将孵期。卵子圆球形，彼此分离，浮性卵；卵膜表面具三叉棱，长度为0.05～0.06 mm。卵径约为1.24 mm。卵周隙狭窄，胚体和卵黄囊充满卵内。油球1个，后位，直径约为0.20 mm。胚体围绕卵黄超过1周，胚体腹部具有2列点状黑色素斑。视囊上缘至听囊之间具线状黑色素斑，听囊内耳石清晰可见。脊索清晰，胚体背部有细线状的黑色素斑散布。卵黄上散布数个浅黑色色素斑。侧面观油球上可见4个左右的点状黑色素斑。

保存方式：活体

DNA条形码序列：

CCTTTATCTAGTATTTGGTGCTTGAGCCGCTATAGTGGGTACGGCCCTAAGCCTACTTATCCGAGCAGAGCTTAGTCAGCCCGGCGCCCTACTCGGAGACGATCAGATCTATAACGTAATTGTTACTGCACATGCATTTGTAATAATTTTCTTTATAGTAATGCCAATTATGATTGGCGGGTTTGGAAACTGACTTATCCCCCTAATGATTGGGGCCCCCGACATGGCCTTCCCTCGAATAAACAATATGAGCTTCTGACTTCTTCCTCCCTCCCTCCTTCTTCTGTTAGCCTCTTCAGGGGTAGAAGCTGGTGCCGGGACCGGATGAACTGTATACCCACCACTAGCTGGTAATCTCGCCCACGCAGGAGCCTCTGTAGACCTAACAATTTTCTCTCTCCACCTGGCTGGTGTGTCCTCCATTCTAGGCGCTATTAATTTTATCACAACAATTATTAATATGAAACCCCCTACGATGTCCCAATACCAAACACCCCTATTCGTCTGAGCTGTGTTAATTACAGCTGTCCTACTACTCCTATCTCTACCTGTTCTAGCTGCTGGTATTACAATGCTTCTCACAGACCGAAACCTAAACACCACATTCTTTGACCCTGCCGGCGGAGGGGACCCAATCCTTTATCAACACTTATTC

螣科 Uranoscopidae

螣属 *Uranoscopus* Linnaeus，1758

>>> 土佐螣 *Uranoscopus tosae*（Jordan & Hubbs，1925）

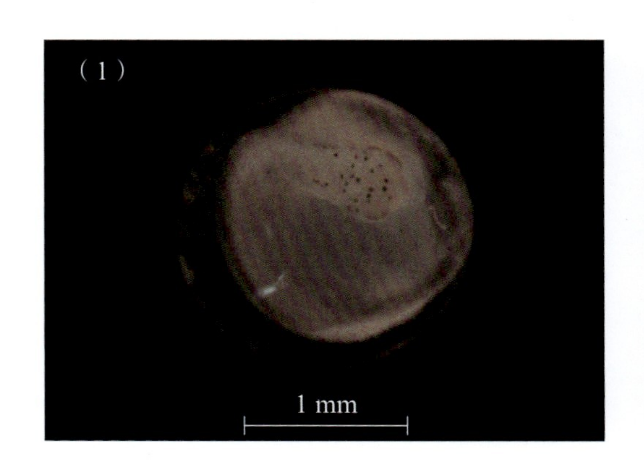

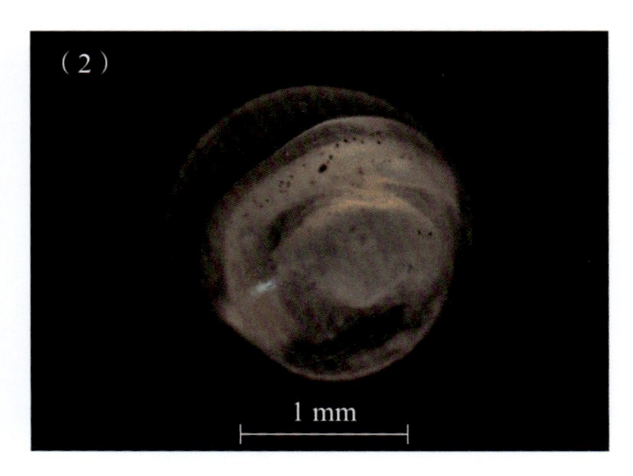

标本号：GDYH8442；采集时间：2019-10-11；
采集位置：珠江口外海，427渔区，20.250° N，114.250° E

中文别名：大头翁、铜锣锤

英文名：无

形态特征：

该标本为土佐螣的卵子，处于器官形成期的将孵期。卵子圆球形，彼此分离，浮性卵；卵膜表面具小的细网纹；卵径约为1.84 mm。卵周隙窄，宽度约为0.15 mm，约为卵径的8.15%。卵黄均匀，无龟裂。胚体围绕卵黄约4/5周，尾芽与卵黄囊分离，胚体头部分布有24或25个点状黑色素斑，胚体颈部到尾部具不均匀分布的点状黑色素斑，胚体背面中部具一个较大的点状黑色素斑，见图（1）、图（2）。

保存方式：酒精

DNA条形码序列：

CCTTTACTTGGTATTTGGTGCTTGAGCAGCAATAGTAGGAACAGCCCTGAGC
CTACTTATCCGAGCCGAGCTTAATCAGCCCGGCGCCCTACTCGGGGACGATCAAA
TCTATAATGTGATTGTTACAGCACATGCTTTTGTAATAATCTTTTTTATGGTTATGC

CAGTAATAATTGGAGGCTTTGGTAACTGATTAGTCCCACTAATAATTGGCGCCCCC
GATATAGCATTCCCCCGAATGAACAACATGAGCTTCTGGCTCCTACCCCCCTCTCT
TGTCCTGCTACTCGCATCTTCCGGAGTTGAGGCCGGAGTCGGCACCGGTTGAAC
TGTTTACCCACCCTTGGCGGGCAACCTCGCCCACGCAGGGGCATCCGTGGACCT
TGCTATTTTCTCCCTTCACCTAGCAGGAATTTCCTCTATTTTAGGGGCTATTAATTT
TATTACTACTATTATTAATATAAAACCACCCGGCACCTCCCAGTACCAAGTCCCCT
TGTTTGTCTGGGCTGTCTTTGTCACCGCCGTCCTTCTTCTGCTCTCCTTACCCGTT
TTAGCCGCTGCTATCACGATGCTCCTAACAGACCGTAACCTAAATACCACCTTCTT
TGACCCCGCTGGGGGGGAGGAGACCCAATTCTCTATCAACACCTCTTC

鮨科 Callionymidae

鮨属 *Callionymus* Linnaeus，1758

>>> 弯角鮨 *Callionymus curvicornis* Valenciennes，1837

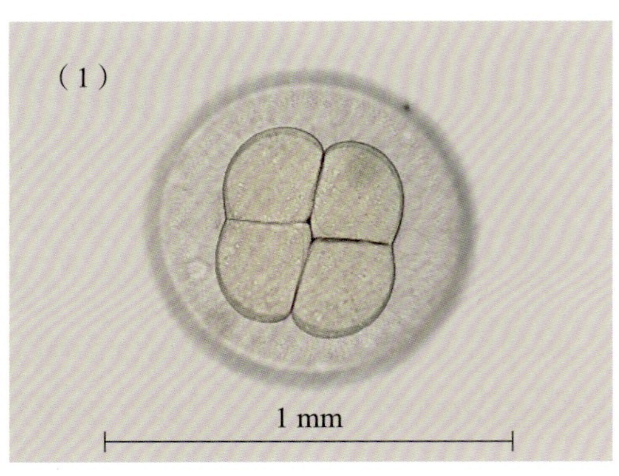

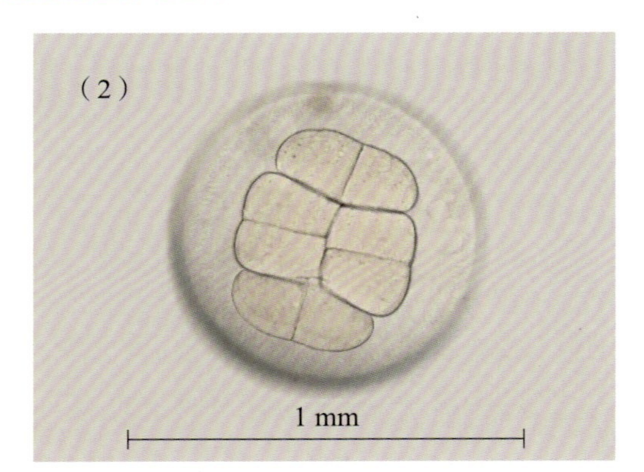

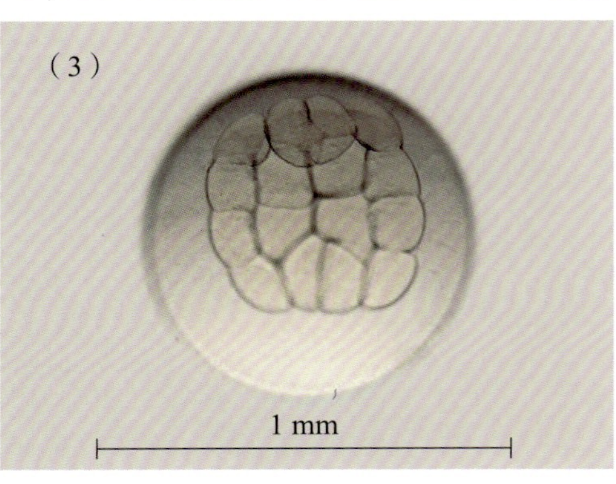

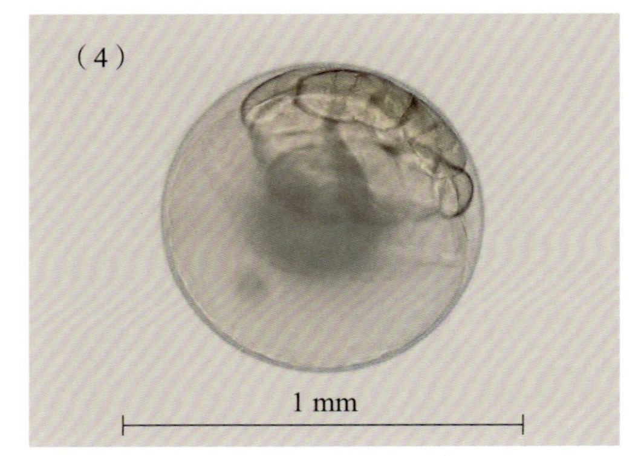

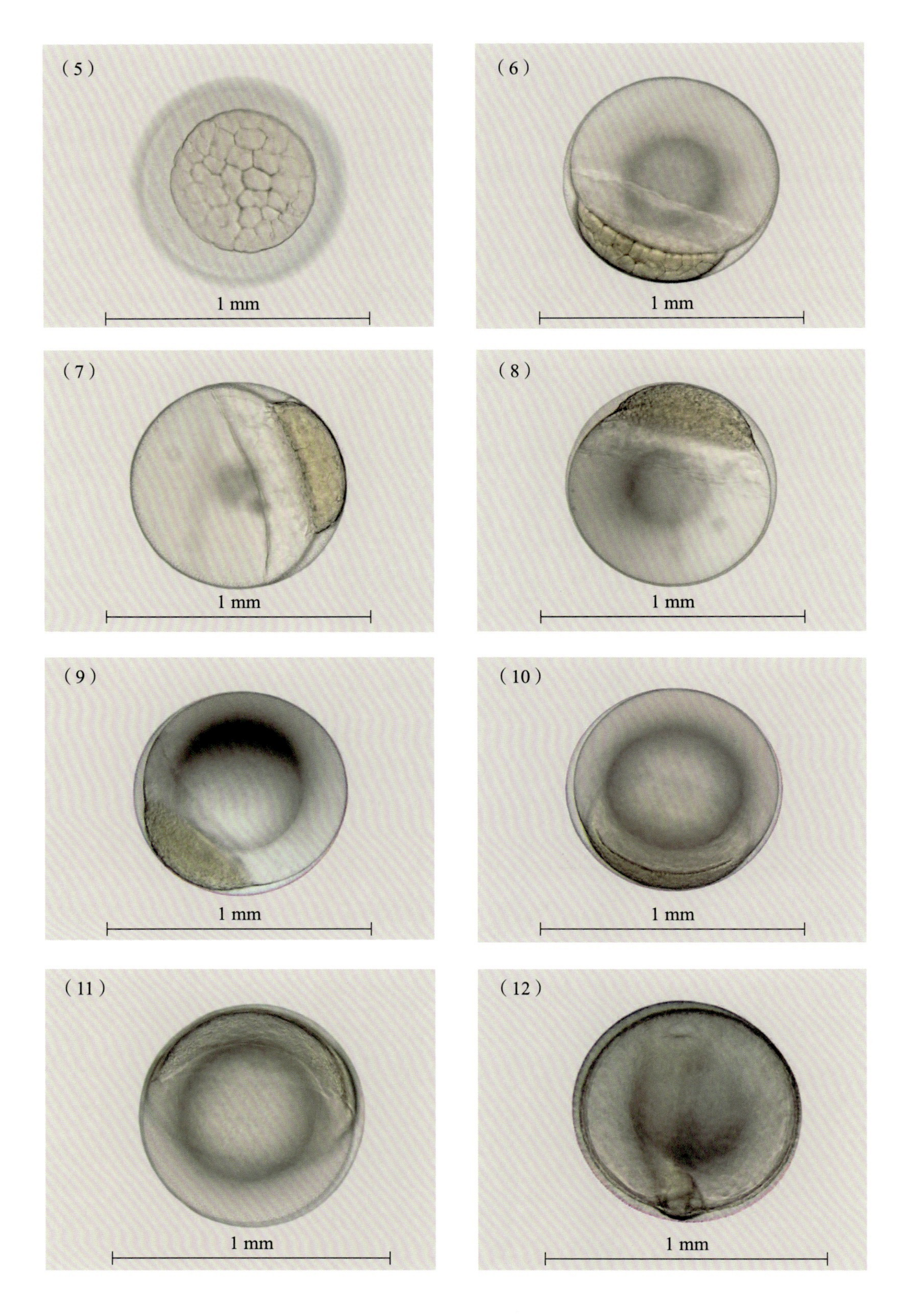
(5)
1 mm
(6)
1 mm
(7)
1 mm
(8)
1 mm
(9)
1 mm
(10)
1 mm
(11)
1 mm
(12)
1 mm

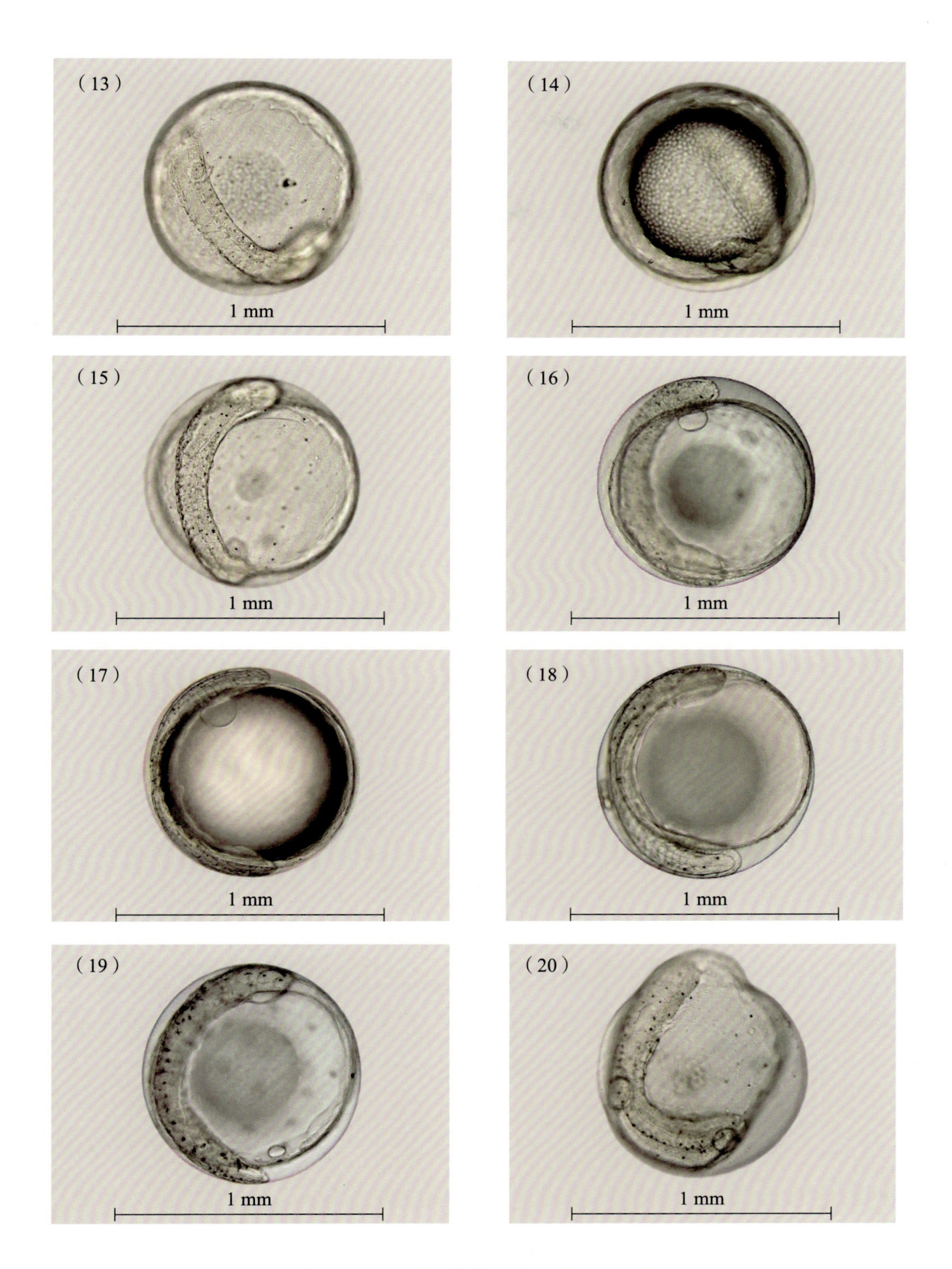

标本号：PH2406；采集时间：2020-01-22；

采集位置：东海岛东南海域，393渔区，20.920° N，110.509° E

中文别名：无

英文名：Horn dragonet

形态特征：

该标本为弯角鰤的卵子，20张图分别处于卵裂期的4细胞期至器官形成期的孵化期。卵子圆球形，彼此分离，浮性卵；卵膜表面网纹状，形态似等边六边形。卵内无油球。卵径约为0.81 mm。卵周隙狭窄，卵黄囊和胚体几乎充满卵内。

1）卵裂期：卵裂方式为盘状卵裂。天然活体鱼卵经采集后，首次观察到的是第2次分裂后的4细胞期，见图（1）。4细胞期后约第8 min开始第3次分裂，卵裂时新出现2个分裂面，且都与第1次分裂面平行，形成两排排列的8个细胞，靠外排列的4个细胞个体略小，靠内排列的4个细胞个体略大，见图（2）。8细胞期后约第22 min 开始第4次卵裂，卵裂方向与第2次卵裂方向大致平行，形成4排16细胞；背面观靠外排列的12个细胞个体略小，靠内排列的4个细胞个体略大；侧面观分裂球较大，隆起明显，见图（3）、图（4）。16细胞期后约第30 min开始进入64细胞期，细胞间隙尚可区分，见图（5）。64细胞期后约第11 min，细胞继续分裂，胚胎进入多细胞期，见图（6）。多细胞期后约第11 min，细胞继续分裂，细胞界限更加不易分辨；侧面观察，分裂球隆起明显；细胞团轮廓似桑葚，进入桑葚期，见图（7）。

2）囊胚期：桑葚期后第43 min，随着卵裂的进行，细胞数目及层数不断增加，胚盘与卵黄之间形成囊胚腔，囊胚中部明显向上隆起，呈高帽状，动物极的细胞团高高隆起，进入高囊胚期，见图（8）。高囊胚期后约第1 h 47 min，囊胚隆起逐渐降低，胚盘向扁平方向发展尚不明显，细胞变小且变多，进入低囊胚期，见图（9）。

3）原肠胚期：囊胚期后，胚胎发育进入原肠胚期。随着细胞分裂进行，在囊胚后期，囊胚边缘细胞分裂比较快，细胞增多，这些胚层逐渐向植物极方向迁移、延伸和下包，在此过程中，边缘部分的细胞运动缓慢并向内卷。低囊胚后约第36 min，从植物极观察可见胚环，侧面可见胚层顶端形成一个新月形的胚盾，胚盾的下边缘明显卷曲，内胚层开始形成，此时进入原肠早期，见图（10）。原肠早期后约第1 h 58 min，卵黄被胚层下包约1/2，此时进入原肠中期；侧面可观察到部分胚体的雏形，胚体和卵黄囊表面尚无任何色素斑，见图（11）。

4）神经胚期：神经胚期仅观测到胚孔封闭期，此时胚孔即将封闭，胚体头部两侧有两明显突出，见图（12）。

5）器官形成期：肌节形成期，此时肌节可计数，为8～9对；脊索更加清晰可见，胚体有点状黑色素斑，卵黄囊附近有10余个点状黑色素斑；柯氏泡出现，见图（13）。听囊形成期后约第37 min进入脑泡形成期，卵黄囊附近具数个点状黑色素斑；肌节10～12对，见图（14）。脑泡形成期后约第21 min进入心脏形成期，胚体背面、腹面和卵黄囊上具10～20个点状黑色素斑；肌节增加到18对左右；鳍褶出现；柯氏泡清晰可见，见图（15）。心脏形成期后约第2 h 07 min进入尾芽期，肌节增加至约20对；从视囊至胚体中后部遍布点状黑色素斑，见图（16）。尾芽期后约第42 min晶体形成，进入晶体形成期；尾部黑色素斑开始发育，见图（17）。晶体形成期后约第68 min，可以观察到心脏极微弱跳动，进入心脏跳动期，见图（18）。心脏跳动期后约第7 min，进入将孵期，见图（19）。将孵期后约第16 min开始进入孵化期，见图（20），胚体经历2～5 min破膜而出。

保存方式：活体

DNA条形码序列：

CCTTTACTTAATTTTCGGTGCATGGGCCGGCATGGTTGGCACTGCTCTTAGCCTACTTATCCGGGCAGAGCTAAACCAGCCAGGGGCCCTTCTTGGCGATGACCAGATTTATAATGTTATTGTTACTGCGCATGCATTTGTAATAATTTTTTTATGGTAATACCAATTATGATCGGAGGCTTCGGAAACTGACTAATCCCTCTAATGATTGGGGCTCCCGACATGGCCTTCCCTCGAATAAATAACATGAGTTTTTGGCTCTTACCCCCATCTTTCCTTCTTCTCTTAGCATCTTCAGGCGTAGAGGCCGGGGCCGGAACAGGTTGAACTGTTTATCCCCCCTTATCAAGCAACCTTGCACACGCAGGTGCCTCTGTAGATCTAACTATCTTCTCGCTCCACCTGGCAGGTATCTCATCTATTCTTGGTGCCATTAACTTTATTACAACAATTACAAATATAAAGCCCCCAGCTATAACCCAATACCAAACCCCACTATTCGTATGAGCCGTCCTTATTACAGCTGTGCTATTACTACTGTCCCTTCCAGTCTTAGCCGCAGGTATTACCATACTCCTTACAGACCGAAACTTAAACACTACTTTTTTGACCCGGCAGGAGGAGGGGACCCCATCCTCTATCAGCACCTTTTT

>>> 鰤 *Callionymus* sp.

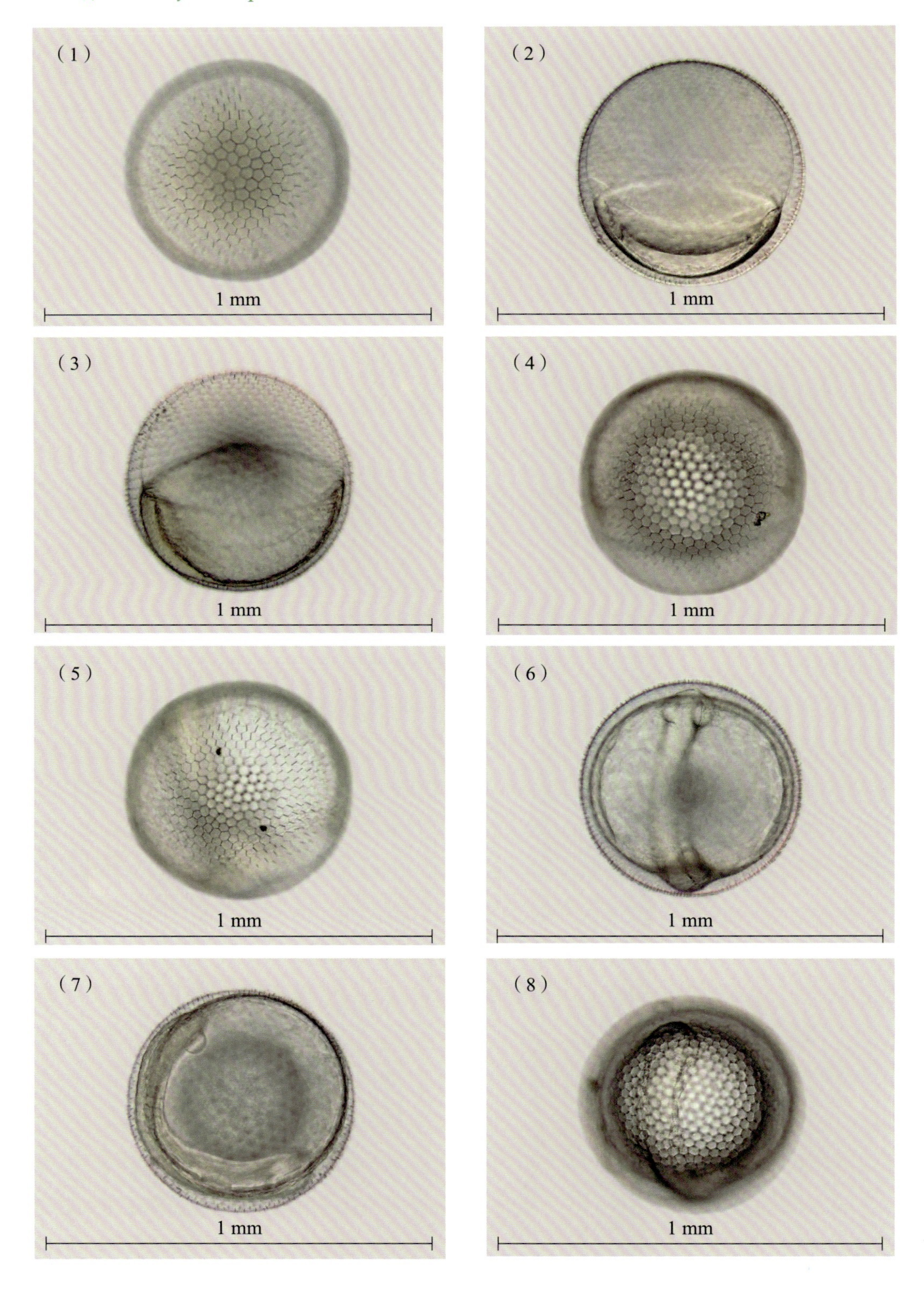

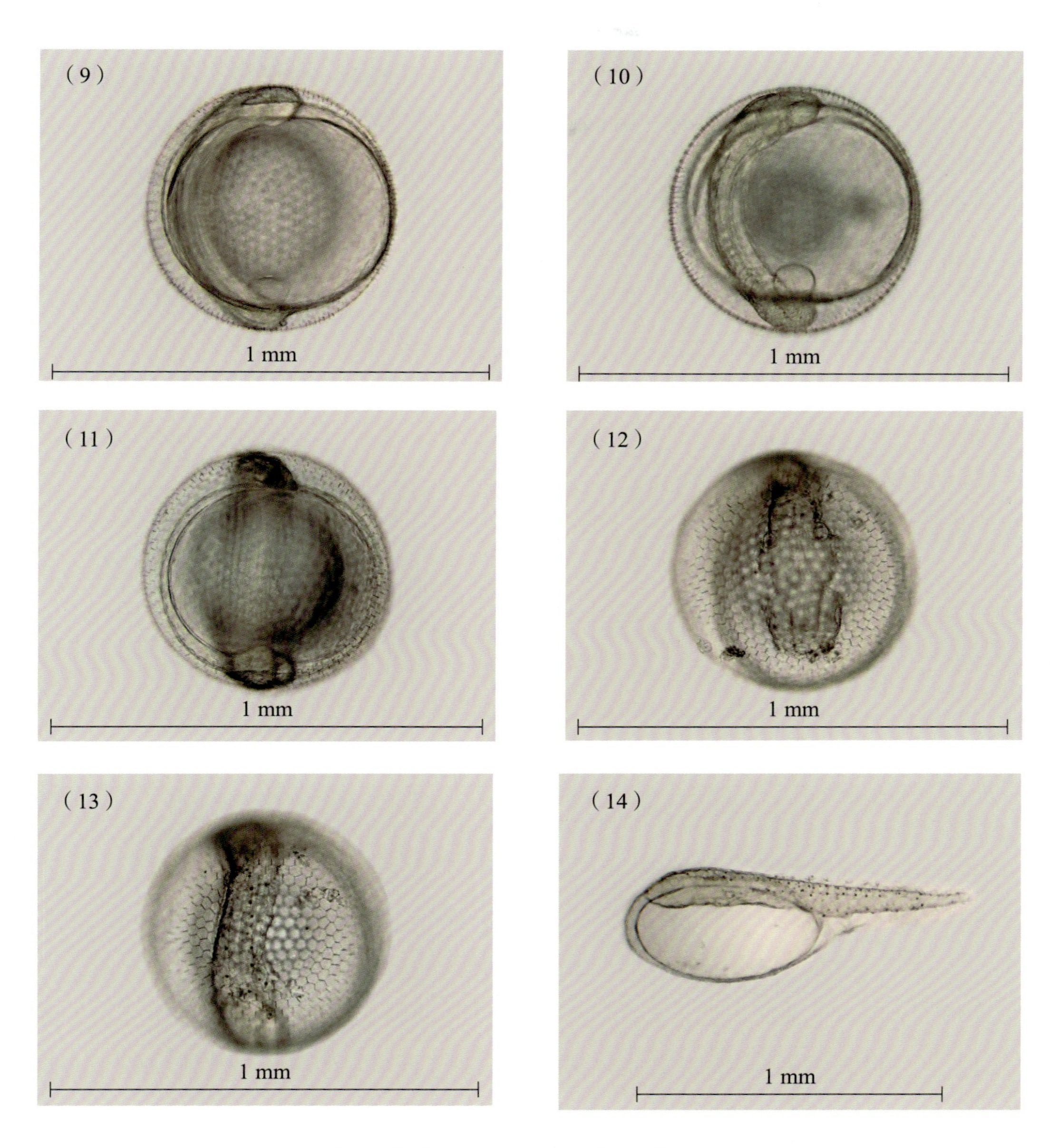

标本号：GDYH12049；采集时间：2020-03-10；

采集位置：东海岛东南海域，393渔区，20.920° N，110.509° E

中文别名：无

英文名：无

形态特征：

该标本为鲔的卵子和仔鱼，14张图分别处于卵裂期的桑葚期至器官形成期的初孵仔鱼期。卵子圆球形，彼此分离，浮性卵；卵膜表面网纹状，形态似等边五边形和六边形，以等边六边形为主；网纹对角长为0.03～0.04 mm。卵径约为0.58 mm。卵周隙窄，宽度约为0.03 mm，约为卵径的5.17%。卵内无油球。

桑葚期时的卵子，分裂球隆起明显，细胞团轮廓似桑葚，见图（1）。

原肠早期，从植物极观察可见胚环，侧面可见胚层顶端形成一个新月形的胚盾，胚盾的下边缘明显卷曲，内胚层开始形成；胚层下包卵黄约1/3周，见图（2）。

原肠中期，胚层下包卵黄近1/2周，侧面可观察到部分胚体的雏形，胚体和卵黄囊表面尚无任何色素斑，见图（3）。

原肠晚期，分裂球逐渐向植物极的卵黄下包，慢慢到达卵黄的3/4周，胚体雏形更加明显，见图（4）。

胚孔封闭期，胚孔即将封闭，见图（5）。视囊形成期，胚体头部出现1对视囊，卵子内未见色素斑，见图（6）。

肌节形成期，肌节可计数，10～11对；脊索更加清晰可见，胚体和卵黄囊附近未见黑色素斑；柯氏泡出现，见图（7）。

脑泡形成期，视囊中间出现脑泡，尚未分室，胚体颈部至体中段出现点状黑色素斑，见图（8）。

心脏形成期，心脏、脊索轮廓清晰，见图（9）。

尾芽期，尾芽开始与卵黄囊分离；柯氏泡清晰可见，见图（10）。

晶体形成期，晶体轮廓清晰，可见视囊上方具点状黑色素斑，见图（11）。

将孵期，背面观2个听囊内可见1对耳石，吻部只听囊后具稀疏的点状黑色素斑；侧面观，可见躯体从听囊至体中段依稀散布一些点状黑色素斑，见图（12）、图（13）。初孵仔鱼期，脊索长约为1.07 mm，卵黄囊椭球形，长径约0.61 mm，短径约0.31 mm；其上无色素斑，未见油球；脊索上方背部的点状黑色素斑密度显著多于腹部，见图（14）。

保存方式：活体

DNA条形码序列：

GCTGTACCTGATCTTTTCAACCCAATCCCAAAGACATTGGCACCCTCTACCTAGTTTTTGGTGCTTGAGCCGGCATAGTCGGCACAGCCCTCAGCCTATTAATTCGGGCTGAGCTAAACCAGCCAGGAGCCCTCCTTGGCGATGACCAAATTTATAATGTTATTGTTACCGCTCACGCATTTGTAATAATTTTCTTTATAGTAATGCCCATTATAATTGGGGGTTTCGGTAACTGACTCGTCCCTATAATAATTGGTGCCCCTGATATAGCTTTC

CCCCGAATAAATAACATAAGTTTCTGACTTTTACCCCCCTCTTTCCTTCTACTCTTA
GCATCTTCAGGAGTTGAAGCAGGGGCCGGTACAGGATGAACAGTCTACCCTCCC
TTGTCAAGCAACCTTGCCCACGCCGGGGCCTCTGTAGATCTAACTATCTTTTCCC
TTCACTTGGCAGGTATTTCCTCCATTCTAGGGGCCATTAATTTTATTACAACAATTA
CTAATATAAAACCGCCCGCCTTAACTCAGTACCAGACACCCCTGTTTGTCTGGGC
AGTTCTAATTACAGCTGTACTTCTCCTTTTATCCCTTCCAGTGCTTGCCGCAGGCA
TTACTATGCTCCTTACGGACCGAAACCTAAATACCACTTTTTTTGACCCTGCAGG
AGGAGGGGACCCCATCCTTTACCAACACCTTTTCTGATTCTTTGGCCACCAAGAA
AGTCTAAGTACCAGCATCTGTTC

>>> 箭鰤 *Callionymus sagitta* Pallas，1770

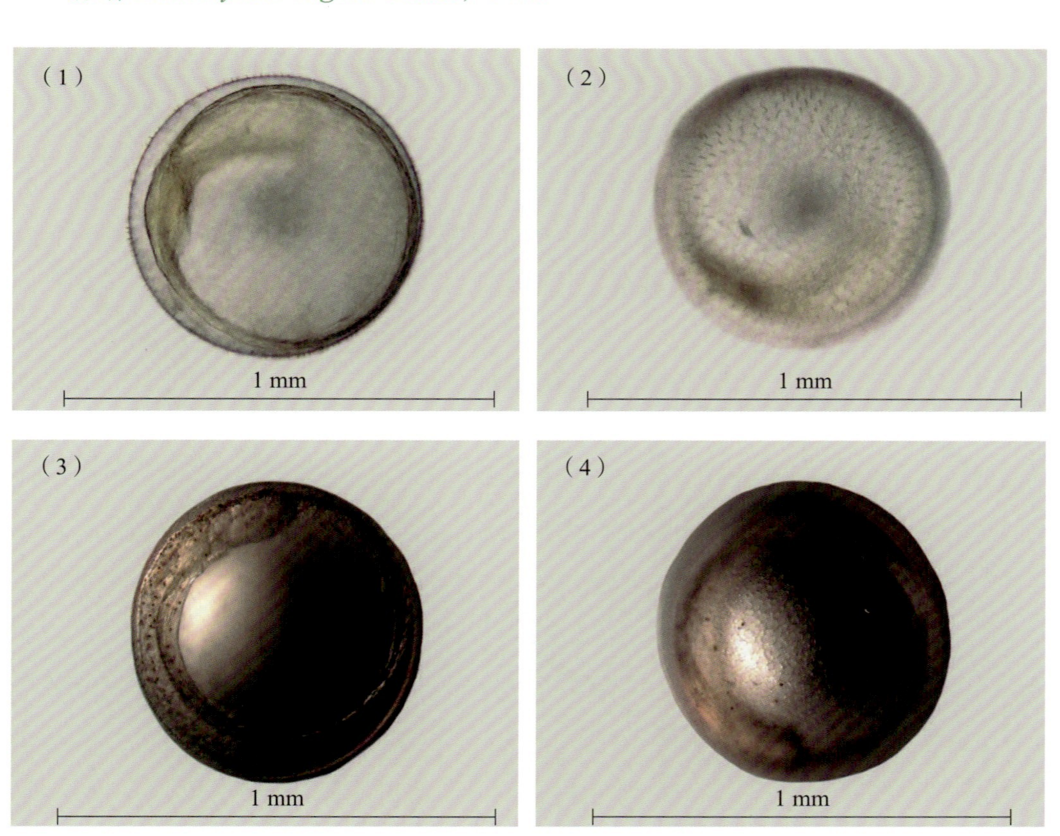

标本号：图（1）、图（2）GDYH13255，图（3）、图（4）GDYH14023；
采集时间：图（1）、图（2）2020-05-20，图（3）、图（4）2020-08-07；
采集位置：东海岛东南海域，393渔区，20.920° N，110.509° E

中文别名：无

英文名：Arrow dragonet

形态特征：

2个标本均为箭鲔的卵子，分别处于器官形成期的胚体形成期和将孵期。卵子圆球形，彼此分离，浮性卵。卵膜表面网纹状，形态似等边五边形及六边形，以六边形为主；网纹对角线长为0.03～0.04 mm。卵径为0.66～0.69 mm。卵周隙狭窄，宽度为0.02～0.02 mm，是卵径的2.90%～3.03%。卵黄囊大。卵内无油球。

处于胚体形成期的卵子，胚层下包卵黄约1/2周，胚体轮廓已清晰，见图（1）、图（2）。

处于将孵期的卵子，胚体围绕卵黄超过1/2周，晶体轮廓清晰，听囊内可见1对耳石；头部吻端至尾部散布点状黑色素斑；柯氏泡清晰可见，见图（3）、图（4）。

保存方式：活体/酒精

DNA条形码序列：

CCTGTATCTAGTATTTGGTGCTTGAGCTGGCATAGTGGGCACGGCTCTTAGCCTTCTTATTCGAGCAGAGCTAAATCAACCAGGTGCCCTCCTTGGCGACGACCAAATTTATAATGTTATTGTTACCGCACATGCATTTGTAATAATTTTTTTATAGTTATACCTATCATGATTGGAGGCTTTGGAAACTGACTCATCCCTATGATGATTGGAGCCCCTGACATAGCTTTCCCTCGAATAAATAATATGAGCTTTTGACTCCTACCTCCCTCTTTCCTTCTCCTTCTGGCCTCTTCAGGAGTAGAAGCTGGGGCAGGAACAGGTTGAACAGTGTACCCCCCATTATCAAGTAATCTGGCCCATGCCGGCGCTTCTGTTGACTTAACTATTTTCTCCCTACATTTAGCGGGTATCTCTTCTATTCTAGGAGCTATTAATTTTATTACAACAATTACTAATATGAAACCCCCTGCTCTAACTCAATACCAAACCCCTCTTTTCGTATGAGCCGTACTAATTACAGCTGTTTTGCTTCTTCTCTCACTTCCAGTACTTGCTGCTGGAATTACCATACTTCTTACAGACCGTAACTTAAATACTACATTCTTTGACCCGGCAGGAGGAGGGGATCCCATCCTTTACCAACACCTCTTT（标本号：GDYH14023）

鲟科 Sphyraenidae

鲟属 *Sphyraena* Bloch & Schneider，1801

>>> 大眼魣 *Sphyraena forsteri* Cuvier，1829

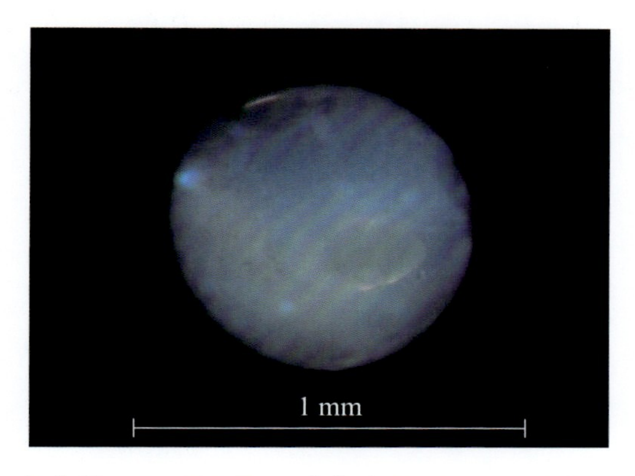

标本号：GDYH4779；采集时间：2019-04-24；
采集位置：北部湾海域，466渔区，19.250° N，107.750° E

中文别名：金梭鱼、梭子鱼

英文名：Bigeye barracuda

形态特征：

该标本为大眼魣的卵子，可见明显胚体，由于卵黄弥散无法鉴别具体时相。卵子圆球形，彼此分离，浮性卵；卵膜光滑，薄而透明；卵径约为0.80 mm。油球1个，直径约为0.23 mm。

保存方式：酒精

DNA条形码序列：

CCTCTATTTACTGTTTGGTGCCTGAGCTGGATAGTGGGCACAGCCTTAAGCCTACTTATTCGAGCTGAATTAAGCCAACCTGGCTCCCTCCTAGGAGACGACCAGATCTATAACGTAATTGTGACAGCACACGCCTTCGTAATGATCTTTTTTATGGTTATACCAATTATAATTGGAGGATTTGGAAACTGACTTATCCCCCTAATAATTGGAGCCCCTGATATAGCATTCCCCCGAATAAATAATATGAGCTTCTGACTGCTTCCTCCTTCCTTCCTATTACTCCTCTCTTCCTCAGCTGTAGAAGCCGGAGCTGGTACAGGGTGGACTGT

CTACCCTCCTCTAGCCGGAAACCTAGCCCACGCAGGAGCATCCGTTGACCTTACCATCTTCTCCTTACATCTAGCGGGAATCTCTTCAATTTTAGGCGCTATCAATTTTATTACCACTATTATTAATATGAAACCAGCAGCAACCTCTATATATCAAATTCCCCTCTTCGTTTGAGCAGTCCTAATTACTGCCGTTCTTCTTCTCCTTTCACTCCCCGTACTAGCTGCTGGAATTACAATGCTCCTAACAGATCGAAACCTAAACACCGCCTTCTTTGACCCCGCAGGGGGAGGGGACCCCATCCTTTATCAACATTTATTC

>>> 倒牙魣 *Sphyraena putnamae* Jordan & Seale，1905

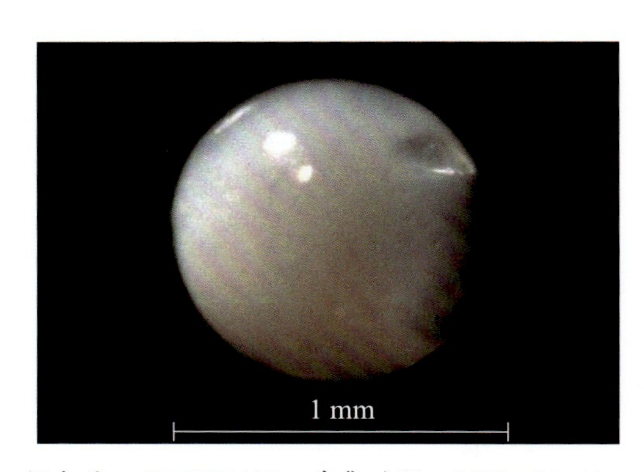

标本号：GDYH5109；采集时间：2019-04-11；

采集位置：北部湾海域，416渔区，20.450° N，108.900° E

中文别名：金梭鱼、梭子鱼

英文名：Bigeye barracuda

形态特征：

该标本为倒牙魣的卵子，处于神经胚期的胚孔封闭期。卵子圆球形，彼此分离，浮性卵；卵膜光滑，薄而透明；卵径约为0.96 mm。卵周隙狭窄，卵黄囊几乎充满卵内。油球1个，直径约为0.19 mm。

保存方式：酒精

DNA条形码序列：

CCTTTATTTACTATTTGGTGCCTGAGCTGGGATAGTAGGCACAGCCTTAAGCCTCCTCATCCGAGCTGAACTAAGCCAACCTGGCTCTCTCTTGGGAGACGACCAGATTTACAATGTAATTGTAACGGCTCACGCCTTTGTAATAATCTTTTTCATGGTTATACCCATTATGATCGGGGGCTTTGGAAACTGACTCATTCCCTTGATAATTGGTGCCCCA

GACATGGCATTCCCTCGAATAAACAACATAAGCTTTTGACTACTCCCTCCTTCCTT
TCTATTGCTCCTCTCTTCTTCAGCTGTAGAAGCGGGGGCCGGAACAGGATGAAC
AGTTTATCCCCCTTTAGCTGGGAACCTAGCACATGCAGGAGCGTCTGTTGACCTA
ACCATTTTCTCCTTGCACCTAGCAGGAATTTCCTCAATCCTAGGAGCCATTAACTT
TATTACTACTATCATTAACATGAAACCGGCAGCAACCTCAATGTATCAAATTCCTC
TATTTGTATGGGCCGTCCTAATTACTGCTGTTCTTCTTCTTTCACTCCCCGTAC
TAGCTGCTGGTATTACAATGCTCCTAACAGATCGAAACCTAAACACTGCTTTCTTT
GATCCAGCAGGAGGAGGAGACCCTATCCTATACCAGCACTTATTC

带鱼科 Trichiuridae

沙带鱼属 *Lepturacanthus* Fowler，1905

>>> 沙带鱼 *Lepturacanthus savala*（Cuvier，1829）

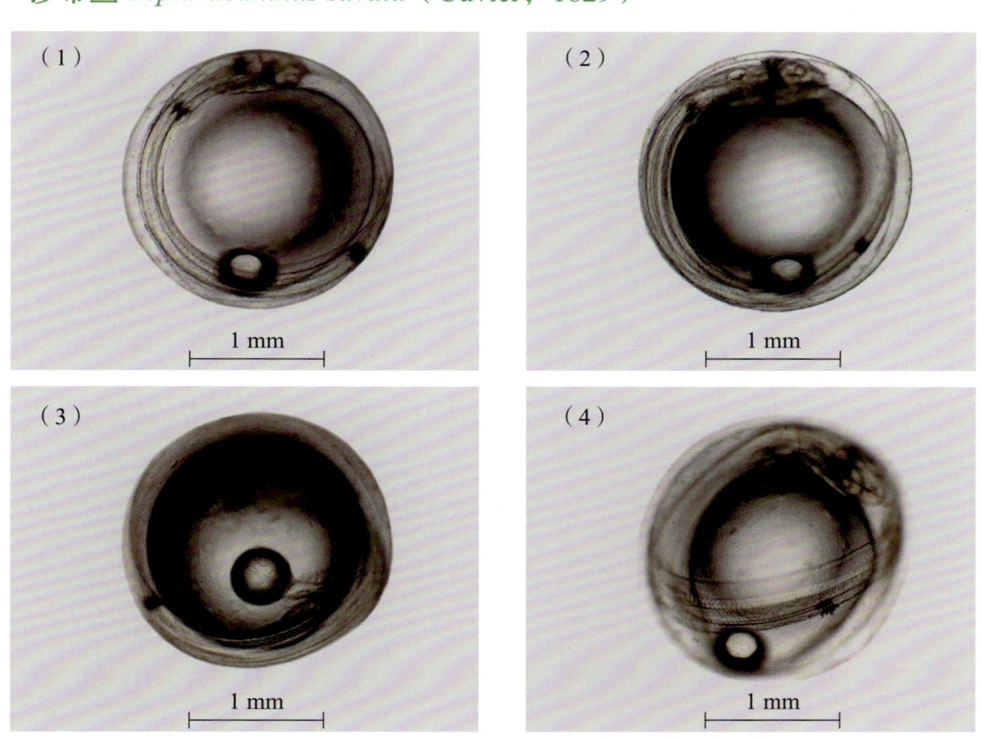

标本号：GDYH14015；采集时间：2020-08-04；

采集位置：徐闻角尾海域，419渔区，20.187° N，110.012° E

中文别名：白带、沙带

英文名：Savalai hairtail

形态特征：

该标本为沙带鱼的卵子，4张图分别处于器官形成期的心脏形成期、将孵期和孵化期。卵子圆球形，彼此分离，浮性卵；卵膜薄而透明，卵膜平滑；卵径约为2.06 mm。卵周隙狭窄，卵黄囊和胚体几乎充满卵内。卵黄均匀。油球1个，后位，直径约为0.37 mm。

处于心脏形成期的卵子，心脏、脊索轮廓清晰，胚体围绕卵黄约4/5周，眼囊后部具一丛黑色素斑；胸鳍基底位置靠后具一丛黑色素斑；靠近尾部区域有一丛黑色素斑；侧面观油球上具11或12个辐射状黑色素斑，黑色素斑呈枝杈状，见图（1）。

处于将孵期的卵子，胚体扭动频繁、有力，胚体围绕卵黄约1周，视囊后色素斑较前变大，尾中部腹缘色素斑分化为枝丛状；油球上各色素斑中间变小，进一步分化为枝状，色素间连成一片，见图（2）、图（3）。

处于孵化期的卵子，胚体围绕卵黄超过1周，胚体扭动加大，卵子变形，胚体头部会先出，见图（4）。

保存方式：活体

DNA条形码序列：

CCTTTACTTAGTATTTGGTGCATGAGCCGGAATAGTAGGCACAGCTTTAAGCCTTCTTATCCGAGCAGAACTGAGCCAACCAGGCTCCCTCCTGGGAGACGACCAAATTTATAATGTAATTGTTACAGCTCATGCTTTCGTAATAATTTTCTTTATAGTCATGCCAGTCATGATTGGAGGGTTTGGAAACTGACTCATCCCCTTAATGATTGGGGCCCCTGACATAGCCTTCCCACGAATAAACAACATAAGCTTCTGACTTCTACCCCCCTCTTTTCTTCTTCTGCTAGCCTCCTCTGGGGTTGAAGCAGGCGCCGGAACTGGCTGAACAGTGTACCCCCCACTAGCCGGCAACCTGGCTCACGCAGGAGCATCAGTTGACCTGACCATTTTTTCACTCCACTTAGCAGGAATTTCCTCCATCCTAGGGGCCATTAATTTTATTACAACTATTCTTAATATAAAACCTGCAGCCATCACCCAATTCCAAACCCCCCTGTTTGTCTGATCAGTCTTAATTACAGCCGTCCTTCTACTTCTATCCCTCCCAGTTCTAGCGGCTGGTATTACGATACTCCTGACCGACCGCAATTTGAATACCACATTCTTTGACCCGCGCAGGAGGAGGAGACCCTATTCTATACCAACACTTATTC

带鱼属 *Trichiurus* Linnaeus，1758

>>> 短带鱼 *Trichiurus brevis* Wang & You，1992

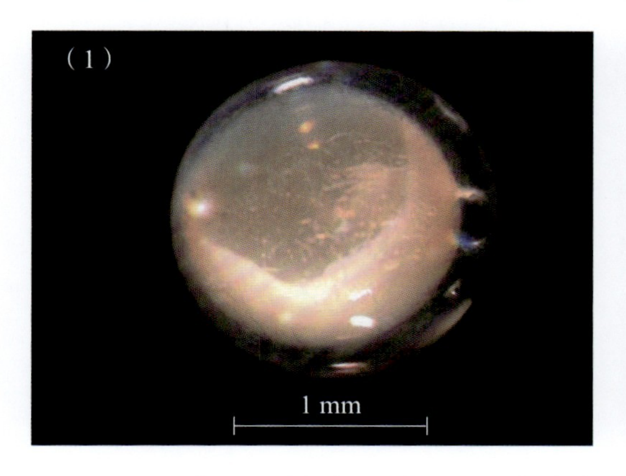

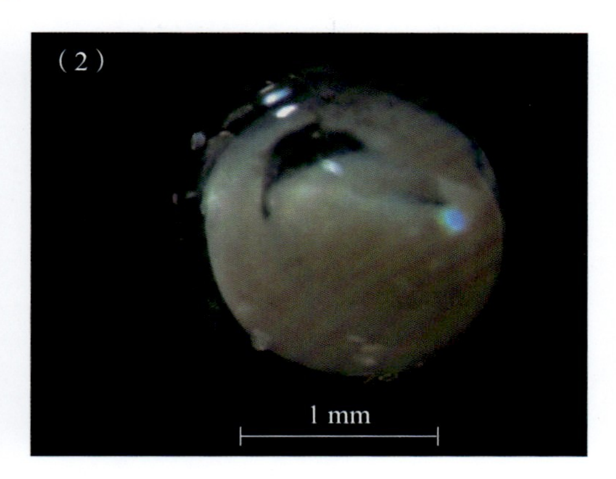

标本号：图（1）GDYH4634，图（2）GDYH4635；采集时间：2019-04-23；
采集位置：北部湾海域，511渔区，18.250° N，107.750° E

中文别名：带鱼、白带、短带

英文名：Chinese short-tailed hairtail

形态特征：

2个标本均为短带鱼的卵子，分别处于器官形成期的心脏形成期和将孵期。卵子圆球形，彼此分离，浮性卵；卵膜光滑，薄而透明；卵径为1.59 ~ 1.92 mm。卵周隙窄，宽度为0.07 ~ 0.12 mm，是卵径的3.65% ~ 7.55%。卵黄均匀，无龟裂纹。油球1个，后位，直径为0.29 ~ 0.30 mm。

处于心脏形成期的卵子，胚体围绕卵黄约4/5周，见图（1）。

处于将孵期的卵子，胚体围绕卵黄约1周，酒精保存状态下未能分辨其上的色素斑，见图（2）。

保存方式：酒精

DNA条形码序列：

CCTCTACTTGGTATTTGGTGCATGAGCCGGAATAGTAGGCACAGCCTTAAGCCTTCTCATCCGAGCAGAACTTAGCCAACCAGGCTCCCTCCTGGGGGACGATCAAATCTACAACGTAATCGTCACGGCCCACGCCTTTGTAATAATTTTCTTCATGGTTAT

ACCAATTATGATTGGTGGCTTTGGAAACTGACTAATCCCCCTAATAATTGGGGCCCCAGATATAGCTTTTCCCCGAATAAACAACATAAGCTTCTGACTTCTACCCCCCTCCTTCCTCCTACTACTGGCTTCTTCCGGGGTTGAAACGGGAGCCGGAACTGGATGAACAGTCTACCCCCCATTAGCCAGCAACCTGGCACACGCAGGTGCATCCGTTGACTTAACTATCTTTTCTCTTCACTTGGCAGGAATTTCCTCCATTCTAGGCGCCATTAACTTTATTACAACCATTCTAAACATGAAACCTGCAGCTATTACCCAGTTTCAAACACCTCTCTTCGTCTGGTCTGTCCTAATTACAGCTGTTCTTCTACTTCTATCCCTGCCGGTCCTTGCAGCTGGAATTACAATGCTTTTGACCGACCGCAATCTCAACACTACATTCTTTGACCCCGCAGGAGGAGGAGACCCAATCCTGTACCAGCACTTATTT（标本号：GDYH4635）

>>> 日本带鱼 *Trichiurus japonicus* Temminck & Schlegel，1844

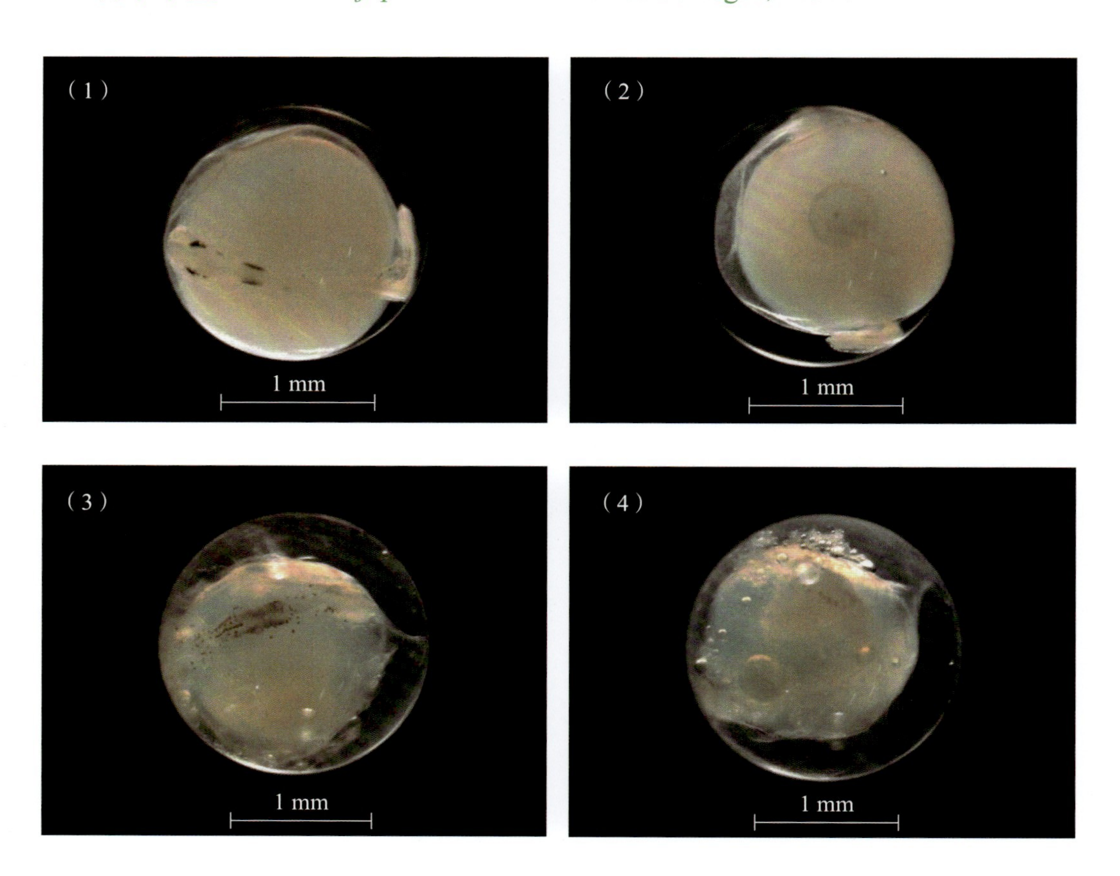

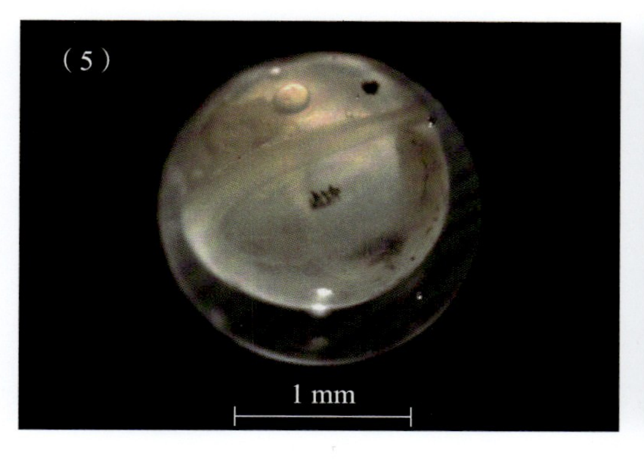

标本号：图（1）、图（2）GDYH5642，图（3）、图（4）GDYH5635，图（5）、图（6）GDYH5960；
采集时间：图（1）~图（4）2020-04-12，图（5）、图（6）2020-04-10；
采集位置：图（1）~图（4）珠江口外海海域，400渔区，20.750° N，114.250° E；图（5）、图（6）珠江口外海海域，425渔区，20.250° N，113.250° E

中文别名：白带、带鱼

英文名：无

形态特征：

3个标本均为日本带鱼的卵子，分别处于器官形成期的尾芽期、晶体形成期和将孵期。卵子圆球形，彼此分离，浮性，卵膜光滑，薄而透明；卵径为1.65 ~ 2.21 mm。卵周隙窄，长度为0.07 ~ 0.16 mm，为卵径的4.09% ~ 8.79%。卵黄均匀，无龟裂。油球1个，后位，直径为0.34 ~ 0.43 mm。

处于尾芽期的卵子，尾芽开始与卵黄分离，胚体围绕卵黄约3/4周。背面观眼囊后部两侧各具一簇状黑色素斑；胸鳍基底位置背部两侧各具一簇状黑色素斑，见图（1）；腹面观可见1个油球，油球上无色素，油球尚未移位，见图（2）。

处于晶体形成期的卵子，晶体轮廓清晰。腹面观可见胸鳍近基底背部的堆状色素斑出现移动和发散，见图（3）；近侧面观可见油球已移位于胚体尾部，卵黄囊内具数个大小不一的油滴/油球，油球上未见色素，见图（4）。

处于将孵期的卵子，胚体围绕卵黄1周，胚体头部色素密集成线状，尾部2块色素斑向背鳍褶和腹鳍褶上、下缘移动，见图（5）、图（6）。

保存方式：酒精

DNA条形码序列：

CCTCTACTTAGTATTTGGTGCATGAGCCGGAATGGTCGGCACAGCCCTAAGC

CTTCTAATCCGAGCAGAACTAAGTCAACCAGGCTCCCTCCTAGGAGATGACCAA
ATTTATAATGTCATCGTTACAGCCCATGCCTTCGTAATAATCTTCTTTATAGTAATG
CCAATTATGATTGGAGGATTTGGAAACTGGCTTATCCCCCTAATGATCGGGGCCCC
CGACATGGCCTTCCCCCGAATAAATAATATGAGCTTCTGACTTCTACCCCCCTCCT
TTCTCCTTCTCCTAGCCTCCTCCGCAGTTGAGGCAGGGGCCGGAACTGGTTGAA
CGGTTTATCCCCCACTAGCTGGGAATCTAGCACACGCAGGCGCATCAGTTGACTTA
ACCATTTTTTCCCTCCACTTGGCAGGAATCTCTTCCATCTTGGGCGCCATTAACTTTA
TTACAACCATTCTAAACATGAAACCTGCGGCCATCACCCAGTTTCAAACCCCTCTGT
TCGTCTGATCTGTTCTAATTACAGCTGTCCTCCTACTTCTTTCCCTCCCAGTTCTTGC
AGCTGGAATTACAATACTCCTAACTGACCGAAATCTTAACACTACCTTCTTTGACCC
CGCAGGAGGAGGAGACCCAATCCTGTACCAACACTTATTT（标本号：GDYH5960）

>>> 南海带鱼 *Trichiurus nanhaiensis* Wang & Xu，1992

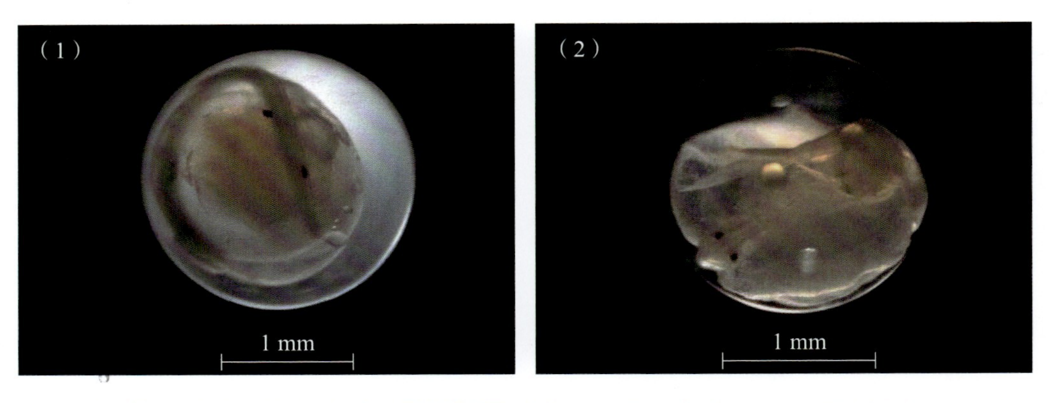

标本号：图（1）GDYH5813，图（2）GDYH5937；采集时间：图（1）2019-04-10，图（2）2019-04-13；采集位置：图（1）珠江口外海，397渔区，20.750° N，112.750° E；图（2）珠江口外海，369渔区，21.250° N，112.750° E

中文别名：黄带

英文名：无

形态特征：

2个标本均为南海带鱼的卵子，均处于器官形成期的将孵期。卵子圆球形，彼此分离，浮性卵；卵膜光滑，薄而透明；卵径为1.79～2.11 mm。卵周隙窄，宽度为0.07～0.16 mm，是卵径的3.91%～7.84%。卵黄均匀，无龟裂。油球1个，后位，直径为0.28～0.39 mm。腹面观胚体围绕卵黄约4/5周，可见眼囊后部两侧各具一簇状黑色素斑，具2个分离的小油球/油滴，直径为0.18～0.19 mm，见图（1）；侧面观可见胚体尾部背鳍褶和腹鳍褶上各具1块状黑色素斑，见图（2）。

保存方式：酒精

DNA条形码序列：

CCTCTACTTAGTATTTGGTGCATGAGCCGGAATGGTCGGCACAGCCTTAAGC CTTCTTATCCGAGCAGAACTAAGCCAGCCAGGCTCCCTCCTGGGTGATGATCAAA TCTACAATGTAATCGTTACAGCCCACGCCTTCGTGATGATTTTCTTTATAGTTATAC CAATTATGATTGGAGGATTCGGAAACTGACTCATCCCCCTAATGATTGGGGCCCC CGATATGGCCTTTCCCCGAATAAACAATATAAGCTTCTGACTCCTACCCCCCTCCT TTCTCCTTCTACTAGCTTCTTCCGGGGTTGAAGCAGGGGCCGGAACTGGTTGAA CAGTCTACCCCCCACTAGCCGGCAACCTGGCACACGCGGGCGCATCAGTTGACTTA ACTATCTTTTCCCTACATCTGGCCGGAATTTCTTCCATCCTAGGCGCCATTAACTTCA TTACAACAATTCTAAATATGAAACCTGCGGCCATTACTCAATTCCAAACCCCCTTATT CGTCTGATCAGTCCTAATTACAGCTGTTCTCCTACTTCTCTCCCTGCCAGTCCTTGCC GCAGGGATTACAATACTCCTGACTGACCGCAATCTTAACACCACATTCTTTGACCCC GCAGGAGGGGGAGACCCAATCCTTTACCAACACTTATTT（标本号：GDYH5937）

狭颅带鱼属 *Tentoriceps* Whitley，1948

>>> 狭颅带鱼 *Tentoriceps cristatus*（Klunzinger，1884）

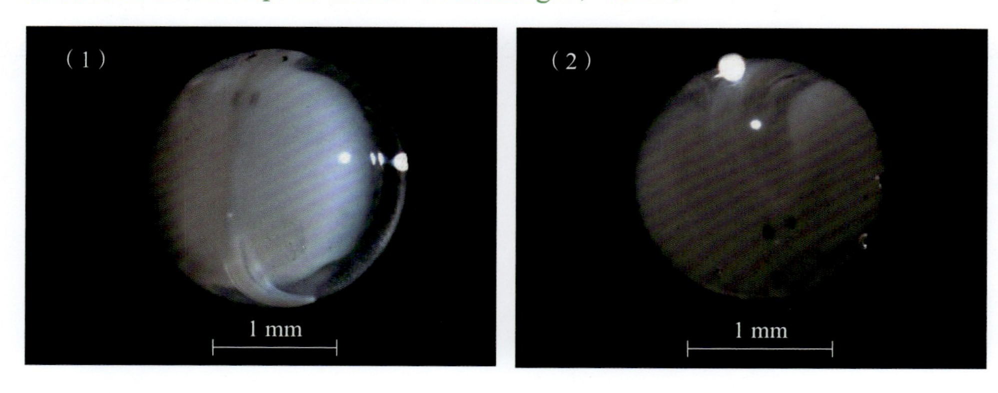

标本号：图（1）GDYH13107，图（2）GDYH13105；采集时间：2020-04-08；

采集位置：北部湾海域，535渔区，17.866° N，108.378° E

中文别名：狭头带鱼、隆头带鱼、窄颅带鱼

英文名：无

形态特征：

2个标本均为狭颅带鱼的卵子，分别处于器官形成期的晶体形成期和将孵期。卵子圆球形，彼此分离，浮性卵；卵膜光滑，薄而透明；卵径为1.75 ~ 2.03 mm。卵周隙狭窄，宽度0.01 ~ 0.09 mm，为卵径的0.57% ~ 4.43%。卵黄均匀，无龟裂。油球1个，后位，直径约为0.36 mm。

处于晶体形成期的卵子，尾芽和卵黄囊分离，背面观胚体围绕卵黄约3/4周，可见眼囊后部两侧各具一簇状黑色素斑，胸鳍基底位置背部两侧各具一簇状黑色素斑，油球上隐约可见小点状黑色素斑，见图（1）。

处于将孵期的卵子，胚体围绕卵黄约1周，眼囊后部簇状黑色素斑变粗，见图（2）。

保存方式：酒精

DNA条形码序列：

CCTCTATCTAATATTTGGTGCATGAGCTGGGATAGTCGGCACAGCCCTAAGCCTTCTTATCCGAGCCGAACTAAGCCAACCAGGCTCCCTACTAGGGGACGACCAGATCTATAACGTAATTGTTACAGCACACGCGTTTGTAATAATTTTCTTTATAGTAATACCAGTAATAATTGGAGGATTTGGAAACTGACTTATTCCGCTAATGATCGGGGCCCCCGACATGGCTTTCCCTCGAATGAATAATATAAGCTTCTGACTTCTGCCCCCCTCTTTTCTCCTCTTACTAGCCTCCTCTGGGGTTGAGGCAGGGGCCGGAACTGGGTGAACAGTGTACCCCCCACTAGCCAGCAACCTAGCCCACGCAGGTGCCTCCGTTGACCTAACCATCTTTTCGCTCCACCTGGCCGGTATTTCTTCAATCTTAGGTGCAATCAATTTTATTACAACCATTATAAATATAAAACCCGCAGCTATTACACAATTCCAGACCCCTCTATTTGTGTGATCGGTCTTAATCACAGCTGTCCTTCTACTCCTCTCTTTACCAGTCCTTGCAGCCGGAATTACAATACTTTTAACAGACCGAAACCTCAACACAACATTCTTCGACCCAGCAGGAGGCGGGGACCCCGTCCTCTACCAACACCTATTC（标本号：GDYH13105）

鲭科 Scombridae

鲣 *Katsuwonus* Kishinouye，1915

>>> 鲣 *Katsuwonus pelamis*（Linnaeus，1758）

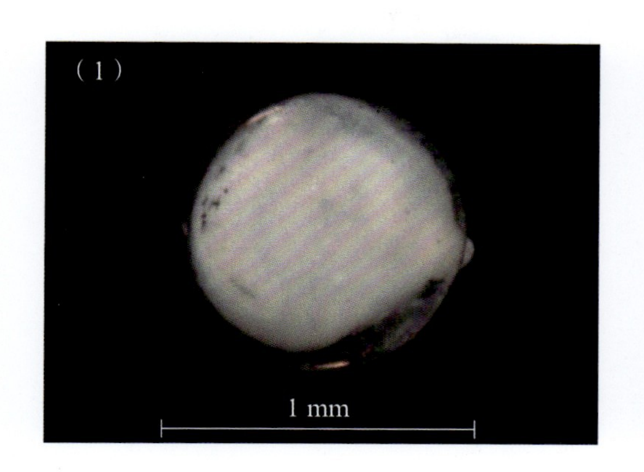

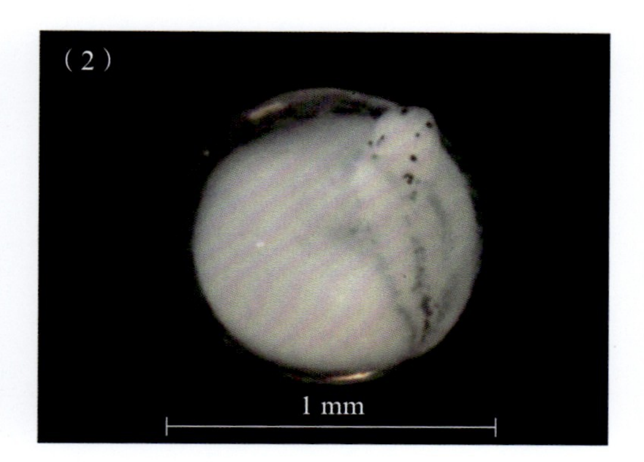

标本号：GDYH4966；采集时间：2019-04-21；

采集位置：三亚外海海域，537渔区，17.675° N，109.057° E

中文别名： 鲣鱼、正鲣、烟仔、烟仔虎

英文名： Skipjack tuna

形态特征：

该标本为鲣的卵子，处于器官形成期的将孵期。卵子圆球形，彼此分离，浮性卵；卵膜光滑，薄而透明；卵径约为0.94 mm。卵周隙窄，宽度约为0.04 mm，约是卵径的4.26%。卵黄均匀，无龟裂。胚体围绕卵黄约3/4周，胚体头部具8个大小不一的点状黑色素斑，胚体颈部到尾部的背缘两侧具浓密的点状黑色素斑，见图（1）、图（2）。

保存方式： 酒精

DNA条形码序列：

CCTTTATCTAGTATTCGGTGCATGAGCTGGTATAGTTGGCACGGCCTTAAGCT
TGCTCATCCGAGCTGAACTAAGCCAACCAGGTGCCCTTCTTGGGGACGACCAGA
TCTACAATGTAATCGTTACGGCCCATGCCTTCGTAATGATTTTCTTTATAGTAATGC

CAATTATGATTGGAGGGTTTGGAAACTGACTCATCCCTCTAATGATCGGGGCTCC
AGACATGGCATTCCCTCGAATGAACAACATGAGCTTCTGACTTCTTCCTCCATCT
TTCCTTCTACTACTAGCTTCTTCAGGAGTTGAAGCTGGTGCTGGAACAGGTTGAA
CAGTTTACCCTCCCCTTGCCGGTAACCTGGCTCACGCCGGAGCATCCGTTGACCT
AACTATTTTCTCCCTACATCTTGCAGGTGTTTCTTCAATTCTTGGAGCAATTAATTT
TATTACAACAATTATTAACATGAAACCTGCCGCTATCTCCCAATACCAAACTCCTC
TGTTCGTATGAGCCGTCCTAATTACAGCTGTCCTTCTTCTTCTGTCACTTCCAGTT
CTTGCCGCTGGCATTACAATGCTTCTGACAGACCGAAACCTGAATACAACCTTCT
TCGACCCTGCAGGTGGAGGAGACCCAATTCTTTACCAACACCTATTC

鲔属 *Euthynnus* Lütken，1883

>>> 鲔 *Euthynnus affinis*（Cantor，1849）

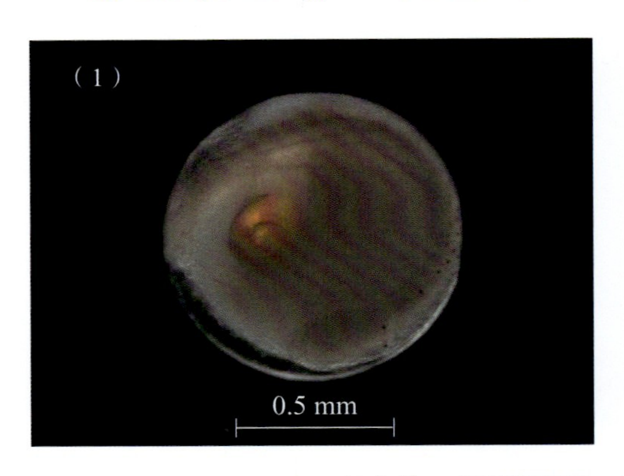

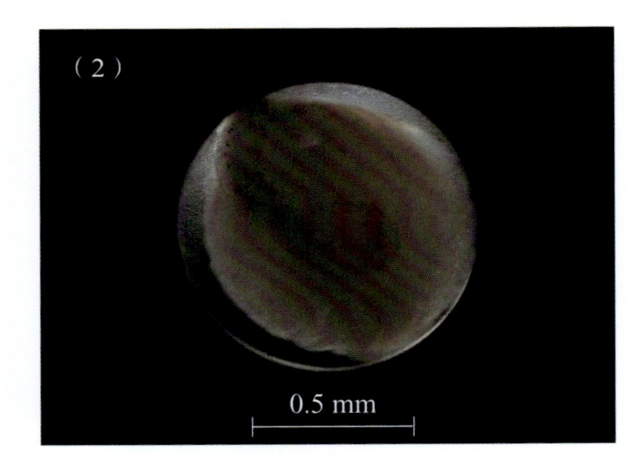

标本号：GDYH7222；采集时间：2019-09-06；

采集位置：文昌外海，424渔区，20.250° N，112.750° E

中文别名：炮弹鱼

英文名：Skipjack tuna

形态特征：

该标本为鲔的卵子，处于器官形成期的将孵期。卵子圆球形，彼此分离，浮性卵；卵膜光滑，薄而透明；卵径约为0.90 mm。卵周隙窄，宽度约为0.06 mm，约为卵径的6.67%。卵黄均匀，无龟裂。油球1个，淡黄色，后位，直径约为0.25 mm。胚体围绕卵黄约3/4周，胚体头部未见色素，从颈部到尾部的背缘具稀疏的小点状黑色素斑，见图（1）、图（2）。

保存方式：酒精

DNA条形码序列：

CCTTTATCTAGTATTCGGTGCATGAGCTGGTATAGTTGGCACGGCCTTAAGCT
TACTCATCCGGGCTGAACTAAGCCAACCAGGTGCCCTTCTTGGGGACGACCAGA
TCTACAATGTAATCGTTACGGCCCATGCCTTCGTAATGATTTTCTTTATAGTAATGC
CAATTATGATTGGAGGGTTTGGAAACTGACTCATCCCTCTTATGATTGGGGCTCC
AGACATAGCATTCCCTCGAATAAATAACATGAGCTTCTGACTTCTTCCCCCATCTT
TCCTTCTACTCCTAGCTTCTTCAGGAGTTGAGGCTGGTGCCGGGACTGGTTGAAC
AGTTTACCCTCCTCTTGCCGGGAATCTGGCCCACGCCGGAGCATCCGTTGACTTA
ACTATTTTCTCCCTCCATCTAGCGGGTGTTTCCTCAATTCTTGGGGCAATTAATTTC
ATTACGACAATTATCAACATGAAGCCTGCCGCTATCTCTCAATATCAGACCCCTCT
GTTCGTATGGGCTGTTCTAATTACAGCCGTTCTTCTTCTACTATCCCTCCCAGTCCT
TGCCGCTGGCATTACAATGCTCCTGACAGACCGAAACCTAAATACAACCTTCTTC
GACCCTGCAGGAGGGGGAGACCCAATCCTTTACCAGCACCTATTC

舵鲣属 *Auxis* Cuvier，1829

>>> 圆舵鲣 *Auxis rochei rochei*（Risso，1810）

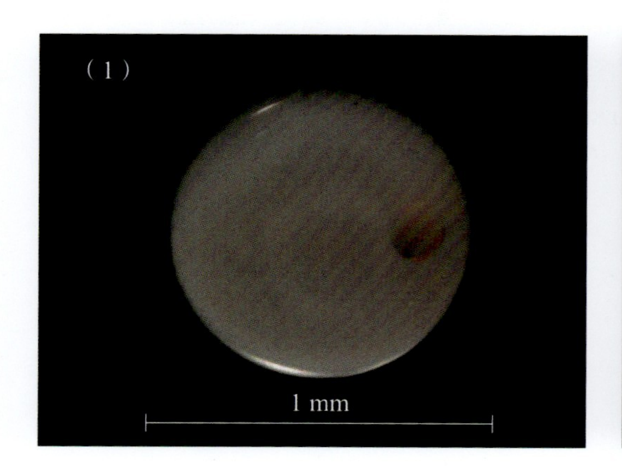

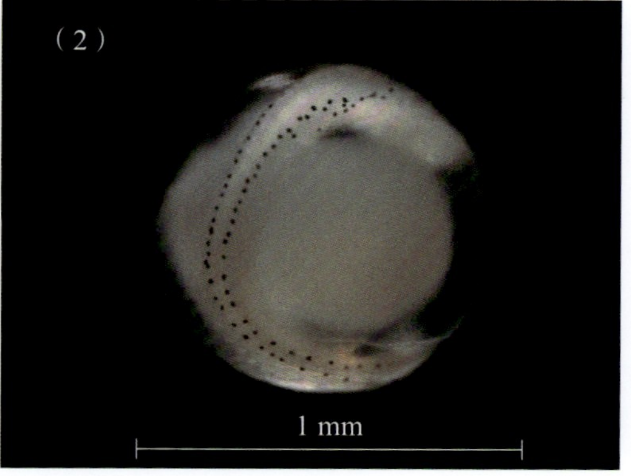

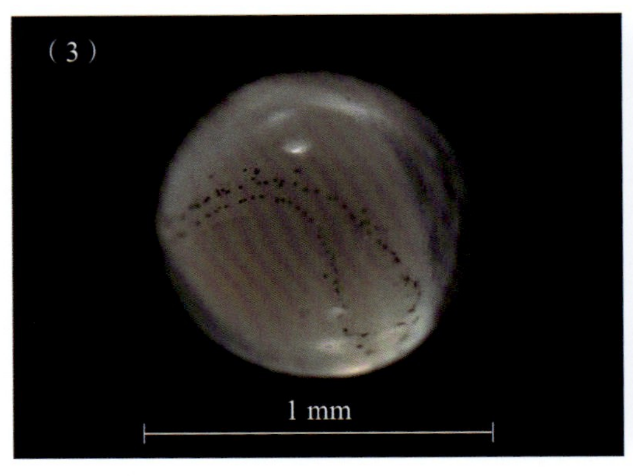

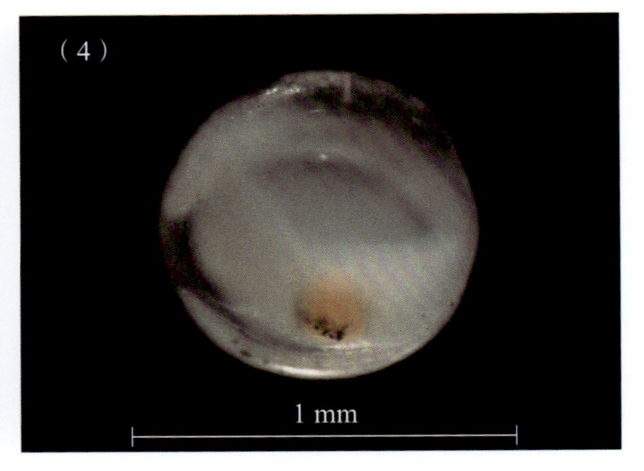

标本号：图（1）GDYH8428，图（2）GDYH7971，图（3）GDYH7236，图（4）GDYH7969；
采集时间：图（1）2019-09-06，图（2）、图（4）2019-09-08，图（3）2019-09-07；
采集位置：图（1）文昌外海，425渔区，20.250° N，113.250° E；图（2）文昌外海，470渔区，19.250° N，111.750° E；图（3）文昌外海，450渔区，19.750° N，113.250° E；图（4）文昌外海，449渔区，19.750° N，112.750° E

中文别名：炮弹鱼

英文名：Bullet tuna

形态特征：

4个标本均为圆舵鲣的卵子，分别处于原肠胚期的原肠中期和器官形成期的尾芽期。卵子圆球形，彼此分离，浮性卵；卵膜光滑，薄而透明；卵径为0.86 ~ 0.95 mm。卵周隙狭窄，卵黄囊和胚体几乎充满卵内。卵黄均匀，无龟裂。油球1个，橘黄色，后位，直径为0.18 ~ 0.20 mm。

处于原肠中期的卵子，胚层下包卵黄近1/2周，油球1个，见图（1）。

处于尾芽期的卵子，尾芽开始和卵黄分离，胚体围绕卵黄约3/4周，背面观时，可见胚体从头颈部到尾端沿着背缘具2列点状黑色素斑，见图（2）、图（3），该时相油球上具数个点状黑色素斑，见图（4）。

保存方式：酒精

DNA条形码序列：

GGTGCATGAGCTGGTATAGTTGGCACAGCCTTAAGCTTGCTCATCCGAGCTGAACTAAGCCAACCAGGTGCCCTTCTTGGGGACGACCAGATCTACAATGTAATCGTTACGGCCCATGCCTTCGTAATGATTTTCTTTATAGTAATGCCAATTATGATTGGAGGGTTCGGAAACTGACTCATCCCTCTAATGATCGGAGCTCCAGATATGGCATTCCC

ACGAATGAACAATATGAGCTTCTGACTTCTTCCTCCTTCTTTCCTTCTGCTATTAG
CTTCTTCAGGAGTTGAAGCTGGTGCCGGAACCGGTTGAACAGTTTACCCGCCCC
TTGCTGGTAACCTAGCCCACGCCGGGGCATCTGTTGACTTAACCATTTTCTCCCT
CCACCTAGCAGGTGTGTCCTCAATTCTTGGGGCCATCAATTTCATTACAACAATTA
TTAATATGAAACCTGCCGCTATTTCCCAATACCAAACTCCCCTGTTTGTATGAGCC
GTTCTAATTACAGCTGTCCTTCTCCTTCTATCACTCCCAGTTCTTGCCGCTGGCAT
TACAATGCTCCTAACAGACCGAAACCTAAATACAACCTTCTTCGACCCTGCAGGA
GGGGGAGACCCAATTCTTTACCAACACC（标本号：GDYH7971）

>>> 扁舵鲣 *Auxis thazard thazard*（Lacepède，1800）

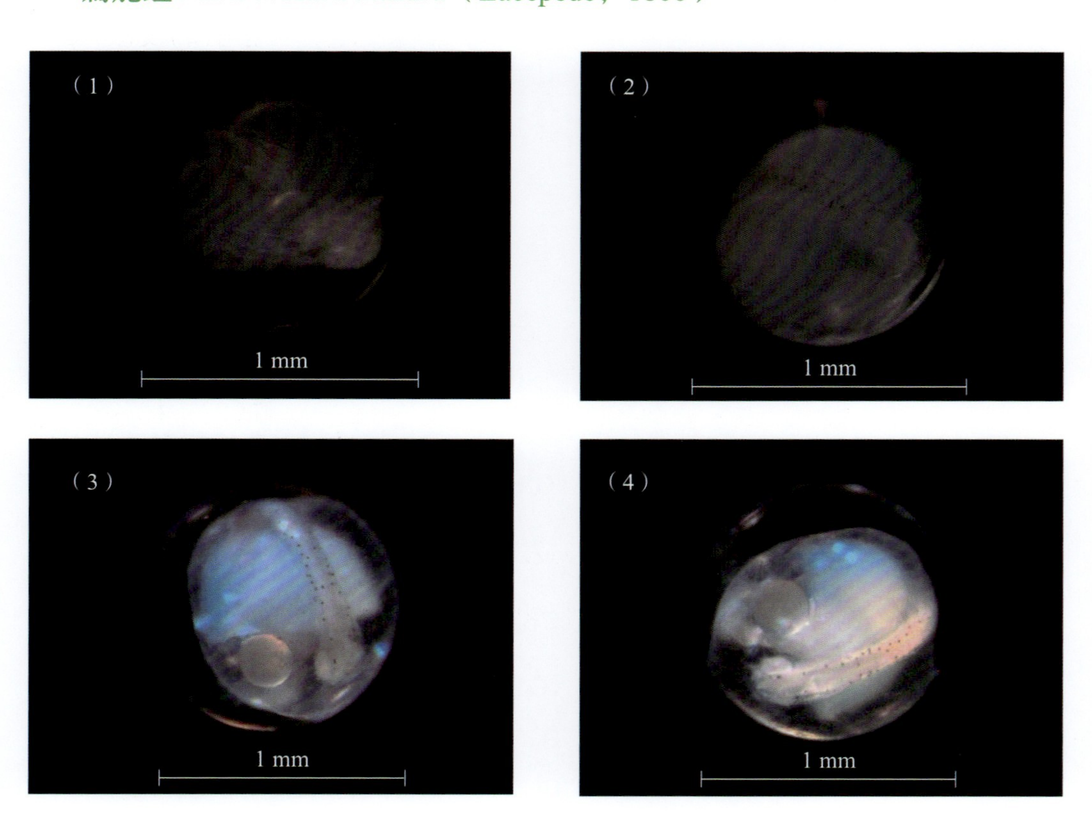

标本号：图（1）GDYH5762，图（2）GDYH5769，图（3）、图（4）GDYH4497；
采集时间：图（1）、图（2）2019-04-11；图（3）、图（4）2019-04-13；
采集位置：图（1）、图（2）珠江口外海，398渔区，20.750° N，113.250° E；图（3）、图（4）珠江口外海，370渔区，21.250° N，113.250° E

中文别名：炸弹鱼

英文名：Bullet tuna

形态特征：

3个标本均为扁舵鲣的卵子，分别处于器官形成期的脑泡形成期、晶体形成期和将孵期。卵子圆球形，彼此分离，浮性卵；卵膜光滑，薄而透明；卵径为0.91～1.07 mm。卵周隙窄，宽度为0.03～0.06 mm，是卵径的3.30%～5.61%。卵黄均匀，无龟裂。油球1个，后位，直径为0.17～0.22 mm。

处于脑泡形成期的卵子，视囊中间出现脑泡；胚体围绕卵黄约2/3周，胚体甚少或没出现；卵黄囊上和油球上未见色素斑；油球靠近头部，无色素斑，见图（1）。

处于晶体形成期的卵子，晶体轮廓清晰，胚体颈部至尾端背缘出现点状黑色素斑，见图（2）。

处于将孵期的卵子，视囊上缘至吻部具几个点状黑色素斑，颈部到体后部背缘两侧各具1列稀疏的点状黑色素斑，见图（3）、图（4）。

保存方式：酒精

DNA条形码序列：

CCTTTATCTAGTATTCGGTGCATGAGCTGGTATAGTTGGCACAGCCCTAAGCTTGCTCATCCGAGCTGAACTAAGCCAACCAGGTGCCCTTCTCGGGGACGACCAAATCTACAATGTAATCGTTACGGCCCATGCCTTCGTAATGATTTTCTTTATAGTAATGCCAATTATGATTGGAGGGTTCGGAAATTGACTCATCCCTCTAATGATCGGAGCTCCAGACATGGCATTCCCACGAATGAACAACATGAGCTTCTGACTTCTCCCTCCTTCTTTCCTTCTACTACTAGCTTCTTCAGGAGTTGAAGCTGGTGCCGGAACCGGTTGAACAGTTTACCCGCCCCTTGCTGGTAATCTAGCCCACGCCGGGGCATCCGTTGACTTAACTATTTTCTCCCTCCACCTAGCAGGTGTATCCTCAATTCTTGGGGCTATTAATTTCATTACAACAATTATTAACATGAAACCTGCCGCTATTTCCCAATACCAAACTCCCCTGTTTGTGTGGGCCGTTCTAATTACAGCCGTCCTTCTCCTTCTATCACTCCCAGTTCTTGCCGCTGGCATTACAATGCTCCTAACAGACCGAAACCTAAATACAACCTTCTTCGACCCTGCAGGAGGGGGAGACCCAATTCTTTACCAACACCTATTC（标本号：GDYH4497）

马鲛属 *Scomberomorus* Lacepède，1801

>>> 康氏马鲛 *Scomberomorus commerson*（Lacepède，1800）

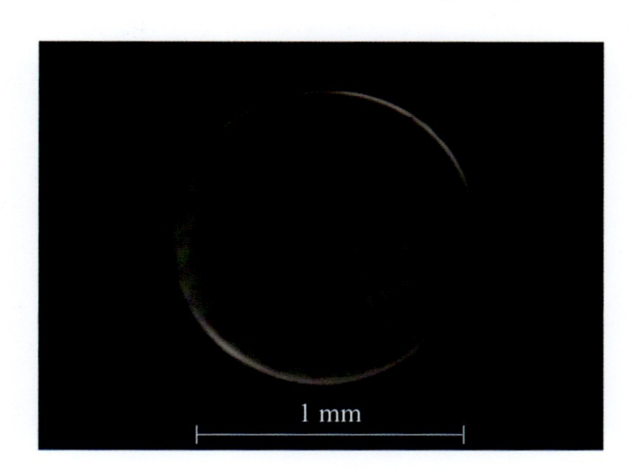

标本号：GDYH12764；采集时间：2020-04-06；
采集位置：北部湾海域，416渔区，20.067° N，108.938° E

中文别名：马交

英文名：Narrow-barred Spanish mackerel

形态特征：

该标本为康氏马鲛的卵子，处于器官形成期的晶体形成期。卵子圆球形，彼此分离，浮性卵；卵膜光滑，薄而透明；卵径约为1.15 mm。卵周隙窄，卵黄均匀，无龟裂。油球1个，后位，直径约为0.36 mm。晶体轮廓清晰，胚体吻部至视囊间具星点状黑色素斑，胚体背面具点状黑色素斑。油球上具数个星状黑色素斑。

保存方式：酒精

DNA条形码序列：

GCCCTAAGCCTGCTTATCCGAGCTGAACTAAGCCAACCAGGTGCCCTTCTTG GGGACGACCAGATCTATAATGTAATCGTTACAGCCCATGCCTTCCTCATGATTTTC TTTATAGTAATGCCAATCATGATCGGCGGATTTGGAAACTGACTTATCCCCTTAAT AATTGGAGCCCCTGACATAGCATTCCCACGAATGAACAACATGAGCTTCTGACTT CTTCCTCCTTCTTTCCTCCTACTCCTTGCCTCCTCTGGAGTTGAGGCTGGGGTCG GAACTGGCTGAACAGTGTATCCGCCCCTTGCCGGCAATCTGGCCCATGCTGGAG

GATCCGTTGATTTAACTATYTTCTCCCTTCATCTGGCCGGGATTTCTTCAATCCTC
GGGGCAATCAACTTCATTACAACAATTATCAACATGAAACCCCCTGCCATTTCCC
AATATCACACACCACTGTTTGTATGAGCCGCCCTTATCACAGTTGTCCTTCTTCTA
TTATCCCTTCCAGTTCTTGCTGCCGCTGTTACAATGCTCCTTACAGACCTAAACCT
AAATACAACCTTCTTTGATCCAGTAGGAGGAGGAGACCCCATCCTTTACCAACAC
TTATTCTGATTCTTTGGCCACGAAACAAATCTAGTACCAGCATCTGTTC

旗鱼科 Istiophoridae

印度枪鱼属 *Istiompax* Whitley，1931

>>> 印度枪鱼 *Istiompax indica*（Cuvier，1832）

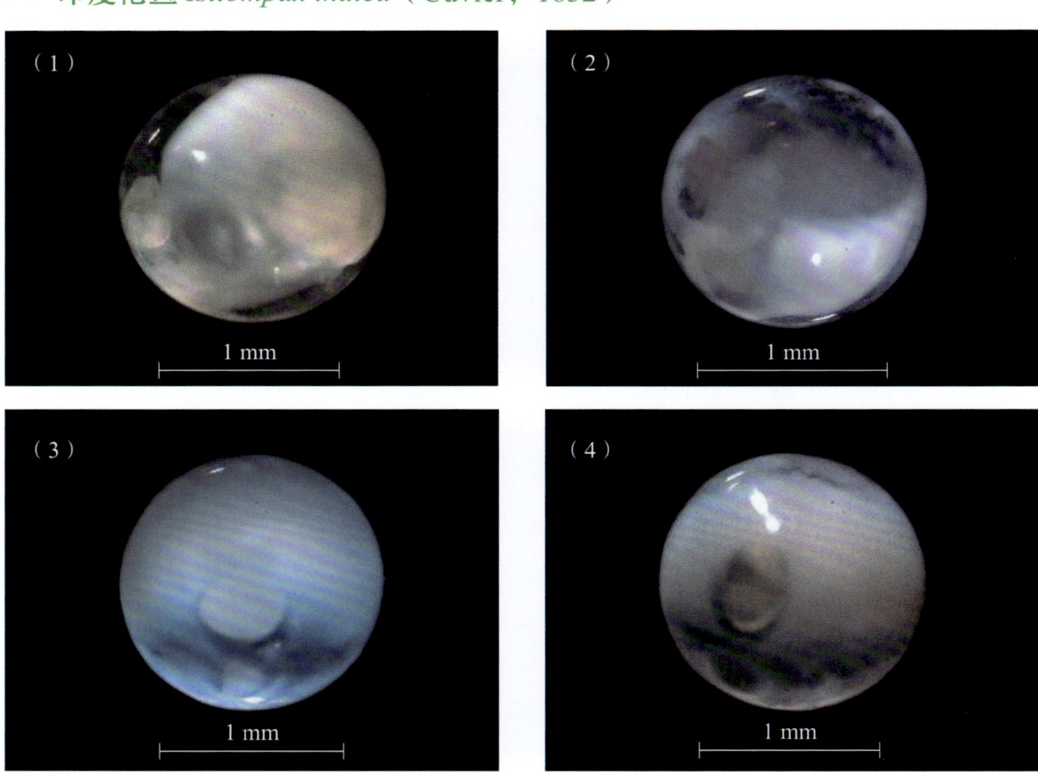

标本号：图（1）GDYH13117，图（2）GDYH13104，图（3）GDYH13109，图（4）GDYH13115；

采集时间：2020-04-08；

采集位置：北部湾海域，535渔区，17.901° N，108.334° E

中文别名：天竺鱼

英文名：无

形态特征：

4个标本均为印度枪鱼的卵子，分别处于原肠胚期的原肠早期、原肠中期、原肠晚期以及神经胚期的胚孔封闭期。卵子圆球形，彼此分离，浮性卵；卵膜较厚，无色透明；卵径为1.42 ~ 1.48 mm。卵周隙狭窄，卵黄囊和胚体几乎充满卵内。油球1个，后位，直径为0.41 ~ 0.51 mm。

处于原肠早期的卵子，可见胚环，见图（1）。

处于原肠中期的卵子，胚层下包卵黄约1/2周，见图（2）。

处于原肠晚期的卵子，胚层下包卵黄约3/4周，胚盾细长，见图（3）。

处于胚孔封闭期的卵子，胚层下包，胚层即将封闭，见图（4）。

保存方式：酒精

DNA条形码序列：

CTCTATCTAGTATTTGGTGCTTGAGCCGGAATGGTGGGCACTGCCCTGAGCCTCCTAATTCGAGCTGAACTTAGCCAACCTGGCGCTTTACTAGGCGATGATCAGATTTATAACGTAATCGTTACAGCCCACGCCTTCGTAATAATCTTCTTTATAGTAATGCCAATTATGATTGGAGGTTTCGGAAACTGACTGATTCCTCTAATGATCGGAGCCCCAGACATGGCCTTCCCTCGAATAAACAACATGAGCTTTTGACTGCTCCCTCCCTCATTCCTTCTACTCCTCGCCTCCTCCGGGGTTGAAGCCGGGGCCGGCACAGGGTGAACCGTCTACCCGCCTCTAGCAGGTAACCTAGCCCACGCAGGAGCATCTGTTGACCTAACTATTTTCTCCCTCCATTTAGCTGGTATTTCCTCCATCTTAGGAGCTATCAACTTTATCACTACCATCATTAACATGAAACCAGCCGCCGTTTCAATGTACCAAATCCCCCTATTCGTCTGAGCAGTGCTGATTACAGCTGTCCTACTACTCCTCTCTCTGCCCGTCCTAGCTGCTGGGATCACAATGCTTCTCACGGATCGAAATCTTAACACTGCCTTCTTCGACCCAGCAGGGGGTGGTGACCCAATCCTTTATCAACACCTATTC（标本号：GDYH13117）

长鲳科 Centrolophidae

刺鲳属 *Psenopsis* Gill，1862

>>> 刺鲳 *Psenopsis anomala*（Temminck & Schlegel，1844）

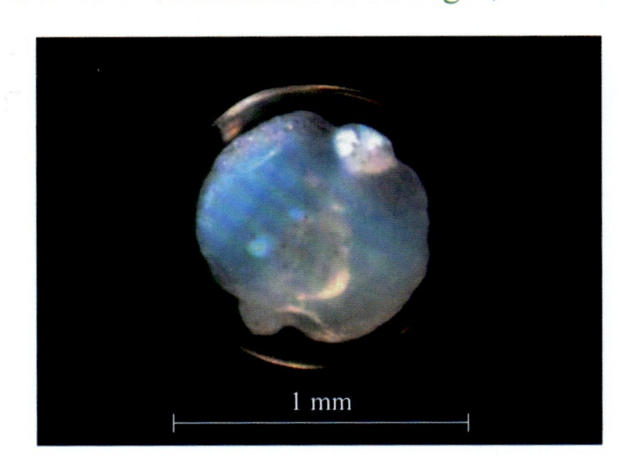

标本号：GDYH4493；采集时间：2019-04-13；

采集位置：珠江口外海，370渔区，21.250° N，113.250° E

中文别名：南鲳

英文名：Pacific rudderfish

形态特征：

该标本为刺鲳的卵子，处于器官形成期的将孵期。卵子圆球形，彼此分离，浮性卵；卵膜光滑，薄而透明；卵径约为1.04 mm。卵周隙中等宽，宽度约为0.11 mm，约是卵径的10.58%。卵黄均匀，无龟裂。油球1个，无色，直径约为0.28 mm。胚体围绕卵黄约1/2周，胚体头部至尾部分布点状黑色素斑，油球上具少量星状黑色素斑。

保存方式：酒精

DNA条形码序列：

CCTATACCTAGTGTTTGGGGCATGAGCAGGAATGGTGGGTACGGCTCTAAGCCTACTCATCCGAGCTGAACTAAGCCAACCAGGTGCCCTCCTTGGGGACGATCAAATCTATAATGTAATTGTTACAGCCCATGCCTTTGTAATGATTTTCTTTATAGTCATACCCATCATAATTGGAGGCTTCGGGAATTGACTCATTCCCCTAATACTTGGGGCCCCTGATATAGCATTCCCTCGTATAAATAACATAAGCTTTTGGCTATTACCCCCCTCCTTC

CTCCTACTTCTGGCTTCTTCTGGGGTGGAGGCAGGGGCCGGAACTGGTTGAACA
GTGTACCCCCCTCTAGCCGGAAACCTAGCCCACGCCGGAGCATCCGTTGACTTA
ACTATTTTTTCTTTACATTTAGCAGGGATCTCCTCAATTCTTGGGGCTATTAATTTT
ATCACAACAATTATTAATATGAAGCCTGCAGCCGTTTCCCAATACCAAACACCAC
TATTCGTTTGAGCTGTGTTAATTACAGCCGTGCTACTTCTATTGTCTTTACCCGTTC
TTGCTGCTGGAATTACAATACTACTGACAGATCGAAACCTAAACACAACTTTCTT
TGACCCTGCAGGGGGTGGCGATCCAATTCTCTACCAACACCTTTTC

十 鲽形目 Pleuronectiformes

牙鲆科 Paralichthyidae

斑鲆属 *Pseudorhombus* Bleeker，1862

>>> 少牙斑鲆 *Pseudorhombus oligodon*（Bleeker，1854）

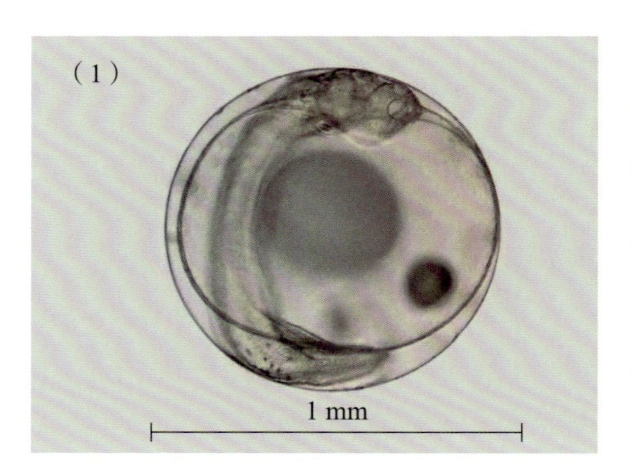

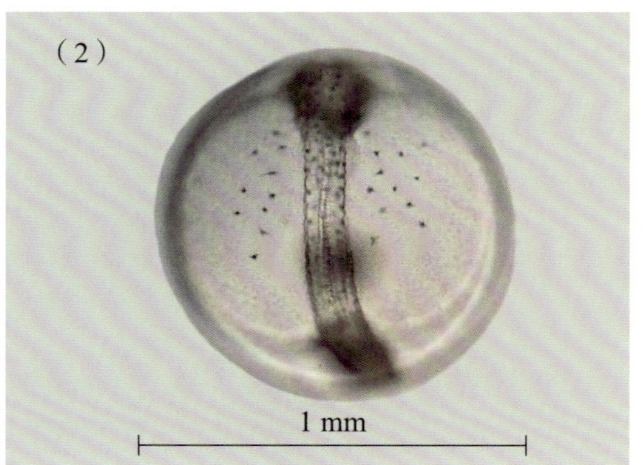

标本号：图（1）GDYH11180，图（2）GDYH11184；采集时间：2020–02–29；
采集位置：徐闻西连海域，418渔区，20.383° N，109.867° E

中文别名：地鱼、铁斧、贫齿扁鱼

英文名：Roughscale flounder

形态特征：

2个标本均为少牙斑鲆的卵子，分别处于器官形成期的心脏跳动期和将孵期。卵子圆球形，彼此分离，浮性卵；卵径为0.91 ~ 0.93 mm。卵膜具稀疏的绒毛状凸起，绒毛长度为0.05 ~ 0.06 mm。卵周隙狭窄，卵黄囊和胚体几乎充满卵内。油球1个，后位，直径为0.14～0.14 mm。卵黄均匀，无龟裂纹。

处于心脏跳动期的卵子，心脏开始跳动，胚体围绕卵黄约3/4周，胚体头部到尾部背面具点状黑色素斑；晶体轮廓清晰，尾芽与卵黄囊分离；心脏、脊索轮廓清晰；卵黄囊上具21个左右的点状黑色素斑，见图（1）。

处于将孵期的卵子，胚体扭动频繁、有力，腹面观卵黄囊上的点状黑色素斑发育为枝杈状黑色素斑，见图（2）。

保存方式：活体

DNA条形码序列：

CCTATACTTAGTATTCGGAGCCTGAGCTGGAATAGTAGGCACAGCCCTTAGCCTACTCATTCGCGCTGAACTCAGTCAACCTGGCGCCCTCCTAGGAGACGATCAGATTTATAACGTAATCGTCACCGCACACGCCTTCGTAATAATTTTCTTCATAGTTATACCAATCATGATTGGAGGGTTCGGAAACTGACTCATCCCACTCATAGTGGGGGCTCCTGACATGGCATTCCCTCGAATAAACAATATGAGCTTCTGACTTCTTCCTCCTTCCTTCCTTTTACTCCTAGCATCTTCTGGTGTAGAAGCAGGGGCAGGCACAGGATGAACTGTTTACCCCCCTCTCGCTGGCAACCTTGCCCACGCCGGAGCATCCGTCGACCTAACCATCTTCTCCCTACACCTCGCAGGTATCTCCTCCATCCTCGGGGCAATCAACTTTATCACAACTATCATTAACATAAAACCCCCAACTGTTACTATGTACCACATCCCCCTTTTTGTGTGGGCCGTACTAATTACAGCTGTCCTCCTTTTACTCTCTCTTCCAGTCCTAGCTGCAGGAATTACAATACTACTTACAGATCGTAACCTAAATACTACTTTCTTCGACCCTGCCGGGGGTGGAGACCCCATTCTATACCAGCACCTTTTC（标本号：GDYH11180）

鲆科 Bothidae

羊舌鲆属 *Arnoglossus* Bleeker，1862

>>> 多斑羊舌鲆 *Arnoglossus polyspilus*（Günther，1880）

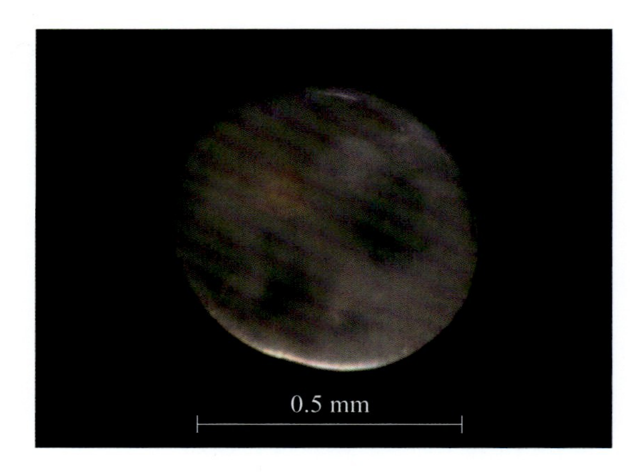

标本号：GDYH15790；采集时间：2020-11-24；

采集位置：北部湾海域，444渔区，19.907° N，108.887° E

中文别名：异口鳎、土铁仔

英文名：Many-spotted lefteye flounder

形态特征：

该标本为多斑羊舌鲆的卵子，期相未能识别。卵子近圆球形，彼此分离，浮性卵；卵膜光滑，薄而透明；卵径约为0.60 mm，油球1个，橙黄色，直径约为0.11 mm。

保存方式：酒精

DNA条形码序列：

CCTGTATCTCGTATTTGGTGCTTGAGCCGGAATAGTGGGTACGGCCCTAAGCCTACTCATCCGGGCTGAACTAAGCCAACCTGGGGCCCTTCTAGGTGATGACCAGATCTACAATGTGATTGTAACAGCCCACGCCTTTGTAATGATCTTCTTCATGGTAATGCCAATCATGATCGGCGGGTTCGGTAACTGGCTGATCCCCCTTATGGTCGGTGCTCCGGACATGGCCTTCCCTCGTATGAATAACATAAGCTTCTGACTTCTTCCCCCCTCA

TTCCTTCTCTTGCTTGCCTCTTCGGGGGTAGAAGCAGGAGCAGGAACTGGGTGG
ACCGTCTACCCCCCTCTAGCGGGCAATCTGGCTCACGCCGGGGCATCAGTAGAC
CTCACCATCTTCTCCCTTCACCTTGCAGGGATTTCGTCCATTCTAGGCGCCATCAA
TTTTATTACTACAATTATTAATATAAAACCTGCTGCTATGTCTATGTACCAAATTCCT
CTATTTGTCTGAGCTGTTTTAATTACAGCAGTCTTGCTGCTCCTCTCCCTACCAGT
TCTGGCAGCTGGAATTACAATGCTTTTAACTGACCGAAACCTTAACACCACTTTC
TTCGACCCCGCCGGAGGGGGGACCCCATCTTGTATCAACACCTGTTC

冠鲽科 Samaridae

冠鲽属 *Samaris* Gray，1831

>>> 冠鲽 *Samaris cristatus* Gray，1831

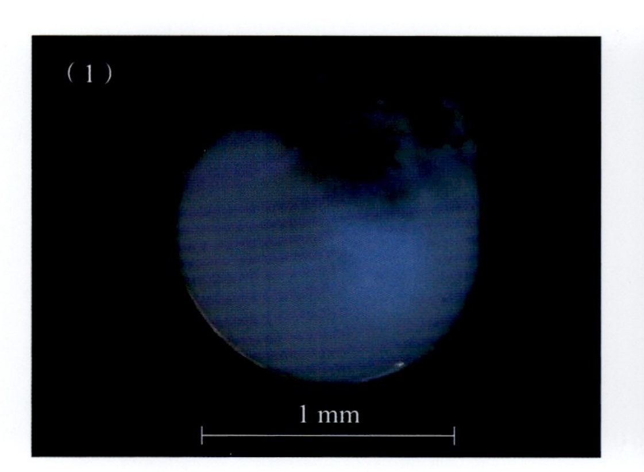

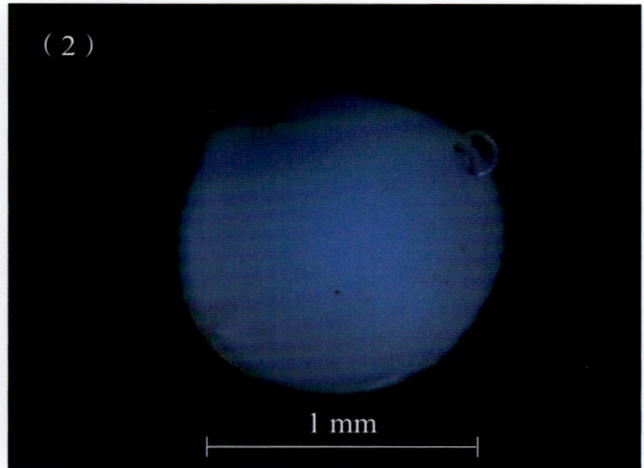

标本号：GDYH4843；采集时间：2019-11-24；
采集位置：北部湾海域，444渔区，19.907° N，108.887° E

中文别名：异口鳎、土铁仔

英文名：Cockatoo righteye flounder

形态特征：

该标本为冠鲽的卵子，卵子具有一瘤状凸起，为其典型特征，凸起高度约为0.17 mm，见图（1）、图（2）。卵子近球形，彼此分离，浮性卵；卵膜光滑，薄而透明；卵径约为1.27 mm。油球1个，直径为0.13 mm。

保存方式：酒精

DNA条形码序列：

CCTTTATCTAATTTTTGGTGCCTGAGCCGGCATAGTAGGCACGGCCCTAAG
TCTCTTAATTCGAGCTGAGCTAAGTCAACCCGGAGCTCTACTAGGGGACGACC
AAATCTATAATGTTATCGTAACCGCACATGCTTTTGTAATAATTTTCTTTATAGTA
ATACCCATCTTAATTGGAGGCTTCGGAAATTGATTAGTGCCCTTAATAATTGGA
GCCCCAGACATAGCGTTTCCTCGAATGAACAACATGAGTTTCTGATTACTTCCT
CCATCCTTTTTACTGCTCCTTGCATCCTCTGGGGTGGAGGCCGGAGCTGGGAC
AGGTTGGACGGTTTATCCCCCACTAGCAAGCAACTTAGCCCATGCAGGGGCCT
CTGTAGATCTAACTATTTTTTCACTTCACTTAGCAGGGGTTTCCTCTATCTTAGG
GGCCATCAACTTTATTACAACAATTATTAACATGAAGCCTGCAGGTGTTTCAAT
ATGCCAGATTCCCCTCTTCGTGTGGTCAGTACTTGTAACCGCCGTTCTTCTTCT
GCTATCCCTACCTGTACTAGCTGCCGGAATTACAATATTACTTACAGATCGAAA
CTTAAACACCGCCTTCTTTGACCCGGCAGGAGGGGGGGACCCAATTCTCTACC
AGCATTTATTC

鳎科 Soleidae

钩嘴鳎属 *Heteromycteris* Kaup，1858

>>> 日本钩嘴鳎 *Heteromycteris japonicus*（Temminck & Schlegel，1846）

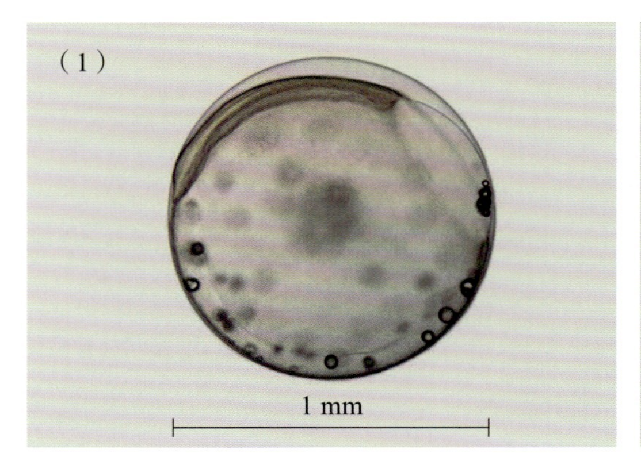

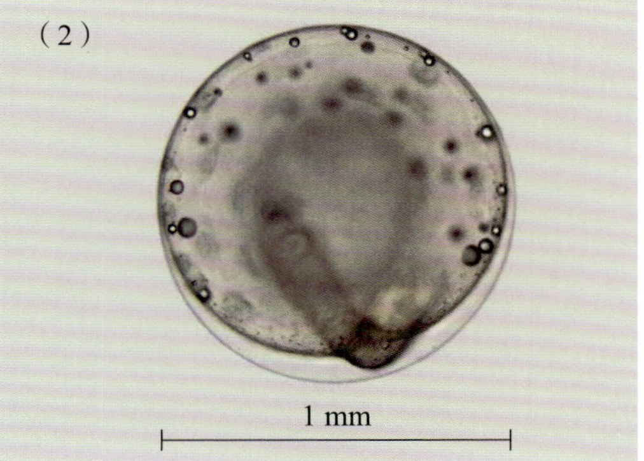

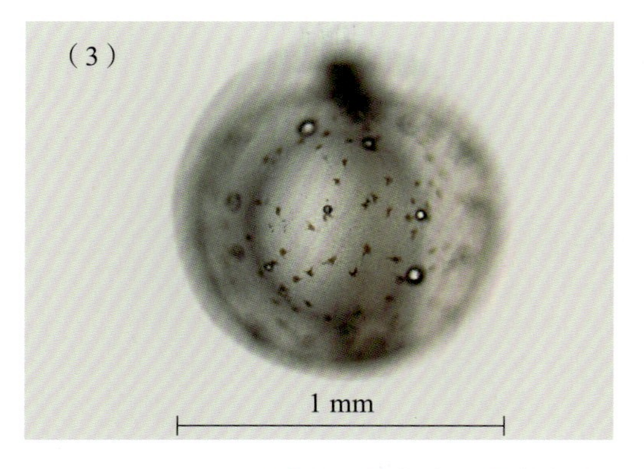

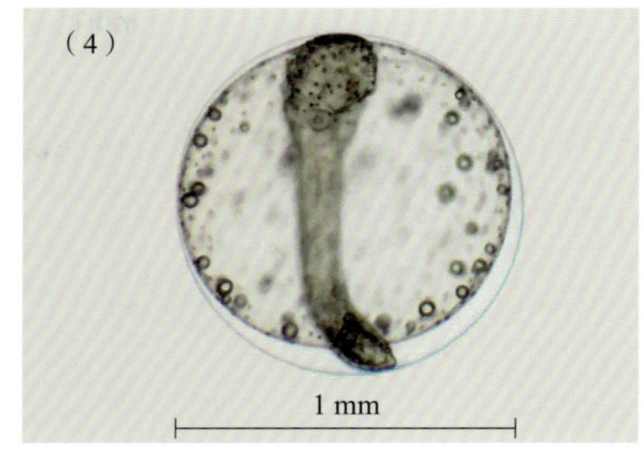

标本号：图（1）~图（3）GDYH12222，图（4）GDYH12119；
采集时间：图（1）~图（3）2020-03-26，图（4）2020-03-16；
采集位置：东海岛东南海域，393渔区，20.920° N，110.509° E

中文别名：异口鳎、土铁仔

英文名：Bamboo sole

形态特征：

2个标本均为日本钩嘴鳎的卵子，4张图分别处于神经胚期的胚孔封闭期以及器官形成期的脑泡形成期、晶体形成期和将孵期。卵子圆球形，彼此分离，浮性卵；卵膜光滑，薄而透明；卵径为1.04 ~ 1.06 mm。卵周隙狭窄，宽度为0.03 ~ 0.03 mm，是卵径的2.83% ~ 2.88%。卵内具30个以上大小不一的油球，直径为0.03 ~ 0.05 mm。卵黄均匀，无龟裂纹。

处于胚孔封闭期的卵子，胚层下包，胚孔即将封闭，胚体清晰；卵黄囊上未见色素斑，见图（1）。

处于脑泡形成期的卵子，视囊间出现脑泡，胚体围绕卵黄约1/2周，卵黄囊上开始出现点状色素斑，见图（2）。

处于晶体形成期的卵子，晶体轮廓清晰，胚体开始有颤动，胚体围绕卵黄约2/3周，卵黄囊上色素胞发育为棕黄色色素斑，油球无色透明，见图（3）。

处于将孵期的卵子，胚体抽动频繁、有力，腹面观时可见胚体吻部、视囊间密布点状色素斑，胚体上散布少数点状色素斑，尾部具一浓密黑色素丛，见图（4）。

保存方式：活体

DNA条形码序列：

ACTGTACCTTATCTTTGGGGCCTGGGCCGGAATAGTAGGTACGGCCCTGAGT

CTTCTAATCCGGGCGGAACTAAGTCAACCCGGTGCCCTACTAGGTGATGATCAAA TTTACAATGTGATCGTCACTGCACATGCTTTTGTAATAATTTTCTTTATAGTTATAC CCATCATAATTGGCGGCTTTGGTAACTGACTTATTCCCCTAATGATTGGTGCACCA GACATAGCTTTCCCCCGAATAAATAACATAAGCTTTTGACTTCTACCCCCATCCTTTC TCCTCCTACTAGCATCTTCCGGAGTTGAAGCAGGGGCAGGTACCGGGTGAACTGTT TACCCACCATTAGCTGGTAATCTCGCCCATGCAGGAGCATCTGTAGACCTAACTATC TTTTCCCTTCACCTTGCAGGTGTCTCTTCCATTCTGGGGGCAATCAACTTCATCACC ACAATTATTAACATAAAACCAGCCACCATGACAATATACCAAATCCCACTATTCGTAT GAGCTGTACTAATTACAGCCGTCCTACTTCTCCTCTCACTGCCAGTCCTTGCTGCGG GGATTACCATACTTCTTACGGACCGTAATTTAAACACCACTTTCTTCGACCCAGCCG GTGGGGGAGACCCTATCTTATATCAACACTTATTC（标本号：GDYH12222）

圆鳞鳎属 *Liachirus* Günther，1862

>>> 黑斑圆鳞鳎 *Liachirus melanospilos*（Bleeker，1854）

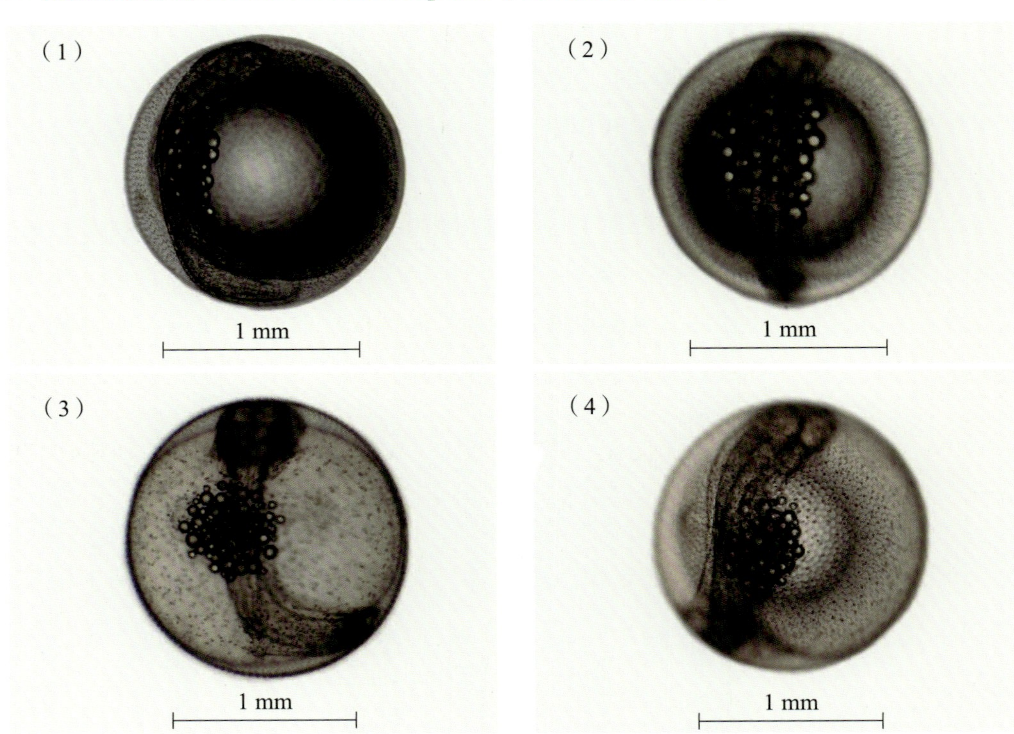

标本号：图（1）、图（2）GDYH12655，图（3）、图（4）GDYH12643；采集时间：2020-04-30；采集位置：徐闻西连海域，418渔区，20.383° N，109.867° E

中文别名：龙舌、鳎沙、比目鱼

英文名：Carpet sole

形态特征：

2个标本均为黑斑圆鳞鳎的卵子，分别处于器官形成期的晶体形成期和将孵期。卵子圆球形，彼此分离，浮性卵；卵膜具规则的六边形网纹；卵径为1.42～1.52 mm。卵周隙狭窄，卵黄囊和胚体几乎充满卵内。多油球，直径为0.07～0.12 mm。

处于晶体形成期的卵子，侧面观晶体轮廓清晰，听囊具1对耳石；胚体围绕卵黄约3/4周，尾芽已与卵黄囊分离，卵膜上六边形网纹分布均匀；具数个大小不一的油球，分布于胚体腹面的心脏后缘至体中部，见图（1）；腹面观可见36或37个油球，直径为0.07～0.12 mm；胚体腹缘具点状黑色素斑，见图（2）。

处于将孵期的卵子，胚体扭动频繁有力，卵黄囊上具69或70个大小不一的油球，直径为0.04～0.08 mm；卵黄囊上可见不规则散布的点状黑色素斑和少量的淡黄色点状色素斑，见图（3）；背面观可见卵膜的六边形网纹里上散布大小不一的点状黑色素斑，见图（4）。

保存方式：活体

DNA条形码序列：

CCTTTATCTTGTATTTGGTGCCTGAGCCGGTATAGTTGGTACGGCGCTTAGCTTACTAATCCGAGCCGAACTTAGCCAGCCCGGTGCTCTGCTGGGCGATGACCAAATTTATAATGTCATCGTCACCGCACACGCCTTTGTAATAATCTTCTTTATAGTAATGCCAATCATGATTGGTGGGTTTGGTAACTGACTTGTTCCTCTAATAATCGGCGCCCCAGATATAGCCTTCCCCCGAATAAATAATATAAGCTTCTGACTACTACCGCCCTCTTTCCTTCTTCTCCTGGCCTCCTCGGGGATCGAAGCCGGGGCAGGAACAGGGTGAACTGTGTACCCACCCCTAGCAGGCAACCTAGCCCACGCAGGAGCATCAGTTGACCTAACTATCTTCTCTCTGCATCTGGCTGGTGTATCCTCAATCCTAGGTGCCATCAACTTTATTACAACTGTAATTAACATAAAACCAGCAAACATGACTATATACCAAATCCCACTATTCGTTTGAGCCGTACTAATTACAGCCGTACTTCTTCTACTATCCCTGCCCGTGCTAGCAGCTGGAATTACAATACTACTCACAGATCGAAATTTAAATACCGCCTTCTTTGACCCCGCAGGAGGAGGAGACCCCATCCTCTACCAACACCTGTTC（标本号：GDYH12643）

豹鳎属 *Pardachirus* Günther，1862

>>> 眼斑豹鳎 *Pardachirus pavoninus*（Lacepède，1802）

标本号：GDYH5123；采集时间：2019-04-18；
采集位置：万宁近海，492渔区，18.680° N，110.640° E

中文别名：南鳎沙、拟无鳍鳎

英文名：Peacock sole

形态特征：

该标本为眼斑豹鳎的卵子，处于器官形成期的尾芽期。卵子圆球形，彼此分离，浮性卵；卵膜光滑，薄而透明；卵径约为1.72 mm。卵周隙窄，宽度约为0.15 mm，约是卵径的8.72%。油球20多个，直径为0.05 ~ 0.07 mm。胚体围绕卵黄约3/4周，尾芽开始与卵黄囊开始分离，胚体背部具零星的点状黑色素斑，卵黄囊上散布一些点状黑色素斑。

保存方式：酒精

DNA条形码序列：

CCTTTACCTCGTGTTCGGAGCCTGAGCCGGTATGGTAGGCACAGCTCTCAGCCTACTAATTCGAGCCGAACTTAATCAACCAGGGACCCTACTTGGTGACGACCAAATCTACAACGTAATCGTCACTGCACACGCATTCGTAATAATCTTCTTTATAGTAATACCTATTATAATTGGAGGATTTGGTAACTGACTGGTTCCCCTAATGATTGGCGCCCCC

GACATAGCTTTCCCACGTATAAACAACATAAGCTTCTGGCTACTTCCACCCGCCT
TCCTTCTTCTCCTGGCATCCTCCGGCGTTGAAGCTGGAGCGGGAACAGGATGAA
CGGTTTACCCGCCCCTAGCAGGAAACCTCGCCCATGCAGGAGCATCAGTTGACC
TAACTATCTTCTCACTACACTTAGCTGGTATCTCCTCAATTTTAGGCGCTATCAATT
TTATTACAACTATCATTAACATGAAACCAGCAGCCATATCAATATACCAAATTCCC
CTTTTCGTCTGATCCGTACTAGTAACAGCCGTACTTCTACTTTTATCCCTGCCCGT
CCTAGCCGCCGGCATTACAATGCTCCTCACAGATCGAAACCTAAACACCACATTC
TTCGACCCCGCAGGAGGAGGTGACCCCATCCTGTACCAACACCTATTC

鳎属 *Solea* Rafinesque，1810

>>> 卵鳎 *Solea ovata* Richardson，1846

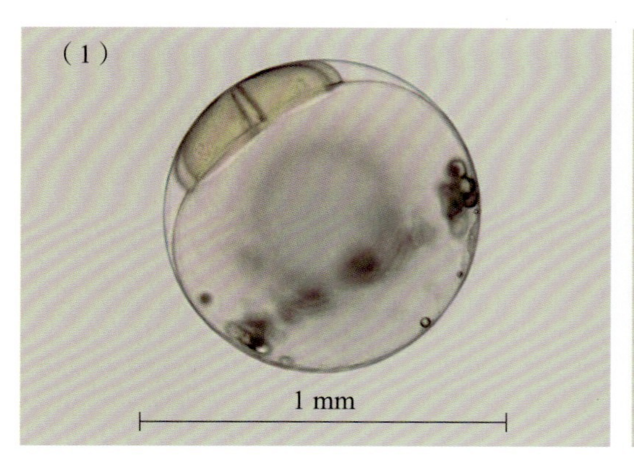

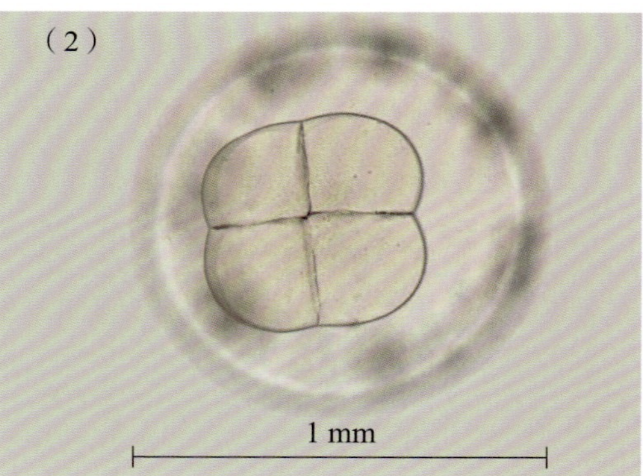

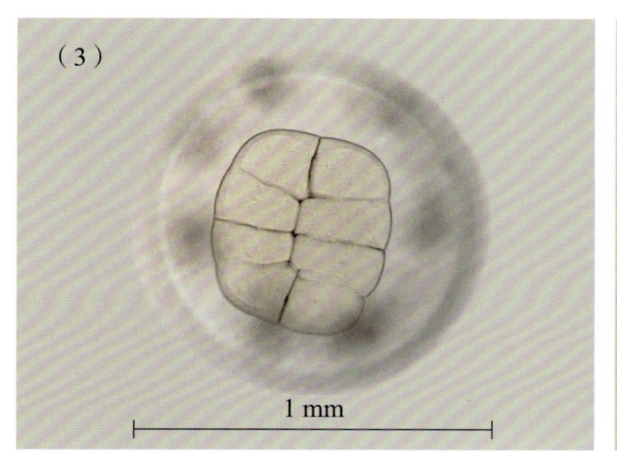

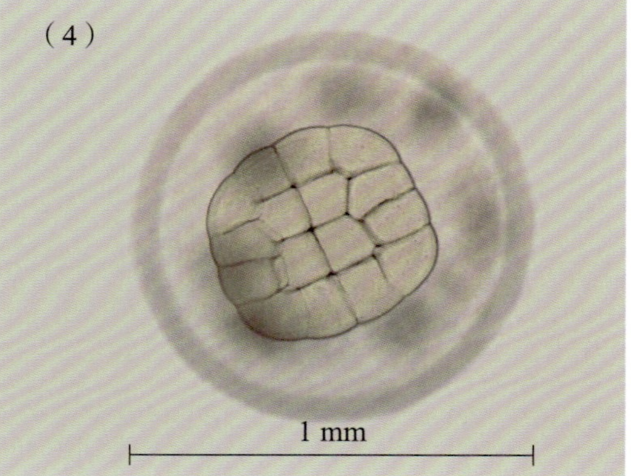

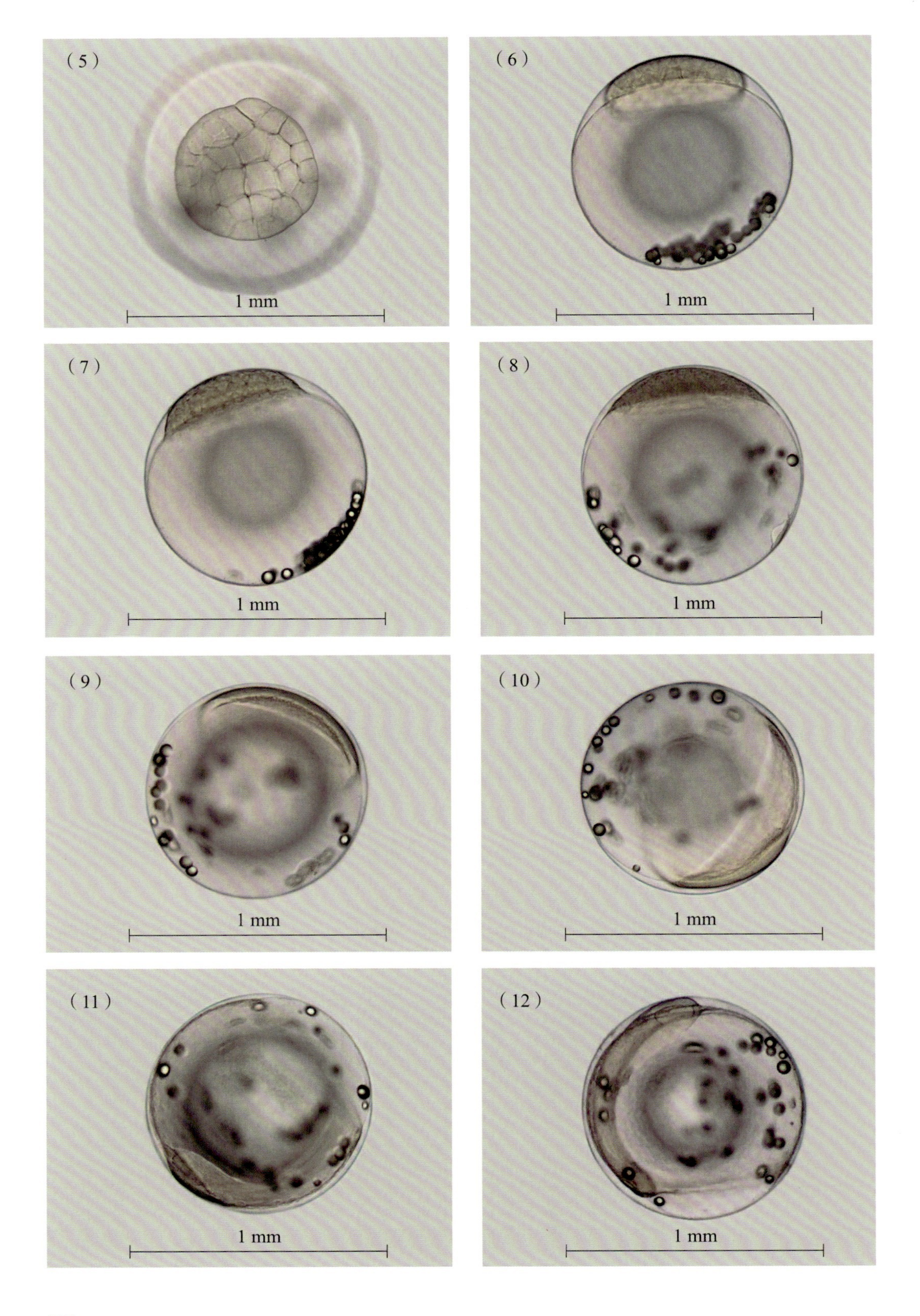
(5)
1 mm
(6)
1 mm
(7)
1 mm
(8)
1 mm
(9)
1 mm
(10)
1 mm
(11)
1 mm
(12)
1 mm

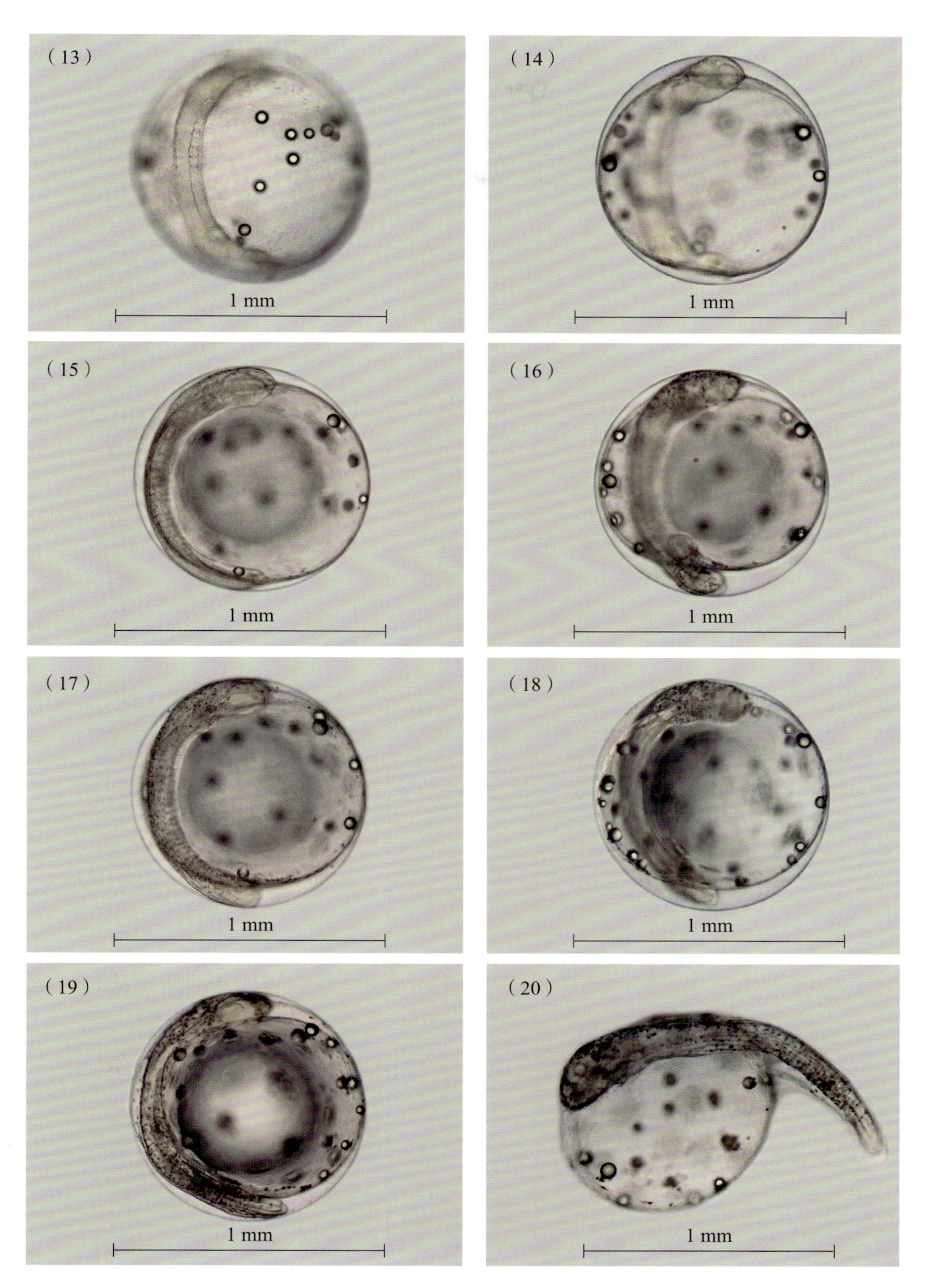

标本号：GDYH12054；采集时间：2020-03-10；

采集位置：东海岛东南海域，393渔区，20.920° N，110.509° E

中文别名：无

英文名：Ovate sole

形态特征：

该标本为卵鳎的卵子，20张图分别处于卵裂期的4细胞期至器官形成期的初孵仔鱼期。卵子圆球形，彼此分离，浮性卵；卵膜平滑、透明而无黏性；卵径约为0.87 mm，卵周隙狭窄，卵黄囊和胚体几乎充满卵内。多油球，随着鱼卵发育存在油球合并现象，直径为0.02～0.07 mm。

1）卵裂期：卵裂方式为盘状卵裂。天然活体鱼卵经采集后，首次观察到为4细胞期第2次卵裂，分裂球形成4细胞；侧面观时2个分裂球较大，隆起明显，具数个大小不一的油球，直径为0.02～0.07 mm，数个或十数个，或集中分布或分散分布；背面观时为4个分裂球，大小相近，见图（1）、图（2）。4细胞期后约第24 min开始第3次分裂，形成2排排列的8个细胞，视野内上、下的4个细胞较大，内部4个细胞略小且偏长方形（截面观），见图（3）。8细胞期后约第12 min 开始第4次卵裂，卵裂方向与第2次卵裂方向大致平行，形成4排16细胞，进入16细胞期，细胞团轮廓偏扁圆（截面观），内部4个细胞似切角方形（截面观），见图（4）。16细胞期后约第19 min分裂为32细胞，见图（5）；再过约5 min，开始从32细胞过渡至64细胞，此时的油球开始有向植物极聚集的趋势，此时的动物极细胞尚未分层。32细胞期后约第14 min发生第6次卵裂，进入64细胞期，动物极的细胞开始分层。64细胞期后约第12 min开始进入多细胞期，细胞明显变小，卵内原来比较均匀分布的油球向着植物极方向聚集，此时的动物极细胞团隆起，细胞边界较清晰，见图（6）。

2）囊胚期：多细胞期后约第26 min进入高囊胚期，随着卵裂的进行，细胞数目及层数不断增加，胚盘与卵黄之间形成囊胚腔，囊胚中部向上隆起，呈高帽状，动物极的细胞团高高隆起，见图（7）。高囊胚期后约第2 h 34 min，囊胚隆起逐渐降低，胚盘向扁平方向发展不明显，细胞变小而变多，进入低囊胚期，见图（8）。

3）原肠胚期：囊胚期后，卵子发育进入原肠胚期。随着细胞分裂进行，在囊胚后期，囊胚边缘细胞分裂比较快，细胞增多，这些胚层逐渐向植物极方向迁移、延伸和下包，在此过程中，边缘部分的细胞运动缓慢并向内卷。低囊胚期后约第59 min，胚层下包卵黄约1/5，此时从植物极观察可见胚环，侧面可见胚层顶端形成一个新月形的胚盾，胚盾的下边缘明显卷曲，内胚层开始形成，2 h后胚体下包卵黄约1/4，进入原肠早期，见图（9）。随着时间的推移，分裂球逐渐向植物极的卵黄包裹，慢慢到达卵黄的1/3；原肠早期后约2 h 17 min，此时胚体下包卵黄超过1/3，进入原肠中期，见图

（10）。原肠中期后约1 h 23 min，进入原肠晚期。

4）神经胚期：原肠晚期后约第1 h 13 min，胚体背面增厚，形成神经板，中央出现一条圆柱形脊索，胚体雏形已现，进入胚体形成期，见图（11）。胚体形成期后约第48 min，胚孔即将封闭，胚体头部两侧有两明显突出；胚体形成期后约第52 min后胚孔封闭，进入胚孔封闭期；肌节出现6～7对，视囊也开始成雏形，见图（12）。

5）器官形成期：胚孔封闭期后第1 h 19 min，肌节增加至9～10对，此时视囊非常明显，进入视囊形成期。肌节增至11对，进入肌节期，见图（13）、图（14）。视囊形成期后1 h 6 min，胚体头部视囊后出现听囊1对，进入听囊期，见图（15）。听囊形成期后1 h 10 min，脑泡形成但尚未分室，听囊已经非常明显，肌节发育增至13对，此时头部视囊附近肌节间有淡黄色色素、卵黄囊上开始出现淡黄色色素沉积，与胚胎其他部分相比较，胚胎头部的色素着色相对较深，见图（15）。脑泡形成期后第1 h 16 min进入心脏形成期，脑泡已经分室，心脏开始形成，肌节发育至18对，见图（16）。心脏形成期后第1 h 34 min，肌节为28～30对，此时尾芽脱离卵膜，尾芽分离明显，进入尾芽期，见图（17）。尾芽期后第54 min，视囊内晶体形成，进入晶体形成期；体部的色素黑斑增多，脊索、晶体、耳石清晰可见，油球和卵黄囊上的色素斑更加明显。肌节18节，见图（18）。晶体形成期后15 min，心脏开始搏动，频率为40～50次/分钟，进入心脏跳动期。心脏跳动期后1 h 45 min，胚体在卵内大幅度转动；随着时间的推进，胚胎心跳频率更加快，此时胚胎即将破膜孵化进入将孵期，见图（19）。将孵期后持续2 min，胚胎头部附近的卵膜鼓起，通常在3～5 min破膜而出；仔鱼出膜多数尾部略有弯曲，但通常1 ～3 h脊椎骨即拉直，见图（20）。

保存方式：活体

DNA条形码序列：

CCTCTATCTCGTATTCGGTGCCTGAGCCGGCATAGTAGGCACGGCCCTAAGC
CTATTAATCCGAGCTGAACTAAGCCAACCAGGCTCCTTACTAGGGGATGACCAGA
TTTATAATGTCATCGTTACTGCACATGCCTTCGTAATAATCTTCTTTATAGTAATGC
CAGTAATGATTGGAGGGTTCGGAAATTGACTCATCCCCCTAATGATCGGAGCCCC
AGACATAGCATTTCCACGAATAAACAACATGAGCTTCTGGCTCCTTCCCCCTGCT
TTCCTCCTACTTCTTGCATCATCAGTGGTCGAAGCCGGAGCCGGAACAGGGTGA
ACAGTTTATCCACCCCTATCCAGCAATCTCGCCCATGCAGGCGCATCCGTCGACC
TAACAATCTTCTCCCTTCACCTAGCAGGTGTGTCATCAATTCTTGGGGCGATCAA

CTTTATCACAACCATCATTAATATAAAACCCCCTACCATGACAATCTACCAAATGC
CTCTATTTGTCTGATCCGTCCTAATTACAGCTGTTCTTCTCCTGCTCTCCCTTCCCG
TCCTAGCAGCAGGAATTACAATGCTCTTAACTGACCGAAACCTCAACACAACCTT
CTTCGACCCAGCTGGAGGAGGAGACCCGGTCCTCTATCAACACTTATTC

条鳎属 *Zebrias* Jordan & Snyder，1900

>>> 峨眉条鳎 *Zebrias quagga*（Kaup，1858）

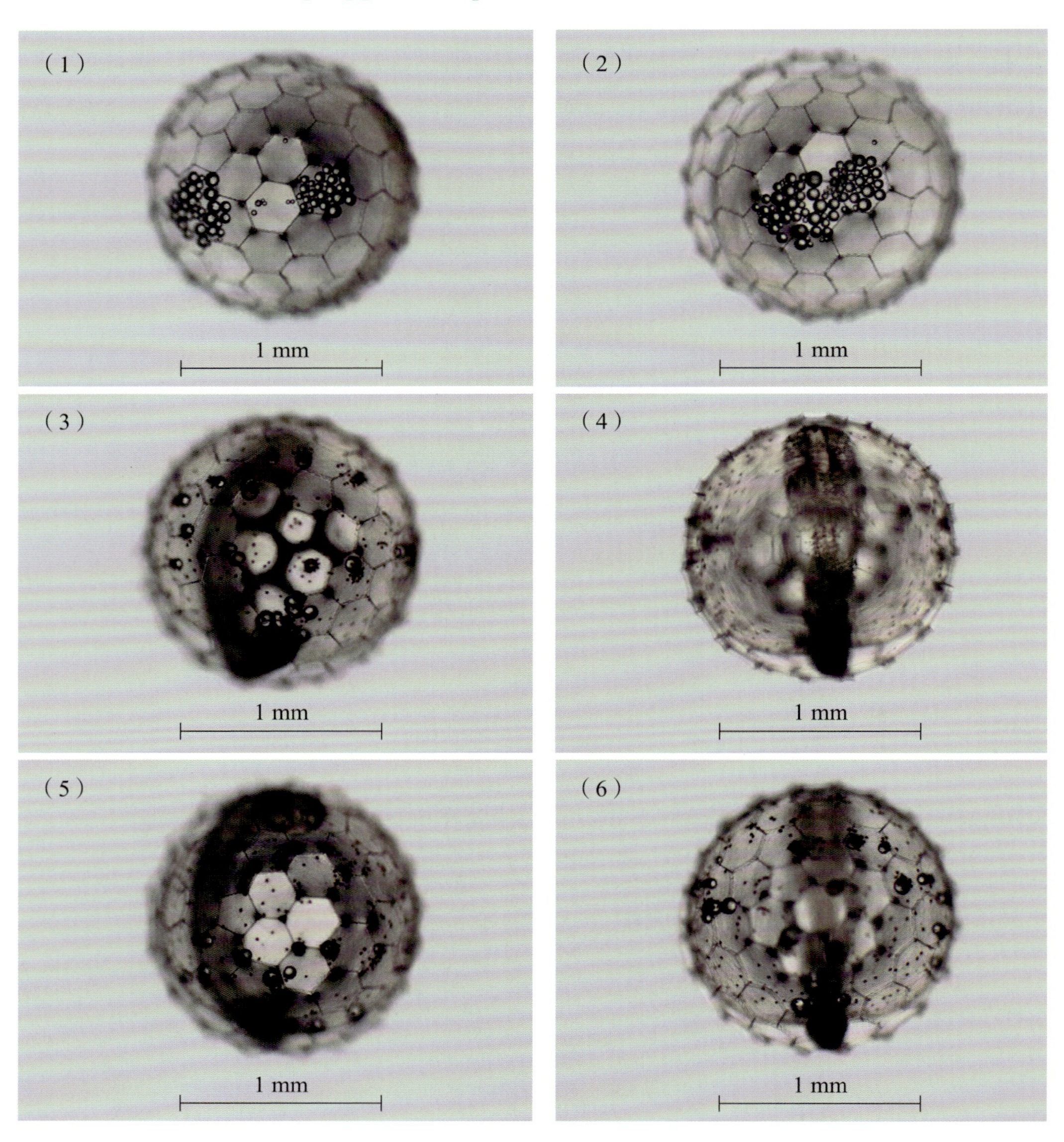

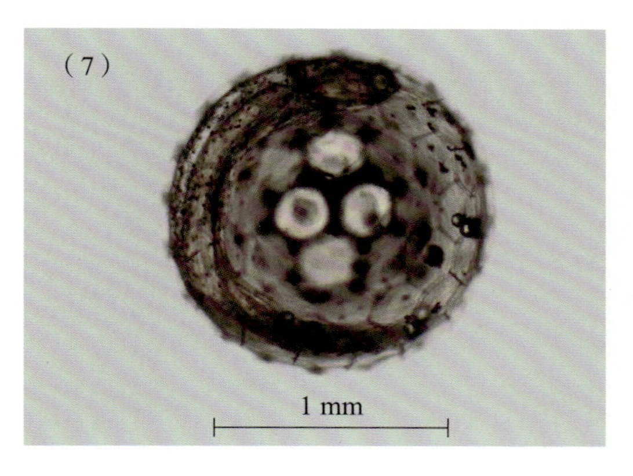

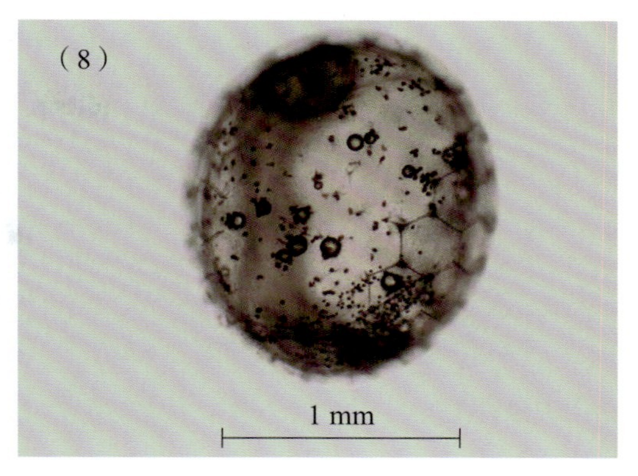

标本号：GDYH12221；采集时间：2020-03-26；

采集位置：东海岛东南海域，393渔区，20.920° N，110.509° E

中文别名：瓜格斑鳎沙、匡格条鳎

英文名：Fringefin zebra sole

形态特征：

该标本为峨眉条鳎的卵子，8张图分别处于原肠胚期的原肠早期以及器官形成期的晶体形成期、心脏跳动期、将孵期和孵化期。卵子圆球形，卵膜表面具五边形的栅状凸起，凸起高度为0.02 mm左右。卵膜表面视野内五边形为7个。卵径约为1.42 mm，具76个左右大小不一的油球，直径为0.02～0.08 mm。卵周隙狭窄，宽度约为0.07 mm，约是卵径的4.93%。

处于原肠早期的卵子，侧面观可见胚盾；油球可以如水珠样上下移动，见图（1）、图（2）。

处于晶体形成期的卵子，晶体轮廓清晰，胚体开始颤动，胚体围绕卵黄约3/5周，胚体背面密布点状黑色素斑；卵膜表面散布数个点状黑色素斑，见图（3）、图（4）。

处于心脏跳动期的卵子，心脏开始跳动，胚体色素色泽进一步加深，见图（5）、图（6）。

处于将孵期的卵子，胚体抽动频繁、有力，侧面观可见胚体围绕卵黄约3/4周，见图（7）。

处于孵化期的卵子，卵子因胚体扭动将孵化出而变形，呈椭球形，卵膜上的部分点状黑色素斑发育为枝杈状，见图（8）。

保存方式：活体

DNA条形码序列：

CCTCTACCTAGTATTCGGTGCCTGGGCCGGGATGGTTGGCACGGCACTTAGC
CTTCTTATCCGAGCCGAACTCAGCCAACCAGGGACCCTCCTCGGAGACGACCAA
ATCTACAACGTAGTTGTTACCGCCCACGCCTTCGTGATAATCTTCTTTATAGTGAT
ACCAATCATGATTGGGGGGTTCGGTAACTGACTAGTCCCCCTAATAATTGGGGCC
CCAGACATGGCATTCCCTCGTATAAACAACATAAGCTTTTGACTACTCCCCCCATC
CTTTCTCCTGTTACTAGCCTCCTCAGGAGTTGAAGCCGGAGCCGGAACAGGATG
AACTGTATACCCCCCCCTATCAGGGAACCTGGCCCACGCGGGGGCATCCGTTGAC
CTTACCATCTTTTCCCTACACTTGGCAGGAATCTCCTCCATCCTAGGGGCAATCAA
CTTTATTACAACAATCATCAATATAAAGCCTATCGCCATATCCATATACCAAGTCCC
CCTATTCGTGTGGTCAGTCCTGATTACTGCTGTCCTCCTTTTACTATCTCTTCCCGT
CCTAGCGGCAGGTATCACCATGCTTTTAACAGACCGAAACCTAAACACAACCTTC
TTTGACCCCGCTGGGGGTGGAGACCCAATCCTCTACCAACACTTATTT

舌鳎科 Cynoglossidae

舌鳎属 *Cynoglossus* Hamilton，1822

>>> 印度舌鳎 *Cynoglossus arel*（Bloch & Schneider，1801）

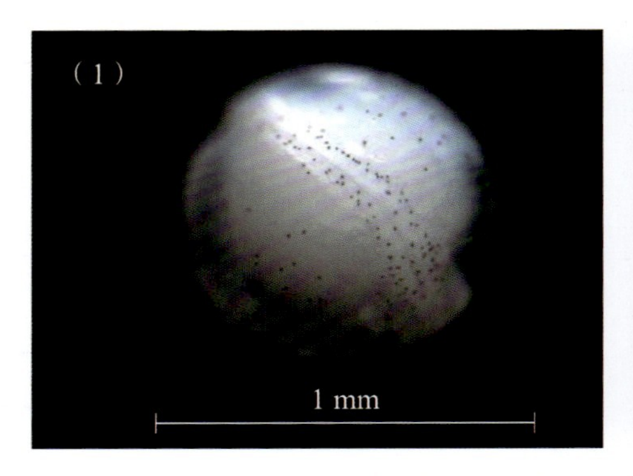

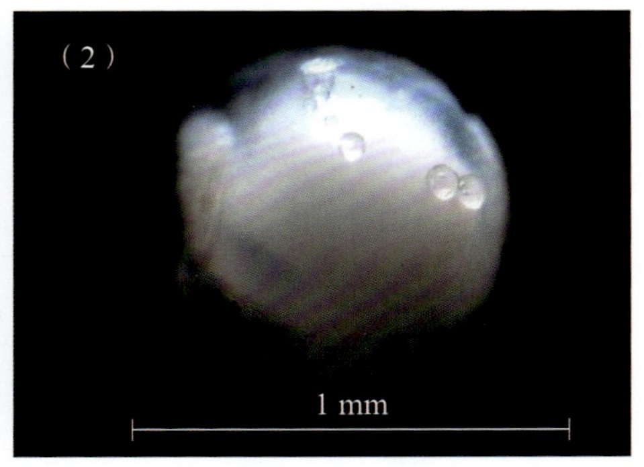

标本号：GDYH14721；采集时间：2020-09-27；

采集位置：徐闻西连海域，418渔区，20.383° N，109.883° E

中文别名：龙利

英文名：Largescale tonguesole

形态特征：

该标本为印度舌鳎的卵子，处于器官形成期的将孵期。卵子圆球形，彼此分离，浮性卵；卵膜光滑，薄而透明；卵径约为0.84 mm。卵周隙狭窄，卵黄囊和胚体几乎充满卵内。卵黄均匀，无龟裂纹。具7个左右个大小不一的油球，直径为0.03 ~ 0.08 mm。胚体围绕卵黄约3/4周，背面观可见胚体上脊索两侧散布较多小点状黑色素斑，卵黄囊上散布零星的小点状黑色素斑，见图（1）。侧面观可见7个小点状黑色素斑，位于卵黄囊上远离腹部的一侧，见图（2）。

保存方式：酒精

DNA条形码序列：

CCTATACATAGTATTTGGCGCCTGAGCCGGAATAGTAGGTACCGCCCTAAGTCTACTCATTCGAGCAGAACTTAGCCAACCTGGCAGCCTACTTGGCGATGACCAAATCTACAATGTAATCGTAACCGCTCACGCATTCGTAATAATTTTCTTTATAGTAATACCTATCATAATCGGAGGCTTTGGAAATTGATTAATCCCGCTAATGATCGGAGCCCCTGATATAGCATTCCCTCGAATAAATAACATAAGCTTCTGACTACTTCCTCCATCTTTCCTTTTATTACTAGCATCTTCAGCTGTAGAAGCCGGAGCTGGTACAGGCTGAACCGTATATCCACCTCTTGCTGGAAATCTTGCCCACGCAGGAGCTTCCGTAGACCTCACAATCTTCTCCCTTCACTTAGCTGGGGTATCTTCCATCTTAGGCGCTATTAATTTTATTACAACAGTTCTAAATATAAAACCTGAGGGCATAACAATATACCAGATACCCTTATTCGTATGATCTGTGTTTATTACAGCAATTTTACTACTTCTCTCCCTTCCAGTCCTAGCTGCAGGTATTACAATACTATTAACAGACCGAAATCTTAACACCACCTTCTTTGATCCTGCAGGAGGAGGTGACCCCATTTTATATCAGCACCTTTTC

>>> 双线舌鳎 *Cynoglossus bilineatus*（Lacepède，1802）

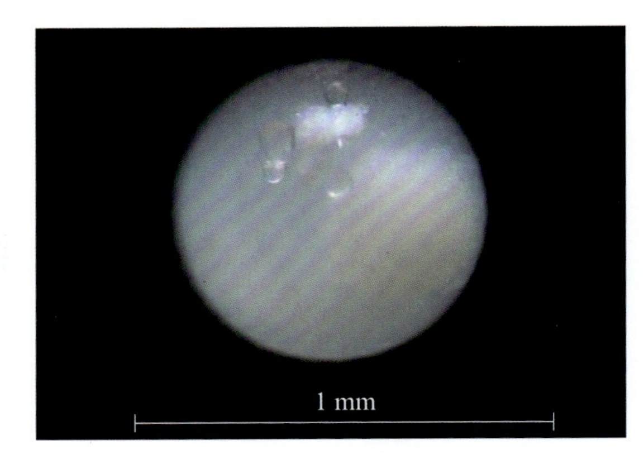

标本号：GDYH14434；采集时间：2020-05-28；

采集位置：徐闻西连海域，418渔区，20.383° N，109.883° E

中文别名：龙利

英文名：Fourlined tonguesole

形态特征：

该标本为双线舌鳎的卵子，处于囊胚期的低囊胚期。卵子圆球形，彼此分离，浮性卵；卵膜光滑，薄而透明；卵径约为0.80 mm。视野内具4个大小不一的油球，直径为0.06 ~ 0.09 mm。卵黄均匀，无龟裂纹。囊胚低。

保存方式：酒精

DNA条形码序列：

TCTGTACATTGTATTTGGAGCATGGGCCGGAATGGTTGGAACTGCCCATCAG
CTCATACTAATTCGGGCGGAGCTAAGTCAACCCGGAAGCTTACTCGGAGATGAC
CAAATTTATAATGTCATCGTGACTGCCCATGCATTCGTAATAATTTTCTTCATAGTC
ATACCTATTATAATTGGGGGTTTCGGTAATTGACTGATCCCATTAATAATTGGGGCC
CCTGATATAGCATTCCCTCGAATAAATAATATAAGTTTTTGGCTCCTACCACCATCC
TTCCTATTATTACTCGCCTCATCTGCTGTAGAAGCCGGGGCCGGAACAGGATGAA
CAGTATATCCCCCACTTGCTGGCAATTTAGCTCATGCAGGCGCCTCCGTAGATCTT
ACAATCTTCTCACTCCATCTAGCAGGAGTTTCCTCAATTTTAGGAGCTATTAACTT
CATTACTACAATTTTAAACATGAAACCTGAGGGAGTAACTATATACCAAATTCCAT
TATTTGTGTGAGCAGTATTAATCACAGCAGTCCTTCTACTTCTATCCCTTCCTGTCC

TAGCTGCAGGAATTACTATACTCCTCACAGACCGAAATCTTAATACAACATTCTTC
GACCCGGCAGGAGGAGGTGACCCTATTCTTTACCAGCACCTATTC

>>> 大鳞舌鳎 *Cynoglossus macrolepidotus*（Bleeker，1851）

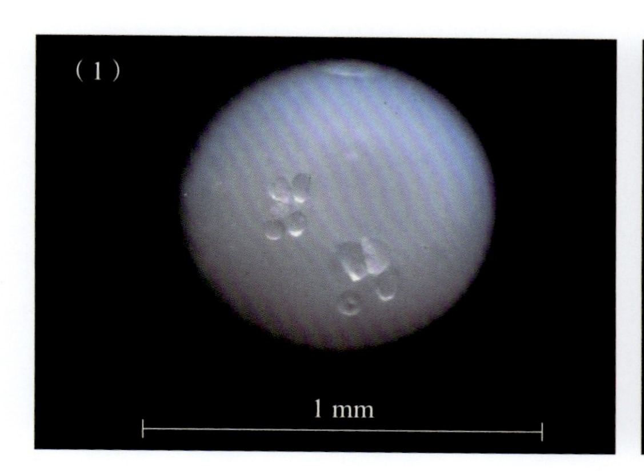

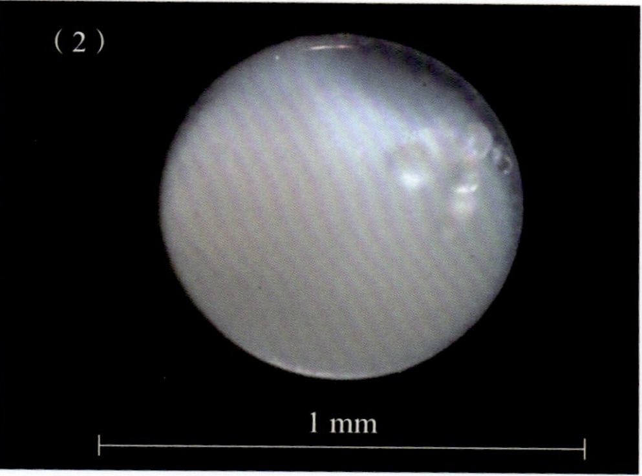

标本号：图（1）GDYH14439，图（2）GDYH14433；采集时间：2020-05-28；
采集位置：徐闻西连海域，418渔区，20.383° N，109.850° E

中文别名：龙利

英文名：无

形态特征：

2个标本均为大鳞舌鳎的卵子，分别处于未定期相和神经胚期的胚孔封闭期。卵子圆球形，彼此分离，浮性卵；卵膜光滑，薄而透明。卵径为0.78～0.83 mm；卵黄均匀，无龟裂纹。囊胚低。视野内具8～9个大小不一的油球，直径为0.06～0.10 mm，见图（1）。胚孔封闭期的卵子，胚孔即将封闭，见图（2）。

保存方式：酒精

DNA条形码序列：

TCTATATATAGTATTTGGGGCTTGAGCATGGAATAGTAGGAACTGCCCTCAG
CCTACTTATTCGGGCAGAACTTAGCCAGCCAGGAAGCCTACTTGGCGATGACCA
AATTTATAATGTTATTGTTACCGCCCATGCATTTGTAATAATTTTCTTTATAGTAATA
CCTATCATAATTGGAGGCTTTGGCAACTGATTAATCCCTCTTATGATCGGAGCCCC
TGATATAGCATTCCCTCGAATAAATAATATAAGCTTTTGATTACTTCCGCCTTCTTT

CCTTCTTTTATTAGCATCTTCTGCTGTAGAGGCTGGAGCTGGTACAGGATGAACC
GTGTACCCCCCTCTTGCAGGAAATCTTGCTCATGCAGGAGCCTCTGTAGACCTA
ACAATCTTTTCCGCTTCATTTAGCAGGGGTGTCTTCAATCCTAGGGGCTATTAATT
TTATTACAACTGTTTTAAATATGAAGCCTGAGGGGATGACAATATACCAACTACC
ATTATTCGTTTGATCTGTATTTATTACAGCAATTTTATTACTACTCTCACTCCCCGT
CCTAGCTGCGGGTATTACAATACTATTGACGGATCGAAACCTAAATACTACCTTC
TTTGACCCTGCAGGAGGGGGAGATCCTATTTTATATCAACACCTTTTC（标本号：GDYH14439）

>>> 少鳞舌鳎 *Cynoglossus oligolepis*（Bleeker，1855）

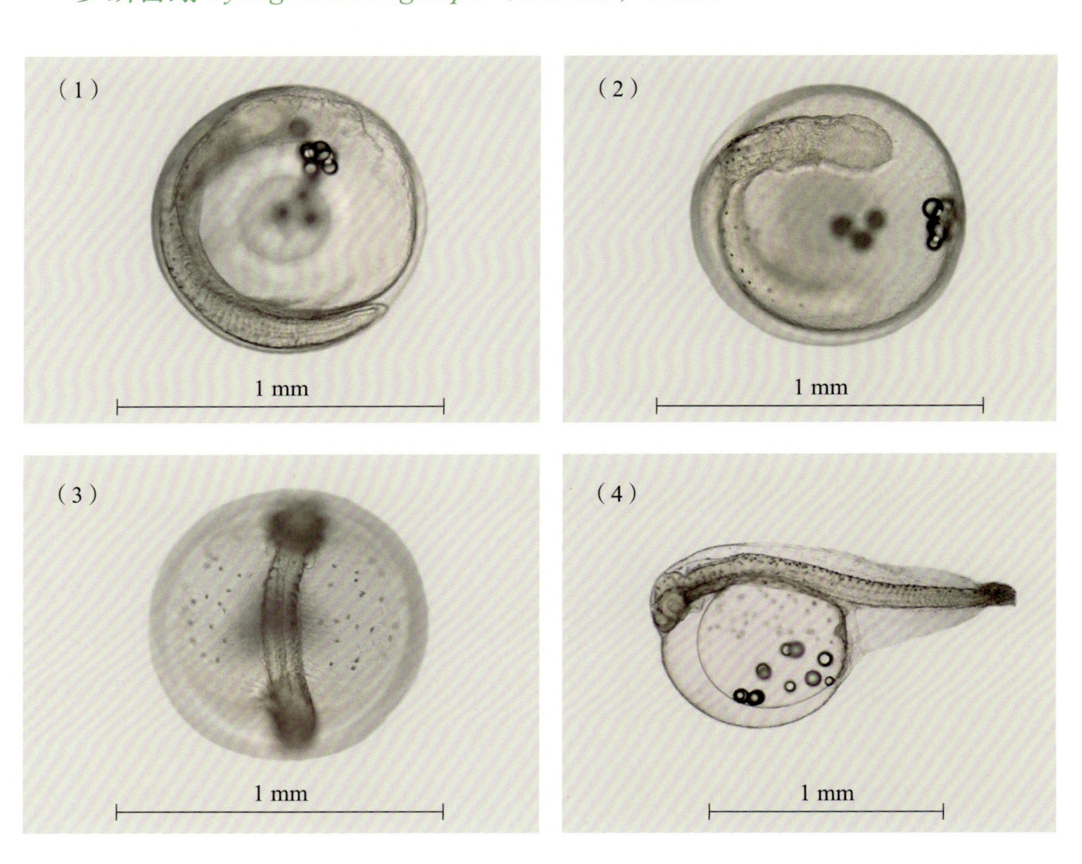

标本号：图（1）～图（3）GDYH13268，图（4）GDYH13271；采集时间：2020-05-28；采集位置：图（1）～图（3）徐闻西连海域，418渔区，20.383° N，109.883° E；图（4）徐闻西连海域，418渔区，20.383° N，109.850° E

中文别名：龙利

英文名：无

形态特征：

2个标本分别为少鳞舌鳎的卵子和仔鱼，分别处于器官形成期的将孵期和初孵仔鱼期。卵子圆球形，彼此分离，浮性卵；卵膜光滑，薄而透明；卵径为0.80～0.87 mm。卵周隙狭窄，卵黄和胚体几乎充满卵内。卵黄均匀，无龟裂纹；具12个大小不一的油球，直径为0.05～0.07 mm。

处于将孵期的卵子，侧面观可见胚体围绕卵黄约4/5周，尾芽已与卵黄囊分离，胚体背部零星散布点状黑色素斑，见图（1）；背面观晶体轮廓明显，听囊内具耳石1对，心脏轮廓清晰，胚体背部点状黑色素斑始自听囊上方，在心脏上方胚体中部较大，见图（2）；腹面观可见卵黄上具点状黑色素斑和辐射状浅黑色色素斑，两种色素斑混在一起。脊索轮廓清晰；可见肌节17对，腹面肌节上未见色素斑，见图（3）。

刚出膜的初孵仔鱼，脊索长约为1.61 mm，体较扁，体高约为0.83 mm，体高是脊索长的约51.55%；卵黄囊较圆，直径约为0.87 mm，约是脊索长的54.03%；卵黄上可见12个油球及靠近躯体的上半部分具点状黑色素斑；肌节可计数，为28或29对。颅顶至尾部的体背部具较多的点状黑色素斑；肛门开口于脊索长的约60.25%处，见图（4）。

保存方式：活体

DNA条形码序列：

TCTTTACATAGTATTTGGTGCCTGAGCTGGCATAGTAGGTACTGCCCTTAGCC
TACTTATTCGGGCAGAACTCAGCCAACCGGGCAGCCTGCTTGGTGATGACCAAA
TCTACAATGTTATTGTAACCGCCCATGCATTTGTAATGATTTTCTTTATAGTTATAC
CTATCATGATTGGAGGATTTGGAAACTGATTAATTCCTCTAATGATTGGAGCCCC
TGATATAGCATTTCCTCGAATAAACAATATAAGCTTTTGACTCCTTCCACCTTCTT
TCCTTCTCTTATTAGCATCCTCTGCTGTAGAGGCTGGAGCTGGTACAGGCTGAAC
CGTATACCCTCCTCTTGCAGGAAATCTTGCCCACGCAGGAGCTTCTGTAGATCTA
ACAATCTTCTCCCTTCACTTAGCAGGAGTATCCTCAATCCTAGGGGCAATTAACT
TTATTACAACAGTTTTAAATATAAAACCTGAAGGAATAACAATATACCAACTGCC

CCTATTTGTATGATCTGTATTTATTACAGCAATTTTACTTCTCCTCTCACTCCCTGTCCTAGCTGCAGGTATCACAATATTATTAACAGATCGAAATCTCAATACCACCTTCTTTGACCCTGCAGGCGGAGGTGACCCTATCTTATACCAACACCTTTTC（标本号：GDYH13268）

>>> 斑头舌鳎 *Cynoglossus puncticeps*（Richardson，1846）

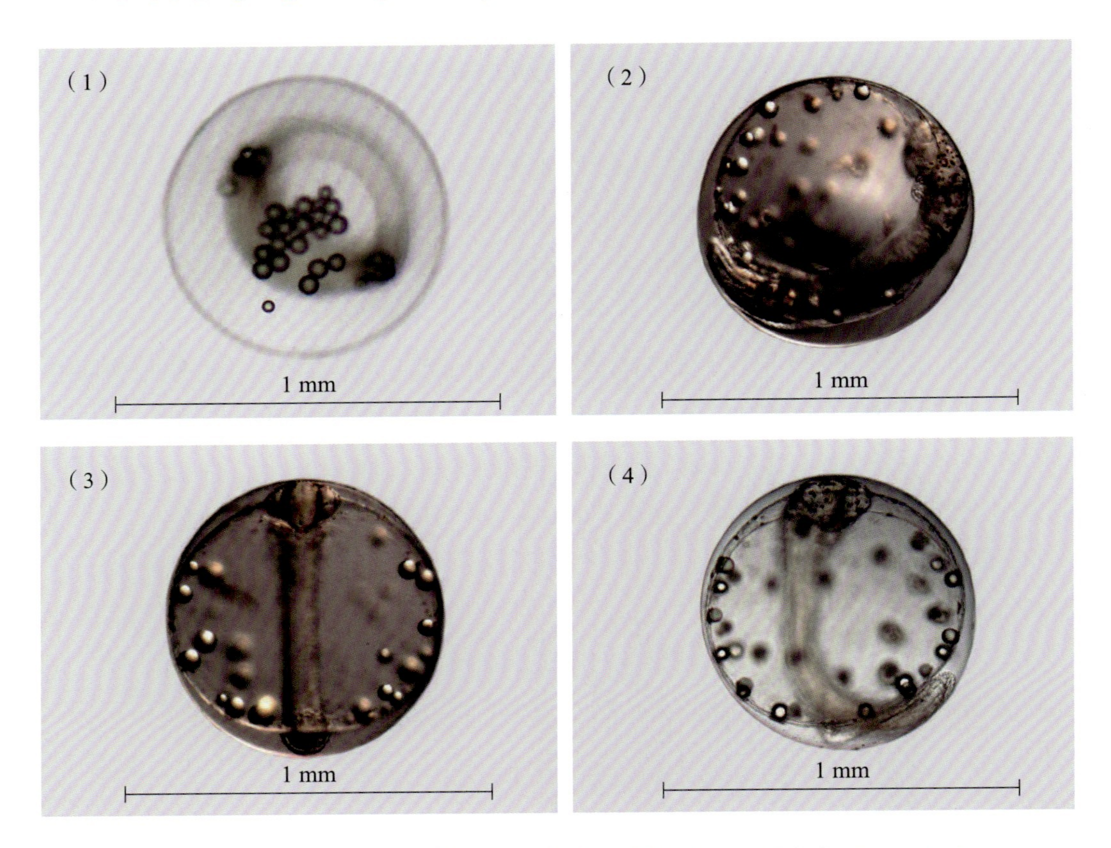

标本号：图（1）GDYH12225，图（2）、图（3）GDYH14020，图（4）GDYH12495；
采集时间：图（1）2020-03-26，图（2）、图（3）2020-08-07，图（4）2020-04-15；
采集位置：东海岛东南海域，393渔区，20.920° N，110.509° E

中文别名：龙利

英文名：无

形态特征：

3个标本均为斑头舌鳎的卵子，分别处于原肠胚期的原肠早期、器官形成期的尾芽期、将孵期。卵子圆球形，彼此分离，浮性卵；卵膜光滑，薄而透明；卵径为0.74～0.78 mm。卵周隙狭窄，宽度为0.02～0.04 mm，是卵径的2.70%～5.13%。卵黄均匀，无龟裂纹；具31～34个大小不一的油球，直径为0.03～0.05 mm。

处于原肠早期的卵子，胚层开始下包卵黄约1/3周，油球多以3～5个或者18个分别聚集一团，活体时可见油球移动，见图（1）。

处于尾芽期的卵子，侧面观可见尾芽开始与卵黄囊分离，心脏轮廓清晰；胚体围绕卵黄约1/2周，胚体从头部到尾部密布点状黑色素斑，酒精保存时呈橙红色，见图（2）；腹面观可见眼囊上零星几个点状黑色素斑，见图（3）。

处于将孵期的卵子，胚体扭动频繁、有力，尾芽已与卵黄囊分离，胚体色素斑进一步发育，见图（4）。

保存方式：活体

DNA条形码序列：

ACTATATATAGTATTTGGTGCTTGAGCCGGAATAGTGGGAACTGCCCTTAGTTTACTCATTCGAGCAGAACTAAGCCAACCAGGAAGCCTACTTGGCGATGACCAAATTTATAATGTAATCGTGACCGCACATGCCTTCGTAATGATTTTCTTCATAGTTATACCTATTATAATTGGGGGATTCGGAAACTGACTTATTCCATTAATGATTGGAGCCCCTGATATAGCATTCCCACGAATAAATAATATGAGTTTTTGACTCCTCCCTCCTTCCTTCCTTCTTCTCCTTGCTTCTTCTACTGTAGAGGCTGGGGCCGGAACAGGATGAACCGTTTACCCTCCTCTTGCAGGAAACCTCGCCCACGCCGGAGCATCCGTCGATTTAACAATCTTCTCACTACACCTGGCAGGTGTTTCCTCTATCCTAGGGGCTATTAATTTTATTACAACAGTCCTTAATATAAAACCAGAGGGTGTAACAATATACCAAGTTCCTTTATTTGTATGAGCTGTGTTTATTACAGCAATCCTTCTTCTCCTATCCCTCCCTGTCCTAGCTGCAGGAATTACTATACTCCTTACGGATCGAAACCTAAATACAACCTTCTTTGACCCTGCTGGAGGAGGAGACCCTATTCTTTATCAGCACTTATTT（标本号：GDYH14020）

>>> 舌鳎① *Cynoglossus* sp.①

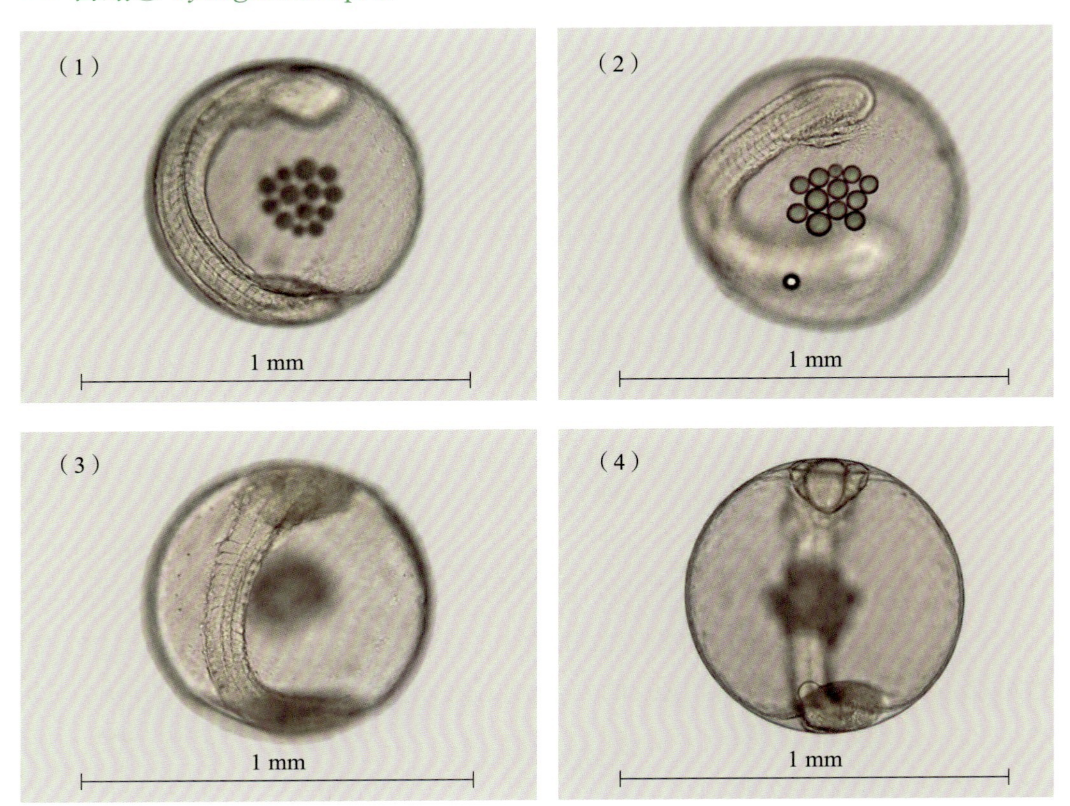

标本号：图（1）、图（2）GDYH12552，图（3）GDYH12563，图（4）GDYH12558；采集时间：2020-04-21；采集位置：图（1）、图（2）徐闻放坡海域，418渔区，20.267° N，109.902° E；图（3）、图（4）徐闻放坡海域，418渔区，20.267° N，109.918° E

中文别名：龙利

英文名：无

形态特征：

3个标本均为舌鳎①的卵子，分别处于器官形成期的尾芽期和将孵期。卵子圆球形，彼此分离，浮性卵；卵膜光滑，薄而透明；卵径为0.72 ~ 0.74 mm。卵周隙狭窄，卵黄囊和胚体几乎充满卵内。卵内具13 ~ 14个大小不一的油球，直径为0.03 ~ 0.06 mm。

处于尾芽期的卵子，尾芽开始与卵黄囊分离，胚体围绕卵黄约3/5周，肌节明显，可计数，为23对，胚体和卵黄囊上未见色素斑；油球12个聚为一簇，另有2个游离，位于接近颈部和尾部，见图（1）、图（2）。

处于将孵期的卵子，胚体扭动较为频繁、有力，胚体围绕卵黄超过3/5周，见图（3）、图（4）。

保存方式：活体

DNA条形码序列：

CCTATATATAGTATTTGGTGCTTGAGCCGGAATAGTAGGAACTGCCCTAAGCCTACTTATTCGAACAGAACTAAGCCAACCTGGCAGCTTACTTGGCGATGATCAAATCTATAATGTTATCGTTACTGCCCACGCATTTGTTATAATTTTCTTTATAGTCATGCCTATTATAATCGGAGGCTTTGGAAATTGACTAATTCCTCTTATGATTGGGGCGCCTGATATGGCCTTTCCCCGAATAAATAATATAAGCTTTTGACTTCTCCCACCATCTTTCATCCTCCTTTTAGCCTCATCTGCAGTAGAAGCTGGAGCTGGGACAGGTTGAACTGTCTACCCCCCATTAGCAGGCAACCTTGCCCACGCAGGGGCATCCGTAGACTTAACAATTTTTTCTCTACACTTAGCAGGAGTCTCATCTATTCTAGGTGCTATTAACTTTATTACCACCATCCTCAATATAAAACCTGAAGGTATAACTATATATCAAATACCTTTATTTGTTTGAGCAGTATTTATTACAGCAATTCTTCTTCTTCTATCCCTACCTGTCCTAGCAGCCGGCATCACTATACTCCTTACCGATCGAAACTTAAACACTACCTTCTTTGACCCCGCTGGAGGGGGAGACCCAATTCTCTACCAACACCTTTTC（标本号：GDYH12552）

>>> 舌鳎② *Cynoglossus* sp.②

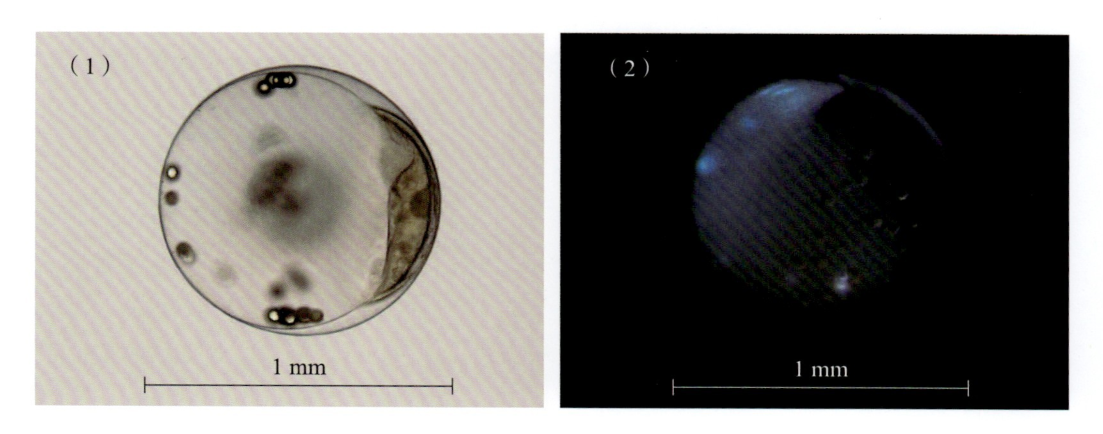

标本号：图（1）GDYH12608，图（2）GDYH4698；采集时间：图（1）2020-08-07，图（2）2019-05-10；

采集位置：东海岛东南海域，393渔区，20.920° N，110.509° E

中文别名：龙利

英文名：无

形态特征：

2个标本均为舌鳎②的卵子，分别处于囊胚期的高囊胚期和器官形成期的尾芽期。卵子圆球形，彼此分离，浮性卵；卵膜光滑，薄而透明；卵径为0.93～0.95 mm，卵周隙狭窄，卵黄囊和胚体几乎充满卵内。卵黄均匀，无龟裂纹。卵内具约27个大小不一的油球，直径为0.02～0.06 mm。

处于高囊胚期的卵子，囊胚高而且集中，略呈高帽状；油球几个聚为一团，分别散布于卵黄内，见图（1）。

处于尾芽期的卵子，尾芽与卵黄开始分离，油球出现一定的聚拢，见图（2）。

保存方式：图（1）活体；图（2）酒精

DNA条形码序列：

ACTATATATAGTATTTGGTGCTTGAGCCGGAATAGTAGGAACTGCCCTTAGTTTACTCATTCGAGCAGAACTAAGCCAACCAGGAAGCCTACTTGGTGATGACCAAATCTATAATGTAATCGTAACTGCACATGCCTTCGTAATGATTTTCTTCATAGTTATACCTATTATAATCGGGGGATTCGGGAACTGACTTATTCCATTAATGATCGGAGCCCCAGATATAGCATTCCCACGAATAAATAATATGAGTTTTTGACTCCTTCCCCCCTCCTTCCTTCTCCTCCTCGCCTCTTCTACTGTAGAAGCTGGGGCGGGAACAGGATGAACCGTTTACCCTCCTCTTGCAGGAAACCTTGCCCATGCCGGAGCCTCCGTCGATTTAACAATCTTCTCACTTCACTTAGCAGGTGTTTCTTCTATTCTAGGGGCTATTAATTTTATTACAACAGTCCTTAACATAAAACCTGAAGGTGTAACAATATATCAAATTCCTCTATTTGTATGAGCTGTATTTATTACAGCAATCCTCCTCCTCCTGTCCCTTCCCGTCCTAGCTGCAGGAATTACTATACTTCTCACAGATCGAAATCTAAATACAACCTTCTTTGACCCTGCTGGAGGAGGAGACCCTATTCTTTATCAACACTTATTT（标本号：GDYH4698）

须鳎属 *Paraplagusia* Bleeker，1865

>>> 布氏须鳎 *Paraplagusia blochii*（Bleeker，1851）

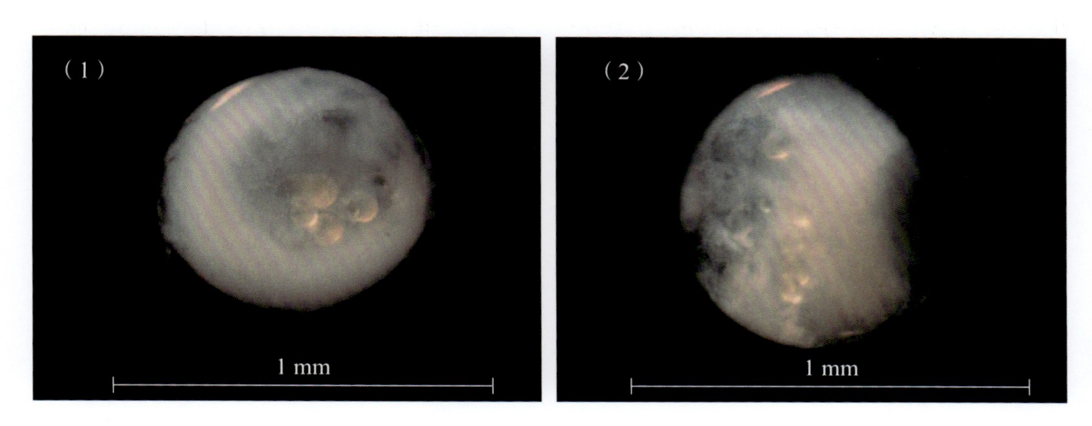

标本号：图（1）GDYH4863，图（2）GDYH4865；采集时间：2019-04-13；
采集位置：珠江口外海，369渔区，21.250° N，112.750° E

中文别名：龙利

英文名：Bloch’s tonguesole

形态特征：

2个标本均为布氏须鳎的卵子，分别处于神经胚期的胚孔封闭期和器官形成期的心脏形成期。卵子圆球形，彼此分离，浮性卵；卵膜光滑，薄而透明；卵径为0.72 ~ 0.76 mm。卵周隙窄，宽度为0.03 ~ 0.04 mm，是卵径的4.17% ~ 5.26%。卵黄均匀，无龟裂纹。具10 ~ 12个大小不一的油球，直径为0.03 ~ 0.09 mm。

处于胚孔封闭期的卵子，胚层下包，胚孔即将封闭，见图（1）。

处于心脏形成期的卵子，胚体隐约可见，油球略呈淡黄色，未见色素斑，见图（2）。

保存方式：酒精

DNA条形码序列：

ACTATATATAGTGTTTGGGGCCTGAGCCGGAATAGTAGGAACTGCCCTAAGT
CTGCTTATTCGGGCAGAACTTAGTCAACCCGGCAGCTTACTAGGTGATGACCAA

ATTTACAATGTTATTGTGACCGCCCATGCATTCGTAATAATTTTCTTTATAGTTATACCCATTATGATTGGAGGTTTTGGGAATTGATTAATCCCACTAATGATTGGGGCACCTGATATGGCATTTCCCCGAATAAATAACATAAGCTTCTGACTTCTTCCACCCTCTTTCCTTCTTCTCCTAGCTTCATCTACTGTAGAAGCTGGGGCTGGGACAGGATGAACTGTATACCCGCCTCTCGCAGGGAACCTAGCCCACTCAGGTGCCTCTGTTGATTTGACAATTTTTTCATTACACCTGGCTGGAGTATCATCTATCCTGGGGGCTATTAATTTTATTACGACGGTCTTGAATATAAAACCCGAAGGAATAACAATATACCAGCTCCCCCTATTTGTCTGAGCTGTTTTTATTACAGCAATTCTTTTACTCCTCTCACTTCCCGTCTTAGCTGCAGGAATTACTATACTCCTAACAGACCGTAATCTTAACACCACCTTCTTTGACCCTGCAGGAGGTGGAGACCCCATTCTATACCAACACCTATTC（标本号：GDYH4865）

参考文献

［1］冲山宗雄. 日本産稚魚図鑑［M］. 2版. 东京：东海大学出版会，2013.

［2］杜时强，冯波，侯刚，等. 北部湾口眼镜鱼年龄与生长［J］. 水产学报，2012，36（4）：576-583.

［3］侯刚，朱立新，卢伙胜. 北部湾二长棘鲷生长、死亡及其群体组成［J］. 广东海洋大学学报，2008，28（3）：50-55.

［4］梁志燊，易伯鲁，余志堂. 江河鱼类早期发育图志［M］. 广州：广东科技出版社，2019.

［5］万瑞景，张仁斋. 中国近海及其邻近海域鱼卵与仔稚鱼［M］. 上海：上海科学技术出版社，2016.

［6］易伯鲁，余志堂，梁志燊，等. 葛洲坝水利枢纽与长江四大家鱼［M］. 武汉：湖北科学技术出版社，1988.

［7］中华人民共和国水产部南海水产研究所. 南海北部底拖网鱼类资源调查报告（海南岛以东）［R］. 中华人民共和国水产部南海水产研究所，1966.

［8］张仁斋，赵传絪，陆穗芬，等. 中国近海鱼卵与仔鱼［M］. 上海：上海科学出版社，1985.

［9］张海发，刘晓春，刘付永忠，等. 斜带石斑鱼胚胎及仔稚鱼幼鱼形态发育［J］. 中国水产科学，2006，13（5）：689-696.

［10］孙典荣，陈铮. 南海鱼类检索 · 上册［M］. 北京：海洋出版社，2013.

［11］成庆泰，郑葆珊. 中国鱼类系统检索 · 上册［M］. 北京：科学出版社，1987.

［12］伍汉霖，邵广昭，赖春福，等. 拉汉世界鱼类系统名典［M］. 青岛：中国海洋大学出版社，2017.